財務管理學

主　編 ◎ 張志紅、伍雄偉

前　言

　　過去我們說科學技術是第一生產力，其實管理的作用一點也不亞於科學技術。科學技術的新突破，能帶來一系列產業、效率的變革。但若想進行組織地變革，則必須得到管理的幫助。管理是一個平臺，只有把平臺做大做強，新的技術突破才能不斷出現，向社會擴散的速度才會越來越快。

　　作爲管理這個大家庭中的一員，財務管理主要研究與資金相關的問題：籌資、投資、運營與分配，如何以較低的成本獲得企業可以運用的資金，在生產經營過程中，使資金發生增值，最大限度地提高資金的利用率，回報給股東豐厚的利潤，從而提高企業整體的價值。

　　本教材系統地闡述了在資金籌集、投放、耗費、收入和分配管理中進行預測、決策、計劃、控制和分析的理論與方法問題；不但體現了財務管理的性質與規律，而且在內容安排上符合財務管理工作進程，由淺入深，循序漸進。

　　本教材的主要特點是充分結合企業管理實踐，以滿足學習者瞭解企業管理實踐的需求，從而爲學習者提升工作能力與素質奠定一個堅實的基礎。本教材可供設置工商管理類專業的高等學校選用，也可作爲企業管理人員學習財務管理知識的參考書。

　　本教材貫徹專業基礎教育與創新能力培養相結合的教學要求。在加強基本理論、基本方法的闡述的同時，增加了國內外財務管理理論與實踐發展的新內容，在每章開始設置了導讀案例，以一個財務管理的鮮活例子引起學員對財務管理問題的興趣，然後學習完整章內容後，學員應用所學理論解決導讀案例中的實際問題。另外，在每章結束後有對應的習題，供學員鞏固該章所學的知識，以達到學有所用、學有所成的目的。

　　本教材由張志紅、伍雄偉兩位老師主編，負責教材寫作大綱的制定及全書的統籌工作。具體編寫分工是：第一章由張志紅編寫，第二章、第十章由鐘小茜編寫，第三章由張立明編寫，第四章、第五章由李美珍編寫，第六章由馮靜編寫，第七章由高樺編寫，第八章由周華編寫，第九章、第十一章由伍雄偉編寫。

　　限於編寫時間的局限性，本教材的缺陷在所難免，唯祈名家賜教。

全體編著者 謹識

目 錄

第一章　總論 … (1)
　　第一節　財務管理概述 … (1)
　　第二節　財務管理的目標 … (4)
　　第三節　財務管理的原則 … (7)
　　第四節　財務管理方法 … (9)
　　第五節　財務管理環境 … (11)

第二章　財務分析 … (18)
　　第一節　財務分析概述 … (19)
　　第二節　財務分析方法 … (21)
　　第三節　財務指標及其分析 … (23)
　　第四節　財務綜合分析 … (31)

第三章　價值原理 … (37)
　　第一節　貨幣時間價值 … (37)
　　第二節　風險價值 … (48)

第四章　長期籌資管理 … (60)
　　第一節　籌資概述 … (60)
　　第二節　企業資金需要量預測 … (66)
　　第三節　股權籌資 … (73)
　　第四節　債務籌資 … (78)
　　第五節　混合性籌資 … (90)

第五章　資本成本與資本結構 … (97)
　　第一節　資本成本概述 … (97)
　　第二節　股權資本成本 … (99)

第三節　債務資本成本 ··· (101)
　　第四節　加權平均資本成本 ······································· (103)
　　第五節　邊際資本成本 ··· (104)
　　第六節　資本結構 ·· (106)
　　第七節　槓桿原理 ·· (112)

第六章　證券投資管理 ·· (128)
　　第一節　證券投資概述 ··· (128)
　　第二節　股票投資 ·· (133)
　　第三節　債券投資 ·· (136)
　　第四節　基金投資 ·· (139)
　　第五節　證券投資組合 ··· (144)

第七章　項目投資管理 ·· (152)
　　第一節　項目投資概述 ··· (153)
　　第二節　現金流量估算 ··· (154)
　　第三節　項目投資評價方法 ······································· (157)
　　第四節　項目投資風險調整 ······································· (169)

第八章　營運資金管理 ·· (184)
　　第一節　營運資金概述 ··· (185)
　　第二節　現金管理 ·· (187)
　　第三節　應收帳款管理 ··· (195)
　　第四節　存貨管理 ·· (203)

第九章　收益分配管理 ·· (219)
　　第一節　收益分配概述 ··· (219)
　　第二節　股利政策理論 ··· (221)
　　第三節　股利分配政策 ··· (223)
　　第四節　股利分配方案決策 ······································· (229)

第五節　股票分割與股票回購 …………………………………………（232）

第十章　財務預算管理 ……………………………………………………（243）
　　第一節　財務預算概述 …………………………………………………（243）
　　第二節　財務預算的編制方法 …………………………………………（245）
　　第三節　現金預算與預計財務報表的編制 ……………………………（249）
　　第四節　財務控制與責任中心 …………………………………………（258）

第十一章　特殊業務財務管理 ……………………………………………（278）
　　第一節　併購概述 ………………………………………………………（278）
　　第二節　併購價值評估 …………………………………………………（281）
　　第三節　併購支付方式與併購籌資管理 ………………………………（285）
　　第四節　反收購策略與重組策略 ………………………………………（288）
　　第五節　公司清算 ………………………………………………………（292）

參考文獻 ……………………………………………………………………（303）

附　表 ………………………………………………………………………（304）

第一章　總論

【引導案例】

　　人們常說財務離不開會計，也有人認爲財務就是會計。因爲在企業財務部的日常活動中，人們所見的大部分都是財會人員進行着會計工作，因此很多人將財務就等同於會計。財務與會計到底是什麼關係？通過本章的學習，你將會對這個問題有個初步的認識，如果想要對這個問題有個深刻的理解和全面的認識，認真學習本書的內容，它可以助你實現你的目標！

【學習目標】

1. 理解企業財務管理的概念和內容、財務管理的目標。
2. 瞭解財務管理的方法。
3. 理解企業財務管理的原則。
4. 瞭解財務管理的環境。

第一節　財務管理概述

一、財務管理的概念

　　財務管理，指企業以貨幣爲主要度量形式，在企業的生產經營活動過程中組織財務活動、處理財務關係的一系列經濟管理活動的總稱，是企業管理的一個重要組成部分。

　　財務管理是基於人們對生產管理的需要而產生的。一般認爲，商品的生產和交換及貨幣的出現是財務管理產生的基礎。由於簡單商品經濟在奴隸社會和封建社會的經濟結構中處於從屬地位，商品生產過程十分單純，因而財務管理並沒有成爲一項獨立的工作，而是由生產經營者兼管。直到19世紀50年代前後的工業革命，傳統的家庭手工業被現代化的機器大工業所取代，各種新興產業大量涌現，企業之間的兼併、收購活動頻繁發生，資本市場體系初步形成，在這種環境之下，財務管理才逐漸成爲一門獨立的學科。當時，財務管理在理論和實務上均圍繞各種融資工具及資本市場的運作而展開，例如，公司兼併、新公司成立、發行債券融資的法律事務，以及企業破產、重組、公司清算以及證券市場的規範等問題。直到20世紀50年代前後，莫迪利亞尼、米勒的資本結構理論以及馬科維茨的金融資產組合選擇理論等的提出，標誌着財務管理成爲一門真正的科學，並推動了財務管理理論分析運動的進程。此後，人們對財務管理的研究與探索不斷深化：在管理內容上，逐漸由資金的籌集、資金的投放和使用擴展到資金的分配；在管理手段上，逐步實施財務預測、控制並進行時間價值和風險價值分析；在管理方法上，普遍採用計量模型和計算機軟件等輔助計算分析工具。總之，如今財務管理學科已經逐步完善，成爲企業管理的重要組成部分。

二、財務管理的內容

由於財務管理是基於企業在生產過程中客觀存在的財務活動和由此產生的財務關係而產生的，因此，財務管理包括財務活動和財務關係兩方面的內容。

(一) 財務活動

財務活動是指資金的籌集、投放、使用、回收及分配等一系列的活動。財務活動是資金運動的實現形式。

在商品經營條件下，企業進行生產經營活動必須投入土地、勞動和資本等生產經營要素，能夠增值的生產經營要素的價值即為資金。企業的生產經營過程，一方面表現為生產經營要素實物形態的運動，即勞動者運用一定的勞動工具對勞動對象進行加工，生產出新的產品並將之銷售，也就是供應、生產和銷售三個過程；另一方面，隨著生產經營要素實物形態的運動，其價值也在相應地運動，即與供應、生產和銷售環節相適應，生產經營要素的價值也依次經過貨幣資金、儲備資金、生產資金、成品資金和結算資金，最後又回到貨幣資金形態，形成有規律的資金循環與周轉。資金只有在不斷的運動過程中才能實現其保值和增值。資金的運動過程包括資金的籌集、資金的運用、資金的投放以及收益的分配，因此，企業的財務活動具體表現為：

1. 籌資活動

籌資是指企業為了滿足生產經營活動的需要，從一定的渠道，採用特定的方式，籌措和集中所需資金的過程。籌資活動是企業進行生產經營活動的前提，也是資金運動的起點。從整體上看，企業籌集的資金可以分為兩大類：一是企業的股權資本。它通過吸收直接投資、發行股票、企業內部留存收益等形式而取得，形成企業的所有者權益。二是債務資金。它通過向銀行借款、發行債券、利用商業信用等方式取得，形成企業的負債。在籌資過程中，企業一方面要確定籌資的總規模，以保證投資所需要的資金；另一方面要合理規劃籌資來源和籌資方式，確定合理的資本結構，使得籌資成本較低而籌資風險不變甚至降低。

2. 投資活動

企業在取得資金後，必須將資金投放使用，以期獲得最大的經濟效益。如果籌資後不投資，那麼籌資也就失去了意義，資金也難以得到增值，並且還會給企業帶來償付資金本息的風險。因此，投資活動是企業財務活動的核心內容。

投資可以分為廣義和狹義兩種。廣義的投資是指企業將籌集的資金投入使用的過程，包括對內投資，如購置流動資產、固定資產、無形資產等，也包括對外投資，如購買其他公司的股票、債券或者與其他企業聯營等。狹義的投資僅指對外投資。投資的結果是企業中一定資金的流出，並形成一定的資產結構。在投資過程中，企業一方面要確定投資的總規模，以確保獲得最大的投資效益；另一方面要合理選擇投資方式和投資方向，確定合理的投資結構，使得投資收益較高而投資風險不變甚至降低。

3. 日常資金運營活動

企業為了滿足日常經營活動的需要，必定會發生一系列的資金收付活動。在日常生產經營活動中，企業需要購買原材料或商品，支付職工的工資和各種營業費用等，這表現為資金的流出；當企業把產成品或者商品銷售出去的時候，再次回收貨幣資金，這表現為資金的流入。以上因日常業務活動而發生的資金的流入和流出活動就是資金運營活動。資金運營活動是保持企業持續經營所必需進行的最基本的活動，對企業有重要的作用。在一定時期內，營運資金周轉越快，相同數量的資金生產出的產品就越多，取得的收入就越多，獲得的報酬也越多。因此，在日常資金的運營活動中，企業要採用科學合理的方法加速資金周轉，提高資金的利用效率。

4. 收益分配活動

企業經過資金的投放和使用取得收入，並實現資金的增值。收益分配是作爲投資的結果而出現的，它是對投資成果的分配。投資成果首先表現爲各種收入，企業在彌補各種成本、費用、損失以及繳納稅金後最終獲得淨利潤。企業再依據現行法規及規章對淨利潤進行分配：提取公積金和公益金，分別用於擴大生產、彌補虧損和改善職工集體福利設施；其餘的部分分給投資者，或者暫時留存企業，或者作爲投資者的追加投資。

伴隨著企業利潤分配的財務活動，作爲公積金和公益金的資金繼續留在企業中，爲企業的持續發展提供保障，但是分配給股東的股利則退出了企業。因此，如何確立合理的分配規模和分配方式以確保企業取得最大的長期利益，對企業來說也是至關重要的。

上述財務活動的四個方面相互聯繫、相互依存。其中，籌資活動是企業資金運動的前提和起點，投資活動是籌資活動的目的和運用，日常資金運營活動則是資金的日常控制和管理，收益分配則是資金運動的成果和分配狀況。這些活動相互聯繫又相互區別，構成了完整的企業財務活動，是財務管理的基本內容。

(二) 企業的財務關係

企業在進行上述財務活動的時候，必然要與有關方面發生聯繫，這種企業在財務活動中產生的與各相關利益主體之間發生的利益關係即爲財務關係。現代企業是各生產要素所有者爲了取得一定的經濟利益而彼此之間簽訂的契約集合體，是在共同經濟利益的基礎上形成的新的經濟利益主體。這些由各方所達成的契約就是用來調節企業與各利益相關者之間的利益博弈關係的，即是用來協調財務關係的。一般情況下，企業的財務關係有以下幾個方面：

1. 企業與政府之間的財務關係

完整的市場系統是由家庭、企業和政府三個相對獨立的主體組成的。政府是一個提供公共服務、擁有政治權力的機構。在市場經濟下，政府爲企業的生產經營活動提供良好的公共設施條件，創造公平競爭的市場環境。同時，政府爲了履行國家職能，還憑借其政治權力無償參與企業收益的分配。企業應該遵守國家相關法律法規，特別是稅法，應按時、足額地向國家稅務機關繳納稅款，包括所得稅、流轉稅、資源稅、財產稅和行爲稅等。企業與政府之間的財務關係反應了一種強制與無償的分配關係。

2. 企業與投資者之間的財務關係

企業的投資者按照投資主體的不同可以分爲國家、法人、個人和民間組織等。投資者向企業投入資本金，從而成爲企業的所有者，參與企業剩餘價值的分配，同時承擔一定的經營風險。企業接受投資者的投資之後，成爲受資者，可以利用所得資金運營、管理企業，並對其投資者承擔資本的保值、增值責任。企業實現利潤之後，應該按照投資者的出資比例或者合同、公司章程的規定，向投資者分配利潤。企業與投資者之間的財務關係體現了經營權和所有權的關係。

3. 企業與債權人之間的財務關係

企業的債權人主要有債券持有人、貸款機構、商業信用提供者、其他出借資金給企業的單位和個人。企業在經營過程中，爲了避免資金短缺、降低資金成本或是擴大企業經營規模，需要向債權人借入一定數量的資金。債權人將資金出借給企業之後，擁有按照約定期限收回本金和利息的權利，在企業破產時，對破產財產擁有優先受償權。而企業在獲得債務資金後，必須按照約定定期付息、到期還本。企業與債權人的財務關係在性質上屬於債務與債權的關係。

4. 企業與受資者之間的財務關係

企業與受資者之間的財務關係，主要是指企業以購買股票或直接投資的形式向其他企業投資所形成的財務關係。隨著市場經濟的深入發展，企業由於發展戰略以及分散經營風險等原因，需要進行對外投資活動。此時，企業作為其他企業的投資者，必須按照投資合同、協議、章程等的規定履行出資義務，出資後承擔被投資企業一定的經營風險。受資企業獲得利潤後，按照出資比例或者合同、章程的規定，向投資者分配利潤。因此，企業與受資者之間的財務關係也體現了所有權性質的投資與受資關係。

5. 企業與債務人之間的財務關係

企業與債務人的財務關係，主要是指企業將資金以購買債券、提供借款或者商業信用等形式出借給其他單位所形成的財務關係。企業將資金出借給債務人之後，有權按照合同的約定要求對方定期付息、到期還本。當債務人破產時，企業具有優先受償權。企業與債務人的關係體現的是債權與債務的關係。

6. 企業內部各部門之間的財務關係

企業內部各部門之間的財務關係，主要是指企業內部各部門之間在生產經營各環節中相互提供產品或勞務所形成的財務關係。企業內部各部門之間既要執行各自獨立的職能，又要相互協調，只有這樣企業作為一個整體才能穩定地發揮其功能，實現其預定的經營目標。這樣，在內部各部門之間就形成了提供產品和服務、分工與協作的"權、責、利"的經濟關係。在實行內部經濟核算制的企業，這種關係體現在內部價格的資金結算上。這種企業內部各部門之間的資金結算關係，體現了它們之間的利益關係。

7. 企業與職工之間的財務關係

企業與職工之間的財務關係，主要是指企業在向職工支付勞動報酬過程中形成的經濟關係。企業職工是企業的經營者和勞動者，他們以自身的體力勞動和腦力勞動作為參與企業收益分配的依據。企業應該按照職工在生產經營過程中提供的勞動數量和質量，向職工支付工資、獎金，還應該為提高其勞動數量和質量而發放津貼、福利等。這樣，企業與職工之間的財務關係，體現了共同分配勞動成果的關係。

上述財務關係廣泛存在於企業財務活動中，體現了企業財務活動的實質，構成了企業財務管理的另一項重要內容。企業應該正確協調與處理財務關係，努力實現利益相關者之間經濟利益的均衡。

第二節　財務管理的目標

一、企業目標及其對財務管理的要求

企業是根據市場反應的社會需求來組織和安排生產經營的經濟組織，其目標一般可以分成三個層次：生存，發展，獲利。企業目標一方面可以指引財務活動的進行，另一方面也對財務活動提出了要求。

1. 生存目標對財務管理的要求

企業生存所面臨的問題主要來自內在和外在兩個方面：一是長期虧損，二是不能償還到期債務。長期虧損，是指企業因無法維持最低營運條件而終止運營。長期虧損是一種經

營失敗行為，它是威脅企業生存的內在的、根本的原因。不能償還到期債務，也可能表現為盈利企業的無力支付，盈利企業雖然存在帳面淨利潤，但是不一定有足夠的現金流，當其不能償還到期債務即發生財務失敗時，企業被迫破產，它是企業終止運營的外在的、直接的原因。

為了能夠在激烈的市場競爭中生存下去，企業在財務管理上應該力求做到以收抵支和能夠償還到期債務。如果不能做到以收抵支，企業就沒有足夠的貨幣從市場換取必要的生產要素，生產就會萎縮，直到無法維持最低的營運條件而終止運營。如果企業長期虧損，扭虧無望，投資者為了避免更大的損失，一般會主動終止其運營。如果不能償還到期債務，按照國家相關法律的規定，債權人有權向人民法院申請企業破產。

因此，力求能夠以收抵支和償還到期債務，減少企業破產風險，是企業生存目標對財務管理的要求。

2. 發展目標對財務管理的要求

企業是在發展中求得生存的。如果一個企業不能發展，不能提高產品和服務質量、擴大市場份額，就會被市場所淘汰。企業的發展集中表現為擴大收入。而擴大收入的根本途徑是採用先進的技術和設備，提高員工的管理水平和技術水平。這就要求企業投入更多、更好的物質資源、人力資源，而資源的取得及投入離不開資金，因此企業的發展離不開資金。

沒有足夠的資金是阻礙企業發展的主要原因，因此，籌集企業所需要的資金，是企業發展目標對財務管理的要求。

3. 獲利目標對財務管理的要求

企業是一個以盈利為目的的組織。雖然企業在其生產經營過程中也有其他的目標，如提高產品質量、擴大市場份額、提高職工福利待遇、減少環境污染等，但是盈利是最具綜合能力的目標。盈利不僅體現了企業的出發點和歸宿，而且有助於企業其他目標的實現。

從財務上看，盈利就是使投資收益超過投資成本，使企業正常生產經營產生的和外部獲得的資金能得到最大限度的利用。因此，合理、有效地利用資金，是獲利目標對財務管理的要求。

總之，企業要實現生存、發展和獲利的目標就要求企業通過財務管理完成籌措資金並有效地投放和使用資金的任務。

二、企業財務管理目標

任何管理活動都是有目的的能動行為，財務管理有自身的管理目標。財務管理的目標既要與企業的目標保持一致，又要直接、集中反應財務管理的基本特徵，體現財務活動的基本規律。根據現代財務管理理論和實踐，最具有代表性的財務管理目標有以下幾種：

1. 利潤最大化

這種觀點認為，利潤是衡量企業經營和財務管理水平的標誌，利潤越大，則企業財富增加越多，越接近企業目標，因此，利潤最大化就是財務管理的目標。

以利潤最大化作為財務管理的目標有其合理的一面，這是因為：利潤是企業已實現銷售並被社會承認的價值，是一個最容易被社會各界廣泛接受的財務概念，並且利潤是一項綜合財務指標，能說明企業的整體經營和財務管理水平的高低。但是"利潤最大化"也存在著許多缺陷，無法用來指導全面的財務管理。這些缺陷主要表現在以下幾個方面：

第一，"利潤最大化"沒有反應利潤和投入資本之間的關係，不利於不同資本規模或者同一企業不同時期的比較。例如，一樣獲得 1,000 萬元的利潤，甲企業投入 5,000 萬元，而乙企業投入8 000萬元,哪一個企業更符合企業目標?如果不考慮投入和產出之間的關係,我們很難做出判斷。再例如在同一個企業,該企業有2,000萬股普通股,利潤爲800萬元,每股收益爲0.4元,如果某投資者甲擁有1 000股,他將分享利潤400元。假設該企業再發行2 000萬股普通股,並且這些籌得的資金將產生200萬元利潤,則總利潤增加爲1 000萬元,此時每股收益卻從0.4元下降到0.25元,投資者甲所得利潤爲250元。因此,當其他情況保持不變時,如果管理層致力於公司現有股東的利益,應該考慮投入與產出之間的關係。

第二,"利潤最大化"沒有考慮實現利潤的時間,即沒有考慮貨幣的時間價值。例如,企業今年獲利100萬元,和明年獲利100萬元,哪一個更加符合企業的目標?如果不考慮利潤獲得的時間,我們很難做出客觀的判斷。

第三,"利潤最大化"沒有考慮利潤的風險。假設一個項目期望能夠使公司總利潤增加1 000萬元,而另一個項目則預期使總利潤增加1 200萬元。如果採納前一項目,總利潤則肯定能增加1 000萬元,而後一個項目風險相當高,實現總利潤增加1 200萬元的可能性不大。由於股東對風險的厭惡程度不同,也許前一個項目能給股東帶來更高的效用。因此,即使兩個項目具有相同的投資成本和相同的期望現金流量,仍有可能因各自期望現金流量的風險不同而對股東財富有不同的貢獻。

第四,"利潤最大化"忽視了利用負債而增加的財務風險。在公司總資產期望收益率超過債務資金成本的條件下,公司可以通過增加負債比率來增加每股稅後利潤,但是這種增加負債或者財務槓桿的利用會導致每股收益的增加產生相應的財務風險,"利潤最大化"沒有反應這一風險。

第五,"利潤最大化"可能會導致企業財務決策有短期行爲的傾向,片面追求當前和局部利潤最大,而不考慮企業長遠和整體的發展。如企業爲了減少成本、提高當期利潤,而忽視產品開發、人才培養、技術裝備水平等。

2. 企業每股收益最大化或者權益資本淨利率最大化

每股收益是指公司一定時期的淨利潤與發行在外的普通股股數的比值,它表明了投資者每股股本的盈利能力,主要用於上市公司。非上市公司則主要採用權益資本淨利率,它是企業一定時期的淨利潤與權益資本總額的比值,它說明了權益資本的盈利能力。這兩個指標在本質上是相同的。由於這兩個指標是以淨利潤爲基礎的,因此,其優點與利潤最大化基本相同。相對於利潤最大化,它考慮了利潤與投入資本之間的關係,可以揭示出投資與收益的報酬率水平,便於不同資本規模的企業或者同一企業不同時期之間的比較。但是,同利潤最大化目標一樣,企業每股收益最大化或者權益資本淨利率最大化仍然沒有考慮貨幣的時間價值和風險因素。

3. 企業價值最大化或者股東財富最大化

企業價值最大化是指企業全部資產的市場價值最大化,它反應了企業潛在或者預期的獲利能力。由於股東的收益取決於公司的經營收入在扣除經理和員工的薪金、各類成本費用、債務利息以及向政府繳納各種稅金之後的剩餘利潤,所以與公司的其他利益相關者相比,股東是公司風險的主要承擔者,理應對公司的收益享有更多的收益權。因此公司應該在其他利益相關者的權益得到保障並履行其社會責任的前提下,爲股東追求最大的公司價值,所以對股份制企業來說,企業價值最大化就是股東財富最大化。投資者投資企業的目的,在於獲得盡可能多的財富,這種財富不僅表現爲企業的利潤,而且表現爲企業全部資產的價值。如果企業的利潤增多了,但是隨之而來的是資產貶值,則意味著暗虧,投資者的財富減少。因此,一般認爲,以企業價值最大化作爲財務管理的目標更爲合理。這一目標充分權衡了貨幣的時間價值和風險因素。股東所得收益越多，實際取得收益的時間越近，收益的不確定性越小，股東財富就越大。這一目標還充分體現了對企業資產保值增值的要求，有利於糾正企業追求短期利益行爲的傾向。

在股份制企業，尤其是上市公司，股東財富是其所持普通股的市場價值，即用持有的公司普通股的數量與價格的乘積來表示。如果股數確定，股東財富最大化實際上就是股票市場價格的最大化，所以，人們通常用股票的市場價格來代表公司價值或股東財富。股票價格反應了市場對公司的客觀評價，因而可以全面反應公司目前和將來的盈利能力、預期收益、時間價值和風險價值等方面的因素以及變化。因此，企業價值最大化或者股東財富最大化目標在一定條件下也可以表現爲股票市場價值最大化。

企業價值最大化或者股東財富最大化的目標克服了利潤最大化、每股收益最大化觀點的不足，成爲衡量企業財務行爲和財務決策的合理標準。但是這一觀點也存在一些缺陷：對於非股份制企業，其必須通過資產評估才可以確定企業價值大小，而在評估時，又受到評估標準和評估方式的影響，從而影響到企業價值確定的客觀性；對於股份制企業來說，股票價格受到各種因素的影響，並不一定都是企業自身的因素；股東財富最大化片面強調股東的利益，而忽視企業其他相關權益主體的利益。

第三節　財務管理的原則

財務管理的原則，也稱理財原則，是指人們對財務活動共同的、理性的認識。它介於理論和實務之間，是聯繫理論與實務的紐帶。

一、理財原則的特徵

理財原則具有以下特徵：①理財原則是財務假設、概念和原理的推論，它們是經過論證的、合乎邏輯的結論。②理財原則必須符合大量觀察和事實，是大家共同的認識，被多數人所接受。財務理論有不同的流派和爭論，例如財務管理目標有利潤最大化、每股收益最大化、股東財富最大化等觀點，而理財原則不同，它們被現實反復證明並被多數人接受和認同，例如進行投資時，風險報酬權衡原則即被人們普遍接受：有收益就有風險，收益和風險對等。③理財原則具有應用性特徵，它是財務交易和財務決策的基礎。各種財務管理程序和方法，都是根據理財原則建立的。④理財原則具有指導性特徵，它爲解決新問題提供指引。現有的財務管理程序和方法，只能解決常規問題，當問題不符合任何既定程序和方法時，理財原則爲人們解決新問題提供指引，指導人們尋找解決問題的方法。⑤理財原則不一定在任何情況下都正確。原則的正確性與環境有關，在一般情況下是正確的，而在特殊情況下不一定正確。

二、企業財務管理原則

爲了保證企業財務管理目標的實現，企業應該遵守的財務管理原則主要包括以下幾項：

1. 風險與報酬均衡原則

風險與報酬均衡原則是指風險和報酬之間存在一個對等關係，投資者必須對風險和報酬做出權衡，爲追求較高報酬而承擔較大風險，或者爲減少風險而接受較低的報酬。所謂"對等關係"是指高收益的投資機會必然伴隨巨大的風險，而風險小的投資機會必然只有較低的收益。

投資者必須在風險與報酬之間做出權衡。如果有兩個投資機會，在其他的條件相同（包括投資額和風險）而報酬不同的情況下，人們會選擇報酬高的投資機會；在其他的條件相同（包括投資額和報酬）而風險不同的情況下，人們會選擇風險小的投資機會。因此，在財務交易中，當一切條件相同時，人們傾向於高報酬和低風險。但是，如果人們都傾向於高報酬和低風險，並且從事經濟活動的都是理性經濟人，那麼競爭的結果就會產生風險和報酬之間的權衡。如果市場存在低風險而報酬較高的投資機會，在完全競爭市場條件下，其他的投資者也會進入這個領域，競爭的結果會導致報酬率降低至與風險相當的水平。因此，市場上存在的是高風險高報酬或者低風險低報酬的投資機會。

如果投資者期望獲得巨大的投資收益，他就可能遭受巨大損失；如果投資者期望獲得確定、可靠的收益，他就必須放棄獲得高額收益的機會。總之，每個投資者都要在風險和報酬之間進行權衡，風險和報酬是對等的。

2. 投資分散化原則

投資分散化原則，是指為了降低投資風險，不要把全部資金投資於一個企業，而要分散投資，其理論依據是投資組合理論。

與籌資策略不同，在進行投資的時候，無論採取哪種方式進行投資，都沒有一種絕對正確的投資方案，每一種投資方案都存在着風險和報酬的權衡與取捨。雖然高報酬必須承受高風險，低風險只能獲得低報酬，但是按照投資組合原理，投資者可以通過投資組合來化解風險、減少風險，以達到收益增加的目的。美國財務及經濟學家馬科威茨認為，若干種股票組成的投資組合，其收益率是這些股票收益率的加權平均數，但是其風險卻要小於這些股票的加權平均風險，所以投資組合能夠降低風險。

投資分散化原則告訴人們"不要把所有的雞蛋放在一個籃子里"。假設一個人有100萬元，如果他把100萬元全部投資於一個公司，當這個公司破產時，他將損失100萬元；如果他把100萬元分散投資於10個公司，當這10個公司全部破產時，他將損失100萬元。假定，以上兩種方式都不能獲得被投資公司的控制權，顯然第二種投資方案的風險要比第一種方案小得多，因為10個公司全部破產比一個公司破產的概率小得多。

投資分散化原則在財務管理中具有重要的作用，它不僅適用於對外投資，而且也適用於公司的各種決策，凡是有風險的事項，都要貫徹分散化原則，以降低風險。

3. 貨幣時間價值原則

貨幣時間價值原則，是指在進行財務計量時要考慮貨幣的時間價值因素。貨幣的時間價值是指貨幣投入到生產領域，隨著時間的推移而產生的增值。

貨幣時間價值觀點強調，不同時點上貨幣價值是不等的，今天的一塊錢不等於未來的一塊錢，或者今天的一塊錢比未來的一塊錢更值錢。這就要求我們在衡量財富或者貨幣時，要將不同時點上的成本和收益都換算成現值進行比較。要折現，就必須先確定折現率。從內容上講，折現率主要是貨幣的時間價值率。

貨幣時間價值觀點在財務管理中另一個重要的應用是"早收晚付"觀念。例如對於材料採購價款，要爭取獲得信用時間，對於產品銷售收入，要爭取早日收回。

4. 成本效益原則

成本效益原則，是指對經濟活動中的所得與所費進行比較分析，對經濟行為的得失進行衡量，從經濟上考慮成本與效益的關係，使成本與效益得到最優的結合，並堅持以效益大於成本作為財務決策價值判斷的出發點。

成本效益原則在企業財務管理活動中有廣泛的運用。籌資活動要產生籌資成本，投資活動要產生投資成本，日常經營活動要產生經營成本，這一切成本、費用的發生，都是為了取得一定的收益。在進行財務活動過程中，我們必須時刻堅持成本效益原則，爭取以較少的成本帶來最大的經濟效益，從而最大限度地實現財務管理的目標。

5. 利益關係協調原則

利益關係協調原則，是指企業處理財務關係的過程中，要理順不同利益相關者之間的利益關係。合理分配收益、協調各方利益是做好財務管理工作的一項根本原則。

利益關係協調原則主要體現在收入及財務成果的分配方面，既要協調企業與國家、債權人、投資者、經營者、職工之間的利益關係，維護有關各方的合法利益，又要協調企業內部各部門、各單位之間的利益關係，以調動他們的積極性。處理財務關係時，要遵守國家法律法規及相關政策，保障有關方應得的利益，切實做好企業收入及財務成果的分配工作。

6. 資本市場有效化原則

資本市場有效化原則，是指在資本市場上金融資產的價格是受各種信息綜合影響的結果，而且面對新的信息能夠完全做出調整。

資本市場有效化原則要求企業在理財時重視市場對企業的評估，當市場對企業的評價較低時，應該分析公司的行為是否出現問題並設法改正。該原則還要求企業在理財時慎重使用金融工具。如果金融市場是有效的，購買或者出售金融工具的交易的淨現值就為零。公司很難通過籌資獲取正的淨現值，從而增加股東財富。因為在有效的資本市場上，只能獲得與投資風險相稱的報酬，即與資金成本相同的報酬，這樣很難增加股東財富。

第四節　財務管理方法

財務管理方法是反應財務管理內容、完成管理任務的手段。它主要包括財務預測、財務決策、財務計劃、財務控制和財務分析等一系列專門方法。這些方法之間的相互聯繫、相互配合，構成了完整的財務管理方法體系。

一、財務預測

財務預測是通過調查研究所掌握的資料，考慮現實的條件和要求，運用科學的方法，對企業未來的財務收支發展趨勢和財務成果的可能性做出估計和預測。財務預測是財務管理的重要環節，它能為企業正確的財務決策提供依據，也是企業建立有效財務預算的基礎。

財務預測的作用在於通過預測各項生產經營的效益，為決策提供可靠的依據；通過預計財務收支的發展變化情況，確定經營目標；通過測定各項定額和標準，為編制預算提供服務。財務預測的一般步驟可以概括為以下四個方面：

（1）明確預測目標。財務預測的目標即財務預測的對象和目的。由於預測目標不同，其預測資料、模型的建立、預測方法的選用和表現方式也不同。因此，必須明確財務預測的具體對象和目的，以規範預測的範圍。

（2）收集相關資料。根據預測的對象和目的，廣泛收集與預測目標相關的各種資料和信息，並對這些資料的可靠性、相關性進行審查以及分類、匯總，使資料符合預測的需要。

（3）建立預測模型。對影響預測目標的各個因素及其關係進行分析，建立相應的財務預測模型。

（4）實施財務預測。將經過加工整理的資料，代入財務預測模型，選用適當的預測方法，進行定性、定量的分析，得出預測的結果。

二、財務決策

財務決策是指財務人員在財務目標的總體要求下，運用專門的方法從各種備選方案中選出最佳方案。在市場經濟條件下，財務決策是財務管理的核心，財務決策的正確與否關係到企業的興衰成敗。因此，要廣泛收集資料，註重決策手段的現代化和決策思想的創造性、民主性，從而提高財務決策的水平。財務決策的一般步驟如下：

（1）確定決策目標。要進行決策，首先必須確定決策目標，然後根據決策目標有針對性地做好各個階段的決策分析工作。

（2）提出備選方案。根據決策目標，選用適當的決策方法，對收集的相關資料進行加工處理，從而提出實現決策目標的各種備選方案。

（3）選擇最優方案。提出備選方案之後，根據決策目標，採用一定的分析方法，對各種方案進行分析評價、比較權衡，從中選出最優方案。

三、財務預算

財務預算是運用科學的技術手段和數量方法，對目標進行綜合權衡，制訂主要的計劃指標，擬定增產節支措施，協調各項計劃指標。財務預算是以財務決策確立的方案和財務預測提供的信息為基礎編制的，是財務預測和財務決策所確定的經營目標的系統化、具體化，是控制財務收支活動、分析生產經營成果的依據，是落實企業經營目標的必要環節。財務預算的工作主要有：分析財務環境，確定預算指標，協調財務能力，選擇預算方法和編制財務預算。

四、財務控制

財務控制，是指在生產經營過程中，以預算任務及各項定額為依據，對各項財務收支進行日常的計算、審核和調節，將其控制在制度和預算規定的範圍之內，如果發現偏差，就及時進行糾正，以保證實現或超過預定的財務目標。財務控制是保證財務政策和財務預算實施的重要環節。其主要工作包括：制定控制標準，分解落實責任，實施追蹤控制，及時調整誤差，分析執行差異和搞好考核獎懲。

財務控制的方法是多種多樣的，按照不同的控制標準，財務控制方法可以分為制度法、計劃法、定額法、目標法和責任法。

五、財務分析

財務分析是指以核算資料為依據，對企業財務活動的過程和結果進行調查研究，評價預算完成情況，分析影響預算完成的因素，挖掘企業潛力，提出改進措施。通過財務分析過程，我們可以掌握企業財務預算的執行情況，評價財務狀況，研究和掌握企業財務活動規律，提高財務管理水平。財務分析的一般程序是：確定題目，明確目標；收集資料，掌握情況；運用方法，揭示問題；提出措施，解決問題。

財務分析的方法既有常規的絕對額分析法、比率分析法以及因素分析法，也有數量經濟批量法、線性規劃法，還有數理統計的回歸分析法等。

第五節　財務管理環境

企業的財務管理環境又稱理財環境，是指對企業理財活動產生直接或者間接影響作用的外部條件或影響因素。理財環境都是企業財務管理賴以生存的土壤，是企業開展財務管理的舞臺。對每個企業來説理財環境都是一樣的，但是在相同的理財環境下，各個企業財務活動的運行和效果卻是不一樣的。理財環境涉及的範圍廣、因素多、變化快，理財時必須認真研究分析各種財務管理環境的變動趨勢，判明其對財務管理可能造成的影響，並據此採取相應的財務對策，這樣財務管理工作才會更加科學、更有成效。大體上，理財環境主要有宏觀經濟政策環境、金融市場環境和法律環境。

一、宏觀經濟政策環境

宏觀經濟政策包括政府財政政策、貨幣政策、經濟發展與產業政策等，它是財務管理環境的重要組成部分。這些政策的實施和變動，直接影響企業的財務管理活動。

1. 財政政策

財政政策通常是指政府根據宏觀經濟規律的要求，爲達到一定的目標而制定的指導財政工作的基本方針、準則和措施。財政政策是經濟政策的重要組成部分，一般由三個要素構成：財政政策目標、財政政策主體、財政政策工具。

財政政策目標就是財政政策所要實現的期望值。雖然不同時期的社會經濟發展戰略和目標是不同的，政策目標自然也有所差別，但是我們也可以歸納出幾個一般性的財政政策目標。財政政策的一般政策目標主要有：經濟的適度增長，物價水平的基本穩定，提供更多的就業和再就業機會，收入的合理分配，社會生活質量的逐步提高等。

財政政策主體，就是財政政策的制定者和執行者。財政政策主體行爲的規範性和正確性，對財政政策的制定和執行具有決定性的作用，並直接影響財政政策的效應。

財政政策工具，是財政政策主體所選擇的用以達到政策目標的各種財政手段。財政政策工具主要包括稅收、公共支出（包括財政補貼）、政府投資、公債等。

2. 貨幣政策

所謂貨幣政策，是指一國政府爲實現一定的宏觀經濟目標所制定的關於調整貨幣供應的基本方針及其相應措施。它是由信貸政策、利率政策、匯率政策等構成的一個有機的政策體系。在市場經濟條件下，財政政策和貨幣政策共同構成調節國民經濟運行的兩大槓桿。

貨幣政策作爲國家宏觀經濟政策的重要組成部分，同財政政策一樣，其最終目標與宏觀經濟政策目標是一致的。

貨幣政策目標是借助於貨幣政策手段，即貨幣政策工具來發揮作用的。目前，我國中央銀行的貨幣政策手段主要有：

（1）中央銀行對各商業銀行發放貸款。

（2）存款準備金制度。各商業銀行要將吸收的存款按一定比例交存中央銀行。

（3）利率。中央銀行根據資金鬆緊情況確定調高或者調低利率。

（4）公開市場操作。中央銀行在金融市場上買進或者賣出政府債券，從而調節貨幣供應量。

（5）再貼現率。再貼現率實際上是指商業銀行向中央銀行借款時支付的利息。

貨幣政策的核心是通過變動貨幣供應量，使貨幣供應量和貨幣需要量之間形成一定的對比關係，進而調節社會的總需求和總供給。因此，從總量調節出發，貨幣政策分爲膨脹性、緊縮性和中性三種類型。膨脹性貨幣政策是指貨幣供應量超過經濟過程中對貨幣的實際需要量，其功能是刺激社會總需求的增長；緊縮性貨幣政策是指貨幣供應量小於貨幣的實際需要量，其主要功能是抑制社會總需求的增長；中性貨幣政策是指貨幣供應量大體上等於貨幣需要量，對社會總需求與總供給的對比狀況不產生影響。至於具體採用何種類型的貨幣政策，中央銀行需要根據社會總需求與總供給的對比狀況審慎地做出抉擇。

3. 經濟發展與產業政策

國民經濟發展規劃、國家產業政策、經濟體制改革等，都對企業的生產經營和財務活動有着極爲重要的影響，企業需要根據不同時期的宏觀經濟政策環境做出相應的財務決策。如在經濟繁榮時期，企業主要是進行擴張性籌資和擴張性投資；在經濟緊縮時期，大多數企業要考慮如何維持現有經營規模和效益，在穩定中求得發展。

在不同的發展時期，國民經濟發展規劃、國家產業政策會有所不同，企業所屬行業會受到鼓勵或制約發展的影響，這就要求企業自覺適應國民經濟發展規劃和國家產業政策的變化，及時調整經營戰略，優化產品結構，變被動爲主動，使自己在經濟發展與產業政策變動中立於不敗之地。

二、金融市場環境

金融市場是資金融通的場所，即把需要資金的單位或個人與擁有剩餘資金的單位或個人聯繫起來，實現借貸雙方之間資金轉移的場所。金融市場有廣義和狹義之分。狹義的金融市場一般是指有價證券市場，即股票和債券等的發行和買賣市場；廣義的金融市場是指一切資本流動的場所，包括實物資本和貨幣資本的流動，其交易對象包括貨幣借貸、票據承兌與貼現、有價證券買賣、黃金和外匯買賣、辦理國內外保險、生產資料的產權交換等。

1. 金融市場的構成要素

一個完備的金融市場制度體系，應至少包括兩個基本要素：一是金融市場的參與主體；二是金融市場的客體，即金融工具。

（1）金融市場的參與主體。金融市場的參與主體是指發行金融資產和投資金融資產的實體，他們在金融市場上通過交易金融工具的活動形成一系列的交易關係。

根據參與對象的不同，金融市場的參與者可以分爲投資者（投機者）、套期保值者、套利者、籌資者和市場監管者五類。投資者和籌資者是相對而言的，沒有充當固定角色的投資者，也沒有充當固定角色的籌資者；套期保值者是利用金融市場減少他們的利率、匯率和信用等風險的實體，爲了減少他們面臨的風險，套期保值者在金融市場上進行反向的對衝操作，從而使未來價值不確定的投資價值的現值相對固定化；套利者是利用市場定價的低效率來賺取無風險利潤的主體；監管者是對金融市場的交易活動進行宏觀調控和行業監管的主體，如我國的中國人民銀行、證監會、銀監會、保監會等。

根據其自身特徵的不同，金融市場參與主體可以分爲非金融中介的參與主體和金融中介的參與主體。非金融中介的參與主體有政府、企業、居民等；金融中介的參與主體有存款性金融機構、非存款性金融機構以及金融監管機構。

（2）金融市場的客體。金融市場上資金的融通行爲是建立在信用關係的基礎上的，而信用本身就是一種特殊的以償還和付息爲條件的單方面的價值轉移形式，這種價值轉移關係的建立和終結都必須借助某種金融工具才能得以實現。金融市場的客體就是金融工具。

無論是基礎金融工具還是衍生金融工具，它們至少都有期限性、流動性、風險性和收益性這四個基本特徵。所謂期限性，是指一般金融工具有規定的償還期限。償還期限是指債務人從舉借債務到全部歸還本金與利息所經歷的時間。金融工具的償還期還有零期限和無限期兩種極端情況。所謂流動性，是指金融工具在必要時迅速轉變爲現金而不致遭受損失的能力。金融工具的流動性與償還期成反比。金融工具的盈利率高低以及發行人的資信程度也是決定流動性大小的重要因素。所謂風險性，是指購買金融工具的本金和預定收益遭受損失可能性的大小。風險可能來自信用風險和市場風險兩個方面。所謂收益性，是指金融工具具有能夠帶來價值增值的特性。要比較收益率的大小，我們要將銀行存款利率、通貨膨脹率以及其他金融工具的收益率等因素綜合起來進行分析，此外還必須對風險進行考察。

2. 金融市場與企業理財

隨著現代企業制度的建立以及企業經營機制的形成和完善，企業作爲獨立的經濟實體，應面對市場環境進行決策。長期以來形成的渠道單一、形式單一的資金供給制，已經不能適應市場經濟的需要，必須以多渠道、多種形式的資金融通機制代之。金融市場作爲資金融通的場所，是企業籌集資金必不可少的條件，企業應該熟悉金融市場的各種機制和管理規則，有效地利用金融市場，發揮金融市場的積極作用。此外，在投資與利潤分配中，金融環境也對財務管理起着決定作用。

在籌資活動中，當利率上升、匯率下降、證券價格和證券指數下跌或者政府控制貨幣發行、提高銀行存款準備金率和再貼現率、參加公開市場賣出業務等情形已經成爲一種現實的影響時，整個金融市場籌資風險和成本加大，企業籌資會變得困難。但是，如果上述情形僅僅是一種對未來的預期，財務管理部門應提前採取措施，規避未來籌資成本的上升和風險的增加，如採用固定利率的長期籌資方式、進行套期保值等。當金融市場參數和政府貨幣政策的變動與上述情況相反時，籌資活動所面臨的情形和所採取的措施正好相反。

在投資活動中，當政府控制貨幣的發行、提高存款準備金率和再貼現率、參加公開市場賣出業務時，市場利率會上升，這時存款或者貸款將會獲取較高的利息。此外，由於市場利率上升，在其他條件不變時，證券價格和證券指數將會趨於下降，投資者也會將投資方向轉向存款或貸款投資。相反，當政府擴大貨幣發行量、降低存款準備金率和再貼現率、參加公開市場買入業務時，市場利率會下降，這時證券價格和證券指數在其他條件不變時會趨於上升，投資者將減少存款或貸款投資而轉向證券投資。

在分配活動中，如何確定利潤的留存和分派比例，也與金融市場環境密切相關。當市場利率上升或者政府採取緊縮的貨幣政策、證券市場價格和指數低迷、外匯匯率下降時，企業籌資困難。如果此時企業有資金需求，就應該增加利潤留存的比例。反之，則應該減少利潤留存的比例。當市場利率上升時，如果其他條件不變，爲了使企業股票價格穩定，企業也可以擴大利潤分派的比例。反之，亦然。從投資角度來看，當有較好的投資項目時，企業應該擴大利潤留存的比例。反之，則應該增加利潤分派的比例。

三、法律環境

財務管理的法律環境是指企業和外部發生經濟關係時應遵守的各種法律、法規和規章。企業在其經營活動過程中，要和國家、其他企業或者社會組織、企業職工以及其他個人發生各種經濟關係，國家在管理這些經濟活動和經濟關係的時候，將其行爲準則以法律的形式固定下來。一方面，法律提出了企業從事各項經濟活動必須遵守的規範和前提條件，從而對企業活動進行約束；另一方面，法律也爲企業依法從事各項經濟活動提供了保護。

1. 法律環境

在市場經濟條件下，企業總是在一定的法律前提下從事各項經濟活動的。

（1）企業組織法律規範

企業組織必須依法成立，組建不同的企業要依據不同的法律規範。這些法律規範包括《中華人民共和國公司法》《中華人民共和國全民所有制工業企業法》《中華人民共和國外資企業法》《中華人民共和國中外合資經營法》《中華人民共和國中外合作經營法》《中華人民共和國個人獨資企業法》《中華人民共和國合夥企業法》等，這些法律規範既是企業的組織法，又是企業的行為法。公司及其他企業的設立、變更、終止條件和程序以及生產經營的主要方面都要按照有關法律的規定來進行。企業的理財活動不能違反相關的法律，企業理財的自主權不能超越相關法律的限制。

（2）稅收法律規範

任何企業都有一定的納稅義務。我國稅種一般可以分為所得課稅、商品課稅、財產課稅、行為課稅、資源課稅五大類。

稅負是企業的一種費用，它會增加企業的現金流出，減少企業的淨利潤，對企業理財有重要影響。企業都希望能夠通過稅收籌劃來減少稅務負擔。稅收籌劃並不是偷稅、漏稅，而是在精通稅法的前提下，精心籌劃企業的籌資、投資、利潤分配等財務決策。

除上述法律規範之外，與財務管理有關的其他經濟法律規範還有很多，包括《證券法》《合同法》《支付結算法律制度》《票據法》等。

2. 企業理財與法律環境

從整體上說，法律環境對企業財務管理環境的影響和制約有以下幾個方面：

（1）在籌資活動中，國家通過法律規定了籌資的最低規模和結構，規定了籌資的前提條件和程序。

（2）在投資活動中，國家通過法律規定了投資的基本前提、投資的基本程序和應履行的手續。例如我國《中外合作經營企業法》規定，外國合作者在合作期限內先行收回投資應符合法定條件。

（3）在利潤分配活動中，國家通過法律規定了企業分配的類型或結構、分配的方式和程序、分配過程中應該履行的手續，以及分配的數量。例如我國《公司法》規定，公司彌補虧損和提取公積金後所餘稅後利潤，有限責任公司按照股東實繳的出資比例進行分配，但全體股東約定不按照出資比例分配的除外；股份有限責任公司按照股東持有的股份比例分配，但股份有限公司章程規定不按照持股比例分配的除外。

此外，在生產經營活動中，各項法律也會引起財務安排的變動，在財務管理中都要加以考慮。

【案例分析】

天橋商場是一家老字號商業企業，成立於1953年，是全國第一面"商業紅旗"。20世紀80年代初，天橋商場第一個打破中國30年工資制，將商業11級改為新8級。1993年5月，天橋商場股票在上海證券交易所上市。1998年12月30日，北京青鳥有限責任公司和北京天橋百貨股份有限公司發布公告，宣布北大青鳥通過協議受讓方式受讓北京天橋部分法人股股權。北大青鳥出資6 000多萬元，擁有了天橋商場16.76%的股份，北京天橋百貨商場更名為"北京天橋北大青鳥科技股份有限公司"（簡稱青鳥公司）。此後天橋商場的經營滑落到盈虧臨界點，面對嚴峻的形勢，公司決定裁員，以謀求長遠發展。於是就有了下面一幕。

1999年11月18日下午，北京天橋商場裡面鬧哄哄的，商場大門也掛上了"停止營業"的牌子。11月19日，很多顧客驚訝地發現，天橋商場在大周末居然沒開門。據一位售貨員模樣的人說:"商場管理層年底要和我們終止合同,我們就不給他們干活了。"員工們不僅不讓商場開門營業,還把貨場變成了群情激憤的論壇。1999年11月18日至12月2日,對北京天橋北大青鳥科技股份有限公司管理層和廣大員工來說,是黑色的15天!在這15天裏,天橋商場經歷了46年來第一次大規模裁員,天橋商場被迫停業8天之久,公司管理層經受了職業道德與人道主義的考驗,不得不在改革道路上做出是前進還是後退的抉擇。

經過有關部門的努力,公司對面臨失業職工的安撫有了最爲實際的舉措。公司董事會開會決定,同意給予終止合同職工適當的經濟補助,同意參照解除勞動合同的相關規定,對283名終止勞動合同的職工給予人均1萬元,共計300萬元左右的一次性經濟補助。這場風波總算平息了。

資產重組中裁員本是正常現象,員工的激憤情緒卻使這次停業讓公司丟掉了400萬元的銷售額和60萬元的利潤。在風波的開始,青鳥天橋追求的是利潤與股東財富的最大化,而最後風波是在"企業價值最大化"爲目標的指導下才得到平息的。

問題探討:本案例對你有何啓示?

【課堂活動】

結合自己的經歷或者所見所聞的理財活動,談談你對理財意識和理財業務的認識。
要求:分小組討論哪些是理財活動?如何從財務的角度對其進行評價?

【本章小結】

財務管理,指企業以貨幣爲主要度量形式,在企業的生產經營活動過程中組織財務活動、處理財務關係的一系列經濟管理活動的總稱,是企業管理的一個重要組成部分。財務關係是指企業在財務活動中產生的與各相關利益主體之間發生的利益關係。財務管理不僅要對資金運動進行管理,還要處理與協調各種財務關係,它們是財務管理的兩個方面。

企業進行財務活動所要達到的根本目的是實現財務管理目標,它具有穩定性、層次性和多元性的特點。企業理財的總體目標有:利潤最大化,每股收益最大化或者權益資本淨利率最大化,企業價值最大化或者股東財富最大化。企業在爲財務管理目標努力的過程中要協調各種矛盾,並注意影響財務目標實現的因素的變化。

財務管理的原則,也稱理財原則,是指人們對財務活動共同的、理性的認識。它介於理論和實務之間,是聯繫理論與實務的紐帶。爲了保證企業財務管理目標的實現,企業應該遵守的財務管理原則主要包括:風險與報酬均衡原則、投資分散化原則、貨幣時間價值原則、成本效益原則、利益關係協調原則和資本市場有效化原則。

財務管理方法是反應財務管理內容、完成管理任務的手段。它主要包括財務預測、財務決策、財務計劃、財務控制和財務分析等一系列專門方法。這些方法之間的相互聯繫、相互配合,構成了完整的財務管理方法體系。

企業的財務管理環境又稱理財環境,是指對企業理財活動直接或者間接影響作用的外部條件或影響因素。理財環境涉及的範圍廣、因素多、變化快。大體上,理財環境主要有宏觀經濟政策環境、金融市場環境、法律環境,理財時必須認真研究分析各種財務管理環境的變動趨勢,判明其對財務管理可能造成的影響,並據此採取相應的財務對策,這樣財務管理工作才會更加科學、更有成效。

【同步測試】

一、單選題

1. 企業在進行財務活動的時候，與各相關利益主體之間發生的利益關係即為（　　）。
   A. 經營關係　　　　　　　　　B. 統計關係
   C. 財務關係　　　　　　　　　D. 會計關係
2. 企業與政府的財務關係體現為（　　）。
   A. 債券債務關係　　　　　　　B. 強制和無償的分配關係
   C. 投資與受資關係　　　　　　D. 資金結算關係
3. 企業不能生存而終止的內在原因是（　　）。
   A. 長期虧損　　　　　　　　　B. 不能償還到期債務
   C. 決策者決策失誤　　　　　　D. 開發新產品失敗
4. 作為企業財務管理的目標，每股收益最大化較之利潤最大化的優點在於（　　）。
   A. 考慮了資金時間價值因素　　B. 考慮了風險因素
   C. 反應了創造利潤與投入資本的關係　　D. 能夠避免企業的短期行為
5. 相對於每股收益最大化目標而言，企業價值最大化目標的不足之處在於（　　）。
   A. 不能反應企業當前的獲利水平　　B. 沒有考慮資金時間價值
   C. 不能反應企業潛在的獲利能力　　D. 沒有考慮風險因素
6. 一般來講，金融資產的屬性具有如下相互聯繫、相互制約的關係是（　　）。
   A. 流動性強的，收益較差　　　B. 流動性強的，收益較好
   C. 收益大的，風險較小　　　　D. 流動性弱的，風險較小
7. 成本效益原則，就是要對（　　）進行分析比較。
   A. 資金成本率與息稅前資金利潤率　　B. 投資額與各期投資收益額
   C. 營業成本與營業收入　　　　D. 經濟活動中的所費與所得
8. 財務管理的基本環節是指（　　）。
   A. 籌資、投資與用資
   B. 預測、決策、預算、控制與分析
   C. 資產、負債與所有者權益
   D. 籌資活動、投資活動、資金營運活動和利潤分配活動
9. 從管理當局可控制的因素來看，影響財務管理目標實現的最基本的因素是（　　）。
   A. 投資項目、資本結構　　　　B. 投資報酬率和風險
   C. 經濟環境和金融環境　　　　D. 時間價值和風險價值
10. 財務主管人員最感困難的處境是（　　）。
    A. 盈利企業維持現有規模　　　B. 虧損企業擴大投資規模
    C. 盈利企業擴大投資規模　　　D. 虧損企業維持現有規模

二、多選題

1. 下列經濟活動中，屬於企業財務活動的有（　　）。
   A. 資金營運活動　　　　　　　B. 利潤分配活動
   C. 籌集資金活動　　　　　　　D. 投資活動
2. 資金是（　　）。

  A. 再生產過程中物資價值的貨幣表現
  B. 企業擁有的經濟資源
  C. 再生產過程中運動着的價值
  D. 再生產過程中的勞動消耗
  E. 體現作用於物資中的社會必要勞動量
3. 財務關係是指（　　）。
  A. 企業與投資者和受資者之間的財務關係
  B. 企業與債權人、債務人、往來客戶之間的財務關係
  C. 企業與稅務機關之間的財務關係
  D. 企業內部各單位之間的財務關係
  E. 企業與職工之間的財務關係
4. 以利潤最大化作爲財務管理目標，其缺陷是（　　）。
  A. 沒有考慮資金時間價值
  B. 沒有考慮風險因素
  C. 只考慮近期因素而沒有考慮遠期因素
  D. 只考慮自身收益沒有考慮社會效益
  E. 沒有考慮投入資本和獲利之間的關係
5. 財務管理十分重視股價的高低，其原因是股價（　　）。
  A. 代表投資大衆對公司價值的評價
  B. 反應了資本和獲利之間的關係
  C. 反應了每股盈餘的大小和取得的時間
  D. 它受企業風險大小的影響，反應了每股盈餘的風險

三、判斷題

1. 在風險相同時提高投資報酬率能夠增加股東財富。（　）
2. 財產物質的貨幣表現就是資金。（　）
3. 企業的資金運動以綜合的方式反應企業的經營過程。（　）
4. 企業的財務活動，就是企業再生產過程中的資金運動。（　）
5. 任何要擴大經營規模的企業，都會遇到相當嚴重的現金短缺情況。（　）
6. 利潤最大化是現代企業財務管理的最優目標。（　）
7. 以企業價值最大化作爲財務管理目標，有利於社會資源的合理配置。（　）
8. 財務決策的情報活動、設計活動、抉擇活動、和審查活動等四個階段是按照順序完成的。（　）
9. 風險報酬權衡原則是指風險報酬之間存在一個對等關係，投資人必須對報酬和風險做出權衡，爲追求較高報酬而承擔較大風險，或爲減少風險而接受較低的報酬。（　）
10. 在金融市場上利息率的最高限額不能超過平均利潤率，否則企業將無利可圖。（　）

四、問答題

1. 簡述企業的財務關係。
2. 簡述財務管理的內容。
3. 論述企業價值最大化是財務管理的最優目標。
4. 論述財務預測的主要功能和步驟。

第二章　財務分析

【引導案例】

某公司 2017 年的資產負債表和利潤表如下：

表 2-1　　　　　　　　　　　　　　資產負債表
　　　　　　　　　　　　　　　2017 年 12 月 31 日　　　　　　　　　　　　單位：萬元

資產	年初數	年末數	負債及所有者權益	年初數	年末數
貨幣資金	110	116	短期借款	180	200
交易性金融資產	80	100	應付帳款	182	285
應收帳款	350	472	應付職工薪酬	60	65
存貨	304	332	應繳稅費	48	60
流動資產合計	844	1,020	流動負債合計	470	610
			長期借款	280	440
固定資產	470	640	應付債券	140	260
長期股權投資	82	180	長期應付款	44	50
無形資產	18	20	非流動負債合計	464	750
非流動資產合計	570	840	負債合計	934	1,360
			實收資本	300	300
			資本公積	50	70
			盈餘公積	84	92
			未分配利潤	46	38
			所有者權益合計	480	500
資產合計	1,414	1,860	負債及所有者權益合計	1,414	1,860

表 2-2　　　　　　　　　　　　　　利潤表
　　　　　　　　　　　　　　　2017 年 12 月 31 日　　　　　　　　　　　　單位：萬元

項目	本年累計數
一、營業收入	5,800
減：營業成本	3,480
營業稅金及附加	454
銷售費用	486
管理費用	568
財務費用	82

表2-2(續)

項目	本年累計數
加：投資收益	54
二、營業利潤	784
加：營業外收入	32
減：營業外支出	48
三、利潤總額	768
減：所得稅費用（稅率25%）	192
四、淨利潤	576

依據以上兩張報表，評價該公司整體情況並分析其存在的主要問題？你將怎樣分析該公司的償債能力、營運能力和盈利能力，進而得到該公司財務狀況、運營狀況和盈利狀況呢？

【本章學習目標】

1. 掌握財務分析常用的比率及原理。
2. 熟悉企業財務狀況綜合分析方法。
3. 瞭解財務分析的意義、內容、步驟及基本方法。
4. 能運用各種財務指標進行償債能力、營運能力和盈利能力分析。
5. 能明確各種財務指標的經濟意義，並對企業進行綜合財務分析。

第一節　財務分析概述

財務分析是以會計核算和報表資料及其他相關資料為依據，採用一系列專門的分析技術和方法，對企業財務活動過程及結果進行分析和評價的經濟管理活動。瞭解企業等經濟組織過去和現在有關籌資活動、投資活動、經營活動、分配活動的盈利能力、營運能力、償債能力和增長能力狀況等。它是為企業的投資者、債權人、經營者及其他關心企業的組織或個人瞭解企業過去、評價企業現狀、預測企業未來做出正確決策提供準確的信息或依據的經濟應用學科。

一、財務分析的作用

財務分析在財務管理工作中有着重要的作用，其作用從不同的角度看是不同的。從財務分析服務的對象看，財務分析不僅對企業內部生產經營管理非常重要，而且對企業外部投資決策、貸款決策、賒銷決策等也十分重要。從財務分析的職能作用看，它對於正確預測、決策、計劃、控制、考核、評價都有着重要作用。而根據報表信息的使用對象，財務分析的作用主要表現在以下幾個方面：

(一) 為企業管理者提供經營管理依據

企業管理者可以通過財務分析來評價企業財務狀況的好壞，揭示企業財務活動中存在的矛盾，檢查企業內部各部門職能和單位對各項指標的執行狀況情況，考核工作業績，總結經驗教訓，採取措施，挖掘潛力，制定正確投資和經營策略，實現企業的理財目標。

(二) 爲企業外部投資和貸款人提供決策依據

企業外部投資者，需要通過對企業財務活動的分析來評價企業經營管理人員的業績以及考核他們資產經營者是否稱職、評價資本盈利能力、各種投資的發展前景、投資風險程度等，以此作爲投資決策的依據。企業的債權人，也需要通過對企業財務活動的分析來考核企業的財務狀況、償債能力、資本的流動性以及資產負債等。只有詳細掌握了企業經營成果及財務狀況等各方面的信息並加以分析評價，才能做出正確的投資決策。

(三) 爲有關部門提供管理監督依據

現代企業要受到上級有關部門和財政、稅務、審計等部門的管理和監督。通過財務分析，上級主管部門可以考核和檢查所屬企業的經營管理情況，適時加強管理，以提高效益；財政部門可監督企業資金的使用情況，促進企業健全財務制度；稅務部門可瞭解和檢查企業執行稅法的情況，防止稅收流失等。

二、財務分析的內容

財務分析的內容一般是以財務指標加以表現的，儘管各有關主體對財務分析的要求各有側重，但也有共同的要求，即總結、評價和考核企業的財務狀況和經營成果。因此，財務分析的主要內容包括以下五個方面：

(一) 企業資本結構分析

資本結構是指某資金占資金總額的比重。一般來講，企業的各項資金應保持適當的比例關係，如資產與負債、長期資金與短期資金等，財務分析結果可以確定企業目前的資本結構及其發展趨勢是否合理，以便企業在未來的生產經營過程中正確地籌集資金，合理安排資金的使用，使資金的利用效果達到最佳狀態。

(二) 企業償債能力分析

償債能力是指企業償還本身債務的能力。償債能力的大小，是任何與企業有關聯的尤其是債權人所關心的主要問題之一，是判斷企業財務狀況是否良好的重要標誌。企業償債能力強，則可以利用借入資金增加企業的利潤；企業的償債能力差，就會影響企業的信譽，造成資金緊張，喪失投資機會。因此企業通過財務分析可以適度負債，提高對債務資金的利用程度。

(三) 企業資金營運能力分析

分析企業資產的分佈情況和周轉使用情況，可以查明企業運用資金是否充分有效。一般來講，資金周轉速度越快，資金使用效率越高，則企業營運能力越強；反之，則企業營運能力越差。

(四) 企業獲利能力分析

獲利能力是企業賴以生存和發展的基本條件，是衡量企業經營好壞的重要標誌。獲利能力的強弱，實質上也體現一個企業生命力的強弱，從一定意義上說，獲利能力比償債能力更爲重要。這是因爲：一方面，獲利是衡量管理效能優劣的最主要標誌，獲利能力的強弱直接影響企業的信譽；另一方面，獲利能力的強弱也決定了償債能力的高低，除非企業有足夠的抵押品，否則其償債能力還是來源於經營利潤。

(五) 企業發展能力分析

任何企業的發展都會受到內部和外部、客觀和主觀等因素變化的影響，這些影響導致企業在發展過程中出現高速、平緩甚至衰退的不同時期。企業所處的不同發展時期對財務策略有着不可忽視的影響，因此，企業只有根據財務分析及時調整財務策略，才能不斷提高其自身的發展能力，從而在激烈的市場競爭中始終處於不敗之地。

第二節　財務分析方法

財務分析的方法很多，常用的方法主要有比較分析法、比率分析法、趨勢比率分析法和因素分析法等幾種。

（一）比較分析法（絕對數分析）

比較分析法的理論基礎，是客觀事物的發展變化是統一性與多樣性的辯證結合。共同性使它們具有了可比的基礎，差異性使它們具有了不同的特徵。在實際分析時，這兩方面的比較往往結合使用。比較分析法是通過對比兩期或連續數期財務報告中的相同指標，確定其增減變動的方向、數額和幅度，來說明企業財務狀況或經營成果變動趨勢的一種方法。

在實際工作中，根據分析的目的和要求不同，比較分析法有以下三種形式：

1. 不同時期財務指標的比較

（1）定基動態比率，是以某一時期的數額爲固定的基期數額而計算出來的動態比率。

（2）環比動態比率，是以每一分析期的數據與上期數據相比較計算出來的動態比率。

2. 同業分析

將企業的主要財務指標與同行業的平均指標或同行業中先進企業指標對比，可以全面評價企業的經營成績。與行業平均指標的對比，可以分析判斷該企業在同行業中所處的位置。和先進企業的指標對比，有利於吸收先進經驗，克服本企業的缺點。

3. 預算差異分析

將分析期的預算數額作爲比較的標準，實際數與預算數的差距就能反應完成預算的程度，可以爲人們進一步分析和尋找企業潛力提供方向。

比較法的主要作用在於揭示客觀存在的差距以及形成這種差距的原因，幫助人們發現問題，挖掘潛力，改進工作。比較法是各種分析方法的基礎，不僅報表中的絕對數要通過比較才能說明問題，計算出來的財務比率和結構百分數也都要與有關資料（比較標準）進行對比，才能得出有意義的結論。

採用比較分析法時，應當註意以下問題：

（1）用於對比的各個時期的指標，其計算口徑必須保持一致；

（2）應剔除偶發性項目的影響，使分析所利用的數據能反應正常的生產經營狀況；

（3）應運用例外原則對某項有顯著變動的指標做重點分析。

（二）比率分析法（相對數分析）

比率分析法是通過經濟指標之間的對比，求出比率來確定各經濟指標間的關係和變動程度，以評價企業財務狀況及成果的一種方法。運用比例分析法，我們能夠把在某些條件下的不可比指標變爲可比指標來進行比較。例如，在評價同行業盈利能力時，由於各企業的規模、地理位置、技術條件等因素各不相同，因此不能簡單地以盈利總額進行對比，而應當用淨資產收益率等相對指標進行對比說明，這樣才能公正地評價企業經營管理水平及盈利能力的高低。比率分析法有以下三種形式：

1. 相關比率分析法

相關比率分析法是指同一時期兩個相關指標進行對比求出比率，用以反應有關經濟活動中財務指標間的相關關係。例如用流動資產與流動負債的比率來表明每一元流動負債有多少流動資產作為償還的保證；用銷售收入與流動資產平均占用額的比率來表明企業流動資產的周轉速度；用利潤額與資本金的比率來反應企業資金的盈利能力等。

2. 構成比率分析法

構成比率分析法又稱結構比率分析法。它是某項經濟指標的各個組成部分與總體的比率，它反應總體內部各部分占總體構成比率的關係。其計算公式為：

構成比率＝某個組成部分數額/總體數額×100%

總體經濟指標中各個構成部分安排得是否合理、結構比例是否協調，直接關係到企業經營活動的正常運轉，例如總體資金中短期資金與長期資金應保持適當的比例，短期資金過多會影響企業長遠發展，短期資金過少又會使企業周轉陷入困境。又如企業的利潤總額中，產品銷售利潤與其他銷售利潤的比例應適當合理，如果其他銷售利潤的比例增大，則說明企業主營業務受阻，前景不宜樂觀。

3. 效率比率分析法

效率比率是某項經濟活動中所費與所得的比率，它反應投入與產出的關係。我們可以用效率比率指標進行得失比較，考察經營成果，評價經濟效益。例如將利潤項目與營業收入、營業成本、資本等項目加以對比，可以計算出成本利潤率、營業利潤率和資本利潤率等利潤率指標，還可從不同角度觀察比較企業獲利能力的高低及其增減變化情況。

採用比率分析法時，應當註意以下幾點：

（1）對比項目的相關性；

（2）對比口徑的一致性；

（3）衡量標準的科學性。

(三) 趨勢比率分析法

趨勢分析就是分析期與前期或連續數期項目金額的對比，是一種動態的分析。

通過分析期與前期（上季、上年同期）財務報表中有關項目金額的對比，人們可以從差異中及時發現問題，查找原因，改進工作。連續數期的財務報表項目比較，能夠反應出企業的發展動態，從而揭示當期財務狀況和營業情況增減變化，判斷引起變動的主要項目及變化的性質，發現問題並評價企業財務管理水平，同時也可以預測企業未來的發展趨勢。

(四) 因素分析法

因素分析法也是財務報表分析常用的一種技術方法。它是指把整體分解為若干個局部的分析方法，包括財務的比率因素分解法和差異因素分解法。

1. 比率因素分解法

比率因素分解法，是指把一個財務比率分解為若干個影響因素的方法。例如，資產收益率可以分解為資產周轉率和銷售利潤率兩個比率的乘積。財務比率是財務報表分析的特有概念，財務比率分解是財務報表分析所特有的方法。

在實際的分析中，分解法和比較法是結合使用的。比較之後需要分解，以深入瞭解差異的原因；分解之後還需要比較，以進一步認識其特徵。不斷的比較和分解，構成了財務報表分析的主要過程。

2. 差異因素分解法

為瞭解釋比較分析中所形成差異的原因，我們需要使用差異分解法。例如，產品材料成本差異可以分解爲價格差異和數量差異。
差異因素分解法又分爲定基替代法和連環替代法兩種。
（1）定基替代法
定基替代法是測定比較差異成因的一種定量方法。按照這種方法，我們需要分別用標準值（歷史的、同業企業的或預算的標準）替代實際值，以測定各因素對財務指標的影響。
（2）連環替代法
連環替代法是另一種測定比較差異成因的定量分析方法。按照這種方法，我們需要依次用標準值替代實際值，以測定各因素對財務指標的影響。
採用因素分析法時，必須註意以下問題：
①因素分解的關聯性；
②因素替代的順序性；
③順序替代的連環性；
④計算結果的假定性。

第三節　財務指標及其分析

財務指標分析是指總結和評價企業財務狀況與經營成果的分析指標，包括償債能力指標、運營能力指標、盈利能力指標和發展能力指標。

一、償債能力分析

償債能力是指企業償還本身所欠債務的能力。償債能力的高低直接表明企業財務風險的大小，所以企業投資者、債權人及企業財務管理人員都非常重視對償債能力的分析，償債能力分爲短期償債能力和長期償債能力兩個方面。

（一）短期償債能力分析

短期償債能力是企業以流動資產償還流動負債的能力，它反應企業償付日常到期債務的實力。如果短期償債能力不足，企業則無法償付到期債務及各種應付帳款，如此下去，企業就會出現信譽下降、經營周轉資金短缺、經營管理困難等情況，甚至直接破產。因此，短期償債能力的分析是財務分析中非常重要的一個方面，它是反應企業財務狀況是否良好的一個重要標誌。

企業短期償債能力分析主要採用比率分析法，衡量指標主要有流動比率、速動比率和現金流動負債率。

1. 流動比率

流動比率是流動資產與流動負債的比率，表示企業每 1 元流動負債有多少流動資產作爲償債保證，它反應了企業的流動資產償還流動負債的能力。其計算公式爲：

流動比率＝流動資產/流動負債×100%

一般情況下，流動比率越高，企業短期償債能力越強，因爲該比率越高，不僅表明企業擁有較多的營運資金抵償短期債務，而且表明企業可以變現的資產數額較大，債權人的風險小。但是，過高的流動比率並不都是好現象。

從理論上講，流動比率維持在 2 是比較合理的。但是，由於行業性質不同，流動比率的實際標準也不同。所以，在分析流動比率時，應將其與同行業平均流動比率和本企業歷史的流動比率進行比較，才能得出合理的結論。

2. 速動比率

速動比率，又稱酸性測試比率，是企業速動資產與流動負債的比率。其計算公式爲：

速動比率＝速動資產/流動負債×100%

其中：速動資產＝流動資產-存貨

或：速動資產＝流動資產-存貨-預付帳款-待攤費用

計算速動比率時，流動資產中扣除存貨，是因爲存貨在流動資產中變現速度較慢，有些存貨可能滯銷，無法變現。另外，預付帳款和待攤費用根本不具有變現能力，只是減少了企業未來的現金流出量，所以理論上也應剔除，但實務中，由於它們在流動資產中所占的比重較小，計算速動資產時也可以不扣除。

傳統經驗認爲，速動比率維持在 1 較爲正常。它表明企業每 1 元流動負債就有 1 元易於變現的流動資產來抵償，短期償債能力有可靠的保證。

速動比率過低，企業的短期償債風險較大，速動比率過高，企業在速動資產上占用資金過多，會增加企業投資的機會成本。但以上評判標準並不是絕對的。

3. 現金流動負債比率

現金流動負債比率是企業一定時期經營現金淨流量與流動負債的比率。它可以從現金流量角度來反應企業當期償付短期負債的能力。其計算公式爲：

現金流動負債比率＝年經營現金淨流量/流動負債×100%

式中年經營現金淨流量指一定時期內，由企業經營活動所產生的現金及現金等價物的流入量與流出量的差額。

該指標是從現金流入和流出的動態角度對企業實際償債能力進行考察。用該指標評價企業償債能力更爲謹慎。該指標較大，表明企業經營活動產生的現金淨流量較多，能夠保障企業按時償還到期債務。但也不是越大越好，現金流動負債比率太大則表示企業流動資金利用不充分，收益能力不強。

【例 2-1】假設該企業 2010 年度、2011 年度的年經營淨現金流量分別爲 2,000 萬元、1,940 萬元。根據表 2-3 的資料，該企業短期償債能力指標計算如表 2-4 所示。

表 2-3　　　　　　　　　　　　　　資產負債表

2011 年 12 月 31 日　　　　　　　　　　　　　　單位：萬元

資產	年初數	年末數	負債及所有者權益	年初數	年末數
流動資產			流動負債		
貨幣資金	800	1,000	短期借款	2,400	2,600
交易性金融資產	1,200	940	應付帳款	900	1,000
應收帳款	2,400	2,800	預收帳款	400	420
預付帳款	200	260	其他應付款	300	180
存貨	3,400	3,800	流動負債合計	4,000	4,200
流動資產合計	8,000	8,800	長期負債	9,000	10,000
非流動資產			負債合計	13,000	14,200
持有至到期投資	400	400	（發行普通 100 萬股）		
長期股權投資	1,600	1,600	實收資本	12,000	12,000
固定資產	20,000	21,200	盈餘公積	3,600	4,000

表2-3(續)

資產	年初數	年末數	負債及所有者權益	年初數	年末數
非流動資產合計	22,000	23,200	未分配利潤	1,400	1,800
			所有者權益合計	17,000	17,800
資產合計	30,000	32,000	負債及所有者權益合計	30,000	32,000

表 2-4　　　　　　　　　該企業短期償債能力指標計算

償債能力指標	年初	年末
流動比率	8 000/2 000＝2	8 800/4 200＝2.095
速動比率	（8 000-200-3 400）/4 000＝1.1	（8 800-260-3 800）/4 200＝1.13
現金流動負債比率	2 000/4 000＝0.5	1 940/4 200＝0.46

通過計算，我們可以看到企業流動比率及速動比率均超過一般公認標準，而且年末比年初有所提高，可以確定該企業短期償債能力很強；現金流動負債比率，2011年比2010年有所降低，表明企業開始注意現金類資產的使用效率，注意調整資產結構，提高資金的使用效率。

(二) 長期償債能力分析

長期償債能力是指企業償還長期負債的能力。它的大小是反應企業財務狀況穩定與否及安全程度高低的重要標誌。其分析指標主要有四項。

1. 資產負債率

資產負債率又稱負債比率，是企業負債總額與資產總額的比率。它表示企業資產總額中，債權人提供資金所占的比重，以及企業資產對債權人權益的保障程度。其計算公式為：

資產負債率＝負債總額/資產總額×100%

資產負債率高低對企業的債權人和所有者具有不同的意義。

債權人希望負債比率越低越好，此時，其債權的保障程度就越高。

對所有者而言，最關心的是投入資本的收益率。只要企業的總資產收益率高於借款的利息率，舉債越多，即負債比率越大，所有者的投資收益越大。

一般情況下，企業負債經營規模應控制在一個合理的水平，負債比重應掌握在一定的標準內。如果資產負債率大於1，則表明企業資不抵債，面臨破產的威脅，債權人會遭受到更大的損失。一般認為，負債比率在50%左右較為合適。

2. 產權比率

產權比率是指負債總額與所有者權益總額的比率，是企業財務結構穩健與否的重要標誌，也稱資本負債率。其計算公式為：

負債與所有者權益比率＝（負債總額÷所有者權益總額）×100%

該比率反應了所有者權益對債權人權益的保障程度，即在企業清算時債權人權益的保障程度。該指標越低，表明企業的長期償債能力越強，債權人權益的保障程度越高，承擔的風險越小，但企業不能充分地發揮負債的財務槓桿效應。

3. 有形淨值債務率

有形淨值是股東權益減去無形資產淨值，即股東具有所有權的有形資產的淨值。有形淨值債務率用於揭示企業的長期償債能力，表明債權人在企業破產時的被保護程度。其計算公式如下：

有形淨值債務率＝負債總額/（股東權益-無形資產淨值）×100%

有形淨值債務率主要是用於衡量企業的風險程度和對債務的償還能力。這個指標越大，表明風險越大；反之，則越小。同理，該指標越小，表明企業長期償債能力越強，反之，則越弱。

4. 利息保障倍數

利息保障倍數又稱爲已獲利息倍數，是企業息稅前利潤與利息費用的比率，是衡量企業償付負債利息能力的指標。其計算公式爲：

利息保障倍數＝（稅前利潤＋利息費用）／利息費用
　　　　　　＝（EBIT＋I）／I

上式中，利息費用是指本期發生的全部應付利息，包括流動負債的利息費用，長期負債中進入損益的利息費用以及進入固定資產原價中的資本化利息。

利息保障倍數越高，說明企業支付利息費用的能力越強，該比率越低，說明企業難以保證用經營所得來及時足額地支付負債利息。因此，它是衡量企業償債能力強弱的主要指標，企業通過該指標決定是否舉債經營。

若要合理地確定企業的利息保障倍數，我們需將該指標與其他企業，特別是同行業平均水平進行比較。根據穩健原則，我們應以指標最低年份的數據作爲參照物。但是，一般情況下，利息保障倍數不能低於1。

二、營運能力分析

運營能力是指企業基於外部市場環境的約束，通過內部人力資源和生產資料的配置組合而對財務目標實現所產生作用的大小。運營能力指標主要包括生產資料運營能力指標。

企業擁有或控制的生產資料表現爲對各項資產的占用。因此，生產資料的運營能力實際上就是企業的總資產及其各個組成要素的運營能力。資產運營能力的強弱取決於資產的周轉速度、資產運營狀況、資產管理水平等多種因素。分析企業營運能力的主要指標有：

（一）應收帳款周轉率

應收帳款周轉率是企業在一定時期營業收入與應收帳款平均餘額的比率。它是反應應收帳款周轉速度的指標。其計算公式爲：

應收帳款周轉率（周轉次數）＝營業收入／應收帳款平均餘額

其中：應收帳款平均餘額＝（應收帳款餘額年初數＋應收帳款期末年初數）／2

應收帳款周轉期（周轉天數）＝平均應收帳款餘額×360／營業收入

應收帳款周轉率反應了企業應收帳款變現速度的快慢及管理效率的高低，周轉率越高表明：①收帳迅速，帳齡較短；②資產流動性強，短期償債能力強；③可以減少收帳費用和壞帳損失，從而相對增加企業流動資產的投資收益。同時借助應收帳款周轉期與企業信用期限的比較，還可以評價購買單位的信用程度，以及企業原定的信用條件是否適當。

利用上述公式計算應收帳款周轉率時，需要注意以下幾個問題：①公式中的應收帳款包括會計核算中"應收帳款"和"應收票據"等全部賒銷在內；②如果應收帳款餘額的波動性較大，應盡可能使用更詳盡的計算資料，如按每月的應收帳款餘額來計算其平均占用額；③分子、分母的數據應注意時間的對應性。

（二）存貨周轉率

存貨周轉率是企業在一定時期銷售成本與存貨平均餘額的比率，是反應企業流動資產流動性的一個指標，也是衡量企業生產經營各個環節中存貨運營效率的一個綜合性指標。銷售成本爲利潤表中營業成本與銷售費用之和。其計算公式爲：

存貨周轉次數＝銷售成本／存貨平均餘額
存貨周轉天數＝計算期天數／存貨周轉次數
　　　　　　＝存貨平均餘額×計算期天數／營業成本
其中：存貨平均餘額＝（存貨年初數+存貨餘額年末數）／2

存貨周轉速度的快慢，不僅反應出企業採購、儲存、生產、銷售各環節管理工作狀況的好壞，而且對企業的償債能力及獲利能力產生決定性的影響。一般來講，存貨周轉率越高越好，存貨周轉率越高，表明其變現的速度越快，周轉額越大，資金占用水平越低。因此，存貨周轉分析有利於找出存貨管理存在的問題，盡可能降低資金占用水平。存貨不能儲存過少，否則可能造成生產中斷或者銷售緊張；也不能儲存過多，而形成呆滯、積壓，一定要保證結構合理、質量可靠。其次，存貨是流動資產的重要組成部分，其質量和流動性對企業流動比率產生舉足輕重的影響，並進而影響企業的短期償債能力。因此，企業一定要加強存貨的管理，來提高其投資的變現能力和獲利能力。

【例2-2】根據表2-3資產負債表、表2-5利潤表的資料，假設該企業2009年年末存貨餘額為3 300萬元，則該企業存貨周轉率計算如表2-6所示。

表2-5　　　　　　　　　　　　利潤表
　　　　　　　　　　　　2011年12月31日　　　　　　　　　　單位：萬元

項目	上年數	本年數
一、營業收入	33,000	36,000
減：營業成本	24,000	26,000
營業稅金及附加	3,300	3,600
銷售費用	1,800	1,900
管理費用	560	560
財務費用	600	640
加：投資收益	800	800
二、營業利潤	3,540	4,100
加：營業外收入	1,160	1,300
減：營業外支出	1,100	1,200
三、利潤總額	3,600	4,200
減：應繳所得稅（稅率25%）	900	1,050
四、淨利潤	2,700	3,150

表2-6　　　　　　　　　　企業存貨周轉率計算表

項目	2009年	2010年	2011年
1. 營業成本／萬元		25,800	27,900
2. 存貨年末餘額／萬元	3,300	3,400	3,800
3. 存貨平均餘額／萬元		3,350	3,600
4. 存貨周轉次數／次		7.7	7.75
5. 存貨周轉天數／天		46.75	46.45

通過以上計算表明，該企業2011年存貨周轉率比上年有所加快，但增速很有限，所以企業還應繼續加強存貨管理，不斷降低存貨成本，從而加速存貨資金周轉，提高成本的綜合管理水平。

（三）流動資產周轉率

流動資產周轉率是流動資產在一定時期所完成的周轉額與流動資產平均占有額的比率。這裡的周轉額通常用銷售收入來表示。流動資產周轉率有兩種表示方式，即周轉次數和周轉天數。它們的計算公式分別為：

流動資產周轉次數＝營業收入／流動資產平均占用額

流動資產周轉天數＝計算期天數／流動資產周轉次數

　　　　　　　　＝流動資產平均占有額×計算期天數／營業收入

流動資產周轉次數是指在一定時期內流動資產完成了幾次周轉。周轉次數越多，說明流動資產周轉速度越快，資金利用效果越好。流動資產周轉天數是指流動資產完成一次周轉需要多少天。周轉一次所用天數越少，表明流動資產周轉速度越快；反之，則越慢。因此，流動資產周轉天數和次數是從兩個角度來反應企業流動資金周轉速度的指標。

（四）固定資產周轉率

固定資產周轉率是指企業年銷售收入淨額與固定資產平均淨值的比率。它是反應企業固定資產周轉情況，從而衡量固定資產利用效率的一項指標。其計算公式為：

固定資產周轉率＝營業收入／平均固定資產淨值

其中：平均固定資產淨值＝（固定資產淨值年初數＋固定資產淨值年末數）／2

固定資產周轉期（周轉天數）＝（平均固定資產淨值×360）／營業收入

需要說明的是，與固定資產有關的價值指標有固定資產原價、固定資產淨值和固定資產淨額等。其中，固定資產原價是指固定資產的歷史成本。固定資產淨值為固定資產的原價扣除已計提累計折舊後的金額（固定資產淨值＝固定資產原價－累計折舊）。固定資產淨額則是固定資產原價扣除已計提累計折舊以及已計提減值準備後的餘額（固定資產淨＝固定資產原價－累計折舊－已計提的減值準備）。

一般情況下，固定資產周轉率越高，表明企業固定資產利用越充分，同時也能表明固定資產投資得當，固定資產結構合理，能夠充分發揮效率；反之，如果固定資產周轉率不高，則表明固定資產使用效率不高，提供的生產成果不多，企業的營運能力不強。

運用固定資產周轉率時，我們需要考慮固定資產因計提折舊其淨值在不斷減少，以及因更新重置其淨值突然增加的影響。同時，不同的折舊方法可能影響其可比性。故再分析時，一定要剔除掉這些不可比因素。

（五）總資產周轉率

總資產周轉率是反應企業總資產周轉速度的指標，是企業一定時期營業收入與資產平均餘額的比率。其計算公式為：

總資產周轉率＝營業收入／資產平均餘額

總資產周轉率反應了企業全部資產的使用效率。該周轉率高，說明全部資產的經營效率高，取得的收入多；該周轉率低，說明全部資產的經營效率低，取得的收入少，最終會影響企業的盈利能力。企業應採取各項措施來提高企業的資產利用程度，如提高銷售收入或處理多餘的資產。

三、盈利能力分析

盈利能力通常是指企業在一定時期內賺取利潤的能力。盈利能力的大小是一個相對的概念，即利潤是相對於一定的資源投入和一定的收入而言的。利潤率越高，盈利能力越強；

利潤率越低，盈利能力越差。企業經營業績的好壞最終可通過企業的盈利能力來反應。企業盈利能力分析可從企業盈利能力一般分析和社會貢獻能力分析兩方面研究。

（一）資產淨利率

資產淨利潤率又叫資產報酬率、投資報酬率或資產收益率，是企業在一定時期内淨利潤和資產平均總額的比率。其計算公式爲：

資產淨利率＝淨利潤/資產平均總額×100%

資產平均總額爲期初資產總額與期末資產總額的平均數。資產淨利率越高，表明企業資產利用的效率越好，整個企業盈利能力越強，經營管理水平越高。

（二）營業利潤率

營業利潤率表明企業每單位營業收入能帶來多少營業利潤。它反應了企業主營業務的獲利能力，是評價企業經營效益的主要指標。營業利潤率越高，企業獲利能力就越強，營業收入水平就越高。反之，則越低。其計算公式如下：

營業利潤率＝營業利潤/營業收入×100%

需要説明的是，從利潤表來看，企業的利潤包括營業利潤、利潤總額和淨利潤三種形式。而營業收入包括主營業務收入和其他業務收入，收入來源有商品銷售收入、提供勞務收入和資產使用權讓渡收入等。因此，在實務中也經常使用銷售淨利率、銷售毛利率等指標（計算公式如下）來分析企業經營業務的獲利水平。此外，通過考察營業利潤占整個利潤總額比重的升降，我們可以發現企業經營理財狀況的穩定性、面臨的危險或者可能出現的轉機跡象。

（三）成本費用利潤率

成本費用利潤率是指企業利潤總額與成本費用總額的比率，用以反應企業在生產經營活動過程中所費與所得之間的關係。其計算公式爲：

成本費用利潤率＝利潤總額/成本費用總額×100%

其中：

成本費用總額＝營業成本＋營業税金及附加＋銷售費用＋管理費用＋財務費用

成本費用利潤率越高，説明企業耗費所取得的收益越高。

（四）每股收益

每股收益也稱每股盈餘，是由企業的税後淨利扣除優先股股利後的餘額與流通在外的普通股股數進行對比所確定的普通股每股收益額，用以評價公司發行在外的每一股普通股的盈利能力。在投資分析中，每股收益是非常重要的，因爲投資者可以把本年度的每股收益和公司以往年度的每股收益相比較，預測每股收益的變動趨勢及股價的變動趨勢。

每股收益＝（税後利潤－優先股股利）/普通股平均發行在外股數

發行在外普通股加權平均數＝期初發行在外普通股股數＋當期新發行普通股股數×已發行時間/報告期時間－當期回購普通股股數×已回購時間/報告期時間

企業存在稀釋性潛在普通股的，應當分別調整歸屬於普通股股東的當期淨利潤和發行在外普通股的加權平均數（即基本每股收益計算公式中的分子、分母），據以計算稀釋每股收益。其中，稀釋性潛在普通股是指假設當期轉換爲普通股會減少每股收益的潛在普通股，主要包括可轉換公司債券、認股權證和股票期權等。

一般來講，每股收益越高，表明企業績效越好，投資者應在投資決策前就各公司的每股收益進行比較，以選擇每股收益最高的公司作爲投資目標。

（五）市盈率

市盈率也稱價格盈餘比例，是普通股每股市場價格與每股利潤的比率。反應投資者爲從某種股票獲得1元收益所願意支付的價格。其計算公式爲：

市盈率＝普通股每股市場價格／普通股每股利潤

市盈率反應投資者對每元利潤所願支付的價格，市盈率越低，代表投資者能夠以越低的價格購入股票以取得回報。假設某股票的市價爲24元，而過去12個月的每股盈利爲3元，則市盈率爲24/3＝8。該股票被視爲有8倍的市盈率，即每付出8元可分享1元的盈利。投資者計算市盈率，主要用來比較不同股票的價值。理論上，股票的市盈率越低，越值得投資。比較不同行業、不同國家、不同時段的市盈率是不大可靠的。比較同類股票的市盈率較有實用價值。需要注意的是，該指標不能用於行業不同的企業間的比較。

四、企業發展能力分析

企業發展能力分析，主要是對企業經營規模、資本增值、生產經營成果、財務超過的變動趨勢進行分析，綜合評價企業未來的營運能力和盈利能力，以考察其是否能夠達到財富最大化的理財目標。

（一）銷售增長率

銷售增長率是指企業本年銷售收入增長額同上年銷售收入總額的比率。它是衡量企業經營狀況和市場占有能力、預測企業經營業務拓展趨勢的重要指標，也是企業擴張增量資本和存量資本的重要前提。其計算公式爲：

銷售增長率＝本年銷售增長額／上年銷售額×100%

　　　　　＝（本年銷售額－上年銷售額）／上年銷售額×100%

該指標越大，表明其銷售收入增長速度越快，企業市場前景越好。

（二）總資產增長率

資產增長率是指企業一定時期資產淨值增加額與期初資產總額的比率。它可以反應企業一定時期內資產規模擴大的情況。其計算公式如下：

總資產增長率＝（期末資產總額－期初資產總額）／期初資產總額×100%

（三）固定資產成新率

固定資產成新率反應了企業所擁有的固定資產的新舊程度，體現了企業固定資產更新的速度和持續發展的能力。其計算公式爲：

固定資產成新率＝平均固定資產淨值／平均固定資產原值×100%

該指標高，表明企業固定資產比較新，對擴大再生產的準備比較充足，發展的可能性比較大。

（四）技術投入比率

技術投入比率是企業本年科技支出與本年營業收入的比率。它反應企業對新技術的研究開發重視程度和研發能力，在一定程度上體現了企業的發展潛力。其計算公式爲：

技術投入比率＝科技支出合計／營業收入×100%

（五）營運資金增長率

營運資金增長率是指企業年度營運資金增長額與難處營運資金的比率。其中，營運資金爲流動資產與流動負債之差。該比率反應企業營運能力及支付能力的加強程度，其計算公式爲：

營運資金增長率＝營運資金增長額/年初營運資金×100%

（六）營業收入增長率

營業收入增長率是企業本期營業收入增長額與上期營業收入額的比率，用以反應企業產品所處的市場壽命週期階段及產品的市場競爭能力，其計算公式爲：

營業收入增長率＝本期營業收入增長額/上期營業收入額×100%

（七）利潤增長率

利潤增長率是企業一定時期實現利潤增長額與上期利潤總額的比率。這一比率綜合反應了企業財務成果的增長速度。其計算公式爲：

利潤增長率＝（本期利潤總額－上期利潤總額）/上期利潤總額×100%

第四節　財務綜合分析

企業償債能力、營運能力和盈利能力分析，從不同的側面反應出企業經營狀況和經營成果。而要對企業進行總評，還需對企業財務狀況進行綜合分析。財務綜合分析方法主要有杜邦分析法和沃爾比重評分法。

一、杜邦分析法

杜邦分析法（DuPont Analysis）是利用幾種主要財務比率之間的關係來綜合分析企業財務狀況的一種分析方法。具體來說，它是一種用來評價公司贏利能力和股東權益回報水平，從財務角度評價企業績效的一種經典方法。其基本思想是將企業淨資產收益率逐級分解爲多項財務比率乘積，這樣有助於深入分析比較企業經營業績。由於這種分析方法最早由美國杜邦公司使用，故名杜邦分析法。

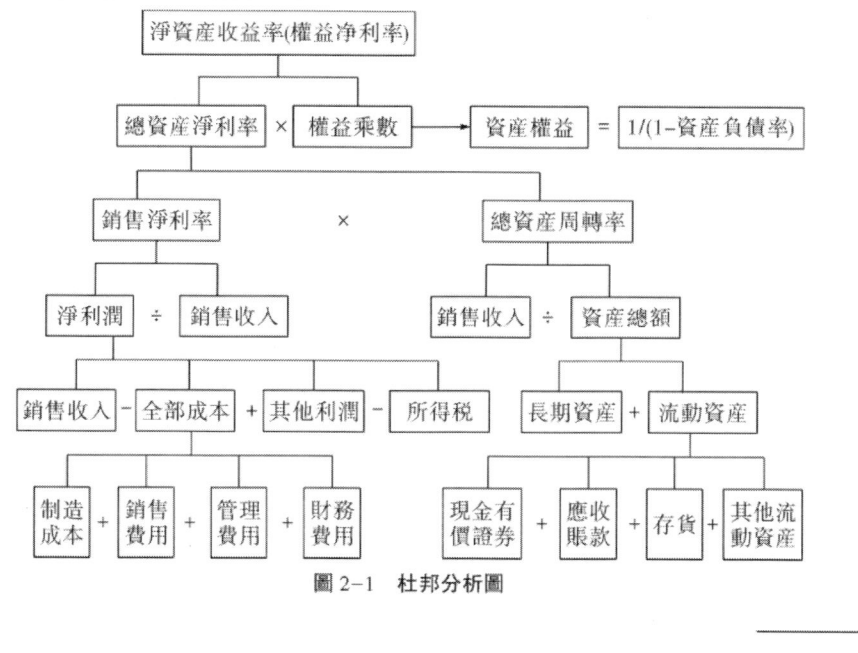

圖 2-1　杜邦分析圖

杜邦體系包括以下幾種主要的指標關係：

（1）淨資產收益率是整個分析系統的起點和核心。該指標的高低反應了投資者的淨資產獲利能力的大小。淨資產收益率是由銷售報酬率、總資產周轉率和權益乘數決定的。

（2）權益系數表明了企業的負債程度。該指標越大，企業的負債程度越高，它是資產權益率的倒數。

（3）總資產收益率是銷售利潤率和總資產周轉率的乘積，它是企業銷售成果和資產運營的綜合反應。企業要提高總資產收益率，必須增加銷售收入，降低資金占用額。

（4）總資產周轉率反應企業資產實現銷售收入的綜合能力。分析人員在分析時必須綜合銷售收入分析企業資產結構是否合理，即流動資產和長期資產的結構比率關係。同時還要分析流動資產周轉率、存貨周轉率、應收帳款周轉率等有關資產使用效率指標，找出總資產周轉率高低變化的確切原因。

二、沃爾比重評分法

沃爾比重評分法是指將選定的財務比率用線性關係結合起來，並分別給定各自的分數比重，然後通過與標準比率進行比較，確定各項指標的得分及總體指標的累計分數，從而對企業的信用水平做出評價的方法。

沃爾比重評分法的公式爲：實際分數＝實際值／標準值×權重

沃爾比重評分法的基本步驟包括：

（1）選擇評價指標並分配指標權重。

由於財務指標繁多，故在計算時應選擇那些能夠說明問題的，能從不同側面反應企業財務狀況的典型指標。

盈利能力的指標：資產淨利率、銷售淨利率、淨值報酬率

償債能力的指標：自有資本比率、流動比率、應收帳款周轉率、存貨周轉率

發展能力的指標：銷售增長率、淨利增長率、資產增長率

按重要程度確定各項比率指標的評分值，評分值之和爲100。

三類指標的評分值約爲5：3：2。盈利能力指標三者的比例約爲2：2：1，償債能力指標和發展能力指標中各項具體指標的重要性大體相當。

（2）根據各項財務比率的重要程度，確定其標準評分值。

（3）確定各項評價指標的標準值。

（4）對各項評價指標計分並計算綜合分數。

（5）形成評價結果。

【案例分析】

引導案例當中提供了海虹公司2014年的資產負債表及利潤表。該公司其他資料如下：

1. 該公司2014年末有一項未決訴訟，如果敗訴預計要賠償對方50萬元。

2. 2014年是該公司享受稅收優惠的最後一年，從2015年起不再享受稅收優惠政策，預計主營業務稅金的綜合稅率將從現行的8%上升到同行業的平均率12%。

3. 該公司所處的行業財務比率平均值如表2-7所示：

表2-7　　　　　　　　　　　　財務比率平均值

財務比率	行業均值
流動比率	2

表2-7(續)

財務比率	行業均值
速動比率	1.2
資產負債率	0.42
應收帳款周轉率	16
存貨周轉率	8.5
總資產周轉率	2.65
資產淨利率	19.88%
銷售淨利率	7.5%
淨資產收益率	34.21%

問題：

(1) 計算該公司2014年年初與年末的流動比率、速動比率和資產負債率，並分析公司的償債能力。

(2) 計算該公司2014年應收帳款周轉率、存貨周轉率和總資產周轉率，並分析公司的營運能力。

(3) 計算該公司2014年資產淨利率、銷售淨利率和淨資產收益率，並分析該公司的獲利能力。

(4) 通過上述計算分析，評價該公司財務狀況存在的主要問題，並提出改進意見。

答案：

(1) 計算該公司2014年年初與年末的流動比率、速動比率和資產負債率，並分析公司的償債能力。

年初流動比率：844/470×100% = 179.57%

年末流動比率：1 020/ (610+50) ×100% = 154.55%

根據一般經驗判定，流動比率應在200%以上，這樣才能既保證企業有較強的償債能力，又保證企業生產經營順利進行。

年初速動比率：(110+80+350) /470×100% = 114.89

年末速動比率：(116+100+472) / (610+50) = 104.24

速動比率一般應保持在100%以上。

年初資產負債率：934/1 414×100% = 66.05%

年末資產負債率：(1,360+50)/1 860×100% = 75.81%

一般認為，資產負債率的適宜水平是40~60%。對於經營風險比較高的企業，為減少財務風險應選擇比較低的資產負債率；對於經營風險低的企業，為增加股東收益應選擇比較高的資產負債率。

(2) 計算該公司2014年應收帳款周轉率、存貨周轉率和總資產周轉率，並分析公司的營運能力。

應收帳款周轉率：5,680/〔(350+472)/2〕= 13.82

應收帳款周轉一般，應加強管理存貨周轉率：3,480/〔(304+332)/2〕= 10.94存貨周轉良好總資產周轉率：5,680/〔(1,414+1 860)/2〕= 3.47

超過同行業的2.56，總體運營能力比較強

(3) 計算該公司 2014 年資產淨利率、銷售淨利率和淨資產收益率,並分析該公司的獲利能力。

資產淨利率:514/[(1,414+1,860)/2]×100% = 31.4%
銷售淨利率:514/5 680×100% = 9.05%
淨資產收益率:514/[(480+500)/2]×100% = 104.9
均超過同行業的比率,獲利能力比較強

(4) 通過上述計算分析,評價該公司財務狀況存在的主要問題,並提出改進意見。
存在的問題:應收帳款收回週期過長,存貨庫存過大,負債較多。
改進意見:盡量減少應收帳款收回週期,完善倉庫的收發存工作,鑒於公司目前運營狀況良好,可嘗試歸還部分借款等不必要的負債。

【本章小結】

財務分析是指以企業財務報表等有關會計核算資料為依據,對企業財務活動過程及結果進行分析和評價。財務分析在財務管理工作中的作用從不同的角度看是不同的。根據報表信息的使用對象,財務分析的作用主要表現在為企業管理者提供經營管理依據和為企業外部投資和貸款人提供決策依據和為有關部門提供管理監督依據。財務分析的基本方法有比較分析法、比率分析法、趨勢分析法、因素分析法。財務分析的主要內容包括:企業資本結構分析、獲利能力分析、償債能力分析、資金營運能力分析和發展能力分析。杜邦分析法和沃爾比重評分法是財務綜合分析的兩種主要方法。

【同步測試】

一、單項選擇題

1. 若流動比率大於1,則下列說法正確的是( )。
   A. 營運資金大於零　　　　　　B. 短期償債能力絕對有保障
   C. 速動比率大於1　　　　　　D. 現金比率大於20%
2. 不僅是企業盈力能力指標的核心,同時也是整個財務指標體系的核心的指標是( )。
   A. 銷售淨利率　　　　　　　　B. 銷售毛利率
   C. 淨資產收益率　　　　　　　D. 資產淨利率
3. 權益乘數表示企業負債程度,權益乘數越小,企業的負債程度( )。
   A. 越高　　　　　　　　　　　B. 越低
   C. 不確定　　　　　　　　　　D. 為零

二、多選題

1. 反應企業償債能力的指標有( )。
   A. 流動資產周轉率　　　　　　B. 速動比率
   C. 流動比率　　　　　　　　　D. 產權比率
   E. 資產負債率

2. 下列財務指標中，能有效地將資產負債表與利潤表聯繫起來的指標有（　　）。
   A. 資產負債表　　　　　　　　B. 存貨周轉率
   C. 銷售利潤率　　　　　　　　D. 資產周轉率
   E. 速動比率
3. 應收帳款周轉率提高，意味著企業（　　）。
   A. 流動比率提高　　　　　　　B. 短期償債能力增強
   C. 盈利能力提高　　　　　　　D. 壞帳成本下降
   E. 速動比率提高
4. 影響存貨周轉率的因素有（　　）。
   A. 銷售收入　　　　　　　　　B. 銷售成本
   C. 存貨計價方法　　　　　　　D. 進貨批量
   E. 應收帳款回收速度

三、計算題

1. 某公司的有關資料如表 2-8 所示：

表 2-8　　　　　　　　　　公司財務資料　　　　　　　　單位：萬元

項目	上年	本年
產品銷售收入	29,312	31,420
總資產	36,592	36,876
流動資產合計	13,250	13,846

要求：

（1）計算上年及本年的總資產周轉率指標（計算結果保留三位小數，指標計算中均使用當年數據）；

（2）計算上年及本年的流動資產周轉率指標（計算結果保留三位小數，指標計算中均使用當年數據）；

（3）計算上年及本年的流動資產的結構比率（計算結果保留兩位小數，指標計算中均使用當年數據）；

（4）分析總資產周轉率變化的原因（計算結果保留四位小數）。2.
已知某公司 2017 年會計報表的有關資料如表 2-9 所示：

表 2-9　　　　　　　　　　公司會計報表　　　　　　　　金額單位：萬元

資產負債表項目	年初數	年末數
資產	8,000	10,000
負債	4,500	6,000
所有者權益	3,500	4,000
利潤表項目	上年數	本年數
主營業務收入淨額	（略）	20,000
淨利潤	（略）	500

35

要求：

（1）計算杜邦財務分析體系中的下列指標（凡計算指標涉及資產負債表項目數據的，均按平均數計算）：淨資產收益率；總資產淨利率（保留三位小數）；主營業務淨利率；總資產周轉率（保留三位小數）；權益乘數。

（2）用文字列出淨資產收益率與上述其他各項指標之間的關係式，並用本題數據加以驗證。

第三章 價值原理

【引導案例】

1797年3月，拿破侖在盧森堡第一國立小學發表演說時，送給該校的校長一束價值3路易的玫瑰花，並即興承諾："爲了答謝貴校對我和夫人約瑟芬的盛情款待，我不僅今天獻上一束玫瑰花，而且只要我們法蘭西存在一天，將來每年的今天我都會派人送給貴校一束價值相當的玫瑰花，以示法蘭西與盧森堡友誼永存。"

後來，拿破侖窮於應付接連不斷的戰爭和一系列錯綜複雜的政治事件，最終因失敗而被流放到聖赫勒那島，自然也就沒有兌現對盧森堡的許諾。盧森堡人對此事卻一直銘記在心，竟於1984年底向法國政府提起這一"贈送玫瑰花"的諾言，要求給予相應補償。具體辦法是：要麼從1798年起，用3路易作爲一束玫瑰花的本金，按5厘的復利計息清償所欠玫瑰花；要麼在法國各大報刊上公開承認拿破侖是個言而無信的小人。法國政府當然不願貶損拿破侖的聲譽，但按復利計算出來的數字讓他們驚呆了：原來區區3路易的許諾，至今本息已高達1 375 596法郎。

法國政府經過反復權衡，才想出一個讓盧森堡能夠接受的賠償方案："以後不論在精神上還是在物質上，法國將始終不渝地支持和讚助盧森堡大公國的中小學教育事業，來兌現拿破侖將軍一諾千金的玫瑰花信誓。"

忽視資金時間價值會給一個國家帶來不小的麻煩。資金時間價值在企業的財務管理中同樣占有非常重要的地位。財務管理價值觀念包括時間價值觀念和風險價值觀念兩部分。其中，時間價值也稱資金時間價值、資本時間價值、貨幣時間價值，它是指貨幣在周轉使用中，隨著時間推移所帶來的增值，它揭示了不同時間上等量及不等量資金之間的換算關係，從而為財務決策提供可靠的依據，是分析資本支出、評價投資經濟效果、進行財務決策的重要依據。

【學習目標】

1. 掌握資金時間價值的概念及意義。
2. 掌握單利、復利和年金的計算。
3. 掌握風險衡量以及風險報酬的計算。
4. 結合案例分析靈活運用所學到的財務管理價值觀念內容。

第一節　貨幣時間價值

一、資金時間價值的含義

1. 資金時間價值的含義

資金時間價值是指資金經歷一定時間的投資和再投資之後所增加的價值。也就是說，資金的時間價值是在資金周轉的過程中形成的，停止了周轉，也就失去了增值的機會。只有經過投資和再投資，並持續一段時間才能夠實現增值，而且隨著時間的延續，資金總量在循環和周轉中按幾何級數增長，使資金具有時間價值。

2. 資金時間價值量的確定

通常情況下，資金時間價值被認爲是在沒有風險和沒有通貨膨脹條件下的社會平均資本利潤率。這是因爲資金時間價值應用的範圍比較廣，因此它以代表社會平均剩餘價值的資本平均利潤率爲標準，而不是以個別剩餘價值爲標準。

資金時間價值量的大小通常以利息率來表示，需要注意的是本章衡量貨幣時間價值量的利息率與實際生活中的如銀行存貸款利息率、股息率等一般利息率是有區別的。一般利息率除了包含貨幣時間價值因素外，還包括了風險價值和通貨膨脹等因素，同時還受資金供求關係的影響。

二、資金時間價值的計算

(一) 利息、終值和現值

1. 利息

利息是資金所有者讓渡資金使用權所收取的報酬。例如，客戶向銀行貸款購買房產，在約定的到期日或到期日之前，需要根據貸款金額和貸款期限的長短，按照借款利率計算貸款利息並支付給銀行作爲貸款的報酬。利息計算公式爲：

$$I = P \times i \times n \tag{式 3-1}$$

其中：I 爲利息；P 爲本金，n 指資金使用的時間，i 爲利率。該公式用文字表達爲：利息＝本金×時間×利率

資金所有者收回資金使用權時的總金額爲本利和，包括本金和利息兩個部分。本利和的計算公式爲：

$$S = P + P \times i \times n = P \times (1 + i \times n) \tag{式 3-2}$$

其中，S 爲本利和，P 爲本金，n 指資金使用的時間，i 爲利率。

2. 終值

終值（Future Value），也稱爲未來值，常用字母 F、FV 表示，是一定數量的現在貨幣經過若干期後的本利之和，或者說終值是現在投入的現金在將來某一時點的價值。

3. 現值

現值（Present Value），常用字母 P、PV 表示，也可叫作現在值，是指一定數量的未來貨幣按一定的折現率折合成現在的價值，即資金的現在價值。

4. 利率

利率是資金的增值額與投入資金價值之間的比率，是資金的交易價格。資金的融通實質上是通過利率這個價格在市場機制的作用下進行的資源再分配，因此利率在財務管理中起着非常重要的作用。按照不同的標準，利率可以劃分爲以下幾類：

(1) 按利率之間的依存關係，分爲基準利率和套算利率；
(2) 按債權人的實際所得，分爲名義利率和實際利率；
(3) 按借貸期內是否調整，分爲固定利率和浮動利率；
(4) 按利率變動與市場供求關係，分爲市場利率和法定（官方）利率。

資金的供求狀況是決定利率水平的重要因素。在實際生活中，資金的利率是由純利率、通貨膨脹附加率和風險附加率三部分組成的，或者說是由時間價值、通貨膨脹補償和風險報酬三部分組成的。

在資金時間價值分析中，運用最爲頻繁的就是實際利率和名義利率。資金時間價值分析一般以年爲計息週期，通常我們所說的年利率就是名義利率，也稱爲票面利率或合同約定的利率。但是實際計算分析中，我們經常會以少於一年的週期爲計息週期，因此會出現利率標明的計息單位與計息週期發生不一致的情況，如按天計息、按月計息、按季計息或者每半年計息，相對的復利計息次數變爲每年360次、12次、4次或2次。這時候我們就要註意區分名義利率和實際利率，兩者的關係可用公式表示爲：

$$i = \left(1 + \frac{r}{m}\right)^m - 1 \qquad (式3-3)$$

其中：i爲實際利率；r爲名義年利率；m爲每年的計息次數。

根據式3-3，我們可以歸納出名義利率和實際利率之間的聯繫：

①當計息週期爲一年時，名義利率和實際利率相等；當計息週期短於一年時，實際利率大於名義利率。

②名義利率越大，計息週期越短，實際利率與名義利率的差異就越大。

③名義利率不能完全反應資金的時間價值，實際利率才能真正反應資金的時間價值，因爲實際利率反應了資金的周轉時間或周轉次數。

(二) 單利的計算

1. 單利的定義

單利（Simple Interest）是以期（年、季、月、日等）爲單位按本金計算的利息。也就是說其計算過程中只有最初的本金計算利息，利息不計算利息，即不會出現"利滾利"的現象。

單利的計算包括單利終值的計算和單利現值的計算。

2. 單利終值的計算

單利終值的計算就是利用單利計算若干期以後包括本金和利息在內的未來價值。其計算公式爲式3-2，或：

$$FV_n = PV + PV \times i \times n = PV \times (1 + i \times n) \qquad (式3-4)$$

其中：FV_n和S都表示終值或本利和；PV和P都表示本金；n指使用的時間或週期；i爲利率。

3. 單利的現值計算

單利的現值計算就是將未來的資金金額按照給定的利息率計算得到現在的價值，其計算公式可以由單利終值公式倒推得到，即：

$$P = \frac{S}{1 + i \times n} = S \times (1 + i \times n)^{-1} \qquad (式3-5)$$

或：
$$P_0 = \frac{FV_n}{1 + i \times n} = FV_n \times (1 + i \times n)^{-1} \qquad (式3-6)$$

其中：P或P_0表示單利現值；S或FV_n表示終值或本利和；n爲使用的時間或週期；i爲利率。

【例3-1】國安公司持有一張面值爲50 000元的帶息票據，票面利率爲4%，出票日期爲4月8日，到期日爲7月8日，現於5月10日到銀行辦理貼現，銀行規定的貼現利率爲6%，那麼該票據的貼現金額爲多少呢？

解：第一步：該票據的到期值 $S = P + P \times i \times n$

$= 50\,000 \times (1 + 4\% \times 91/360)$

= 50 505.56（元）

第二步：貼現利息　$I = S \times i \times n$

= 50 505.56×6%×58/360

= 488.22（元）

第三步：貼現金額　$P = S - I$

= 50 505.56 - 488.22

= 50 017.34（元）

(三) 復利

1. 復利的概念

復利是指在計算期内，上一期的利息並入下一期的本金中並計算利息，即利息也要計算利息，即"利滾利"。

復利的計算同樣包括復利的現值計算和復利的終值計算。

2. 復利終值的計算

復利終值是指按復利計息，計算在未來期的本利和。計算公式爲：

$$S = P \times (1 + i)^n \tag{式 3-7}$$

其中：S 是復利終值，也可以用 FV_n 表示；P 是本金，也可以用 PV_0 表示；n 是計息期數。$(1+i)^n$ 爲一元錢的本利和，也被稱作一元錢的復利終值係數，可以用符號 $FVIF_{i,n}$ 或 $(F/P, i, n)$ 表示，並可通過查找附表"復利終值係數表"獲得相關數據。比如 $FVIF_{10\%, 4}$ 或者 $(F/P, 10\%, 4)$ 表示利率爲 10%，期數爲 4 年的復利終值係數。所以，復利終值計算公式又可以表示爲：$FV_n = PV_0 \times FVIF_{i,n}$

【例 3-2】李先生在銀行存入 10 000 元，期限爲 3 年，年利率 10%，按年復利。求三年後取出時的終值？

解：$F = S = P \times (1 + i)^n = 10\ 000 \times (1 + 10\%)^3 = 13\ 300(元)$

此例中可以把已知條件表示爲：$FVIF_{10\%, 3}$ 或 $(F/P, 10\%, 3)$。

【例 3-3】現有 100 元存入銀行，期限一年，年利率爲 10%，分別按年復利、按季復利、按月復利。

解：$S_{(年)} = 100 \times (1 + 10\%)^1 = 110(元)$

$S_{(季)} = 100 \times (1 + \dfrac{10\%}{4})^4 = 110.38(元)$

$S_{(月)} = 100 \times (1 + \dfrac{10\%}{12})^{12} = 110.47(元)$

由公式 3-3 可得：

按年復利的實際利率 $i = (1 + \dfrac{10\%}{1})^1 - 1 = 10\%$

按季復利的實際利率 $i = (1 + \dfrac{10\%}{4})^4 - 1 = 10.38\%$

按月復利的實際利率 $i = (1 + \dfrac{10\%}{12})^{12} - 1 = 10.47\%$

通過對比可發現，本金不變，復利次數越多，復利終值越大。

本例已知條件中給出的年利率 10% 爲名義利率，按季計息的實際利率大於按年計息的實際利率；按月計息的實際利率大於按季計息的實際利率。這跟之前名義利率與實際利率的關係分析一樣。因此我們總結出復利次數大於 1 次的 n 期末的終值計算公式爲：

$$FV_n = PV_0 \times \left(1 + \frac{i}{m}\right)^{mn} \tag{式 3-8}$$

其中：i 爲年（計息期）利率（名義利率）；m 爲複利次數（在一年內複利次數）；n 是計息年數；mn 爲計息次數。在實際工作中，我們可以通過"複利終值係數表"來簡化計算。

3. 複利現值的計算

複利現值公式可通過複利終值公式推導得到，其公式爲：

$$P = S \times (1 + i)^{-n} \tag{式 3-9}$$

其中，$(1+i)^{-n}$ 爲複利現值係數、一元的複利現值，也叫貼現係數，可用符號 $PVIF_{i,n}$ 或 $(P/F, i, n)$ 表示，所以複利現值公式也可表示爲：$PV_0 = FV_n \times PVIF_{i,n}$。複利現值可以通過查找"複利現值係數表"獲得。

【例 3-4】王先生在銀行辦理整存整取業務，想在 5 年後從銀行取得 10 000 元，存款利率爲 10%，按年複利。那麼，王先生現在應該存入多少錢？

解：$P = 10\,000 \times (1 + 10\%)^{-5} = 6\,210(元)$

三、年金的計算

（一）年金的概念

年金是指一定時期內每期金額相等的收付款項。年金的特點是收或付的金額相等，而且每次收或付款間隔的時間也相等。如：一年定期支付一次、半年支付一次、一季度支付一次、每周支付一次相同的金額都可以成爲年金。

介於相鄰的兩個支付年金日期的時期稱爲支付期間；介於兩相鄰日之間的這段時間稱爲計息期間。

每一支付期間支付的金額稱爲每次（期）年金額；每計息期中各次年金額的總和稱爲每期年金總額；自第一次支付期間開始到最後一次支付期間結束稱爲年金時期。

企業財務活動中的分期付款賒購、分期償還貸款、發放養老金、租金、按直線法計提的折舊額等都屬於年金的收付形式。

（二）年金的種類

年金按照收款方式和支付時間可以分爲普通年金、即付年金、遞延年金和永續年金四種。

1. 普通年金

普通年金（Ordinary Annuity）是指在每期期末等額收付的年金。普通年金在經濟活動中最爲常見，可用本利和 S 表示，也可以用符號 FAV_n 表示。

（1）普通年金終值的計算：

普通年金終值是指一定時期內每期期末等額收付的複利終值之和。

例如：已知 $i = 10\%$，$n = 4$，每期年金金額爲 100 元，其計算過程可以通過圖 3-1 表示：

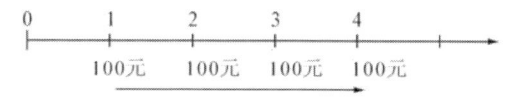

```
 0      1      2      3      4
 |------|------|------|------|
       100元  100元  100元  100元
```

圖 3-1　普通年金終值示意圖

$$F = A + A \times (1 + i) + A \times (1 + i)^2 + \cdots\cdots + A \times (1 + i)^{n-1} \tag{式 3-10}$$

等式兩邊同乘以 $(1 + i)$ 得：

$$F \times (1+i) = A \times (1+i) + A \times (1+i)^2 + \cdots\cdots + A \times (1+i)^{n-1} + A \times (1+i)^n \tag{式 3-11}$$

（式 3-11）-（式 3-10）得：$(1+i) \times F - F = A \times (1+i)^n - A$

化簡後得：$$FAV_n = F = A \times \frac{(1+i)^n - 1}{i} \tag{式 3-12}$$

或 $$FAV_n = F = A \times \sum_{t=0}^{n-1} (1+i)^t \tag{式 3-13}$$

或 $$FAV_n = F = A \times \sum_{t=1}^{n} (1+i)^{t-1} \tag{式 3-14}$$

其中：A 爲年金；$\frac{(1+i)^n - 1}{i}$ 叫作年金終值系數，記作 $FVIFA_{i,n}$ 或 $(F/A, i, n)$，可以通過"年金終值系數表"查找系數值。

所以，根據圖 3-1 以及已知條件可以求得：

$$F = A \times \frac{(1+i)^n - 1}{i} = 100 \times \frac{(1+10\%)^4 - 1}{10\%} = 100 \times 4.641 = 464.10(元)$$

用復利公式計算結果一樣：

$$F = 100 + 100 \times (1+10\%) + 100 \times (1+10\%)^2 + 100 \times (1+10\%)^3 = 464.10（元）$$

【例 3-5】江先生要在 5 年後償還一筆債務，金額爲 18 000 元，因此江先生計劃在每年年末存入一筆款項，以備 5 年後的償還需要，假設年利率爲 5%，那麼他每年年底應該存入多少錢呢？

解：由 $FAV_n = A \times \frac{(1+i)^n - 1}{i}$ 可以推導出：

$$A = FAV_n \times \frac{i}{(1+i)^n - 1} = FAV_5 \times FVIFA_{5\%, 5}$$
$$= 18\,000/5.526 = 3\,257.33（元）$$

由題目可知這道題是由年金終值求年金的，其中 $\frac{i}{(1+i)^n - 1}$ 是年金終值系數的倒數，叫作償債基金系數，可用符號 $(A/F, i, n)$ 表示。償債基金是指爲了在約定的未來某一時點清償某筆債務而必須分次等額提取的存款準備金。其中清償的債務相當於年金終值，每年提取的債務基金就相當於年金。

（2）普通年金現值的計算

普通年金現值是指一定時期內每期期末收付相等金額的復利現值之和，可以通過圖 3-2 推導得出：

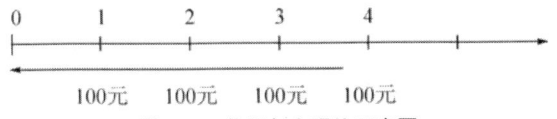

圖 3-2　普通年金現值示意圖

$$P = A \times (1+i)^{-1} + A \times (1+i)^{-2} + \cdots\cdots + A \times (1+i)^{-n} \tag{式 3-15}$$

等式兩邊同乘以 $(1+i)$ 得：

$$P \times (1+i) = A \times (1+i)^0 + A \times (1+i)^{-1} + \cdots\cdots + A \times (1+i)^{1-n} \tag{式 3-16}$$

（式 3-16）-（式 3-15）得：$(1+i) \times P - P = A - A \times (1+i)^{-n}$

化簡：$P = A \times \dfrac{1-(1+i)^{-n}}{i}$ （式3-17）

其中：$\dfrac{1-(1+i)^{-n}}{i}$ 爲年金現值系數或年金貼現系數，記做 $PVIFA_{i,n}$ 或 $(P/A, i, n)$，因此，式3-17也可寫爲

$PAV_n = A \times PVIFA_{i,n}$ （式3-18）

或 $PAV_n = A \times \dfrac{1-(1+i)^{-n}}{i}$ （式3-19）

2. 即付年金

即付年金也叫預付年金、先付年金，是指在一定期間内，每期期初收付的年金。即付年金可分爲即付年金終值和即付年金現值，兩者的計算公式都可以通過普通年金的計算公式推導得到。

普通年金與即付年金的區別：普通年金是指從第一期起，在一定時間内每期期末等額發生的系列收付款項；即付年金是指從第一期起，在一定時間内每期期初等額收付的系列款項。兩者的共同點在於都是從第一期即開始發生，間隔期只要相等就可以，並不要求必須是一年。

（1）即付年金終值

即付年金終值是指在一定時期内每期期初等額收付款項的復利終值之和。n期即付年金和n期後付年金（普通年金）相比，付款次數相同，期數相同，但是兩者的付款時間不同，前者在期初付款，因此，即付年金終值比普通年金終值多一期利息。

以圖3-3爲例，我們學習如何獲得即付年金的復利終值。已知：$n = 4$，$i = 10\%$。

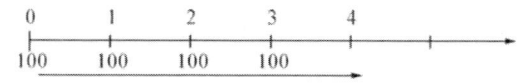

圖3-3　即付年金終值示意圖

圖中各項爲等比數列求和，首項爲 $A \times (1+i)$，公比爲 $(1+i)$。

則：　$F = A \times (1+i) + A \times (1+i)^2 + \cdots\cdots + A \times (1+i)^n$

$F = \dfrac{A \times (1+i) \times [1-(1+i)^n]}{1-(1+i)}$

$= A \times \dfrac{(1+i)^n - 1}{i} \times (1+i)$

$= A \times \left[\dfrac{(1+i)^{n+1} - 1}{i} - 1\right]$ （式3-20）

或：　$FAV_n = A \times FVIFA_{i,n+1} - A = A \times (FVIFA_{i,n+1} - 1)$ （式3-21）

其中：FAV_n 或 F 爲本利和，$FVIFA_{i,n+1}$ 爲即付年金系數。

因此，根據圖可得：$F = 100 \times \left[\dfrac{(1+10\%)^{4+1} - 1}{10\%} - 1\right] = 510.51$

（2）即付年金現值

即付年金現值是指在一定時期内每期期初等額收付的復利現值之和，它與後付年金的區別在於兩者的付款時間不同，通過圖3-4可知：

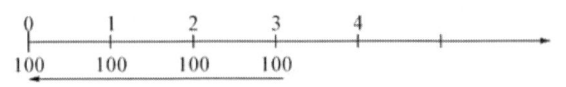

```
   0      1      2      3      4
   |_____|_____|_____|_____|
   100    100    100    100
```

圖 3-4　即付年金現值示意圖

$$P = A + A \times (1+i)^{-1} + A \times (1+i)^{-2} + \cdots\cdots + A \times (1+i)^{-(n-1)}$$

式中各項爲等比數列，首項是 A，公比是 $(1+i)^{-1}$，根據等比數列求和可知公式：

$$P = \frac{A \times [1 - (1+i)^{-n}]}{1 - (1+i)^{-1}} \quad \text{（式 3-22）}$$

化簡後得：　　$P = A \times \left[\dfrac{1 - (1+i)^{-(n-1)}}{i} + 1 \right]$ 　　（式 3-23）

式 3-23 也可表示爲：$PVA_n = A \times PVIFA_{i, n-1} + A = A \times (PVIFA_{i, n-1} + 1)$　　（式 3-24）

其中 PVA_n 表示即付年金現值。如果通過查表計算，可以先查找 $n-1$ 後付年金現值系數，再根據公式進行調整。

因此：$P = 100 \times \left[\dfrac{1 - (1+10\%)^{-(4-1)}}{10\%} + 1 \right] = 348.69(元)$

3. 遞延年金

遞延年金也稱延期年金，它是指最初若干期沒有收付款發生，遞延若干期之後才有收付款的年金。其實它就是普通年金的特殊形式。

(1) 遞延年金終值

遞延年金終值的大小與遞延期 m 無關，與普通年金終值計算公式相同，即：

$$FVA_n = A \times FVIFA_{i, n} \quad \text{（式 3-25）}$$

以圖 3-5 爲例說明計算過程：

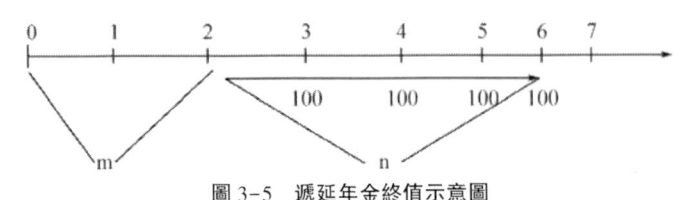

```
   0    1    2    3    4    5    6    7
   |____|____|____|____|____|____|____|
                  100  100  100  100
        m              n
```

圖 3-5　遞延年金終值示意圖

從圖 3-5 可知，起始期爲第 2 期，結束期爲第 6 期，因此實際發生的期數爲 4 期，用公式計算可得：

$$F = A \times \frac{(1+i)^n - 1}{i} = 100 \times \frac{(1+10\%)^4 - 1}{10\%} = 464.10(元)$$

(2) 遞延年金現值

遞延年金現值的計算有兩種方法。

第一種方法：把遞延年金作爲 n 期普通年金看待，求出 n 期末到 m 期末的年金現值，然後把這個現值作爲終值，再求其在 m 期初的復利現值，這個復利現值就是遞延年金的現值。其計算公式爲：

$$PVA = A \times PVIFA_{i, n} \times PVIF_{i, m} \quad \text{（式 3-26）}$$

以圖 3-6 爲例，說明第一種方法：

先算年金現值，再對該年金現值計算復利現值。

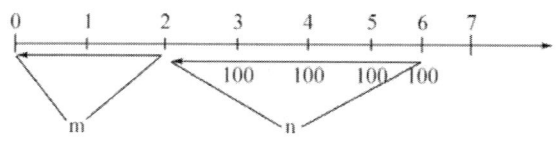

图 3-6 遞延年金現值示意圖

$$P = A \times \frac{1-(1+i)^{-n}}{i} \times (1+i)^{-m}$$

$$= 100 \times \frac{1-(1+10\%)^{-4}}{10\%} \times (1+10\%)^{-2}$$

$$= 261.97(元)$$

第二種方法：把遞延年金看成 $n+m$ 期普通年金，即假設遞延期中也有收付額發生。先求出 $n+m$ 期普通年金現值，然後再減去並沒有收付額發生的遞延期（m 期）的普通年金現值，最後求出的兩者之差就是遞延年金現值。其計算公式爲：

$$PVA = A \times (PVIFA_{i, m+n} - PVIFA_{i, m}) \quad (\text{式 3-27})$$

【例 3-6】某企業向銀行借入一筆款項，銀行借款年利率爲 8%，與銀行協商約定前 10 年不用償還本息，從第 11 年到第 20 年每年年末償還本息 10 萬元，求這筆款項的現值。

解：用第一種方法求：

$$PVA = A \times PVIFA_{8\%, 10} \times PVIF_{8\%, 10}$$

即：$P = A \times \frac{1-(1+i)^{-n}}{i} \times (1+i)^{-m}$

$$= 10 \times \frac{1-(1+8\%)^{-10}}{8\%} \times (1+8\%)^{-10}$$

$$= 10 \times 6.710 \times 0.463$$

$$= 31.07(萬元)$$

用第二種方法求：

$$PVA = A \times (PVIFA_{8\%, 20} - PVIFA_{8\%, 10})$$

$$= 10 \times (9.818 - 6.710)$$

$$= 31.08(萬元)$$

兩種方法求出的值稍有差別，這是在系數表中查到的相關係數值經過了四捨五入處理所致。

4. 永續年金

永續年金也叫終身年金，即沒有終期的年金。在我國最常見的永續年金就是銀行存款中的存本取息，在國外，很多債券採用永續年金的形式，尤其是政府債券，持有者可在每期取得等額的資金，永遠不會期滿。此外，優先股有固定的股利又無到期日，因此優先股也可視爲永續年金。

因爲永續年金沒有到期日，所以就不會有終值，只用求它的現值。其可通過普通年金的現值計算公式推導出永續年金現值公式：

$$P = A \times \frac{1-(1+i)^{-n}}{i}$$

或：$PVA_n = A \times PVIFA_{i, n}$

當 $n \to \infty$ 時，即 $(1+i)^{-n} \to 0$，則 $P = A \times \frac{1}{i}$ （式 3-28）

【例 3-7】某學校準備設立一項永久性獎學金，預計每年發放 20,000 元獎學金，若利息率爲 10%，現在應該一次性存入銀行多少錢？

解：$PVA_{\infty} = 20\ 000 \times \dfrac{1}{10\%} = 200\ 000$（元）

四、貨幣時間價值的應用

1. 不等額現金流量現值的計算

年金的每次收付額都是相等的，但是在實際經濟生活中每次收付的款項並不一定都是相等的，因此需要計算不等額現金流量的現值。假設 A_n 爲第 n 期期末的收付額，現值計算公式爲：

$$PV = \sum_{t=0}^{n} A_t \dfrac{1}{(1+i)^t}$$

$$= \sum_{t=0}^{n} A_t \times PVIF_{i,\,t} \qquad\qquad (式\ 3\text{-}29)$$

【例 3-8】冠强集團準備實施一項投資計劃，其投資期限爲 3 年，每年的投資額見下表：

表 3-1

投資期（年）	第 0 年	第 1 年	第 2 年	第 3 年
投資額（萬元）	100	200	150	300

銀行借款利率爲 10%，要求計算項目的投資額現值。

注意：每年的投資額不相等，因此只能先用復利現值公式分別求出每年投資額的現值，然後再加總求和。

解：$PVIF_{10\%,\,1} = 200 \times (P/F,\ 10\%,\ 1) = 200 \times \dfrac{1}{1+10\%} = 181.8$（萬元）

$PVIF_{10\%,\,2} = 150 \times (P/F,\ 10\%,\ 2) = 150 \times \dfrac{1}{(1+10\%)^2} = 123.9$（萬元）

$PVIF_{10\%,\,3} = 300 \times (P/F,\ 10\%,\ 3) = 200 \times \dfrac{1}{(1+10\%)^3} = 225.3$（萬元）

投資額現值 $= PVIF_{10\%,\,0} + PVIF_{10\%,\,1} + PVIF_{10\%,\,2} + PVIF_{10\%,\,3}$

$= 100 + 181.8 + 123.9 + 225.3 = 631$（萬元）

2. 分期收（付）款的現值計算

在現實生活中我們經常會遇到需要分期收（付）款、等額分攤等情況，如住房按揭、購車貸款，這類問題大多是已知現值，要求計算每年的現金流量，或者是根據確定的現金流量來計算現值。主要運用的公式是：

$$PVA_n = A \times \dfrac{1-(1+i)^{-n}}{i} \qquad\qquad (式\ 3\text{-}30)$$

或：$A = PVA_n \times \dfrac{i}{1-(1+i)^{-n}}$

$= PVA_n \times \dfrac{1}{PVIFA_{i,\,n}}$

【例3-9】倍勝公司準備購置房地產，有兩種付款方案：第一種方案為一次付清，總金額為 5,000 萬元；第二種方案是採用分期付款方式，每年年末付現 1,000 萬元，6 年付清，貼現率為 8%。請比較兩種方案，並做出選擇。

解：可以先採用普通年金現值公式計算出分期付款的總金額，再與一次付清方式做比較。

$$PVA = A \times \frac{1-(1+i)^{-n}}{i}$$

$$= 1\,000 \times \frac{1-(1+8\%)^{-6}}{8\%}$$

$$= 4\,623\text{（萬元）}$$

5 000 − 4 623 = 377（萬元）

一次付清方式需要 5,000 萬元現金，採用分期付款方式需要準備 4,623 萬元的現金，相比之下前者要多付 377 萬元。因此採用分期付款方式比較經濟。

3. 折扣方案計算

【例 3-10】某家電商場現存高檔電視機 500 臺，每臺售價 4,500 元。但由於是過時積壓商品，按正常價格出售預計銷售狀況慘淡，而且占用商場資金影響貨幣回籠（銀行貸款利率為 12%）。若按 5 折降價銷售，當年可全部出售；若按 6.5 折出售，估計 4 年內能夠全部售出，平均每年銷售 125 臺。請將兩種折扣方案進行比較後選出最優方案。

解：5 折出售的現值 = 500 × 4 500 × 50% = 1 125 000(元)
6.5 折出售的現值 = 125 × 4 500 × 65% × (P/A, 12%, 4) = 1 110 403.125(元)
1 125 000 − 1 110 403.125 = 14 596.875(元)

相比之下，5 折出售能夠比 6.5 折出售收回更多的現金。同時，5 折出售能夠在當年將彩電全部售出，而 6.5 折需要花費四年時間，資金回籠速度相對較慢，因此 5 折出售方案為最優方案。

4. 貼現率的計算

求利息率或貼現率首先要根據公式求出系數，然後通過系數表或者是計算求出貼現率。根據復利、年金等公式可以推導出相關的計算貼現率的公式：

複利終值系數：$FVIF_{i,n} = (F/P, i, n) = \frac{FV_n}{PV} = (1+i)^n$　　　　（式 3-31）

複利現值系數：$PVIF_{i,n} = (P/F, i, n) = \frac{PV}{FV_n} = \frac{1}{(1+i)^n}$　　　　（式 3-32）

年金終值系數：$FVIFA_{i,n} = (F/A, i, n) = \frac{FVA_n}{A} = \sum_{t=1}^{n}(1+i)^{t-1}$　　　　（式 3-33）

【例 3-11】趙先生現有閒置資金 50,000 元，想要在 5 年後取回本利和 75,000 元，根據此目標設立的理財計劃的復利收益率應該為多少？

解：$PVIF_{i,5} = \frac{PV}{FV_n} = \frac{50\,000}{75\,000} = 0.667$

查復利現值系數表可知，期數為 5 的系數欄內沒有 0.667 的復利現值系數，只有一個比 0.667 大的 0.681 和比 0.667 小的 0.650，而 0.681 和 0.650 分別對應 8% 和 9% 的利率，因此可知投資收益率在 8% 和 9% 之間。

則：$\frac{i - 8\%}{9\% - 8\%} = \frac{0.667 - 0.650}{0.681 - 0.650} = \frac{0.017}{0.031}$

$i = 8\% + 0.548\% = 8.548\%$

所以，收益率爲 8.548%。

5. 公司債券的現值

公司債券的現值代表債券的價值。債券價值等於每年計算支付的利息之和加上到期值的現值，其計算公式爲：

$$P = \sum_{i=1}^{n} \frac{I}{(1+i)^i} + \frac{M}{(1+i)^n} \qquad (式 3-34)$$

其中，I 爲債券年利息；M 爲債券到期值；n 爲債券期限；i 爲市場利率。

【例 3-12】貝勝公司計劃於 2007 年 2 月 1 日購買 10 萬張面額爲 1,000 元的債券，其票面利率爲 5%，每年 2 月 1 日計算並支付一次利息，於 5 年後的 1 月 31 日到期，當時的市場利率爲 4%，債券市場價格爲 1 030 元。請問是否應該購買這批債券？

解：$P = 1\ 000 \times 5\% \times (P/A,\ 4\%,\ 5) + 1\ 000 \times (P/S,\ 4\%,\ 5)$

$= 1\ 000 \times 5\% \times 4.452 + 1\ 000 \times 0.822$

$= 1\ 044.6(元)$

$1\ 044.6 - 1\ 030 = 14.6(元)$

由上述計算可知，債券的市場價格小於債券價值（即債券現值），因此是值得購買的。

註：計算利息應該使用票面利率，利息是每年計算支付一次，因此用年金計算方法計算利息的現值，債券價值應等於年金現值與到期值（面值）的復利現值之和。

6. 股票的現值計算

股票的現值代表股票的價值，即股票未來收益的現值。股票的收益包括股息和資本收益。其計算公式爲：

$$P_r = \sum_{i=1}^{n} \frac{I^t}{(1+r)^i} + \frac{P}{(1+r)^n} \qquad (式 3-35)$$

即：股票現值 = 股息現值 + 出售股票預計價格的現值

其中：P_r 爲股票的現值；I^t 爲第 t 期獲得的股利；P 爲結束股票投資的預計價格；n 爲股票投資期限；r 爲股票投資的必要報酬率。

【例 3-13】馬先生以每股 8.45 元購進某醫藥股票 20 000 股，計劃 3 年後出售並可獲得每股 11 元的收益。這批股票 3 年中每年每股分得股利 2.8 元。若該股票投資的預期報酬率爲 16%，請問該股票是否值得購買？

解：$P_3 = \sum_{i=1}^{3} \frac{2.8}{(1+16\%)^i} + \frac{11}{(1+16\%)^3}$

$= 2.8 \times (P/A,\ 16\%,\ 3) + 11 \times (P/F,\ 16\%,\ 3)$

$= 2.8 \times 2.246 + 11 \times 0.641$

$= 13.34(元)$

13.34 大於 8.45，即價值大於價格，因此這只股票值得購買。

第二節　風險價值

風險是市場經濟的一個重要特徵，企業的財務管理活動常常要面臨各種風險，因此，冒風險就需要獲得額外的報酬，否則就不值得冒風險。因此我們在進行財務決策的時候要考慮風險以及風險報酬，爲財務管理決策提供充分可靠的依據。

一、風險的含義與類別

1. 風險的含義

風險是指人們在事先能夠確定採取某種行動所有可能的後果以及每種後果出現的可能性的狀況。也有人說風險是指結果的任何變化。從證券分析或投資項目分析角度來看，風險主要指實際現金流量會少於預期流量的可能性。從投資者進行投資的角度來看，風險是指從投資活動中所獲得的收益低於預期收益的可能性。而在財務管理方面，風險是指在一定條件下和一定時期內，財務活動可能發生的各種結果的變動程度。

角度不同，風險的定義也不同，歸納起來，風險具有以下主要幾個特點：
（1）風險是事件本身的不確定性，具有客觀性；
（2）風險是可變的，其大小隨時間的延續而變化；
（3）風險與不確定性是有區別的；
（4）風險是損失與收益並存的，即風險有可能帶來收益，也可能帶來損失；
（5）風險是針對特定主體或項目而言的，不同條件下風險大小不同；
（6）風險是可測的。

2. 風險的類別

風險的預期結果具有不確定性，因為它的影響因素有可能來自外部環境或由整個市場狀況所致，也有可能是因為特定的投資方案或者是投資產品自身的原因所造成，因此，我們可以根據不同的標準對風險進行分類。

從風險產生的原因這個角度來看，風險可以分為系統性風險和非系統性風險兩種。系統性風險又被稱為市場風險，它是由整個市場或整個社會環境所造成的，如政策變動、戰爭、經濟週期性波動、利率變動等因素造成的風險，是無法通過投資或組合投資來避免的，因此也將系統性風險稱作不可分散風險。

非系統性風險是企業自身經營等原因所造成的，主要針對特定的項目或產品，如新產品開發失敗、工人罷工、失去重要合同等導致的風險，其主要影響因素並不包括市場環境因素，是可以通過分散化投資等方法或措施降低損失程度甚至避免損失的，因此非系統性風險又被稱為可分散風險或特有風險。

從經營者和籌資者的角度來看，公司面臨的風險又可細分為經營風險和財務風險（籌資風險）。經營風險是指企業固有的、生產經營上的原因導致的未來經營收益的不確定性，因此也叫營業風險。其影響因素主要包括：新材料新設備的投入等因素帶來的供應方面的風險；產品質量、新產品開發失敗、生產組織合理性等因素帶來的生產方面的風險；銷售狀況是否具有持續性、穩定性等所帶來的風險；外部環境的變化，即勞動力市場的供求關係變化、通貨膨脹、自然氣候變化或地質災害等原因。

財務風險是指由於舉債而給企業的財務狀況帶來的風險，它是由全部資本中債務資本比率的變化帶來的風險，即負債增加導致的風險。在經營風險一定的條件下，採用固定資本成本籌資方式所籌集資金的比重越大，普通股東的風險就越大，因此，債務比率和財務風險是成正比的。財務風險的主要影響因素包括：資金供求的變化、利率水平的變動、獲利能力的變化和資金結構的變化。其中資金結構的變化對籌資風險的影響最為直接。

二、風險的衡量

風險是可測的，這是指人們可以對這種可能性出現的概率進行分析，以此來預測風險的程度。風險測量主要採用概率、期望值、離散程度和標準離差率。

風險概率的測定有兩種方法：一種是客觀概率，即根據大量的、歷史的實際數據推算出來的概率；一種是主觀概率，指在沒有大量實際資料的情況下，人們根據有限的資料和經驗合理估計的概率。

1. 概率

概率是指某一事件出現的機會的大小，通常用百分數或小數來反應。通常，我們把必然發生事件的概率定義為1，把不可能發生事件的概率定義為0，一般事件的概率是介於0～1。概率越大，表示這事件發生的可能性就越大。如果把所有的可能性的事件或結果都列出來，而且每一事件都給予一種概率，把它們列示在一起，便構成了概率的分布。

概率必須符合以下兩個條件：

（1）所有概率P_i都在0至1之間，即$0 \leq P_i \leq 1$；

（2）所有結果的概率之和應該等於1，即$\sum_{i=1}^{n} p_i = 1$，其中n為可能出現的結果的個數。

2. 概率分布

概率分布是指某一事件各種結果發生可能性的概率分布。概率分布在實際運用中被分為離散型分布和連續型分布兩種。

若隨機變量只取有限值，並且對應於這些值都有確定的概率，則隨機變量是離散分布。在離散分布里，隨機變量在直角坐標系中越集中，實際出現的可能性越大，風險就越小，反之風險越大。

若隨機變量的取值有無限個，即有無限種可能性出現，每一種情況都賦予一個概率，並分別測定其報酬率，則屬於連續型分布。其特點為概率分布在連續圖像上的兩個點的區間上。

3. 期望值

隨機變量的取值是以相應概率為權數的加權平均數，稱為隨機變量的預期值（數學期望或均值），是隨機變量取值的平均化，反應集中趨勢的一種量度。在企業財務管理中，我們把隨機變量的預期值稱作期望報酬率或預期報酬率，即一項投資方案實施後，能否如期回收投資並獲得預期收益的不確定性為這項投資方案的風險，因承擔這種投資風險而獲得的報酬為風險報酬，通過風險報酬率表示。對於有風險的投資項目，其實際報酬率可被看作是一個有概率分布的隨機變量，可以用期望報酬率和標準離差進行衡量。

期望報酬率的計算公式為：$\bar{K} = \sum_{i=1}^{n} K_i P_i$ （式3-36）

其中：$\bar{K}$為期望報酬率；K_i為第i種可能結果的報酬率；P為第i種可能結果的概率；n為可能結果的個數。

【例3-14】有甲、乙兩項投資項目，其報酬率及概率分布如表所示：

表3-2

項目實施情況	該種情況出現的概率		投資報酬率	
	甲項目	乙項目	甲項目	乙項目
好	0.20	0.30	15%	20%
一般	0.60	0.40	10%	15%
較差	0.20	0.20	0	-10%

請計算兩個項目的期望報酬率。

根據期望值公式計算甲項目和乙項目的期望報酬率：

$\bar{K}_{甲} = K_1P_1 + K_2P_2 + K_3P_3 = 0.2 \times 15\% + 0.6 \times 10\% + 0.2 \times 0 = 9\%$

$\bar{K}_{乙} = K_1P_1 + K_2P_2 + K_3P_3 = 0.3 \times 20\% + 0.4 \times 15\% + 0.3 \times (-10\%) = 9\%$

由此可知兩個項目的期望報酬率都是9%。但要判斷這兩個項目風險的大小，還需要進一步瞭解方差、標準離差和標準離差率。

4. 方差和標準差

方差是各種可能的結果偏離期望值的綜合差異，是反應離差程度的一種量度。方差的計算公式是：

$$\delta^2 = \sum_{i=1}^{n} (K_i - \bar{K})^2 \times p_i \qquad (式3-37)$$

其中：δ^2 爲方差。

標準差也稱標準離差，用於計量一個變量對其平均值的偏離度。它是通過對數值進行個別觀察，對所得的加權平均差求平方根而得到的。標準差是測定風險大小的有效指標，一般來說，標準差越大，預計結果的離散程度越高，結果越不確定，風險越大；反之則風險越小。其相關計算公式和計算步驟如下：

（1）計算期望值。

（2）計算離差 $(K_i - \bar{K})$。 $\qquad$ （式3-38）

（3）計算方差。

（4）計算標準差 $\delta = \sqrt{\sum_{i=1}^{n}(K_i - \bar{K})^2 \times p_i}$。 $\qquad$ （式3-39）

接上例：上例中甲、乙兩項投資項目投資報酬率的方差和標準離差的計算如下：

解：$\delta_{甲}^2 = \sum_{i=1}^{n}(K_i - \bar{K})^2 \times p_i$

$= 0.2 \times (15\% - 9\%)^2 + 0.6 \times (10\% - 9\%)^2 + 0.2 \times (0\% - 9\%)^2 = 0.0024$

則：$\delta_{甲} = \sqrt{\sum_{i=1}^{n}(K_i - \bar{K})^2 \times p_i} = \sqrt{0.0024} = 0.049$

$\delta_{乙}^2 = \sum_{i=1}^{n}(K_i - \bar{K})^2 \times p_i$

$= 0.3 \times (20\% - 9\%)^2 + 0.4 \times (15\% - 9\%)^2 + 0.3 \times (-10\% - 9\%)^2 = 0.0159$

則：$\delta_{乙} = \sqrt{\sum_{i=1}^{n}(K_i - \bar{K})^2 \times p_i} = \sqrt{0.0159} = 0.126$

通過計算可知投資方案甲的風險程度小於投資方案乙的風險。

5. 標準離差率

標準離差是反應隨機變量離散程度的一個指標，但由於標準離差是一個絕對指標，所以無法準確反應隨機變量的離散程度。因此還需要一個相對指標來解決這個問題，即用標準離差率來反應離散程度。

標準離差率是某隨機變量標準離差相對該隨機變量期望值的比率。其計算公式爲：

$$\nu = \frac{\delta}{\bar{K}} \times 100\% \qquad (式3-40)$$

其中：ν 爲標準離差率。

上例中，$\nu_{甲} = \frac{\delta}{\bar{K}} \times 100\% = \frac{0.049}{9\%} \times 100\% = 54.4\%$

$$V_乙 = \frac{\delta}{K} \times 100\% = \frac{0.126}{9\%} \times 100\% = 140\%$$

通過比較可知，投資方案甲的風險程度明顯小於投資方案乙。

本例中，由於兩個投資項目的期望值是相等的，因此將標準離差進行比較就可以確定風險孰大孰小。但如果兩者的期望值不相同，則必須計算標準離差以及標準離差率來進行風險程度的比較。

通過該例可知，標準離差率越大，風險越大；反之，標準離差率越小，風險越小。

三、風險與風險報酬

標準離差率雖然能夠正確評價投資項目的風險程度，但假設我們面臨的決策不是評價與比較兩個投資項目的風險水平，而是要計算該項目的風險所能夠帶來的報酬並以此為依據做出投資決策，我們就需要運用風險報酬這一概念。

風險報酬是衡量一項目投資獲利能力大小的指標，在投資過程中，風險與風險報酬的相關關係是：風險報酬和風險是相對應的。一般來說，存在較大風險的投資項目和產品就需要有相對應較高的收益率；而收益率較低的投資相對來說存在的風險也較小，即"高風險，高回報；低風險，低收益"。

在不考慮通貨膨脹因素的情況下，期望投資收益率的內含由兩部分組成：其一是資金的時間價值，由於它不考慮風險，所以又叫無風險報酬，或無風險投資收益率；其二是風險報酬，或風險收益率。用公式表示為：

期望投資收益率＝無風險收益率+風險收益率

或　　$K = R_f + b \times V$　　　　　　　　　　　　　　　　　　　　　（式 3-41）

式中：K 為期望投資收益率；R_f 為無風險的投資收益率；b 為風險收益係數；V 為可選投資方案的標準離差率。

期望投資收益率與風險的關係如圖 3-7 所示。

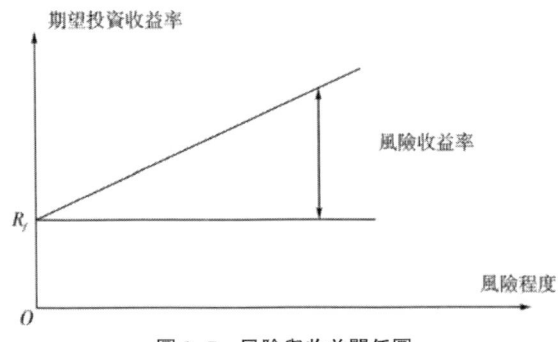

圖 3-7　風險與收益關係圖

無風險收益率，是指在正常條件下投資不承擔投資風險所能得到的回報率，無風險收益率幾乎是所有的投資都應該得到的投資回報率，比如短期國債利率，購買國家發行的公債，到期連本帶利肯定可以收回，這個無風險收益率代表了最低的社會平均報酬率。

風險收益率，與風險大小有關，風險越大則要求的回報越高，它是風險的函數。風險和風險收益率是成正比的，風險程度可用標準差或標準離差率來計量。風險收益斜率取決於全體投資者對於風險的態度，可以通過統計方法來測定。如果大家都願意冒險，風險收益斜率就小；如果大家都不願意冒險，風險收益斜率就大。風險收益斜率的確定，有如下幾種方法：

（1）根據以往的同類項目加以確定。例如，企業進行某項投資，其同類項目的投資報酬率爲15%，無風險收益率爲5%，報酬標準離差率爲40%。根據公式 $K=R_f+b\times V$，可表示爲：$b=(K-R_f)/V=(15\%-5\%)/40\%=25\%$。

（2）由企業領導或企業組織有關專家確定。如果現在進行的投資項目缺乏同類項目的歷史資料，則可根據主觀的經驗加以確定。具體可由企業組織有關專家（總經理、財務副總經理、財務主管等）研究確定。此時，風險收益斜率的確定在很大程度上取決於企業對風險的態度。

（3）由國家有關部門組織專家確定。國家財政、銀行、證券等政府部門可組織有關專家，根據各行各業的條件和有關因素，確定各行業的風險收益斜率，並定期向社會公布。投資者根據國家公布的風險收益斜率（也稱風險報酬系數），並結合其對風險的態度確定合適的風險系數。

以上例中甲方案和乙方案的數據爲例，若該項投資所在行業的風險收益系數爲8%，無風險收益率爲6%，則甲乙兩個方案的風險收益率和投資收益率爲：

甲方案的風險收益率＝風險收益系數×標準離差率＝8%×0.544＝4.35%

甲方案的投資收益率＝無風險收益率＋風險收益率＝6%＋4.35%＝10.35%

乙方案的風險收益率＝風險收益系數×標準離差率＝8%×1.4＝11.2%

乙方案的投資收益率＝無風險收益率＋風險收益率＝6%＋11.2%＝17.2%

四、利率水平的構成要素

金融市場上利息率水平的決定因素只是從理論上解釋利率爲何會發生變動。分析利率的構成有助於測算在未來特定條件下的利率水平。利率通常由純利率、通貨膨脹補償（或稱通貨膨脹貼水）和風險報酬三部分構成。其中風險報酬又可以進一步細分爲違約風險報酬、流動性風險報酬和期限風險報酬三種。利率的一般計算公式可以表示爲：

$$K=K_0+IP+DP+LP+MP$$

式中，K 爲名義利率；K_0 爲純利率；IP 爲通貨膨脹補償；DP 爲違約風險報酬；LP 爲流動性風險報酬；MP 爲期限風險報酬。

1. 純利率

純利率是指沒有風險和沒有通貨膨脹情況下的平均利率。例如，當不存在通貨膨脹時，國庫券的利率可以看作純利率。純利率的高低受資金供應和需求關係的影響。利息作爲利潤的一部分，利息率依存於利潤率，並受利潤率的制約。一般來講，利息率隨利潤率的提高而提高，利息率最高不能超過平均利潤率，否則企業無利可圖，不會借入資金；利息率的最低限度應大於零，不能等於或小於零，否則提供資金的人不會提供資金。利息率占平均利潤率的比重取決於金融業與工商業的競爭結果。精確地測定純利率是非常困難的，在實際工作中，我們通常以無通貨膨脹情況下的無風險證券利率來代表純利率。

2. 通貨膨脹補償

持續的通貨膨脹會降低貨幣的實際購買力，使投資者的真實報酬下降。因此投資者把資金交給借款人時，會在純粹利息率的水平上再加上通貨膨脹附加率，以彌補通貨膨脹造成的購買率損失。因此，每次發行國庫券的利息率隨預期的通貨膨脹率變化，它近似於純利率+預期通脹率。例如，政府發行的短期無風險證券的利率就是由這兩部分組成的，即短期無風險證券利率 K_F＝純利率 K_0＋通貨膨脹補償 IP。假設純利率爲2.5%，預計下一年度的通貨膨脹率是5%，則一年期無風險證券的利率應爲7.5%。

3. 違約風險報酬

違約風險是指借款人無法按時支付利息或償還本金而給投資人帶來的風險。違約風險反應着借款人按期支付本金、利息的信用程度。借款人如經常不能按期支付本利，說明這個借款人的違約風險高。為了彌補違約風險，借款人必須提高利息率，否則投資人不會進行投資。國庫券等證券由政府發行，可以看作沒有違約風險，其利率在到期日和流動性等因素相同的情況下，各信用等級債券的利率水平同國庫券利率之間的差額，便是違約風險報酬率。

4. 流動性風險報酬

流動性是指某項資產能夠迅速轉化為現金的可能性。一項資產能迅速轉化為現金，說明其變現能力強，流動性好，流動性風險小；反之，則說明其變現能力弱，流動性不好，流動性風險大。政府債券、大公司的股票與債券，由於信用好、變現能力強，所以其流動性風險小；而一些不知名的中小企業發行的證券，流動性風險則較大。一般而言，在其他因素相同的情況下，流動性風險小的證券與流動性風險大的證券相比，利率約高出 1%～2%，這就是所謂的流動性風險報酬。

5. 期限風險報酬

期限風險報酬是指因到期時間不同而形成的利率差別。一項負債，到期日越長，債權人承受的不肯定因素就越多，承擔的風險也越大。期限風險報酬正是為了彌補這種風險而增加的利率水平。由此可見，長期利率一般高於短期利率，高出的利率便是期限性風險報酬。當然，在利率劇烈波動的情況下，也會出現短期利率高於長期利率的情況，但這只是一種偶然性。

【本章小結】

本章主要介紹了財務估價的基本原理，其内容包括：

貨幣時間價值是指貨幣在周轉使用中，隨著時間的推移所帶來的增值。貨幣時間價值的計算主要包括以下幾方面的内容：

（1）復利。所謂復利，就是不僅本金要計算利息，利息也要計算利息。終值又稱未來值，是指若干期後包括本金和利息在内的未來價值，又稱本利和。復利現值是指以後年份收到或支出資金的現在的價值，可用倒求本金的方法計算。由終值求現值，叫折現。在折現時使用的利息率叫折現率。

（2）年金。年金是指一定時期內每期相等金額的收付款項。年金按付款方式，可分為普通年金（後付年金）、即付年金（預付年金）、延期年金和永續年金。其中後付年金為最常見的年金形式，其他形式年金的終值或現值都可以通過後付年金的計算公式推導出來。

（3）特殊問題。時間價值計算中還有一些特殊問題，如不等額現金流量現值的計算、折現率的計算等。

風險報酬是指在一定條件下和一定時期内可能發生的各種結果的變動程度，要求掌握的内容包括風險的概念、風險的分類、風險的衡量、風險與風險報酬的關係、風險報酬的計算。

【案例分析】

24美元買下曼哈頓

　　這並不是一個荒唐的故事，而是一個流傳已久的真實故事，也是一個可以實現的願望，更是一個老生常談的投資方式，但是做得到的人不多。

　　故事是這樣的：1626年，荷屬美洲新尼德蘭省總督彼得‧米紐伊特（PeterMinuit）花了大約24美元從印第安人手中買下了曼哈頓島。而到2000年1月1日，曼哈頓島的價值已經達到了約2.5萬億美元。以24美元買下曼哈頓，彼得‧米紐伊特（PeterMinuit）無疑占了一個天大的便宜。

　　但是，如果轉換一下思路，彼得‧米紐伊特（PeterMinuit）也許並沒有占到便宜。如果當時的印第安人拿着這24美元去投資，按照11%（美國近70年股市的平均投資收益率）的投資收益計算，到2000年，這24美元將變成2 380 000億美元，遠遠高於曼哈頓島的價值2.5萬億，幾乎是其現在價值的十萬倍。（美國著名基金經理彼得‧林奇計算過，如果當時的印第安人，把這24美元存在銀行裡，每年僅得到8%的利息，到了今日，連本帶利，數額也已經遠超過2000年時曼哈頓地產的總價值。並且最值得驚訝的是，這個總額是曼哈頓地產總值的1 000倍。）當然，這種觀點對印第安人是不公平的，而且純粹是資本主義的強盜邏輯，如果當時的印第安人有這麼精明的頭腦，是不會被白人欺負得無還手之力的。

　　但是，從復利的觀點來看，這絕對是正確而且科學的！

　　如此看來，彼得‧米紐伊特（PeterMinuit）是吃了一個大虧。是什麼神奇的力量讓資產實現了如此巨大的倍增？是復利。長期投資的復利效應將實現資產的翻倍增值。愛因斯坦就說過，"宇宙間最大的能量是復利，世界的第八大奇蹟是復利。"一個不大的基數，以一個即使很微小的量增長，假以時日，都將膨脹為一個龐大的天文數字。那麼，即使像24美元這樣的起點，經過一定的時間之後，你也一樣可以買得起曼哈頓這樣的超級島嶼。

【本章練習題】

一、名詞解釋

1. 貨幣時間價值
2. 單利
3. 複利
4. 複利終值
5. 複利現值
6. 年金
7. 普通年金
8. 預付年金
9. 遞延年金
10. 永續年金
11. 名義利率
12. 實際利率
13. 風險
14. 風險報酬

二、單項選擇題

1. 資金時間價值通常（　　）。
    A. 包括風險和物價變動因素
    B. 不包括風險和物價變動因素
    C. 包括風險因素但不包括物價變動因素

D. 包括物價變動因素但不包括風險因素

2. 下列說法正確的是（　　）。
   A. 計算償債基金系數，可根據年金現值系數求倒數
   B. 普通年金現值系數加1等於同期、同利率的預付年金現值系數
   C. 在終值一定的情況下，貼現率越低、計算期越少，則復利現值越大
   D. 在計算期和現值一定的情況下，貼現率越低，復利終值越大

3. 依照利率之間的變動關係，利率可分為（　　）。
   A. 固定利率和浮動利率　　　　B. 市場利率和法定利率
   C. 名義利率和實際利率　　　　D. 基準利率和套算利率

4. 企業年初借得50 000元貸款，10年期，年利率12%，每年年末等額償還。已知年金現值系數（P/A，12%，10）＝5.650 2，則每年年末應付金額為（　　）元。
   A. 8 849　　　　　　　　　　B. 5 000
   C. 6 000　　　　　　　　　　D. 28 251

5. 普通年金終值系數的基礎上，期數加1，系數減1所得的結果，數值上等於（　　）。
   A. 普通年金現值系數　　　　　B. 即付年金現值系數
   C. 普通年金終值系數　　　　　D. 即付年金終值系數

6. 下列各項年金中，只有現值沒有終值的年金是（　　）。
   A. 普通年金　　　　　　　　　B. 即付年金
   C. 永續年金　　　　　　　　　D. 遞延年金

7. 一定時期內每期期初等額收付的系列款項稱為（　　）。
   A. 永續年金　　　　　　　　　B. 預付年金
   C. 普通年金　　　　　　　　　D. 遞延年金

8. 當一年內復利 m 次時，其名義利率 r 與實際利率 i 之間的關係是（　　）。
   A. $i = (i + \frac{r}{m})^m - 1$　　　　　　B. $i = (i + \frac{r}{m}) - 1$
   C. $i = (i + \frac{r}{m})^{-m} - 1$　　　　　D. $i = 1 - (i + \frac{r}{m})^{-m}$

9. 某項存款年利率為6%，每半年復利一次，其實際利率為（　　）。
   A. 3%　　　　　　　　　　　　B. 6.09%
   C. 6%　　　　　　　　　　　　D. 6.6%

10. 某人退休時有現金10萬元，擬選擇一項回報比較穩定的投資，希望每個季度能收入2 000元補貼生活。那麼，該項投資的實際報酬率應為（　　）。
    A. 2%　　　　　　　　　　　　B. 8%
    C. 8.24%　　　　　　　　　　D. 10.04%

三、多項選擇題

1. 資金時間價值計算的四個因素包括（　　）。
   A. 資金時間價值額　　　　　　B. 資金的未來值
   C. 資金現值　　　　　　　　　D. 單位時間價值率
   E. 時間期限

2. 下列觀點正確的是（　　）。
   A. 在通常情況下，資金時間價值是在既沒有風險也沒有通貨膨脹條件下的社會平

均利潤率
   B. 沒有經營風險的企業也就沒有財務風險；反之，沒有財務風險的企業也就沒有經營風險
   C. 永續年金與其他年金一樣，既有現值又有終值
   D. 遞延年金終值的大小，與遞延期無關，所以計算方法和普通年金終值完全一樣
   E. 在利息率和計息期相同的條件下，復利現值系數和復利終值系數互為倒數
3. 年金按照其每期收付款發生的時點不同，可分為（　　）。
   A. 普通年金　　　　　　　　B. 即付年金
   C. 遞延年金　　　　　　　　D. 永續年金
   E. 特殊年金
4. 計算復利終值需要確定的因素包括（　　）。
   A. 利率　　　　　　　　　　B. 現值
   C. 期數　　　　　　　　　　D. 利息總額
   E. 無法確定
5. 下列表述中，正確的有（　　）。
   A. 復利終值系數和復利現值系數互為倒數
   B. 復利終值系數和資本回收系數互為倒數
   C. 普通年金終值系數和償債基金系數互為倒數
   D. 普通年金終值系數和資本回收系數互為倒數
   E. 普通年金終值系數和普通年金現值系數互為倒數
6. 下列關於利率的說法中，正確的有（　　）。
   A. 利率是資金的增值額同投入資金價值的比率
   B. 利率是衡量資金增值程度的數量指標
   C. 利率是特定時期運用資金的交易價格
   D. 利率分為名義利率和實際利率
   E. 利率反應的是單位資金時間價值量
7. 下列選項中屬於年金形式的是（　　）。
   A. 直線法計提的折舊額　　　B. 等額分期付款
   C. 優先股股利　　　　　　　D. 按月發放的養老金
   E. 定期支付的保險金
8. 下列選項中不正確的是（　　）。
   A. 風險越大，獲得的風險報酬越高
   B. 有風險就會有損失，二者是相伴而生的
   C. 風險是無法預計和控制的，其概率也不可預測
   D. 由於勞動力市場供求關係的變化而給企業帶來的風險不屬於經營風險
   E. 市場風險是可以避免的

四、判斷題

1. 從資金的借貸關係看，利率是一定時期運用資金這一資源的交易價格。（　　）
2. 一般說來，資金時間價值是指沒有通貨膨脹條件下的投資報酬率。（　　）
3. 對於多個投資方案而言，無論各方案的期望值是否相同，標準離差率最大的方案一定是風險最大的方案。（　　）

4. 利率和計息期相同的條件下，復利現值系數與復利終值系數互爲倒數。（　　）
5. 某項借款的年利率爲 10%，期限爲 7 年，其投資回收系數則爲 0.21。（　　）
6. 國庫券是一種幾乎沒有風險的有價證券，其利率可以代表資金時間價值。（　　）
7. 永續年金可以視爲期限趨於無窮大的普通年金。（　　）
8. 先付年金和後付年金的區別僅在於計息時間的不同。（　　）
9. 概率必須符合下面的兩個條件：一是所有的概率值都不大於 1，二是所有結果的概率之和應該等於 1。
10. 在利率大於零，計息期一定的情況下，年金現值系數大於 1。（　　）

五、計算分析題

1. 5 年期的 1,000 元貸款，年利率 6.6%，銀行每季結息一次，按如下三種方式償還：
  (1) 全部貸款加上累計利息在第 5 年年末一次還清；
  (2) 利息每季支付一次，本金在第 5 年年末償還；
  (3) 貸款本息在 5 年內每季等額償還。
  比較上述三種償還方式，哪種方式對企業最有利？哪種方式對銀行最有利？

2. 張先生現在在銀行存入現金 50,000 元，在銀行存款利率爲 8% 的前提下，他打算今年每後 5 年等額取出。則張先生每年年末可提取的現金爲多少元？

3. 李小姐於 2008 年年初在銀行存入現金 50,000 元，假設銀行按照每年 8% 的復利計息，她可以在每年年末取出 5,000 元。請問最後一次能夠足額提取 5,000 元的時間是在什麼時候？

4. 王先生採用分期付款方式購買了一套住房，貸款額爲 300,000 元，在 20 年內等額償還，年利率爲 8%，按照復利計息。請問他每個月應該償還的金額應該是多少？

5. 某市政府打算建立一項永久性的科研獎學金基金，獎勵對科研做出傑出貢獻的學者和研究人員。基金計劃每年年末發放 1,000,000 元，如果銀行存款利率爲 8%，那麼現在應該存入的基金金額爲多少？如果改在每年年初發放獎金，那麼現在應該存入的金額爲多少？如果每年發放的獎金以 4% 的比例增加，那麼現在應該存入多少錢？

6. 1966 年 10 月斯蒂林·格蘭威爾·黑根不動產公司在瑞士田西納鎮內部交換銀行存入 6 億美元的維也納石油與礦藏選擇權，存款協議要求銀行按每周 1% 的利率付款。1994 年 10 月，紐約州布魯克林的高級法院做出判決：從存款日起到田西納鎮對該銀行清算之間的 7 年中，田西納鎮以每周 1% 的復利計息，而在銀行清算後的 21 年中，按 8.47% 的年利率復利計息。請回答如下問題：
  (1) 周利率 1%，從 6 億美元增加到 100 億美元需要多少時間？
  (2) 到 1994 年 10 月，該筆存款的終值是多少？
  (3) 前 7 年末的名義利率和實際利率各是多少？

7. 東方公司擬購置一臺設備，有 A、B 兩種符合條件。A 設備的價格比 B 設備的高 50 000 元，但每年可節約維修保養費用 8 000 元。假設 A、B 設備的經濟壽命均爲 8 年，利率爲 10%，該公司在 A、B 兩種設備中必需選擇一種的情況下，選擇哪一種比較經濟呢？

8. 假設你購買彩票中獎，有三種領取方式可供選擇：
  (1) 立即領取現金 100,000 元,,；
  (2) 5 年後獲得 180,000 元,,；
  (3) 下一年度獲得 6,500 元,,然後每年在上一年度的基礎上增加 5%，永遠持續下去。

如果折現率爲12%，你會選擇哪種方式領取呢？

9. 翔龍集團準備對外投資，投資目標爲 A、B、C 三家公司中的一家，現在這三家公司的預期收益及其概率如表所示：

表 3-3　　　　　　A、B 和 C 三家公司的年預期收益及其概率　　　　　單位：萬元

市場狀況	概率	年預期收益		
		A 公司	B 公司	C 公司
良好	0.3	4	50	80
一般	0.5	20	20	20
較差	0.2	5	−5	−30

假設你是該集團的穩健型決策者，你會做出什麼樣的投資決策呢？要求以風險與收益原理爲依據進行討論。

第四章 長期籌資管理

【引導案例】

中信公司是一家上市公司，公司生產的產品暢銷國內外，企業前景良好。目前，市場上對中信公司產品的需求量還很大，中信公司準備再上馬一條生產線，加大產品供應量，以滿足市場的需求。假設這條生產線上馬需要資金3 000萬元，根據有關資料顯示，因該產品利潤很高，所以很多公司都擬進入這個行業，使該行業的競爭加劇，該公司目前的盈利水平很高，現有股東對當前經營狀況很滿意。財務管理人員提出了以下的籌資方案以供選擇：

方案一：向銀行借款融資。擴建生產線項目，投資建設期為一年半，即2014年4月1日至2015年10月1日，銀行願意為中信公司提供2年期貸款3 000萬元，年利率為14%，貸款到期後一次還本付息。預計擴建項目投產後收益率為18%。

方案二：發行長期債券融資。根據企業發行債券的有關規定，得知：

(1) 企業規模達到國家規定的要求；
(2) 企業財務會計制度符合國家規定；
(3) 企業具有償債能力；
(4) 所籌資金用途符合國家產業政策；
(5) 債券票面年利率為7%。

要求：根據提供的資料，試為中信公司做出籌資方式決策。

本章的學習內容可以為你找到答案。

【學習目標】

1. 瞭解企業籌資的概念和分類、籌資渠道、方式及籌資原則。
2. 熟悉各種資金籌措的方式、特點、要求及優缺點，掌握股權籌資和債務籌資的方式及其優缺點。
3. 掌握企業資金需要量預測的定量分析方法，重點是銷售百分比法。
4. 掌握商業信用決策方法。

第一節 籌資概述

一、企業籌資的概念與目的

企業財務活動是以籌集企業必需的資金為前提的，企業的生存與發展離不開資金的籌措。所謂企業籌資，是指企業作為籌資主體，根據其生產經營、對外投資和調整資本結構等需要，通過各種籌資渠道和金融市場，運用各種籌資方式，經濟有效地籌措和集中資本的財務活動。從企業資金運動的過程及財務活動的內容看，它是企業財務管理工作的起點，關係到企業生產經營活動的正常開展和企業經營成果的獲取，所以，企業應科學合理地進行籌資活動。

企業籌資是爲了企業自身正常生產經營與發展。企業的財務管理在不同時期或不同階段，其具體的財務目標不同，企業爲實現其財務目標而進行的籌資動機也不盡相同。籌資目的服務於財務管理的總體目標。因此，對企業籌資行爲而言，其目的可概括爲以下三類：

(一) 滿足企業創建的需要

具有一定數量的資本是創建企業的基礎。企業的經營性質、組織形式不同，因此企業對資本的需要也不相同。因此，籌資是創建企業的必要條件。企業在生產經營過程中，需要購買設備、材料，支付日常經營業務的各項費用，這都要求企業籌集一定數量的資本。作爲企業設立的前提，籌資活動是財務活動的起點。

【知識擴展】　2013年12月28日，第十二屆中國人民代表大會常務委員會第六次會議通過對《中華人民共和國公司法》所做的修改，自2014年3月1日起施行。本次修改將註册資金由實繳登記制改爲認繳登記制，放寬了註册資金登記條件，降低了公司設立的門檻,爲我國推行註册資金登記制度改革提供了法律保障。

根據本次修改的規定，除法律、行政法規以及國務院決定對有限責任公司或者股份有限公司的註册資金最低限額另有規定外，取消有限責任公司最低註册資金3萬元、一人有限責任公司最低註册資金10萬元、股份有限公司最低註册資金500萬元的限制。並修改删去《公司法》第二十七條第三款"全體股東的貨幣出資金額不得低於有限責任公司註册資金的百分之三十"。

(二) 滿足生產經營的需要

企業生產經營活動，又可具體分爲兩種類型，即①維持簡單再生產；②擴大再生產，如開發新產品、提高產品質量、改進生產工藝技術、追加有利的對外投資機會、開拓企業經營領域等。與此相對應的籌資活動，也可分爲兩大類型，即滿足日常正常生產經營需要而進行的籌資和滿足企業發展擴張的籌資。其中，對於滿足日常正常生產經營需要而進行的籌資，是因爲企業設立並不等同於其可以正常運營。實際經營過程中，資金的周轉在數量上具有波動性，爲了使企業經營活動正常運轉，企業必須保證資金的供應；而對於擴張型的籌資活動，是因爲隨著企業生產經營規模不斷擴大，企業對資金的需求也會不斷增多，僅靠自身的積累是不夠的，必須通過其他籌資方式來配合。處於成長階段、具有良好發展前景的企業常常會進行擴張性的籌資活動。擴張性籌資會導致企業資產總額和籌資總額的增加，也可能會使企業的資本結構發生變化。

(三) 滿足資本結構調整的需要

資本結構的調整是企業爲了降低籌資風險、減少資本成本而對資本與負債間的比例關係進行的調整，資本結構的調整屬於企業重大的財務決策事項，同時也是企業籌資管理的重要內容。資本結構調整的方式很多，例如，有的企業負債比率較高，財務風險較大，爲了控制財務風險，企業可能需要籌集一定數量的股權性資本以降低負債比率。反之，如果企業的負債比率過低，企業會承擔較高的資本成本，財務槓桿的作用也會較小，這時企業就可能需要籌集一定數量的負債資本，並回購部分股票，以提高資產負債率，達到優化資本結構的目的。

(四) 滿足償還債務的需要

在現實經濟生活中，負債經營普遍存在於企業界。對承擔債務的企業來說，企業有按時償還債務本金和支付利息的責任。償還本金及利息需要現金，當企業現金流出現短缺時，企業可舉新債等方式籌集資金用於償還舊的債務，以維護企業的信譽。

(五) 外部籌資環境變化的需要

企業的籌資活動總是在一定的時間和空間進行的，並且受到各種外部因素的制約與影響，如國家稅收政策的調整會影響企業內部現金流量的數量與結構，進而會影響企業的籌資結構。這些外部籌資環境的變化都會產生新的籌資需要。

二、企業籌資渠道與籌資方式

企業籌資需要通過一定的籌資渠道，運用一定的籌資方式來進行。

(一) 籌資渠道

籌資渠道是指籌措資金的來源與通道，它體現了資金的來源與流量。籌資渠道屬客觀範疇，即籌資渠道的多與少企業無法左右，它與國家經濟發展程度及政策制度等相關。為了提高企業籌資效率，更好地利用籌資渠道，籌資者必須對各種籌資渠道的特點和適用範圍有比較全面的瞭解。

目前，中國企業的籌資渠道主要包括以下七種：

1. 國家財政資金

國家財政資金是指國家以財政撥款、財政貸款、國有資產入股等形式向企業投入的資金。它是我國國有企業的主要資金來源。國有企業通過政府財政資本籌集資金，必須符合國家的有關經濟政策，並納入財政預算中。政府以財政資本對國有企業進行投資，主要形成國有企業的股權資本，這對提高國有企業的資信度和生產經營能力具有重要的意義。

2. 銀行信貸資金

銀行對企業的各種貸款，是我國目前各類企業最為重要的資金來源。我國銀行分為商業性銀行和政策性銀行兩種。商業性銀行主要有工商銀行、農業銀行、中國銀行、建設銀行等；政策性銀行主要有國家開發銀行、中國進出口銀行、中國農業發展銀行。商業性銀行可以為企業提供各種商業性貸款。政策性銀行主要為特定的企業提供政策性貸款。政策性貸款的利率要比商業性貸款的利率低。

3. 非銀行金融機構資金

非銀行金融機構資金也是企業的一個重要籌資渠道。在我國，非銀行金融機構主要有信託投資公司、保險公司、租賃公司、證券公司、各種基金公司、企業所屬的財務公司等。這些金融機構在各自的經營範圍內提供各種金融服務，既包括信貸資金投放，也包括物資的融通，還包括為企業承銷證券等金融服務。目前，非銀行金融機構的資本力量雖然比銀行要小，但它們涉及的領域比較廣泛，具有廣闊的發展前景。

4. 其他企業資金

企業和某些事業單位在生產經營過程中，往往形成部分暫時閒置的資金，並為一定的目的而進行相互投資。另外，企業間的購銷業務可以通過商業信用方式來完成，從而形成企業間的債權債務關係，形成債務人對債權人的短期信用資金佔用。企業間的相互投資和商業信用的存在，使其他企業資金也成為企業資金的重要來源。

5. 居民個人資金

居民個人資金是指企業職工和城鄉居民閒置的消費基金。隨著我國經濟的發展，人民生活水平不斷提高，職工和居民的結餘貨幣作為"遊離"於銀行及非銀行金融機構之外的個人資金，可用於對企業進行投資，形成民間資金來源渠道，從而為企業所用。

6. 企業自留資金

企業自留資金是指企業內部形成的資金，主要包括公積金和未分配利潤等。這些資金的重要特徵之一是它們無須企業通過一定的方式去籌集，而直接由企業內部自動生成或轉移。

7. 外商資金

外商資金是指外國投資者及我國香港、澳門、臺灣地區投資者投入的資金。隨著我國實行改革開放政策，大量的國外及我國港澳臺企業的資本進入，形成了企業一個重要的資本來源。21 世紀之後，隨著經濟全球化的發展，利用外商資金已成為企業籌資一個新的重要來源。

(二) 籌資方式

籌資方式是指企業籌措資金所採用的具體形式。如果說，籌資渠道客觀存在，那麼籌資方式則屬於企業的主觀能動行為。如何選擇適宜的籌資方式並進行有效的組合，以降低成本，提高籌資效益，成為企業籌資管理的重要內容。

目前，我國企業的籌資方式主要有以下七種：

1. 吸收直接投資

吸收直接投資，即企業按照"共同投資，共同經營、共擔風險、共享利潤"的原則直接吸收國家、法人、個人投入資金的一種籌資方式。

2. 發行股票

發行股票，即股份公司通過發行股票籌措權益性資本的一種籌資方式。

3. 利用留存收益

留存收益，是指企業按規定從淨利潤中提取的盈餘公積金、根據投資人意願和企業具體情況留存的應分配給投資者的未分配利潤。利用留存收益籌資是指企業將留存收益轉化為投資的過程，它是企業籌集權益性資本的一種重要方式。

4. 向銀行借款

向銀行借款，即企業根據借款合同從有關銀行或非銀行金融機構借入需要還本付息的款項。

5. 利用商業信用

商業信用是指商品交易中的延期付款或延期交貨所形成的借貸關係，它是企業籌集短期資金的重要方式。

6. 發行債券

發行債券，即企業通過發行債券籌措債務性資本。

7. 融資租賃

融資租賃，也稱資本租賃或財務租賃，是區別於經營租賃的一種長期租賃形式。它是指出租人根據承租人對租賃物和供貨人的選擇或認可，將其從供貨人處取得的租賃物，按融資租賃合同的約定出租給承租人占有、使用，並向承租人收取租金，最短租賃期限為一年的交易活動。它是企業籌集長期債務性資本的一種方式。

其中，前三種籌措的資金為權益資金；後四種籌措的資金為負債資金。

(三) 籌資渠道與籌資方式的對應關係

籌資渠道解決的是資金來源問題，籌資方式則解決通過何種方式取得資金的問題，它們之間存在一定的對應關係。一定的籌資方式可能只適用於某一特定的籌資渠道，但是，同一渠道的資金往往可採用不同的方式取得，同一籌資方式又往往適用於不同的籌資渠道。

它們之間的對應關係可用表 4-1 表示。

表 4-1　　　　　　　　　籌資方式與籌資渠道的對應關係

	吸收直接投資	發行股票	銀行借款	發行債券	商業信用	融資租賃
國家財政資金	√	√				
銀行信貸資金			√			
非銀行金融機構資金	√	√	√	√	√	√
其他企業資金	√	√		√	√	√
居民個人資金				√		
企業自留資金	√					
外商資金	√	√	√	√	√	√

三、籌資的種類

企業從不同籌資渠道和採用不同的籌資方式籌集的資金，可以按不同標誌將其劃分為各種不同的類型。這些不同類型的資金構成企業不同的籌資組合，認識和瞭解籌資種類有利於幫助我們掌握不同種類的籌資對企業籌資成本與籌資風險的影響，有利於選擇合理的籌資方式。

(一) 按所籌資金的性質不同分為權益性籌資和債權性籌資

1. 權益性籌資

權益性籌資又稱自有資金，是指企業依法籌集並長期擁有、自主支配的資金，其數額就是資產負債表中的所有者權益總額，主要包括實收資本或股本、資本公積、盈餘公積和未分配利潤。它一般通過發行股票、吸收直接投資、留存收益等方式籌集。

權益性籌資的特點是：①資金的所有權歸屬所有者，所有者可以參與企業經營管理，取得收益並承擔一定的責任；②企業及其經營者能長期占有和自主使用，所有者無權以任何方式抽回資本，企業也沒有還本付息的壓力，財務風險小。

2. 債權性籌資

債權性籌資又稱借入資金，是指企業依法籌措並依約使用、按期償還的資金，其數額就是資產負債表中的負債總額，主要包括銀行或非銀行金融機構的各種借款、應付債券、應付票據等內容。

債權性籌資的特點是：①借入的資金只能在約定的期限內享有使用權，並負有按期還本付息的責任，籌資風險較大；②債權人有權按期索取利息或要求到期還本，但無權參與企業經營，也不承擔企業的經營風險。

企業籌資總額中自有資金與借入資金的比例稱為資金結構。合理安排自有資金和借入資金的比重，做好資金結構的決策，是企業籌資管理的核心問題之一。另外，在特定條件下，這兩類資金可以通過一定的手段予以轉化，如通過債轉股將債權轉為股權，或是可轉換債券的持有人將可轉換債券轉換為股票。

(二) 按所籌資金使用期限的長短分為短期資金和長期資金

(1) 短期資金。短期資金是指使用期限在一年以內或超過一年的一個營業週期以內的資金，主要用於維持日常生產經營活動的開展。短期資金通常採用商業信用、短期借款、短期融資券等方式來籌集。它和長期籌資相比具有籌措的資金使用期限短、成本低和償債壓力大的特點。

（2）長期資金。長期資金是指使用期限在一年以上或超過一年的一個營業週期以上的資金，主要用於滿足購建固定資產、取得無形資產、進行長期投資、墊支長期佔用的資產等方面。長期資金通常採用吸收直接投資、發行股票、發行債券、長期借款、融資租賃和利用留存收益等方式來籌集。長期資金由於佔用時間長，企業可以長期、穩定地安排使用，因此相對於短期資金而言，企業的財務風險較低，但是資金成本較高。

可見，短期資金風險大，成本低；長期資金風險小，成本高。因此企業在籌資決策中，除了要做好資本結構的決策外，如何適當搭配企業的長短期資金，使企業所佔用的資金期限相對較長，使用風險相對較低，資金成本相對較小，也是籌資決策的一項重要內容。

（三）按所籌資金是否通過金融機構分為直接籌資和間接籌資

1. 直接籌資

直接籌資是指企業不經過銀行等金融機構，直接與資金供應者借貸或發行股票、債券等方式所進行的籌資活動。在直接籌資過程中，資金的供求雙方借助於融資手段直接實現資金的轉移，無須通過銀行等金融機構。

2. 間接籌資

間接籌資是指企業借助於銀行等金融機構進行的籌資，其主要形式為銀行借款、非銀行金融機構借款、融資租賃等間接籌資，間接融資是目前我國企業最為重要的籌資方式。

（四）按所籌資金的取得方式分為內部籌資和外部籌資

1. 內部籌資

內部籌資是指在企業內部通過留存利潤而形成的資本來源，是在企業內部"自然地"形成的。它主要表現為內源性的資本積累，如內部留存利潤和內部計提的折舊。

2. 外部籌資

外部籌資是指利用企業外部資金來源籌集資金，除企業內部積累外，其餘都屬於外部籌資。

四、籌資的目標和原則

（一）籌資的目標

企業籌資的總目標與企業財務管理的總體目標一致，即實現股東財富最大化。其主要包括以下幾方面：

1. 滿足企業所需要的資金

企業持續的日常生產經營活動，需要資金來維持；為發展而進行對外投資活動，需要資金的支持；為尋求股東收益最大化而調整資本結構，也需要籌集資金。因此，企業籌資首先必須要滿足企業開展生產經營、投資和調整資本結構等各項經營活動和財務活動所需要的資金，保證企業的生存和發展。為此，企業應當充分調動和把握各種籌資渠道和方式，保證企業資金供應的及時性。

2. 降低資金成本

企業在獲取所需要的資金的同時，必須要充分考慮資金的成本因素，通過各種融資方式的組合，使所籌集資金的成本最低。

3. 控制財務風險

財務風險和資本成本是一對矛盾。財務風險低的籌資方式，如股權資本，往往資金成本較高；而資金成本低的籌資方式，如銀行借款，財務風險又較大。因此，企業融資除了考慮資本成本因素外，控制好財務風險同樣也是十分重要的。爲此，企業應當做好融資種類的合理搭配，確定適當的資本結構，注意保持財務彈性，使企業籌資活動成爲企業發展的推動力。

(二) 籌資的原則

爲了正確、有效地進行籌集資金的活動，企業在籌資過程中應遵守下列原則：

1. 依法籌資原則

依法籌資是指企業在籌資過程中，必須接受國家有關法律法規及政策的指導，依法籌資，履行約定的責任，維護投資者權益。

2. 規模適度原則

企業的籌資規模應與資金需求量相一致，既要避免因資金籌集不足而影響生產經營的正常進行，又要防止資金籌集過多，造成資金閒置。

3. 結構合理原則

結構合理原則指企業在籌資時，必須使企業的股權資本與借入資金保持合理的結構關係，使負債與股權資本和償債能力的要求相適應，防止負債過多而增加財務風險，償債能力降低；或者沒有充分地利用負債經營，而使股權資本收益水平降低。

4. 成本節約原則

成本節約原則是指企業在籌資行爲中，必須認真選擇籌資來源和方式，根據不同籌資渠道與籌資方式的難易程度、資本成本等進行綜合考慮，降低企業的籌資成本，從而提高籌資效益。

5. 時機得當原則

時機得當是指企業在籌資過程中，必須按照投資機會來把握籌資時機，從投資計劃或時間安排上，確定合理的籌資計劃與籌資時機，以避免因取得資金過早而造成投資前的閒置，或者取得資金的相對滯後而影響投資時機。

第二節　企業資金需要量預測

企業合理籌集資金的前提是科學地預測資金需要量，因此，企業在籌資之前，應當採用一定的方法預測資金需要量，以保證企業生產經營活動對資金的需求，同時也避免籌資過量造成資金閒置。下面介紹兩種常見的資金需要量預測方法。

一、定性預測法

定性預測法，是指利用直觀的資料，依靠預測者個人的經驗和主觀分析、判斷能力，對未來時期資金的需要量進行估計和推算的方法。其預測過程是：首先，由熟悉財務情況和生產經營情況的專家，根據過去所積累的經驗進行分析判斷，提出預測的初步意見；然後，透過召開專業技術人員座談會和專家論證會等形式，對上述預測的初步意見進行修正補充。這樣經過一次或幾次預測以後，得出預測的最終結果。

定性預測法雖然十分重要，但是它不能揭示資金需要量與有關因素之間的數量關係。

預測資金需要量應和企業生產經營規模相聯繫，生產規模擴大，銷售數量增加，會引起資金需求增加；反之，則會使資金需求量減少。因此，我們在此主要介紹定量預測法。

二、定量預測法

定量預測法是以歷史資料為依據，採用數學模型對未來時期資金需要量進行預測的方法。這種方法預測的結果科學而準確，有較高的可行性，但計算較為複雜，要求具有完備的歷史資料。定量預測法常用的方法有銷售百分比法和資金習性預測法。

（一）銷售百分比法

銷售百分比法是根據銷售與資產負債表和利潤表有關項目間的比例關係，預測各項目短期資金需要量的方法。這種方法有兩個基本假定：一是企業的部分資產和負債與銷售額同比例變化，二是企業各項資產、負債與所有者權益結構已達到最優。在上述假定的前提下，企業通過百分比來確定該項目的資金需要量。在實際運用銷售百分比法時，我們一般是借助預計利潤表和預計資產負債表進行的。我們通過預計利潤表預測企業留存收益的增加額；通過預計資產負債表預測企業資金需要總額和外部融資數額。

銷售百分比法的基本思路是：

(1) 假定收入、費用、資產、負債與銷售收入之間存在穩定的百分比關係；
(2) 根據預計銷售額和相應的百分比預計資產、負債和所有者權益；
(3) 確定出所需的融資數量。

1. 預計利潤表

預計利潤表是運用銷售百分比法的原理預測利潤及留存收益的一種預測方法。預計利潤表與實際利潤表的內容、格式相同。通過預計利潤表，我們既可預測留存收益的數額，也可為預計資產負債表和預測外部融資數額提供依據。

預計利潤表的編制步驟如下：

(1) 取得基年實際利潤表資料，計算確定利潤表各項目與銷售額的百分比。
(2) 取得預測年度銷售收入的預計數，用該預計銷售額乘以基年實際利潤表各項目與實際銷售額的百分比，計算出預測年度預計利潤表各項目的預計數，並編制預計利潤表。
(3) 用預計利潤表中的預計淨利潤和預定的股利支付率，測算出留存收益的數額。

舉例說明如下：

【例 4-1】某企業 2013 年度利潤表如表 4-2 所示。

表 4-2　　　　　　　　　2013 年度利潤表（簡表）　　　　　　　單位：萬元

項目	金額
銷售收入	3,000
減：銷售成本	2,280
銷售費用	12
管理費用	612
財務費用	6
利潤總額	90
減：所得稅*	22.5
淨利潤	67.5

註：*表示假定該企業所得稅率為 25%。

若該企業 2014 年度預計銷售額爲 3 800 萬元，則 2014 年度預計利潤表可測算見表 4-3：

表 4-3　　　　　　　　　2014 年度預計利潤表（簡表）　　　　　單位：萬元

項目	金額	占銷售收入的百分比（%）	2014 年預計數
銷售收入	3,000	100.00	3,800
減：銷售成本	2,280	76.00	2,888
銷售費用	12	0.40	15.2
管理費用	612	20.40	775.2
財務費用	6	0.20	7.6
利潤總額	90	3.00	114
減：所得稅*	22.5		28.5
淨利潤	67.5		85.5

若該企業預計的股利支付率爲 50%，則 2014 年預測留存收益增加額爲 42.75 萬元，即：

留存收益增加額 = 預計淨利潤 × (1-股利支付率)

= 85.5 × (1-50%)

= 42.75 萬元

2. 預計資產負債表

預計資產負債表是運用銷售百分比法的原理預測企業外部融資額的一種方法。預計資產負債表與實際資產負債表的内容、格式相同。通過預計資產負債表，我們可預測資產、負債及留存收益有關項目的數額，進而預測企業所需的外部融資數額。

在分析資產負債表項目與銷售關係時，要注意區分敏感項目與非敏感項目。所謂敏感項目是指直接隨銷售額變動而變動的資產、負債項目，例如庫存現金、應收款項、存貨等經營性資產項目，應付帳款、應付職工薪酬、應付稅費等經營性負債項目，經營性資產一般會隨銷售收入的增減而相應增減，經營性負債會隨銷售收入的增長而自動增加。所謂非敏感項目，指的是不隨銷售額變動而變動的資產、負債項目，如固定資產、長期股權投資、短期借款、應付債券、實收資本、留存收益等項目。

【知識擴展】　此處應註意的是固定資產項目，其是否增加，則視預測期的生產經營規模是否在企業原有生產經營能力之内而定。如果在原有的生產經營能力之内，則不需增加固定資產上的投資；如果因銷售增長，企業的生產規模超出了原有的生產能力，就需要擴充固定資產。至於其他長期資產項目，比如無形資產、對外長期投資等項目，則與銷售收入增減無關。短期借款、長期負債等籌資性負債項目一般與銷售收入增減無關。

下面舉例說明預計資產負債表的編制。

【例 4-2】假定某企業 2013 年度實際銷售收入 3,000 萬元，2014 年度預測銷售收入 3 800 萬元。目前公司尚有剩餘生產能力（即增加收入不需要進行固定資產方面的投資）。2013 年度資產負債表如表 4-4 所示。

表 4-4　　　　　　　　　　2013 年度資產負債表（簡表）　　　　　　　　單位：萬元

項目	金額
資產：	
庫存現金	15
應收帳款	480
存貨	522
其他流動資產	2
固定資產淨值	57
資產總額	1,076
負債及所有者權益：	
短期借款	100
應付帳款	528
應付職工薪酬	21
應付債券	11
負債合計	660
實收資本	50
留存收益	366
所有者權益合計	416
負債及所有者權益總額	1,076

根據上列資料，編制該企業 2014 年預計資產負債表，如表 4-5 所示。

表 4-5　　　　　　　　　　2014 年預計資產負債表（簡表）　　　　　　　　單位：萬元

項目	金額	2013 年銷售百分比（%）	2014 年預計數
資產：			
庫存現金	15	0.5	19
應收帳款	480	16.00	608
存貨	522	17.40	661.2
其他流動資產	2	-	2
固定資產淨值	57	-	57
資產總額	1,076	33.90	1,347.2
負債及所有者權益：			
短期借款	100	-	100
應付帳款	528	17.60	668.8
應付職工薪酬	21	0.70	26.6

表4-5(續)

項目	金額	2013年銷售百分比（%）	2014年預計數
應付債券	11	-	11
負債合計	660	18.30	806.4
實收資本	50	-	50
留存收益	366	-	366
所有者權益合計	416		416
負債及所有者權益總額	1,076		1,222.4

註：2014年預計數＝各敏感項目的銷售百分比×2014年預計銷售額；對於非敏感項目則直接取其2013年的金額。

在上面的預計資產負債表中，我們可以看到資產≠負債+所有者權益，而會計等式表明資產=負債+所有者權益。根據這個原理，參考前面資料可以計算出應籌集的資金數額。由於2014年預計資產負債表中，總資產＝1 347.2萬元，而負債+所有者權益＝1 222.4萬元，二者差額＝1 347.2-1 222.4＝124.8萬元。這部分資金是2014年需要的資金總額，但是，在2014預計利潤表中我們可以知道2014年有42.75萬元作爲未分配利潤留給企業使用，因此，企業應從外部籌集資金數額爲124.8-42.75＝82.05萬元。

也可以這麼理解，從表4-5的百分比可以看出，銷售每增加100元，必須增加33.9元的資金占用，但同時增加18.3元的資金來源。從33.9%的資金占用中減去18.3%自動產生的資金來源，還剩下15.6%的資金需求。因此，每增加100元的銷售收入，該公司必須取得15.6元的資金來源。本例中，銷售收入從3 000萬元增加到3 800萬元，增加了800萬元，按照15.6%的比率可預測將增加124.8萬元的資金需求。

上面介紹了如何運用預計資產負債表和預計利潤表預測資金需要量，這種方法可以利用公式計算。預測外部資金需求量的公式爲：

對外籌資需要量 $= \dfrac{A}{S_1}(\triangle S) - \dfrac{B}{S_1}(\triangle S) - EP(S_2) + M$

式中，A 爲隨銷售變化的敏感性資產；B 爲隨銷售變化的敏感性負債；S_1 爲基期銷售額；S_2 爲預測期銷售額；$\triangle S$ 爲銷售的變動額；P 爲銷售淨利率；E 爲留存收益比率；A/S_1 變動資產占基期銷售額的百分比；B/S_1 爲變動負債占基期銷售額的百分比；M 爲預測期內其他方面需要追加的資金數，如增加固定資產投資等。

根據上例資料，2014年銷售增加額（$\triangle S$）爲800萬元；2013年敏感資產總額 A 爲1 017萬元（15+480+522）；2013年敏感負債總額 B 爲549萬元（528+21）；2013年銷售額爲3 000萬元；2014年留存收益增加額爲42.75萬元；則運用上述公式可計算如下：

對外籌資需要量＝800×（1 017/3 000）－800×（549/3 000）－42.75
　　　　　　　＝82.05萬元

需要註意的是，如果企業現有的生產能力已經飽和，銷售增長需要追加固定資產的投資，那麼固定資產增加的數額，可以直接在對外籌資額的公式中加上。

(二) 資金習性預測法

資金習性預測法是指根據資金習性預測未來資金需要量的方法。這里所說的資金習性，是指資金的變動與產銷量變動之間的依存關係。按照資金習性，資金可以區分爲不變資金、變動資金和半變動資金。

不變資金是指在一定的產銷量範圍內，不受產銷量變動的影響而保持固定不變的那部分資金。也就是說，產銷量在一定範圍內變動，這部分資金保持不變。主要包括：爲維持營業而占用的最低數額的現金、原材料的保險儲備、必要的成品儲備，以及廠房、機器設備等固定資產占用的資金。

變動資金是指隨產銷量的變動而同比例變動的那部分資金。它一般包括直接構成產品實體的原材料、外購件等占用的資金。另外，在最低儲備以外的庫存現金、存貨、應收帳款等也具有變動資金的性質。

半變動資金是指雖然受產銷量變化的影響，但不成同比例變動的資金，如一些輔助材料所占用的資金。我們可以採用一定的方法將半變動資金劃分爲不變資金和變動資金兩部分。

資金習性預測法有兩種形式：一種是根據資金占用總額同產銷量的關係來預測資金需要量；另一種是採用先分項後匯總的方式預測資金需要量。

設產銷量爲自變量 x，資金占用量爲因變量 y，它們之間的關係可用下式表示：

$y = a + bx$

式中，a 爲不變資金，b 爲單位產銷量所需變動資金，其數值可採用高低點法或回歸直線法求得。

1. 高低點法

資金預測的高低點法是指根據企業一定期間資金占用的歷史資料，按照資金習性原理和 $y=a+bx$ 直線方程式，選用最高收入期和最低收入期的資金占用量之差，同這兩個收入期的銷售額之差進行對比，先求 b 的值，然後再代入原直線方程，求出 a 的值，從而估計推測資金發展趨勢。其計算公式爲：

$$b = \frac{\text{最高收入期資金占用量} - \text{最低收入期資金占用量}}{\text{最高銷售收入} - \text{最低銷售收入}}$$

a ＝最高收入期資金占用量 $-b\times$ 最高銷售收入

或　＝最低收入期資金占用量 $-b\times$ 最低銷售收入

【例 4-3】某企業 2011—2015 年的產銷量和資金占有數量的歷史資料如表 4-6 所示。該企業預計 2016 年產銷量爲 90 萬件，試計算 2016 年的資金需要量。

表 4-6　　　　　　　　　　產銷量與資金占用量資料

年份	產銷量（x）（萬件）	資金占用量（y）（萬元）
2011	15	200
2012	25	220
2013	40	250
2014	35	240
2015	55	280

根據以上資料採用高低點法計算如下：

b ＝（280-200）÷（55-15）＝ 2（元/件）

a ＝280-2×55＝170（萬元）

或　＝200-2×15＝170（萬元）

建立預測資金需要量的數學模型爲：

$y = 170 + 2x$

如果 2016 年的預計產銷量爲 90 萬件，則

2016 年的資金需要量 = 170 + 2×90 = 350（萬元）

高低點法簡便易行，在企業資金變動趨勢比較穩定的情況下，較爲適宜。

2. 回歸直線法

回歸直線法是根據若干期業務量和資金占用的歷史資料，運用最小平方法原理計算不變資金和單位銷售額變動資金的一種資金習性分析方法。其計算公式爲：

$$b = \frac{n\sum xy - \sum x \sum y}{n\sum x^2 - (\sum x)^2}$$

在求出 b 的前提下，可以代入下式求 a

$$a = \frac{\sum y - b\sum x}{n}$$

根據回歸分析法，沿用例 4-3 的資料，該企業 2016 年的資金需要量可以透過以下步驟求得：

（1）根據表 4-6 整理編制表 4-7。

表 4-7

年份	產銷量（x）	資金占用量（y）	xy	x^2
2011	15	200	3,000	225
2012	25	220	5,500	625
2013	40	250	10,000	1,600
2014	35	240	8,400	1,225
2015	55	280	15,400	3,025
$n=5$	$\sum x = 170$	$\sum y = 1\,190$	$\sum xy = 42\,300$	$\sum x^2 = 6\,700$

（2）把表 4-7 的資料代入公式：

$$b = \frac{5 \times 42\,300 - 170 \times 1\,190}{5 \times 6\,700 - (170)^2}$$

得：$b = 2$

$$a = \frac{1\,190 - 2 \times 170}{5}$$

得：$a = 170$

（3）把 $a = 170$，$b = 2$ 代入 $y = a + bx$ 求得：

$y = 170 + 2x$

（4）將 2016 年預計銷售量 90 萬件代入上式，得出：

$y = 170 + 2 \times 90 = 350$（萬件）

從理論上講，回歸直線法是一種計算結果最爲精確的方法。

第三節　股權籌資

股權籌資也稱爲自有資金籌資，是企業依法籌集並長期擁有、自主調配運用的資金來源，其內容包括投資者投入的資本金和留存收益。企業可通過吸收直接投資、發行股票、內部積累等方式籌集資金。

一、吸收直接投資

吸收直接投資是指企業以合同、協議等形式吸收國家、其他企業、個人和外商等主體直接投入資金，形成企業自有資金的一種籌資方式。它不以股票爲媒介，適用於非股份制企業，是非股份制企業籌集股權資本最主要的形式。

(一) 吸收直接投資的方式

企業吸收的直接投資，根據投資者的出資形式可分爲吸收現金投資和吸收非現金投資。

1. 吸收現金投資

吸收現金投資是企業吸收直接投資最爲主要的形式之一。這是因爲，比起其他出資方式所籌資本，現金在使用上有更大的靈活性。它既可用於購置資產，也可用於費用支付。因此，企業在籌建時吸收一定量的現金投資，將對其步入正常生產經營十分有利。因此，各國法律法規對現金在出資總額中的比例均有一定的規定。

2. 吸收非現金投資

吸收非現金投資是指企業吸收投資者投入的實物資產（包括房屋、建築物、設備等）和無形資產（包括專利權、商標權、非專有技術、土地使用權等）等非現金資產。與現金出資方式比較，非現金投資直接形成經營所需資產，因此有利於縮短企業經營籌備期，提高效率。但是企業在接受這類投資時，應注意做好資產評估、產權轉移、財產驗收等工作。對於接受的無形資產投資，還應該注意其數額是否符合有關無形資產出資限額的規定。

(二) 吸收直接投資的程序

1. 確定吸收直接投資的資金數額

企業吸收的直接投資屬於所有者權益，其份額達到一定規定時，就會對企業的經營控制權產生影響，對此企業必須高度重視。因此，對於吸收直接投資的數量，企業一方面要考慮投資需要，另一方面應考慮對投資者投資份額的控制。

2. 確定吸收直接投資的具體形式

企業各種資產的變現能力是不同的，要提高資產的營運能力，就必須使資產達到最佳配置，如流動資產與固定資產的搭配、現金資產與非現金資產的搭配等。

3. 簽署合同或協議等文件

吸收直接投資的合同應明確雙方的權利與義務，包括投資人的出資數額、出資形式、資產交付期限、資產違約責任、投資收回、收益分配或損失分攤、控制權分割、資產管理等內容。投資合同對於投資雙方都是非常重要的，應經過周密考慮和反覆協商，並應取得投資各方的認可。

4. 取得資金來源

被投資企業應督促投資人按時繳付出資，以便及時辦理有關資產驗證、註冊登記等手續。

(三) 吸收直接投資的優缺點

1. 吸收直接投資的優點

(1) 有利於增強企業信譽。吸收直接投資所籌集的資金屬於自有資金，能增強企業的信譽和借款能力，對擴大企業經營規模、壯大企業實力具有重要作用。

(2) 有利於盡快形成生產能力。吸收直接投資可以直接獲取投資者的先進設備和先進技術，有利於盡快形成生產能力，盡快開拓市場。

(3) 有利於降低財務風險。吸收直接投資可以根據企業的經營狀況向投資者支付報酬，企業經營狀況好，可向投資者多支付一些報酬，企業經營狀況不好，則可不向投資者支付報酬或少支付報酬，報酬支付較爲靈活，所以，財務風險較小。

2. 吸收直接投資的缺點

(1) 資金成本較高。一般而言，企業是用稅後利潤支付投資者報酬的，且視經營情況而定，所以資金成本較高。

(2) 容易分散企業控制權。採用吸收直接投資方式籌集資金，投資者一般都要求獲得與投資數量相適應的經營管理權，這是企業接受外來投資的代價之一。如果外部投資者的投資較多，則投資者會有相當大的管理權，甚至會對企業實行完全控制，這是吸收直接投資的不利因素。

二、發行股票

股票是股份有限公司爲籌集資本金而發行的有價證券，是持股人擁有股份有限公司股份的憑證。股票持有人爲公司股東，擁有公司部分所有權，並以所持股份對公司承擔有限責任。

(一) 股票的種類

股票的種類很多，不同的股票有不同的權利和義務，也有不同的特點，企業在利用股票籌資時，應分清採用哪種股票。

1. 按不同的股東權利和義務，股票可分爲普通股票和優先股票

(1) 普通股。普通股是股份有限公司發行的最基本的、最標準的股票，也是公司資本結構中最基本、數量最多的股份。普通股股東具有四個方面的權利：一是表決權，即有權參加股東大會，選舉公司董事並對公司重大問題發表意見和投票表決；二是優先認股權，即可以優先購買公司新發行的股票，以保持原來股本的占有比例；三是公司盈利的分享權，即普通股的紅利是浮動的，隨公司淨收益的多少而波動；四是剩餘財產分配權，即在公司進行清算時，處於優先股之後分配剩餘財產。

(2) 優先股。優先股是相對於普通股票而言，有優先權的一種股票。其優先權主要表現在兩個方面：一是優先分配股利，優先股股東在分配股利時優先於普通股分配股利，而且經常是固定的股息；二是優先分配公司剩餘財產，即當公司破產或解散清算時，優先股股東優先分配公司剩餘財產。優先股除有上述優點外，同時也有某些權利的限制，如優先股一般沒有投票權和對公司的經營控制權，無權享受超過預定股息的部分利息，當公司盈利較多時，優先股的收益不如普通股。

優先股是一種具有雙重性質的證券，優先股股東的權利與普通股股東有相似之處，兩者的股利都是在稅後利潤中支付，而不能像債券利息那樣在稅前列支；同時優先股又具有債券的某些特徵，即它有固定的股利，並且對盈餘的分配和剩餘財產的求償具有優先權，也類似於債券。

2. 按股票票面是否記名，股票可分為記名股票和無記名股票

（1）記名股票。記名股票是指在股票上載有股東姓名或名稱並將其記入公司股東名冊的股票。記名股票要同時附有股權手冊，只有同時具備股票和股權手冊，才能領取股息和紅利。記名股票的轉讓、繼承都要辦理過戶手續。

（2）無記名股票。無記名股票是指在股票上不記載股東姓名或名稱，也不將股東姓名或名稱記入公司股東名冊的股票。凡持有無記名股票者，都可成為公司股東。無記名股票的轉讓、繼承無須辦理過戶手續，只要將股票交給受讓人，就可發生轉讓效力，移交股權。

我國《公司法》規定，公司向發行人、國家授權投資的機構和法人發行的股票，應當為記名股票；向社會公衆發行的股票，可以為記名股票，也可以為無記名股票。

3. 按發行對象和上市地區，股票可分為 A 股、B 股、H 股和 N 股等

我國內地上市交易的股票主要有 A 股、B 股。A 股是以人民幣標明票面金額並以人民幣認購和交易的股票。B 股是以人民幣標明票面金額，以外幣認購和交易的股票。另外，還有 H 股和 N 股，H 股為在香港上市的股票，N 股是在紐約上市的股票。

（二）股票發行和銷售方式

股票發行和股票銷售是股份有限公司以發行股票籌集資金活動中的兩個具體環節。

1. 股票發行方式

股份有限公司發行股票的方式一般有兩種，即公開發行和不公開發行。公開發行是股份有限公司依照《公司法》和《證券法》的規定，在辦理發行股票申請程序以後，公開向社會公衆發行股票；不公開發行是股份有限公司向少數特定對象直接發行股票。

公開發行股票，一般由證券經營機構承銷。它具有以下優點：①股票發行對象多、範圍廣，而且股票的變現性強，有利於企業及時、足額募集股本；②股票發行的影響面大，能提高企業的知名度和擴大其影響力。缺點是手續比較複雜，發行費用比較高。

不公開發行股票的優點是：手續簡便、費用較低。缺點是：①不利於企業及時、足額籌集股本；②不利於提高公司的知名度和影響力，而且股票變現性差。

2. 股票銷售的方式

股票的銷售方式也有兩種，一是自銷，二是委託承銷。

自銷是指企業直接將股票出售給投資者，而不經過證券機構。這種銷售方式的優點是企業能控制股票的發行過程，節省發行費用。缺點是會延長股票的發行時間，而且公司要承擔股票發行的全部風險。因此，自銷方式一般適用於發行數額不大、發行風險較小的企業。

委託承銷方式是發行公司將股票銷售業務委託給證券機構代理，證券機構是專門從事證券買賣業務的金融中介機構，如證券公司、信託投資公司等。委託承銷又分為包銷和代銷。包銷是企業與證券中介機構簽訂承銷協議，由證券經營機構全權辦理公司股票的發售業務，剩餘部分的股票由證券機構全部購買。包銷的優點是發行風險由承銷商承擔；缺點是發行費用較高。代銷是企業與證券機構簽訂承銷協議，由證券機構代理股票發售業務，如果實際募集的股份達不到發行股份數，證券機構不購買剩餘股票。採用代銷方式的發行公司承擔的風險比較高，但相應的籌資費用較低。

（三）股票的發行價格

股票的發行價格是指企業將股票出售給投資者所採用的價格，其金額等於投資者購買股票所支付的款項。股票的發行價格是由股票面值、公司財務狀況、股市行情等因素決定的。以募集方式設立公司首次發行股票時，股票價格由發起人決定；公司增資發行新股時，

股票價格由股東大會或董事會決定。

股票的發行價格一般有三種：

（1）平價。平價，即以股票的面值爲發行價格。平價發行股票容易推銷，但發行公司不能取得股票溢價收入。它主要適用於新創立公司初次發行股票或原有股東認購新股。

（2）時價。時價是以本公司股票的現行市場價格作爲發行新股票的價格。公司增資時採用時價發行股票比較符合實際，因爲公司以往發行的股票其市場價格已經發生了變化，這樣有利於處理新老股東之間的利益關係。

（3）中間價。中間價是指以股票面值和時價的平均值作爲股票的發行價格。

股票的發行價格高於面值的發行稱爲溢價發行，股票發行價格低於面值的發行稱爲折價發行，股票發行價格等於面值的發行稱爲平價發行。溢價發行股票所得的溢價收入列入資本公積。我國《公司法》規定，股票發行價格不得低於票面金額（即不允許折價發行）。

（四）股票發行的程序

按中國《公司法》的規定，企業公開發行股票應按按下列程序辦理：

（1）申請。申請發行股票的企業應聘請有資格的中介機構（會計師事務所、律師事務所）對其資信、資產、財務狀況等進行審定、評估，出具資產評估報告、審計報告和法律意見書，連同招股說明書按隸屬關係向各級人民政府或中央企業主管部門提出申請。

（2）審批。各級政府及中央主管部門，在收到企業提出的申請後，在規定的期限內做出審批決定，並抄報國務院證券管理委員會（簡稱"證券委"）。

（3）復審。被批準的發行申請應送證監會復審，證監會復審後抄報證券委。

（4）上市發行。經證監會復審同意後，申請人應向證券交易所上市委員會提出上市申請，經批準後即可上市發行。股票上市發行過程中的具體工作又分以下幾個步驟：①向社會公告股票發行決定；②接受股票購買申請；③辦理購買者付款手續；④向購買者交付股票；⑤向承銷機構支付手續費等；⑥辦理資本登記或資本變更登記；⑦公告股票發行結束。

（五）股票上市對公司的影響

股票上市是指股份有限公司公開發行的股票經批準在證券交易所進行掛牌交易。經批準在交易所上市交易的股票稱爲上市股票。我國《公司法》規定，股東轉讓其股份，即股票流通必須在依法設立的證券交易所進行。

1. 股票上市的有利影響

（1）有助於改善財務狀況。公司公開發行股票可以籌得自有資金，能迅速改善公司財務狀況，並有條件得到利率更低的貸款。同時，公司一旦上市，就可以有更多的機會從證券市場上籌集資金。

（2）利用股票收購其他公司。一些公司常用出讓股票而不是付現金的方式對其他企業進行收購。被收購企業也樂意接受上市公司的股票。因爲上市的股票具有良好的流通性，持股人可以很容易將股票出手而得到資金。

（3）利用股票市場客觀評價企業。對於已上市的公司來説，每時每日的股市行情，都是對企業客觀的市場估價。

（4）利用股票可激勵職員。上市公司利用股票作爲激勵關鍵人員的有效手段。公開的股票市場提供了股票的準確價值，也可使職員的股票得以兌現。

（5）提高公司知名度，吸引更多顧客。股票上市公司爲社會所知，並被認爲經營優良，這會給公司帶來良好的聲譽，從而吸引更多的顧客，擴大公司的銷售。

2. 股票上市的不利影響

（1）使公司失去隱私權。一家公司轉爲上市公司，其最大的變化是公司隱私權的消失。國家證券管理機構要求上市公司將關鍵的經營情況向社會公衆公開。

（2）限制經理人員操作的自由度。公司上市後，其所有重要決策都需要經董事會討論通過，有些對企業至關重要的決策則須全體股東投票決定。股東們通常以公司盈利、分紅、股價等來判斷經理人員的業績，這些壓力往往使得企業經理人員只註重短期效益而忽略長期效益。

（3）公開上市需要很高的費用。這些費用包括：資產評估費用、股票承銷傭金、律師費、註冊會計師費、材料印刷費、登記費等。這些費用的具體數額取決於每一個企業的具體情況、整個上市過程的難易程度和上市融資的數額等因素。公司上市後還需花費一些費用爲證券交易所、股東等提供資料，聘請註冊會計師、律師等。

（六）普通股籌資的優缺點

1. 普通股籌資的優點。

（1）沒有固定股利負擔。公司有盈餘，並認爲適合分配股利時，就可以分配股利；公司盈餘較少，或雖有盈餘但資金短缺或有更有利的投資機會時，就可少支付或不支付股利。

（2）沒有固定到期日，不用償還。利用普通股籌集的是永久性的資金，只有公司清算才需償還。它對保證企業最低的資金需求有重要意義。

（3）籌資風險小。由於普通股沒有固定到期日，不用支付固定的股利，此種籌資實際上不存在不能償付的風險，因此，風險較小。

（4）能增加公司的信譽。普通股本與留存收益構成公司償還債務的基本保障，因而，普通股籌資既可以提高公司的信用價值，同時也爲使用更多的債務資金提供了強有力的支持。

（5）籌資限制較少。利用優先股或債券籌資，通常有許多限制，這些限制往往會影響公司經營的靈活性，而利用普通股籌資則沒有這種限制。

2. 普通股籌資的缺點

（1）資金成本較高。其原因有三：一是普通股投資風險較大，按照收益風險對等原則，相應的普通股所要求的收益率也就很高；二是普通股的股利從稅後利潤中支付，起不到抵稅的作用；三是普通股的發行費用比舉債要高出很多。

（2）容易分散控制權。利用普通股籌資，出售了新的股票，引進了新的股東，這樣容易導致公司控制權的分散。

（3）增發新股可能會降低每股收益。新股東有分享公司淨利潤的權利，在公司盈利不增加的情況下，增發新股會降低每股的獲利能力以及每股權益，從而引起每股市價下跌。

（七）優先股籌資的優缺點

1. 優先股籌資的優點

（1）沒有固定到期日，不用償還本金。優先股從根本上説屬於權益資本，沒有到期日，是永久性資金來源，可以爲公司舉債提供保證，增強公司的舉債能力。

（2）股利支付既固定，又有一定的彈性。一般而言，優先股都採用固定股利，固定股利的支付並不構成公司的法定義務。如果財務狀況不佳，則可暫不付優先股股利，優先股股東也不能像債權人一樣迫使公司破産。

（3）可以調整資本結構。優先股的可贖回性和可轉換性，使之具有調整資本結構的功能。

(4) 能發揮財務槓桿的作用。優先股股利固定，具有財務槓桿作用。

2. 優先股籌資的缺點

(1) 籌資成本高。優先股所支付的股利要從稅後淨利潤中支付，不同於債務利息，債務利息可在稅前扣除。

(2) 籌資限制多。發行優先股，通常有許多限制條款，例如：對普通股股利支付上的限制，對公司舉債的限制等。

(3) 財務負擔重。優先股需要支付固定股利，但固定股利又不能在稅前扣除。所以，當利潤下降時，優先股的股利會成為一項較重的財務負擔，有時不得不延期支付。

三、留存收益籌資

(一) 留存收益籌資的渠道

留存收益來源渠道有以下兩個方面：

1. 盈餘公積

盈餘公積，是指有指定用途的留存淨利潤，它是公司按照《公司法》規定從淨利潤中提取的積累資金，包括法定盈餘公積金和任意盈餘公積金。

2. 未分配利潤

未分配利潤，是指未限定用途的留存淨利潤。這里有兩層含義：一是這部分淨利潤沒有分給公司的股東，二是這部分淨利潤未指定用途。

(二) 留存收益籌資的優缺點

1. 留存收益籌資的優點

(1) 資金成本較普通股低。用留存收益籌資，不用考慮籌資費用，資金成本較普通股低。

(2) 保持普通股股東的控制權。用留存收益籌資，不用對外發行股票，由此增加的權益資本不會改變企業的股權結構，不會稀釋原有股東的控制權。

(3) 增強公司的信譽。留存收益籌資能夠使企業保持較大的可支配的現金流，既可解決企業經營發展的資金需要，又能提高企業舉債的能力。

2. 留存收益籌資的缺點

(1) 籌資數額有限制。留存收益籌資最大可能的數額是企業當期的稅後利潤和上年未分配利潤之和。如果企業經營虧損，則不存在這一渠道的資金來源。此外，留存收益的比例常常受到某些股東的限制。他們可能從消費需求、風險偏好等因素出發，要求股利支付比率要維持在一定水平上。留存收益過多或股利支付過少都可能會影響今後的外部籌資。

(2) 資金使用受制約。留存收益中某些項目的使用，如法定盈餘公積金等，要受國家有關規定的制約。

第四節　債務籌資

債務籌資是通過舉債籌集資金，債務資金主要通過銀行借款、發行債券、商業信用、融資租賃等方式籌措取得的。由於負債要歸還本金和利息，因而被稱為企業的借入資金或債務資金。

一、銀行借款

銀行借款是企業根據借款合同向銀行或非銀行金融機構借入的需要還本付息的款項。銀行借款分爲短期借款籌資和長期借款籌資。

(一) 短期借款籌資

短期借款，是指企業向銀行和其他非銀行金融機構借入期限在一年以內的借款。

1. 短期借款的種類

短期借款主要有生產周轉借款、臨時借款、結算借款等。按照國際通行做法，短期借款還可依償還方式的不同，分爲一次性償還借款和分期償還借款；依利息支付方法的不同，分爲收款法借款、貼現法借款、和加息法借款；依有無擔保，分爲抵押借款和信用借款。

2. 短期借款的取得

企業舉借短期借款要求企業首先必須提出申請，經審查同意後借貸雙方簽訂合同，合同中註明借款的用途、金額、利率、期限、還款方式、違約責任等；然後企業根據借款合同辦理借款手續；借款手續完畢，企業便可取得借款。

3. 短期借款的信用條件

按照國際通行做法，銀行發放短期借款往往帶有一些信用條件，主要有：

(1) 信貸額度。信貸額度是金融機構對借款企業規定的無抵押、無擔保借款的最高限額。企業在信用額度以內，可隨時使用借款，但金融機構並不承擔必須提供全部信用額度的義務。如果企業信用惡化，即使在信用額度內企業也不一定能獲得借款，對此金融機構不承擔法律責任。

(2) 周轉信貸協定。周轉信貸協定是銀行從法律上承諾向企業提供不超過某一最高限額的貸款協定。在協定的有效期內，只要企業借款總額未超過最高限額，銀行必須滿足企業任何時候提出的借款要求。企業享有周轉協定，通常要對貸款限額的未使用部分付給銀行一筆承諾費。

【例 4-4】某企業與銀行商定其周轉信貸額爲 2,000 萬元，承諾費率爲 0.5%，借款企業年度內使用了 1 400 萬元，餘額爲 600 萬元。則借款企業應向銀行支付承諾費的金額爲：

承諾費 = 600×0.5% = 3（萬元）

(3) 補償性餘額。補償性餘額是銀行要求借款企業在銀行中保持按貸款限額或實際借用額一定百分比（一般爲 10%～20%）的最低存款餘額。從銀行的角度講，補償性餘額可降低貸款風險，補償遭受的貸款損失。對於借款企業來講，補償性餘額則提高了借款的實際利率。實際利率的計算公式爲：

$$實際利率 = \frac{名義借款金額 \times 名義利率}{名義借款金額 \times (1-補償性餘額比例)}$$

$$= \frac{名義利率}{1-補償性餘額比例}$$

【例 4-5】某企業按年利率 8% 向銀行借款 100 萬元，銀行要求保留 20% 的補償性餘額，企業實際可以動用的借款只有 80 萬元。則該項借款的實際利率爲：

$$補償性餘額貸款實際利率 = \frac{8\%}{1-20\%} \times 100\% = 10\%$$

(4) 借款抵押。銀行向財務風險較大、信譽不好的企業發放貸款，往往需要有抵押品擔保，以減少自己蒙受損失的風險。借款的抵押品通常是借款企業的辦公樓、廠房等。

(5) 償還條件。無論何種借款，銀行一般都會規定還款的期限。根據我國金融制度的規定,貸款到期後仍無能力償還的,視爲逾期貸款,銀行要照章加收逾期罰息。

4. 借款利息的支付方式

(1) 利隨本清法。利隨本清法又稱收款法,是在借款到期時向銀行支付利息的方法。採用這種方法,借款的名義利率等於實際利率。

(2) 貼現法。貼現法是銀行向企業發放貸款時,先從本金中扣除利息部分,在貸款到期時借款企業再償還全部本金的一種計息方法。採用這種方法,企業可利用的貸款額只有本金減去利息部分後的差額,因此貸款的實際利率高於名義利率。其實際利率的計算公式爲:

$$貼現貸款實際利率 = \frac{利息}{貸款金額 - 利息} \times 100\%$$

【例4-6】某企業從銀行取得借款200萬元,期限1年,名義利率10%,利息20萬元。按照貼現法付息,企業實際可動用的貸款爲180萬元(200-20),該項貸款的實際利率爲:

$$貼現貸款實際利率 = \frac{利息}{貸款金額 - 利息} \times 100\%$$

$$= \frac{20}{200-20} \times 100\% \approx 11.11\%$$

或

$$貼現貸款實際利率 = \frac{名義利率}{1 - 名義利率} \times 100\%$$

$$= \frac{10\%}{1-10\%} \times 100\% \approx 11.11\%$$

(3) 加息法。加息法是銀行發放分期等額償還貸款時採用的利息收取方法。由於貸款分期均衡償還,企業實際只平均使用了貸款本金的半數,因此,若採用這種方法,實際利率是名義利率的2倍。

【例4-7】某企業借入(名義)年利率爲12%的貸款20萬元,分12個月等額償還本息,該項貸款的實際利率爲:

$$加息貸款實際利率 = \frac{貸款額 \times 利息率}{貸款額 \div 2} \times 100\%$$

$$= \frac{20 \times 12\%}{20 \div 2} \times 100\% = 24\%$$

5. 短期借款籌資的優缺點

(1) 優點

①籌資速度快。企業獲得短期借款所需時間要比長期借款短得多,因爲銀行發放長期貸款前,通常要對企業進行比較全面的調查分析,花費時間較長。

②籌資彈性大。短期借款數額及借款時間彈性較大,企業可在需要資金時借入,在資金充裕時還款,便於企業靈活安排。

(2) 缺點

①籌資風險大。短期資金的償還期短,在籌資數額較大的情況下,如企業資金調度不周,就有可能出現無力按期償付本金和利息,甚至被迫破產。

②與其他短期籌資方式相比,資金成本較高,尤其是在補償性餘額和附加利率情況下,實際利率通常高於名義利率。

(二) 長期借款籌資

長期借款是企業根據借款合同向銀行和其他非銀行金融機構借入的期限在一年以上的

款項。

1. 長期借款的種類

（1）按不同的提供貸款的機構分爲政策性銀行貸款、商業銀行貸款等。政策性銀行貸款一般是指辦理國家政策性貸款業務的銀行向企業發放的貸款。如國家開發銀行主要爲滿足企業承建國家重點建設項目的資金需要提供貸款；進出口信貸銀行則爲大型設備的進出口提供買方或賣方信貸。商業銀行貸款是指由各商業銀行向各類企業提供的貸款。這類貸款主要爲滿足企業建設性項目的資金需要，企業對貸款自主決策、自擔風險、自負盈虧。此外，企業也可以從保險公司、信托公司等其他金融機構取得貸款，這類貸款一般期限較長，要求的利率也高，而且對借款企業的信用選擇也比較嚴格。

（2）按是否提供擔保分爲抵押借款和信用借款。抵押借款是指要求借款企業以實物資產或有價證券作抵押而取得貸款。通常作爲抵押品的實物資產主要是不動產、機器設備等。企業到期不能還本付息時，銀行等金融機構有權處置抵押品，以保證其貸款安全；信用借款則是憑借款企業的信用或其保證人的信用而發放的貸款。一般銀行只向那些資信條件好的企業發放信用貸款。

（3）按借款的用途可分爲固定資產投資借款、更新改造借款、科技開發和新產品試制借款。

2. 長期借款的條件和程序

（1）長期借款的條件。企業申請貸款一般應具備的條件可歸納爲：

①獨立核算、自負盈虧、有法人資格。

②借款用途符合國家的產業政策和金融機構貸款辦法所規定的範圍。

③借款企業或擔保單位具有一定的財產保證。

④借款企業具有償還借款的能力。

⑤借款企業財務管理和經濟核算制度健全，經濟效益良好。

⑥借款企業在銀行開立帳戶和辦理結算。

（2）長期借款的程序。具備借款條件的企業應按下列程序辦理借款手續。

①企業提出借款申請。借款申請書要說明借款的原因、金額、用款計劃、還款期限。

②金融機構審批。審批的內容包括企業的財務狀況、信用情況、利潤水平、發展前景、投資項目的可行性分析等。

③簽訂借款合同。企業借款申請經金融機構審查同意後，借貸雙方應就貸款條件進行談判，然後簽訂借款合同。

④企業取得借款。借款合同生效以後，企業可在借款指標範圍內，根據用款計劃和實際需要，從金融機構取得借款並轉入企業存款結算帳戶。

⑤企業償還借款。企業應按借款合同的規定按時足額歸還借款本息。如果企業不能按期歸還借款，應在借款到期之前，向銀行申請貸款展期，但是否展期，由貸款銀行根據具體情況決定。

3. 長期借款合同的內容

借款合同是規定借貸當事人雙方權利和義務的契約，具有法律約束力。當事人雙方必須嚴格遵守合同條款，履行合同規定的義務。

（1）借款合同的基本條款

借款合同應具備以下基本條款：①貸款種類；②借款用途；③借款金額；④借款利率；⑤借款期限；⑥還款資金來源及還款方式；⑦保證條款；⑧違約責任等。

（2）借款合同的限制條款

對於長期借款合同，除基本條款外，銀行都有一些限制性條款，主要包括以下三類：

①一般保護性條款。一般保護性條款包括四項限制條款：流動資本要求、現金紅利發放限制、資本支出限制以及其他債務限制。流動資本要求是指要求企業持有一定的現金及其他流動資產，保持合理的流動性及還款能力；現金紅利發放限制是指限制現金股利支出和庫存股的購入；資本支出限制是指資本性支出一般限制在一定數額內；如需借入其他長期債務，必須經過銀行同意等；其他債務限制則旨在防止其他貸款人取得對企業資產的優先求償權。

②例行性保護條款。例行性保護條款主要是一些常規條例，如借款企業必須定期向銀行提交財務報表；不準在正常情況下出售較多資產，以保持企業正常的生產經營能力；不得為其他單位或個人提供擔保；禁止應收帳款的讓售等。

③特殊性保護條款。它是主要針對某些特殊情況而提出的保護性措施，包括：貸款的專款專用；不準企業過多的對外投資；限制高級管理人員的工資和獎金支出等。

4. 長期借款的利率

一般情況下，長期借款利率高於短期借款利率，這是因為債權人把資金在較長的時間內讓渡給債務人使用具有較大的投資風險，要求獲得較高的收益。但是，對於那些財務狀況好、信譽高的企業來說，它們仍然可以爭取到利率較低的長期借款。長期借款利率通常分為固定利率和浮動利率兩種。對於借款企業來說，在市場利率呈上升趨勢的情況下使用固定利率有利，呈下降趨勢的情況下使用浮動利率為佳，因為這樣可以減少企業未來的利息支出。

5. 長期借款籌資的優缺點

（1）優點

①籌資速度快。辦理長期借款的程序和手續要比發行股票和債券簡便，所需時間較少，融資速度較快。

②借款彈性較大。企業與銀行可以直接接觸，可通過直接商談來確定借款的時間、數量和利息。在借款期間，如果企業情況發生了變化，也可與銀行進行協商，修改借款的數量和條件。借款到期後，如有正當理由，企業還可延期歸還。

③資金成本較低。長期借款和利率一般低於債券利率，而且借款屬於直接融資，籌資費用也比較少。與發行股票和債券相比，長期借款的資金成本比較低。

④可以發揮財務槓桿的作用。不論公司賺錢多少，銀行只按借款合同收取利息，在投資報酬率大於借款利率的情況下，企業所有者將會因財務槓桿的作用而得到更多的收益。

（2）缺點

①籌資風險較高。企業舉借長期借款，必須定期還本付息，在經營不利的情況下，可能會產生不能償付的風險，甚至會導致破產。

②限制性條款比較多。銀行為保證貸款的安全性，對借款的使用附加了很多約束性條款，這些條款在一定意義上限制了企業自主調配與運用資金的功能。

③籌資數量有限。銀行一般不願借出巨額的長期借款。因此，利用銀行借款籌資都有一定的上限。

二、發行債券

公司債券是指企業為籌集資金而發行的、向債權人承諾按期支付利息和償還本金的書面憑證。它是一種要式證券，體現的是持有人與發行企業之間的債權債務關係。我國非公司企業發行的債券稱為企業債券。公司企業發行的債券稱為公司債券，習慣上又稱為公司債。

(一) 債券的種類

1. 債券按是否記名，分為記名債券與無記名債券

記名債券是指券面上記載有債權人的姓名，本息只向登記人支付，轉讓需辦理過戶手續的債券。無記名債券是指券面上無債權人姓名，本息直接向持有人支付，可由持有人自由轉讓的債券。

2. 債券按能否轉換為公司股票，分為可轉換債券和不可轉換債券

可轉換債券是指在一定時期內，可以按規定的價格或一定比例，由持有人自由地選擇轉換為普通股的債券。當公司想發行股票籌資而又遇到股價偏低時，往往發行可轉換債券，可以在比較有利的條件下籌集到所需資金。不可轉換債券是指不可以轉換為普通股的債券。

3. 按有無特定的財產擔保，債券可分為信用債券和抵押債券

信用債券是指單純憑企業信譽或信託契約而發行的、沒有抵押品作抵押或擔保人作擔保的債券。信用債券通常由那些信譽較好、財務能力較強的企業發行。抵押債券是指以發行企業的特定財產作為抵押品的債券。根據抵押品的不同，抵押債券又分為不動產抵押債券、動產抵押債券和信託抵押債券。其中，信託抵押債券是指債券發行企業以其持有的其他有價證券作為抵押品的債券。對於抵押債券，若發行企業不能按期償還本息，持有人可以行使其抵押權，拍賣抵押品作為補償。

4. 按債券能否提前收回，債券可分為收回債券和不可收回債券

可收回債券是指債券到期前，公司可按規定價格和期限提前贖回。發行可收回債券對公司來說是一種較有伸縮性的融資方式，當市場利率下降時，公司即可收回原債券，重新發行一種利率較低的新債券，以減少籌資成本；對某些附有限制性條款的債券，當公司資金充裕時可及時收回，以免除限制性條款的束縛。不可收回債券是指不能依條款從債權人手中提前收回的債券，它只能在證券市場上按市場價格買回，或等到債券到期後收回。

(二) 債券的發行

(1) 債券的發行條件。我國發行公司債券，必須符合《公司法》《證券法》規定的有關條件。

(2) 債券的發行程序。債券發行的基本程序如下：①做出發行債券的決議；②提出發行債券的申請；③公告債券募集辦法；④委託證券機構發售；⑤交付債券，收繳債券款，登記債券存根簿。

(三) 債券的發行價格

債券的發行價格是指發行公司（或其承銷機構，下同）發行債券時所使用的價格，也就是投資者向發行公司認購債券時實際支付的價格。公司在發行債券之前，必須進行發行價格決策。

1. 影響發行價格的因素

影響發行價格的因素有債券面額、票面利率、市場利率、債券期限等。其中，債券期限決定投資風險，期限越長，投資風險越大，從而要求的投資報酬也越高，債券發行價格可能就越低；反之，期限越短，投資風險越小，從而要求的投資報酬率也相應越低，債券發行價格可能就越高。

2. 債券發行價格確定方法

對於債券的發行價格,發行企業與投資者是從不同角度來看待的。發行人考慮的是發行收入能否補償未來所應支付的本息;投資者考慮的則是放棄資金使用權而應該獲取的收益。由於公司債券的還本期限一般在一年以上,因此發行企業在確定債券發行價格時,不僅應考慮債券券面與市場利率之間的關係,還應考慮債券資金所包含的時間價值。理論上講,債券的投資價值由債券到期還本面額按市場利率折現的現值與債券各期債息的現值兩部分組成。發行價格的具體計算公式爲:

$$債券發行價格 = \frac{債券面額}{(1-市場利率)^n} + \sum_{t=1}^{n} \frac{債券面額 \times 票面利率}{(1+市場利率)^t}$$

式中:n——債券的期限;

t——付息期數,市場利率通常指債券發行時的市場利率。

從公式可看出,由於票面利率與市場利率存在差異,因此債券的發行價格可能出現三種情況,即等價、溢價與折價。其具體表現爲:當票面利率高於市場利率時,債券的發行價格高於面額,即溢價發行;當票面利率等於市場利率時,債券的發行價格等於面額,即等價發行;當票面利率低於市場利率時,債券的發行價格低於面額,即折價發行。

債券之所以會存在溢價發行和折價發行,是因爲資金市場上的利息率是經常變化的,而企業債券上的利息率一經印出,便不易再進行調整。從債券的開印到正式發行,往往需要經過一段時間,在這段時間內如果資金市場上的利率發生變化,就要靠調整發行價格來使債券順利發行。但無論以哪種價格發行債券,投資者的收益都保持在與市場利率相等的水平上。

【例4-8】某公司打算發行面值爲100元、利息率爲8%、期限爲5年的債券。在公司決定發行債券時,如果市場上的利率發生變化,那麼就要調整債券的發行價格。現分如下三種情況來說明:

(1) 資金市場的利率保持在8%,該公司的債券利率爲8%,則債券可等價發行,其發行價格爲:

發行價格 = 100×8%×(P/A, 8%, 5) + 100×(P/F, 8%, 5)
       = 100×8%×3.993+100×0.681 ≈ 100(元)

也就是說,當債券利率等於市場利率時,按100元的價格出售此債券,投資者可以獲得8%的報酬。

(2) 資金市場上的利率大幅度上升到12%,公司的債券利率爲8%,低於資金市場利率,則公司應採用折價發行,其發行價格爲:

發行價格 = 100×8%×(P/A, 12%, 5) + 100×(P/F, 12%, 5)
       = 100×8%×3.605+100×0.567 = 85.54(元)

也就是說,只有按85.54元的價格出售,投資者才會購買此債券,以獲得與市場利率12%相等的報酬。

(3) 資金市場上的利率大幅度下降到5%,公司的債券利率爲8%,則公司應採用溢價發行,其發行價格爲:

發行價格 = 100×8%×(P/A, 5%, 5) + 100×(P/F, 5%, 5)
       = 100×8%×4.329+100×0.784 = 113.03(元)

也就是說,投資者把113.03元的資金投資於該公司面值爲100元的債券,只能獲得5%的回報,與市場利率相同。

(四) 債券的信用等級

企業公開發行債券需要由資信評級機構評定債券信用等級。債券信用等級表示債券質量的優劣，反應發行公司還本付息能力的強弱和債券投資風險的大小。國際上流行的債券等級，一般分為九級。AAA 級為最高級，AA 級為高級，A 級為中上級，BBB 級為中級，BB 級為中下級，B 級為投機級，CCC 級為完全投機級，CC 級為最大投機級，C 級為最低級。

目前，我國尚無統一的債券等級標準，尚未建立系統的債券評級制度。根據中國人民銀行的規定，凡是向社會公開發行債券的企業，需由中國人民銀行及其授權分行指定的資信評級機構或者公證機構進行信用評級。債券的信用等級對於發行公司和購買人都有重要影響。

(五) 債券籌資的優缺點

1. 債券籌資的優點

(1) 資金成本較低。利用債券籌資的成本要比股票籌資的成本低。這主要是因為債券的發行費用較低，債券利息在稅前支付，部分利息由政府負擔了。

(2) 保證控制權。債券持有人無權干涉企業的管理事務，如果現有股東擔心控制權旁落，則可採用債券籌資。

(3) 可以發揮財務槓桿作用。債券利息負擔固定，在企業投資效益良好的情況下，更多的收益可用於分配給股東，增加其財富，或留歸企業以擴大經營。

(4) 可調整資本結構。在公司發行可轉換債券以及提前贖回債券的情況下，公司可主動調整資本結構。

2. 債券籌資的缺點

(1) 籌資風險高。債券有固定的到期日，並定期支付利息。利用債券籌資，要承擔還本、付息的義務。在企業經營不景氣時，向債券持有人還本、付息，會給企業帶來更大的困難，甚至導致企業破產。

(2) 限制條件多。發行債券的契約書中往往有一些限制條款。這種限制比短期債務嚴格得多，可能會影響企業的正常發展和以後的籌資能力。

(3) 籌資額有限。利用債券籌資有一定的限度，當公司的負債比率超過一定程度後，債券籌資的成本要迅速上升，有時甚至會發行不出去。

三、融資租賃

租賃是指在約定的期間內，出租人將資產使用權讓與承租人，以獲取租金的協議。企業租入資產，意味着企業增加資產而不需要增加相應的投資，這與借款購買資產的效果是相同的。所以說，租賃也是企業籌集資金的一種形式。

租賃業務通常可以分為融資租賃和經營租賃兩大類。

(一) 融資租賃

融資租賃又稱財務租賃，是指實質上轉移了與資產所有權有關的全部風險和報酬的租賃。其所有權最終可能轉移，也可能不轉移。融資租賃是一種長期租賃，企業通過融資租賃方式租入設備，主要目的是融通資金並獲得設備的使用權。採用這種方式租入設備相當於出租公司為承租企業籌集了購買設備的價款，而承租企業只需要按規定交納租金。

1. 融資租賃的形式

（1）直接租賃。出租公司出資向生產廠商購買承租企業所需要的設備，然後再租賃給承租企業。

（2）轉租租賃。出租公司從其他租賃公司或制造廠商租入設備，然後再轉租給承租企業。

（3）售後回租。承租企業將自己擁有的設備出售給出租公司，然後再從出租公司租回設備的使用權。

（4）槓桿租賃。槓桿租賃涉及承租人、出租人和資金出借者三方當事人。從承租人的角度來看，這種租賃與其他租賃形式並無區別，同樣是按合同的規定，在基本租賃期內定期支付定額租金，取得資產的使用權。但對出租人卻不同，出租人只出購買資產所需的部分資金作爲自己的投資；另外以該資產作爲擔保向資金出借者借入其餘資金。因此，它既是出租人又是貸款人，同時擁有對資產的所有權，既收取租金又要償付債務。如果出租人不能按期償還借款，資產的所有權就要轉歸資金的出借者。這種融資租賃方式，由於租金收入一般大於借款所支付的本息，租賃公司可從中獲得財務槓桿利益，故稱槓桿租賃。

2. 融資租賃的程序

融資租賃的程序是：①選擇租賃公司；②辦理租賃委託；③簽訂購貨協議；④簽訂租賃合同；⑤辦理驗貨與投保；⑥支付租金；⑦處理租賃期滿的設備。

3. 融資租賃租金的計算

（1）融資租賃租金的構成

①租賃設備的購置成本，包括設備買價、運雜費和途中保險費；

②預計設備的殘值，即設備租賃期滿時預計的可變現淨值（它作爲租金構成的減項）；

③利息，即出租人爲承租人購置設備融資而應計的利息；

④租賃手續費，即出租人辦理租賃設備的營業費用；

⑤利潤，即出租人通過租賃業務應取得的正常利潤。

其中，④⑤兩項均以手續費方式支付，因此在實務中統稱手續費。

（2）融資租賃租金的支付形式

租金通常採用分次支付的方式，具體類型有：

①按支付間隔期的長短，可以分爲年付、半年付、季付和月付等方式。

②按支付時期先後，可以分爲先付租金和後付租金兩種。

③按每期支付金額，可以分爲等額支付和不等額支付兩種。

（3）融資租賃租金的計算方法

①後付租金的計算。根據年資本回收額的計算公式，可得出後付租金方式下每年年末支付租金數額的計算公式：

$A = P/(P/A, i, n)$

②先付租金的計算。根據即付年金的現值公式，可得出先付等額租金的計算公式：

$A = P/[(P/A, i, n-1) + 1]$

【例4-9】某企業採用融資租賃方式於2014年1月1日從某租賃公司租入一臺設備，設備價款爲40 000元，租期爲8年，到期後設備歸企業所有，爲了保證租賃公司完全彌補融資成本、相關的手續費並有一定盈利，雙方商定採用18%的折現率。試計算該企業每年年末應支付的等額租金。

解：$A = 40\ 000/(P/A, 18\%, 8)$

$= 40\ 000/4.077\ 6 \approx 9\ 809.69$（元）

【例4-10】假如上例採用先付等額租金方式，則每年年初支付的租金額可計算如下：
解：$A = 40\ 000 / [(P/A, 18\%, 7) + 1]$
　　　$= 40\ 000 / (3.811\ 5 + 1) \approx 8\ 313.42$（元）

(二) 經營租賃

經營租賃又稱服務租賃，是指除融資租賃以外的其他租賃。通常情況下，在經營租賃中，租賃資產的所有權不轉移，租賃期屆滿後，承租人有退租或續租的選擇權，而不存在優惠購買選擇權。經營租賃是一種短期租賃，企業通過經營租賃方式租入設備，目的在於獲得其使用權。從理財的角度來看，經營租賃也能起到籌集資金的作用。

(三) 融資租賃與經營租賃的區別

表4-8　　　　　　　　　　　融資租賃與經營租賃對照表

項目	融資租賃	經營租賃
租賃程序	由承租人向出租人提出正式申請，由出租人融通資金引進承租人所需設備，然後再租給承租人使用	承租人可隨時向出租人提出租賃資產要求
租賃期限	租期一般爲租賃資產壽命的一半以上	租賃期短，不涉及長期而固定的義務
合同約束	租賃合同穩定。在租期內，承租人必須連續支付租金，非經雙方同意，中途不得退租	租賃合同靈活，在合理限制條件範圍內，可以解除租賃契約
租賃期滿的資產處置	租賃期滿後，租賃資產的處置有三種方法可供選擇：將設備作價轉讓給承租人；由出租人收回；延長租期續租	租賃期滿後，租賃資產一般要歸還給出租人
租賃資產的維修保養	租賃期內，出租人一般不提供維修和保養設備方面的服務	租賃期內，出租人提供設備保養、維修、保險等服務

(四) 融資租賃籌資的優缺點

1. 融資租賃籌資的優點

(1) 籌資速度快。租賃往往比借款購置設備更迅速、更靈活，因爲租賃是籌資與設備購置同時進行的，這樣可以縮短設備的購進、安裝時間，使企業盡快形成生產能力，有利於企業盡快占領市場，打開銷路。

(2) 限制條款少。如前所述，債券和長期借款都定有相當多的限制條款，雖然類似的限制在租賃公司中也有，但一般比較少。

(3) 設備淘汰風險小。當今，科學技術迅速發展，固定資產更新週期日趨縮短。企業設備陳舊過時的風險很大，利用租賃融資可減少這一風險。這是因爲融資租賃的期限一般爲資產使用年限的一定比例，不會像自己購買設備那樣整個期間都要承擔風險，且多數租賃協議都規定由出租人承擔設備陳舊過時的風險。

(4) 財務風險小。租金在整個租期內分攤，不用到期歸還大量本金。許多借款都在到期日一次償還本金，這會給財務基礎較弱的公司造成相當大的困難，有時會造成不能償付的風險。而租賃則把這種風險在整個租期內分攤，可適當減少不能償付的風險。

(5) 稅收負擔輕。租金可在稅前扣除，具有抵免所得稅的效用。

2. 融資租賃籌資的缺點

融資租賃籌資的最主要缺點就是資金成本較高。一般來說，其租金要比舉借銀行借款或發行債券所負擔的利息高得多。在企業財務困難時，固定的租金也會構成一項較沉重的負擔。

四、商業信用

商業信用是企業在商品購銷活動過程中因延期付款或預收貨款而形成的借貸關係，它是由商品交易中貨與錢在時間與空間上的分離而形成的企業間的直接信用行爲。因此，西方國家又稱之爲自然籌資方式。商業信用是企業間相互提供的，在大多數情況下，商業信用籌資屬於"免費"資金。

(一) 商業信用的類型

商業信用是企業短期資金的重要來源。其主要形式有應付帳款、應付票據、預收貨款等。

1. 應付帳款

應付帳款是最典型、最常見的商業信用形式。它是由於企業賒購商品而形成的，是買方企業短期資金的一項重要來源。銷貨企業在將商品轉移給購貨方時，並不需要買方立即支付現款，而是由賣方根據交易條件向買方開出發票或帳單，買方在取得商品後的一定時期內再付清款項。這樣，買方實際上以應付帳款的形式獲得了賣方提供的信貸，獲得了短期資金的來源。

2. 應付票據

應付票據是在應付帳款的基礎上發展起來的一種商業信用。爲了增強收回賒銷款項的安全度，賣方企業更願意選擇商業票據這種商業信用形式。商業票據是指買賣雙方進行賒購賒銷時開具的反應債權債務關係並憑以辦理清償的票據。

3. 預收帳款

預收帳款是指銷貨企業按照合同或協議約定，在貨物交付之前，向購貨企業預先收取部分或全部貨款的一種形式。這是買方向賣方提供的商業信用，是賣方的一種短期資金來源。這種商業信用形式通常適用於市場上比較緊俏，而買方又急需的商品，或適用於生產週期長、價格高的大型產品，如船舶、房地產等。對賣方而言，這種短期資金的籌集是極其有限的。

(二) 商業信用籌資管理

商業信用籌資管理集中體現在應付帳款管理上。從商業信用籌資量上看，其量的多少取決於：信用額度；允許按發票面額付款的最遲期限；享有現金折扣期的長短；享有現金折扣率的大小等因素。

信用額度越大，信用期限越長，則籌資的數量也越多；同時，由於現金折扣期及現金折扣率的影響，企業在享有信用免費資金的同時，增加了因未享有現金折扣而產生的機會成本。因此，如何就企業在擴大籌資數量、免費使用他人資金與享有現金折扣、減少機會成本間進行比較，是信用籌資管理的重點。

1. 享有現金折扣

在這種情況下，企業可獲得最長爲現金折扣期的免費資金，並取得相應的折扣收益，其免費信用額度爲扣除現金折扣後的淨購價。

2. 放棄現金折扣，在信用期內付款

在這種情況下，企業可獲得最長爲信用期的免費資金，其信用額度爲商品總購價；但由於企業放棄了現金折扣，從而其相應的機會成本也增加了。其成本計算公式爲：

$$放棄折扣成本率 = \frac{現金折扣率}{1-現金折扣率} \times \frac{360}{信用期-折扣期} \times 100\%$$

在一般情況下，企業財務人員需要將放棄現金折扣的成本率與銀行借款利率進行比較，如果成本率大於銀行借款利率，則企業放棄現金折扣的代價較大，對企業不利。這是因爲，如果在現金折扣期這一點上，企業用銀行借款支付貨款並享有折扣，其借款利息小於享有折扣的機會收益；反之，則結論相反。

3. 逾期支付

在這種情況下，企業實際上是拖欠賣方的貨款，逾期越長，籌資數量也越大。但是，企業會因此而信譽下降，未來失去的機會收益越多。因此，在市場經濟條件下，企業間應講究誠信原則，不應拖欠貨款。

【例4-11】某企業按 "2/10，n/30" 的條件購進一批商品，並假定商品價款爲100元，情形一：企業享有現金折扣。在10天內付款，即可獲得最長爲期10天的免費信用，其信用額度爲98元，折扣額爲2元；情形二：放棄現金折扣。在信用期內付款，則企業可獲得最長爲期30天的免費信用，其信用額度爲100元，但由於放棄現金折扣，從而其機會成本爲：

$$\frac{2\%}{1-2\%} \times \frac{360}{30-10} \times 100\% = 36.7\%$$

而銀行借款年利率無論如何也達不到這一比率。因此，除非特殊情形，企業一般還是以享有現金折扣爲好。

企業在放棄現金折扣的情況下，推遲付款的期限越長，其成本便會越小。比如，如果企業延遲50天付款，其成本爲：

$$\frac{2\%}{1-2\%} \times \frac{360}{50-10} \times 100\% = 18.4\%$$

4. 利用現金折扣的決策

在附有信用條件的情況下，獲得不同信用要負擔不同的代價，因此買方企業需要進行財務決策。一般說來，如果能以低於放棄折扣的隱含利息成本（即機會成本）的利率借入資金，便應在現金折扣期內用借入的資金支付貨款，享受現金折扣。比如，與上例同期的銀行短期借款年利率爲12%，則買方企業應利用更便宜的銀行借款在折扣期內償還應付帳款；反之，企業應放棄折扣。

如果企業在折扣期內將應付帳款用於短期投資，所得的投資收益率高於放棄折扣的隱含利息成本，則應放棄折扣而去追求更高的收益。當然，假使企業放棄折扣優惠，其也應將付款推遲於信用期內的最後一天（如上例中的第30天），以降低放棄折扣的成本。

如果企業因缺乏資金而慾展延付款期（如上例中將付款日推遲到第50天），則需在降低了的放棄折扣成本與展延付款帶來的損失之間做出選擇。展延付款帶來的損失主要是指因企業信譽惡化而喪失供應商乃至其他貸款人的信用，或日後招致苛刻的信用條件。

如果面對兩家以上提供不同信用條件的賣方，買方應選擇利益大的一家，即選擇籌資機會成本高的一家，這是因爲這種放棄享受折扣優惠的籌資成本是一種機會成本，選擇機會成本高的方案，可以使買方所承擔的機會成本損失相對較小。

【例4-12】某企業可從甲、乙兩家賣方賒購商品，甲提供的信用條件爲（1/10，n/30），乙提供的信用條件爲（2/5，n/30）。則該企業的放棄折扣成本率分別爲：

甲的放棄折扣成本率 $= \frac{1\%}{1-1\%} \times \frac{360}{30-10} \times 100\% = 18.18\%$

乙的放棄折扣成本率 $= \frac{2\%}{1-2\%} \times \frac{360}{30-5} \times 100\% = 29.39\%$

兩者相比，若接受乙的優惠條件，買方相應的機會成本損失較小，因此，買方應該選擇接受乙的信用條件。

(三) 商業信用籌資的優缺點

1. 商業信用籌資的優點

(1) 籌資方便。商業信用的使用權由買方自行掌握，買方什麼時候需要、需要多少等，在限定的額度內由其自行決定。多數企業的應付帳款是一種連續性的貨款，無需做特殊的籌資安排，也不需要事先計劃，隨時可以隨著購銷行為的產生而得到該項資金。

(2) 限制條件少。商業信用比其他籌資方式條件寬鬆，無需擔保或抵押，選擇餘地大。

(3) 成本低。大多數商業信用都是由賣方免費提供的，因此與其他籌資方式相比，商業信用籌資成本低。

2. 商業信用籌資的缺點

(1) 期限短。它屬於短期籌資方式，不能用於長期資產占用。

(2) 風險大。由於各種應付款項目經常發生、次數頻繁，因此企業需要隨時安排現金的調度。

第五節　混合性籌資

混合性資金，是指既具有某些股權性資金的特徵又具有某些債權性資金的特徵的資金形式。企業常見的混合性資金包括可轉換債券和認股權證。

一、發行可轉換債券

(一) 可轉換債券的性質

可轉換債券的持有人在一定時期內，可以按規定的價格或一定比例，自由地將其持有的債券轉換為普通股的債券。發行可轉換債券籌得的資金具有債權性資金和權益性資金的雙重性質。

(二) 可轉換債券籌資的優缺點

1. 可轉換債券籌資的優點

(1) 可節約利息支出。由於可轉換債券賦予持有者一種特殊的選擇權，即債券持有人可按事先約定在一定時間內將其轉換為公司股票的選擇權。因此，可轉換債券的利率低於普通債券，其利息支出少。

(2) 有利於穩定股票市價。可轉換債券的轉換價格通常高於公司當前股價，轉換期限較長，有利於穩定股票市價。

(3) 增強籌資靈活性。可轉換債券轉換為公司股票前是發行公司的一種債務資本，它可以通過提高轉換價格、降低轉換比例等方法促使持有者將持有的債券轉換為公司股票，即轉換為權益資本。可轉換債券轉換為股票的過程不會受其他債權人的反對。

2. 可轉換債券籌資的缺點

（1）增強了對管理層的壓力。發行可轉換債券後，當股價低迷或發行公司業績欠佳，股價沒有按照預期的水平上升時，持有者不願將可轉換債券轉換為股票，發行公司也將面臨兌付債券本金的壓力。

（2）存在回購風險。發行可轉換債券後，當公司股票價格在一定時期內連續低於轉換價格達到某一幅度時，債券持有人可以按事先約定的價格將債券出售給發行公司，這樣便增加了公司的財務風險。

（3）股價大幅度上揚時，籌資數量減少的風險增大。如果轉換時，股票價格大幅上揚，公司只能以固定的轉換價格將可轉換債券轉為股票，從而減少了籌資數量。

二、發行認股權證

（一）發行認股權證籌資的特徵

有認股權證購買發行公司的股票，其價格一般低於市場價格，因此，股份公司發行認股權證可增加其所發行股票對投資者的吸引力。發行依附於公司債券、優先股或短期票據的認股權證，可起到明顯的促銷作用。

（二）認股權證的種類

（1）按允許購買的期限長短分類，認股權證可分為長期認股權證與短期認股權證。短期認股權證的認股期限一般在90天以內；長期認股權證認股期限通常在90天以上，還有的長達數年或永久。

（2）按認股權證的發行方式分類，認股權證可分為單獨發行認股權證與附帶發行認股權證。依附於債券、優先股、普通股或短期票據發行的認股權證，為附帶發行認股權證。單獨發行認股權證是指不依附於公司債券、優先股、普通股或短期票據而單獨發行的認股權證。認股權證的發行，最常用的方式是認股權證在發行債券或優先股之後發行。這是將認股權證隨同債券或優先股一同寄往認購者。在無紙化交易制度下，認股權證將隨同債券或優先股一並由中央登記結算公司劃入投資者帳戶。

（3）按認股權證認購數量的約定方式分類，認股權證可分為備兌認股權證與配股權證。備兌認股權證是每份備兌證按一定比例含有幾家公司的若干股股票。配股權證是確認老股東配股權的證書。它按照股東持股比例定向派發，賦予其以優惠價格認購公司一定份數的新股。

（三）認股權證籌資的優缺點

1. 認股權證籌資的優點

（1）為公司籌集額外的資金。認股權證不論是單獨發行還是附帶發行，大多都為發行公司籌得一筆額外資金。

（2）促進其他籌資方式的運用。單獨發行的認股權證有利於將來發售股票，附帶發行的認股權證可以促進其所依附證券的發行效率。而且由於認股權證具有價值，因此附認股權證的債券票面利率和優先股股利率通常較低。

2. 認股權證籌資的缺點

（1）稀釋普通股收益。當認股權證執行時，提供給投資者的股票是新發行的股票，而並非二級市場的股票。這樣，當認股權證使時，普通股股份增多，每股收益下降。

（2）容易分散企業的控制權。由於認股權證通常隨債券一起發售，以吸引投資者，因此當認股權證行使時，企業的股權結構會發生改變，稀釋了原有股東的控制權。

【本章小結】

　　企業可以從各種來源取得長期資金，其中最主要的兩種形式是股權籌資和債務籌資。

　　為提高籌資效率，企業必須首先確定籌資規模。所有的企業都必須擁有一定的股權資本，但是當考慮增加它們的長期籌資基礎時，它們必須評價各種可供選擇的方法的優劣。

　　股權籌資雖然不會增大現有股東所承擔的風險，但由於投資者的必要報酬率較高，其資本成本較高，所以籌集股權資本最廉價（按外顯的發行成本）的方法是留存收益；股票股利成本較高，因此直接向社會公眾發行股票的成本是最高的。

　　債務籌資，主要是發行在市場上可流通的債券，其發行成本相對較低，而且具有一定的靈活性。但是，債務籌資增加了股東取得投資報酬的風險。從金融機構獲取長期貸款是一種通行的、相對較靈活的籌資方法。

　　融資租賃是另外一種類型的債務融資。它能夠節約資金，提高資金使用效益，增加資金調度的靈活性並有節稅作用。

　　與公司的長期資金相比，短期資金通常具有取得資金速度快、成本低（利息率較低）、具有很好的靈活性（所受的約束較少）和風險大等特點。

【案例分析】

躍進汽車製造公司籌集資金案例

　　躍進汽車製造公司是一個具有法人資格的，多種經濟成分並存的大型企業集團。公司現有58個生產廠家，還有物資、銷售、進出口、汽車配件四個專業公司，一個輕型汽車研究所和一所汽車工學院。公司現在急需1億元的資金用於轎車技術改造項目。為此，總經理趙廣斌於2004年5月10日召開由生產副總經理張望、財務副總經理王朝、銷售副總經理林立、某信託投資公司金融專家周民、某經濟研究中心經濟學家武教授、某大學財務學者鄭教授組成的專家研討會，討論該公司籌資問題。下面摘要他們的發言和有關資料如下：

　　總經理趙廣斌首先發言：「公司轎車技術改造項目經專家、學者的反覆論證，已被國家於2003年正式批準立項。這個項目的投資額預計為4億元，生產能力為4萬輛。項目改造完成後，公司的兩個系列產品的各項性能可達到國際同類產品的先進水平。現在項目正在積極實施中，但目前資金不足，準備在2004年7月前籌措1億元資金，請大家發表自己的意見，談談如何籌措這筆資金。」

　　生產副總經理張望說：「目前籌集的1億元資金，主要是用於投資少、效益高的技術改進項目。這些項目在兩年內均能完成建設並正式投產，到時公司的生產能力和產品質量將大大提高，估計這筆投資在改造投產後三年內可完全收回。所以應發行五年期的債券籌集資金。」

　　財務副總經理王朝提出了不同意見。他說：「目前公司全部資金總額為10億元，其中自有資金4億元，借入資金6億元，自有資金比例為40%，負債比率為60%，這種負債比率在我國處於中等水平，與世界發達國家如美國、英國等相比，負債比率已經比較高了，如果再利用債券籌集1億元資金，負債比例將達到64%，顯然負債比率過高，財務風險太大。所以，不能利用債券籌資，只能靠發行普通股或優先股籌集資金。」

　　但金融專家周民卻認為：「目前我國資金市場還不夠完善，證券一級市場和二級市場尚處於發展初期，許多方面還很不規範，投資者對股票投資還沒有充分的認識，再加上近年度股市的'擴容'速度過快，因此，在目前條件下要發行1億元普通股是很困難的。發行優先股還可以考慮，但根據目前的利率水平和生產情況，發行時年股息不能低於16.5%，否則也無法發行。如果發行債券，因要定期付息還本，投資者的風險較小，估計以12%的利率便可順利發行債券。"

來自某經濟研究中心的武教授認為："目前我國經濟建設正處於改革開放的大好時期，我國已經加入世界貿易組織，汽車行業可能會受到衝擊，銷售量會受到影響。在進行籌資和投資時應考慮這一因素，不然盲目上馬，後果將是不夠理想的。"

公司的銷售副總經理林立認為："將來一段時期內銷售量不成問題。這是因為公司生產的中檔轎車和微型車，這幾年來銷售量情況一直很好，暢銷全國29個省、市、自治區，2002年受進口汽車的影響，全國汽車滯銷，但公司的銷售狀況仍創歷史最好水平，居全國領先地位。在近幾年全國汽車行業質量評比中，連續獲獎。至於我國入關後，關稅將大幅度下降，確實會對我國汽車行業帶來衝擊，但這種衝擊已通過國家近期來的逐步降低關稅得以逐步消化，外加在入關初期，國家對轎車行業還準備採取一定的保護措施。所以，入關不會產生大的影響。"

財務副總經理王朝說："公司屬於股份制試點企業，目前所得稅稅率為25%，稅後資金利潤率為16%，若這項技術改造項目上馬，由於採用了先進設備，投產後預計稅後資金利潤率將達到18%。"所以，他認為這一技術改造項目應付諸實施。

來自某大學的財務學者鄭教授聽了大家的發言後指出："以16.5%的股息率發行優先股不可行，因為發行優先股所花費的籌資費用較多，把籌資費用加上以後，預計利用優先股籌集資金的資金成本將達到19%，這已高於公司稅後資金利潤率1%，所以不可行。但若發行債券，由於利息可以在稅前支付，實際成本在9%左右。"他還認為，目前我國正處於通貨膨脹時期，利息率比較高，這時不宜發行較長時期的利息或股息負擔較高的債券或股票。所以，鄭教授認為，應首先向銀行籌措1億元的技術改造貸款，期限為一年，一年以後，再以較低的股息率發行優先股股票來替換技術改造貸款。

財務副總經理王朝聽了鄭教授的分析後，也認為按16.5%的股息發行優先股，的確會給公司帶來沉重的財務負擔。但他不同意鄭教授後面的建議。他認為，在目前條件下向銀行籌措1億元技術改造貸款幾乎不可能；另外，通貨膨脹在近一年內不會消除，要想消除通貨膨脹，利息率有所下降，至少需要兩年時間。金融學家周民也同意王朝的看法。他認為一年後利息率可能還要上升，兩年後利息率才會保持穩定或有所下降。

資料來源：王化成. 財務管理教學案例 [M]. 北京：中國人民大學出版社, 2001：148-149.

要求：

1. 歸納一下這次籌資研討會上提出了哪幾種籌資方案。
2. 對會上的幾種籌資方案進行評價。
3. 你若在場的話，聽了與會同志的發言後，應該如何做出決策？

【本章練習題】

一、單項選擇題

1. 下列各種籌資渠道中，屬於企業自留資金的是（　　）。
   A. 銀行信貸資金　　　　　　　　B. 非銀行金融機構資金

C. 企業提取的公積金　　　　　　D. 融資租賃獲得的資金
2. 下列各項資金，可以利用商業信用方式籌借的是（　　　）。
　　A. 國家財政資金　　　　　　　　B. 銀行信貸資金
　　C. 其他企業資金　　　　　　　　D. 企業自留資金
3. 企業籌資的方式不包括（　　　）。
　　A. 吸收直接投資　　　　　　　　B. 發行股票
　　C. 國家財政資金　　　　　　　　D. 商業信用
4. 某企業需借入資金60萬元，由於銀行要求將貸款數額的20%作爲補償性餘額，故企業需向銀行申請的貸款數額爲（　　　）萬元。
　　A. 60　　　　　　　　　　　　　B. 72
　　C. 75　　　　　　　　　　　　　D. 67.2
5. 某企業按"2/10, n/30"的條件購進一批商品，貨款是30萬元，如果延至第30天付款，其放棄折扣的成本爲（　　　）。
　　A. 36.7%　　　　　　　　　　　B. 18.4%
　　C. 2%　　　　　　　　　　　　　D. 14.7%
6. 在租賃期內一般由出租方提供技術服務並負責維修，這種租賃形式是（　　　）。
　　A. 經營租賃　　　　　　　　　　B. 直接租賃
　　C. 轉租租賃　　　　　　　　　　D. 槓桿租賃
7. 由於優先股和普通股的風險和權利不同，在利潤分配中下列選項中錯誤的是（　　　）。
　　A. 優先股息先於普通股息分派　　B. 優先股息一般是固定的
　　C. 優先股息計入企業的經營成本　D. 普通股息在稅後利潤中分派
8. 折價發行債券時，其發行價格與債券面值的關係爲（　　　）。
　　A. 價格大於面值　　　　　　　　B. 價格小於面值
　　C. 價格等於面值　　　　　　　　D. 不一定
9. 以下各項中，不是經營租賃的特點爲（　　　）。
　　A. 租期短　　　　　　　　　　　B. 承租企業負責維修
　　C. 設備所有權歸出租人
　　D. 出租的是一般設備
10. 企業按年利率8%向銀行借款100萬元，銀行要求保留20%的補償性餘額，則企業的借款實際利率是（　　　）。
　　A. 20%　　　　　　　　　　　　B. 10%
　　C. 16%　　　　　　　　　　　　D. 12%

二、多項選擇題

1. 普通股籌集方式的缺點有（　　　）。
　　A. 投資風險大　　　　　　　　　B. 財務風險高
　　C. 資金成本高　　　　　　　　　D. 造成公司控制權分散
　　E. 投資收益低
2. 短期借款往往帶有一定的信用條件，其內容有（　　　）。
　　A. 信用額度　　　　　　　　　　B. 補償性餘額
　　C. 借款抵押　　　　　　　　　　D. 周轉信用協議

E. 抵押借款
3. 下列各項中，屬於影響融資租賃租金的因素有（　　）。
   A. 租金的結算方式　　　　　B. 租賃設備價款
   C. 租賃設備用途　　　　　　D. 設備殘值
   E. 租賃手續費和利息
4. 從企業籌資的角度來說，商業信用的形式主要有（　　）。
   A. 應付帳款　　　　　　　　B. 應收帳款
   C. 應付票據　　　　　　　　D. 應收票據
   E. 預收帳款
5. 長期借籌資方式的優點有（　　）。
   A. 投資風險小　　　　　　　B. 籌資速度快
   C. 沒有固定的利息負擔　　　D. 款項使用靈活
   E. 資金成本較低
6. 企業租賃資產的形式一般有（　　）。
   A. 經營租賃　　　　　　　　B. 直接租賃
   C. 融資租賃　　　　　　　　D. 售後回租
   E. 轉租租賃
7. 影響債券發行價格的因素包括（　　）。
   A. 債券面額　　　　　　　　B. 票面利率
   C. 市場利率　　　　　　　　D. 債券期限
8. 吸收直接投資的優點包括（　　）。
   A. 有利於降低企業資金成本　B. 有利於加強對企業的控制
   C. 有利於狀大企業經營實力　D. 有利於降低企業財務風險
9. 補償性餘額的約束使借款企業所受的影響包括（　　）。
   A. 減少了可用資金　　　　　B. 提高了籌資成本
   C. 減少了應付利息　　　　　D. 增加了應付利息
10. 在短期借款的利息計算和償還方法中，企業實際負擔利率高於名義利率的有（　　）。
   A. 收款法　　　　　　　　　B. 貼現法付息
   C. 銀行要求補償性餘額　　　D. 到期一次償還貸款

三、判斷題

1. 一般認為，補償性餘額使得名義借款額高於實際可使用借款額，從而實際借款利率大於名義借款利率。（　　）
2. 吸收直接投資有利於企業盡快形成生產能力，擴大企業經營規模，但有加大企業財務風險的缺點。（　　）
3. 優先股具有雙重性質，即屬於自有資金又兼有債券性質。（　　）
4. 記名股的轉讓和繼承都要辦理過户手續。（　　）
5. 當票面利率大於市場利率時，債券發行時的價格大於債券的面值。（　　）
6. 某企業按（2/10，N/30）的條件購入貨物100萬元，倘若放棄現金折扣，在第30天付款，則相當於以36.7%的利息率借入98萬元，使用期限為20天。（　　）
7. 某公司擬發行5年期債券進行籌資，債券票面金額為每張100元，票面利率為12%，

到期一次還本付息，單利計息，當時市場利率爲10%，那麼，該公司債券發行價格應爲99.34元。 （   ）

8. 由於銀行借款的利息是固定的，所以相對而言，這一籌資方式的彈性較小。（   ）

9. 與普通股籌資相比債券籌資的資金成本低，籌資風險高。（   ）

10. 賒銷是擴大銷售的有力手段之一，企業應盡可能放寬信用條件，增加賒銷量。
（   ）

四、計算分析題

1. H公司2012年12月31日資料如表4-9所示：

表4-9　　　　　　　　　　H公司財務資料　　　　　　　　　單位：元

項目	金額	項目	金額
現金	6,000	應付帳款	18,000
應收帳款	18,000	應付票據	12,000
存貨	28,000	長期借款	20,000
固定資產淨值	48,000	實收資本	40,000
		留存收益	10,000
合計	100,000	合計	100,000

公司2012年銷售收入爲160 000元，生產能力已飽和，銷售淨利率爲5%，實收資本爲普通股40 000股，每股1元，每股發放股利0.15元；2013年銷售收入預計增長25%，銷售淨利率與發放股利不變。要求：

（1）計算2013年外界資金需求量。

（2）若外界資金需求量由銀行借款取得，銀行需要的補償性餘額爲10%，由公司借款額爲多少？

2. 企業擬發行面值爲100元，票面利率爲12%，期限爲3年的債券。試計算當市場利率分別爲10%，12%，15%時的發行價格。

3. 某企業購入一批設備，對方開出的信用條件是"2/10，n/30"。試問：該公司是否應該爭取享受這個現金折扣，並說明原因。

4. 某公司向銀行借入年利率爲10%的借款10萬元，銀行要求在一年內，分12個月等額償還本息，計算該筆借款的實際利率。

5. A公司擬採購一批原材料，買方規定的付款條件如下："2/10，1/20，n/30"。要求：

（1）假設銀行短期貸款利率爲15%，計算放棄現金折扣的成本，並確定對該公司最爲有利的付款日期。

（2）假設目前有一短期投資報酬率爲40%，確定對該公司最有利的付款日期。

第五章　資本成本與資本結構

【引導案例】

某企業爲了進行一項投資，計劃籌集資金1,000萬元。假設企業適用的所得稅稅率爲25%。籌資方式有以下幾種：

(1) 向銀行借款，借款年利率爲8%，假定籌資費率爲1%，期限爲3年，每年付息一次。

(2) 溢價發行債券，發行價格爲1,200萬元，票面利率爲10%，期限爲5年，每年付一次利息，發行費率爲3%。

(3) 發行普通股，每股發行價格10元，籌資費率爲5%，今年剛發放的股利爲每股1元，以後每年按4%遞增。

問：
(1) 該企業應選擇哪種籌資方式？爲什麼？
(2) 籌集資金是要付出代價的，每種籌資方式的籌資成本是多少？

【學習目標】

1. 掌握資本成本的概念及構成。
2. 掌握各種資本成本的計算。
3. 能熟練計算幾種主要籌資形式的資本成本及加權平均資本成本。

第一節　資本成本概述

一、資本成本的概念及作用

(一) 資本成本的概念

在市場經濟條件下，企業籌集和使用資金，往往要付出代價。企業的這種爲籌措和使用資金而付出的代價即爲資本成本。在這裡，資本特指由債權人和股東提供的長期資金來源，包括長期債務資本與股權資本。資本成本包括籌資費用和使用費用兩部分。

1. 籌資費用

它是指企業在籌資過程中爲獲得資本而付出的費用，如向銀行借款時需要支付的手續費，因發行股票債券等而支付的發行費用等。這些費用由企業在籌措資金時一次支付，在用資過程中不再發生。

2. 使用費用

它是指企業在生產經營過程中因使用資金而支付的費用，如向股東支付的股利、向銀行支付的利息、向債券持有者支付的債息等。這是資本成本的主要內容。

資本成本是籌資與投資決策中的重要概念。這主要是因爲：首先，資本成本是企業的投資者（包括股東和債權人）對投入企業的資本所要求的收益率；其次，資本成本是投資本項目（或企業）的機會成本。

資本成本可以用絕對數表示，也可用相對數表示，但在財務管理中，資本成本一般用相對數表示，即表示爲用資費用與實際籌得資金的比率。其通用計算公式爲：

$$資本成本率 = \frac{每年的用資費用}{籌資總額 - 籌資費用} \times 100\%$$

式中，籌資總額扣除籌資費用後的差額爲企業實際籌得的資金。

(二) 資本成本的作用

資本成本是企業選擇資金來源，擬訂籌資方案的依據。資本成本對於企業籌資及投資管理的作用主要體現在以下幾點：

1. 資本成本是企業選用籌資方式的參考標準

企業可以利用的籌資方式是多種多樣的，企業在選用籌資方式時，需要考慮的因素很多，但必須考慮資金成本這一經濟標準。企業通過不同資金來源的資本成本的計算與比較，並按成本高低進行排列，從中選出成本較低的籌資方式。

2. 綜合加權資金成本是確定最優資本結構的主要參數

由於企業全部長期資本通常是採用多種方式籌資組合構成的，這種籌資組合有多個方案可供選擇，因此，綜合加權資本成本的高低將是比較各籌資組合方案、做出資本結構決策的依據。

3. 資本成本是評價投資項目，比較投資方案和追加投資決策的主要經濟標準

一般而言，項目的投資收益率只有大於其資本成本率才是經濟合理的，否則投資項目不可行。它表明，資本成本是企業項目投資的"最低收益率"，或者是判斷項目可行性的"取舍率"。

4. 資本成本還可作爲評價企業經營成果的依據

從資本的投資者角度看，資本成本是投資者的收益，這種收益是對資本使用者所獲利潤的一種分割，如果資本使用者不能使企業的經營產生收益，從而不能滿足投資者的收益需要，那麼投資者將不會把資本再投資於企業，企業的生產經營活動就無法正常開展。因此，資本成本在一定程度上是判斷企業經營業績的重要依據。

(三) 資本成本的種類

按資本成本不同的用途分類，其可分爲個別資本成本、綜合資本成本和邊際資本成本。

1. 個別資本成本

它是指單種籌資方式下的資本成本，包括長期借款成本、長期債券成本、優先股成本、普通股成本和留存收益成本。其中，前兩種稱爲債務資本成本，後三種稱爲股權資本成本。個別資本成本一般用於比較和評價各種籌資方式。

2. 綜合資本成本

它是對個別資本成本進行加權平均而得到的結果。故又稱爲加權平均資本成本。它一般是以各項個別資金在企業總資金中所占比重爲權數，對各項個別資金成本進行加權平均而得到的資金成本，其權數可以在帳面價值、市場價值和目標價值中選擇。綜合資本成本一般用於資金結構決策。

3. 邊際資本成本

它是追加單位籌資額所付出的代價。邊際資本成本主要用於選擇各個不同的追加籌資方案。

（四）資本成本的性質

資本成本是商品經濟條件下資金所有權和使用權分離的必然結果，是按資分配的集中表現。資本成本具有一般產品成本的基本屬性，又有不同於一般產品成本的某些特徵。資本成本同資金時間價值既有聯繫，又有區別，資本成本既包括資金時間價值，又包括投資風險價值。

（五）決定資本成本高低的因素

在市場經濟環境中，多方面因素的綜合作用決定著企業資本成本的高低。這些因素主要有總體經濟環境、證券市場條件、企業內部的經營和融資狀況及項目融資規模。

（1）總體經濟環境決定了整個經濟中資金的供給和需求程度以及預期通貨膨脹的水平。總體經濟環境變化的影響，反應在無風險報酬率上。顯然，如果整個社會經濟中的資金需求和供給發生變動，或者通貨膨脹水平發生變化，投資者也會相應改變其所要求的收益率。具體來說，如果貨幣需求增加，而供給沒有相應增加，投資人便會提高其投資收益率，企業的資本成本就會上升；反之，投資人則會降低其要求的投資收益率，使企業的資本成本下降。如果預期通貨膨脹水平上升，貨幣購買力下降，投資者也會要求更高的收益率來補償預期的投資損失，導致企業資本成本上升。

（2）證券市場條件影響證券投資的風險。證券市場條件包括證券市場流動的難易程度和價格的波動程度。如果某種證券的市場流動性不好，投資者想買進或賣出證券相對困難，變現風險較大，要求的收益率就會提高；或者投資者雖然存在對某個證券的需求，但因其價格波動較大，投資風險高，投資者此時要求的收益率也會提高。

（3）企業內部的經營和融資狀況是指企業經營風險和財務風險的大小。經營風險是企業投資決策的結果，它表現在資產收益率的變動上；財務風險是企業籌資決策的結果，它表現在普通股收益率的變動上。如果企業的經營風險和財務風險較大，那麼投資者的收益率要求也較高。

（4）融資規模是影響企業資本成本的另一個因素。企業的融資規模大，資本成本就高。例如，企業發行的證券金額很大，資金籌集費和資金佔用費都會上升；同時，證券發行規模的增大還會降低其發行價格，增加企業的資金成本。

第二節　股權資本成本

按不同的估算對象進行分類，資本成本分為個別資本成本和綜合資本成本。個別資本成本是指按各種長期資本的具體籌資方式來確定的成本，它進一步細劃為股權資本成本和債務資本成本。這兩類資本成本在計算上存在一定的差別，因此，本節先介紹股權資本成本。

股權資本成本包括優先股成本、普通股成本、留存收益成本等。由於這類資本成本的特點是使用費用（即股利等）均從稅後支付，因此不存在節稅功能。

一、優先股成本

公司發行優先股，既要支付籌資費用，又要定期支付股息，且股利在稅後支付。其計算公式為：

$$K_P = \frac{D_P}{P_P(1-f)} \times 100\%$$

式中：K_P為優先股成本；D_P為優先股年股息，等於優先股面額乘固定股息率；P_P為優先股籌資總額，按預計的發行價格計算。

【例5-1】某公司擬發行某優先股，面值總額為100萬元，固定股息率為15%，籌資費率預計為5%，該股票溢價發行，其籌資總額為150萬元。則優先股的成本為：

$$K_P = \frac{100 \times 15\%}{150 \times (1-5\%)} \times 100\% = 10.53\%$$

二、普通股成本

從理論上看，普通股籌資的成本就是普通股投資的必要報酬率，其測算方法一般有三種：即股利折現模型、資本資產定價模型和無風險利率加風險溢價法。

（一）股利折現模型

股利折現模型，其基本形式為：

$$P_0 = \sum_{t=1}^{n} \frac{D_t}{(1+k_c)^t}$$

式中，P_0為普通股籌資淨額，即發行價格扣除發行費用；D_t為普通股第t年的股利；K_C為普通股投資必要收益率，即普通股資金成本率。

若公司運用上面的模型測算普通股籌資成本，其測算方法因具體的股利政策而有所不同。如果某公司採用固定股利政策，即每年分派固定的現金股利D元。則普通股資金成本率可按下式測算：

$$K_C = \frac{D}{P \times (1-f)} \times 100\%$$

【例5-2】某公司擬發行一批普通股，發行價格12元，每股發行費用2元，預定每年分派現金股利每股1.2元。則該普通股籌資成本測算為：

$$K_C = \frac{1.2}{12-2} \times 100\% = 12\%$$

如果某公司採用固定增長股利的政策，股利固定增長率為G，則資金成本率需按下式測算：

$$K_C = \frac{D_1}{P \times (1-f)} \times 100\% + G$$

【例5-3】某公司準備增發普通股，每股發行價為15元，發行費用3元，預定第一年分派現金股利每股1.5元，以後每年股利增長5%。則該普通股籌資成本測算為：

$$K_C = \frac{1.5}{15-3} \times 100\% + 5\% = 17.5\%$$

（二）資本資產定價模型

資本資產定價模型的含義可以簡單地描述為：普通股投資的必要報酬率等於無風險報酬加上風險報酬率。用公式表示如下：

$$K_C = R_f + \beta \times (R_m - R_f)$$

式中，R_f代表無風險報酬率；R_m代表市場報酬率或市場投資組合的期望收益率；β代表某公司股票收益率相對於市場投資組合期望收益率的變動幅度。

當整個證券市場投資組合的收益率增加 1% 時，如果某公司股票的收益率增加 2%，那麼該公司股票的 β 爲 2；如果另外一家公司股票的收益率僅上升 0.5%，則其 β 爲 0.5。

【例 5-4】某股份公司普通股股票的 β 值爲 1.5，無風險利率爲 6%，市場投資組合的期望收益率爲 10%。則該公司的普通股籌資成本爲：

K_C = 6%+1.5×（10%-6%）= 12%

(三) 無風險利率加風險溢價法

此方法認爲，由於普通股的求償權不僅在債權之後，而且還次於優先股，因此，持有普通股股票的風險要大於持有債權的風險。這樣，股票持有人就必然要求一定的風險補償。一般情況下，我們通過一段時間的統計數據，可以測算出某公司普通股股票期望收益率超出無風險利率的大小，即風險溢價 R_P。無風險利率 R_f 一般用同期國債收益率表示，這是證券市場最基礎的數據。因此，用無風險利率加風險溢價法計算普通股籌資成本的公式爲：

$K_C = R_f + R_P$

【例 5-5】假定某股份公司普通股的風險溢價估計爲 8%，而無風險利率爲 5%，則該公司普通股籌資的成本爲：

K_C = 5%+8% = 13%

三、留存收益成本

留存收益是由公司稅後利潤形成的，屬於權益資本。一般企業都不會把全部收益以股利形式分給股東，留存收益是企業資金的一種重要來源。企業留存收益相當於股東對企業的追加投資。與以前交給企業的股本一樣，股東要求用這部分投資獲得同普通股等價的報酬，所以留存收益也要計算成本。留存收益籌資成本的計算與普通股基本相同，但不用考慮籌資費用。其計算公式爲：

$$Ke = \frac{D_1}{P_0} + g$$

式中，K_e 爲留存收益成本率；D_1 爲預期第 1 年年末的股利；P_0 爲普通股市價；g 爲不變的股利年增長率。

【例 5-6】某企業普通股每股市價爲 150 元，第一年年末的股利爲 15 元，以後每年增長 5%，則留存收益的資金成本爲：

$K_e = \dfrac{15}{150} + 5\% = 15\%$

第三節　債務資本成本

債務資本成本包括長期借款成本、債券籌資成本。由於債務的利息均在稅前支付，因此企業實際負擔的利息爲：利息×（1-稅率）。

一、長期借款成本

長期借款成本是指借款利息和籌資費用。由於銀行借款利息一般作爲財務費用計入稅前成本費用內，這樣可以起到抵稅作用，因此企業實際負擔的借款費用應從利息支出中減去所得稅額。其計算公式爲：

$$K_L = \frac{I_L(1-T)}{L(1-f)} \times 100\%$$

或 $$K_L = \frac{R_L(1-T)}{(1-f)} \times 100\%$$

式中：K_L爲長期借款成本；I_L爲長期借款年利息；L爲長期借款總額，即借款本金；T爲企業所得稅率；R_L爲借款年利率；f爲籌資費用率。

【例5-7】某企業慾從銀行取得長期借款100萬元，年利率爲10%，期限爲2年，每年付息一次，到期還本付息。假定籌資費用率爲0.1%，企業所得稅率爲33%，則該企業借款的成本爲：

$$K_L = \frac{100 \times 10\% \times (1-33\%)}{100 \times (1-0.1\%)} \times 100\% = 6.71\%$$

由於銀行借款的手續費率很低，上式中的籌資費率常常可以忽略不計，則上式可以簡化爲：

長期借款成本＝借款利率×（1－所得稅率）＝10%×（1－33%）＝6.70%

二、發行債券成本

發行債券成本與長期借款成本的主要差別在於：一是債券的籌資費用一般較高，因此不能忽略不計，其主要包括申請發行債券的手續費、債券註冊費、印刷費、上市費以及推銷費用等；二是債券的發行價格與債券面值可能不一致。債券籌資成本的計算公式爲：

$$K_B = \frac{I(1-T)}{B(1-f)} \times 100\%$$

式中：K_B爲債券成本；I爲債券每年支付的利息；B爲債券籌資額，按發行價格確定。

【例5-8】某企業發行面值1 000元的債券10 000張，期限10年，票面利率10%，每年付息一次，發行費率爲3%，假設所得稅稅率爲25%，債券按面值等價發行，則該筆債券的成本爲：

$$K_B = \frac{1\,000 \times 10\% \times (1-25\%)}{1\,000 \times (1-3\%)} = 7.73\%$$

若該債券發行價爲每張1 200元，則該債券的資本成本爲：

$$K_B = \frac{1\,000 \times 10\% \times (1-25\%)}{1\,200 \times (1-3\%)} = 6.44\%$$

若該債券發行價爲每張800元，則該債券的資本成本爲：

$$K_B = \frac{1\,000 \times 10\% \times (1-25\%)}{800 \times (1-3\%)} = 9.66\%$$

與長期借款相比，由於債券利率一般高於借款利率、債券發行成本高於借款籌資費用，因此債券成本相對要高於借款成本。

三、個別資本成本的比較

根據風險收益對等觀念，在一般情況下，各籌資方式的資本成本由小到大依次爲：國庫券、銀行借款、抵押債券、信用債券、優先股、普通股等。

第四節　加權平均資本成本

由於受多種因素的影響，企業不可能只使用某種單一的籌資方式，企業往往需要通過多種方式籌集所需資金。爲進行籌資決策，企業就要計算確定其全部長期資金的總成本。綜合資本成本（weighted average cost of capital，WACC）又稱加權平均資本成本。它是指企業全部長期資本成本的總成本，通常以各種資本占全部資本的比重爲權數，對個別資本成本進行加權平均確定。它是由個別資金成本率和各種長期資金比例這兩個因素決定的。各種長期資金比例是指一個企業各種長期資金分別占企業全部長期資金的比例，即狹義的資本結構。

一、加權平均資本成本的公式

$$WACC = \sum (K_i \times W_i)$$

式中：WACC 代表綜合資本成本；K_i 代表第 i 種個別資本成本；W_i 代表第 i 種個別資本占全部資本的比重。

【例 5-9】某公司共有長期資本（帳面價值）1,050 萬元，有關資料如表 5-1 所示：

表 5-1

資本來源	帳面金額（萬元）	權數（%）	稅後資本成本（%）
公司債券	400	38.0	10.0
銀行借款	200	19.0	6.7
普通股	300	28.5	14.5
留存收益	150	14.5	15.0
合計	1,050	100.0	

由上表可知，其綜合資本成本爲：

$WACC = 10\% \times 38\% + 6.7\% \times 19\% + 14.5\% \times 28.5\% + 15\% \times 14.5\%$
　　　$= 11.38\%$

二、加權平均資本成本權數價值的選擇問題

在測算加權平均資金成本時，企業資本結構或各種資金在總資金中所占的比重取決於各種資金價值的確定。各種資金價值的確定基礎主要有三種選擇：帳面價值、市場價值和目標價值。

按帳面價值確定資金比重，能反應過去，且人們易於從資產負債表中取得這些資料，容易計算，但其主要缺點是：資金的帳面價值可能不符合市場價值，當資金的市場價值與帳面價值差別很大時，計算結果會與資本市場現行實際籌資成本就會有較大的差距，這樣就不利於加權平均資金成本的測算和籌資管理的決策。

按市場價值確定資金比重，是指債券和股票等以現行資本市場價格爲基礎確定其資金比重，這樣計算的加權平均資金成本能反應企業目前的實際情況，但證券市場價格變動頻繁。爲彌補證券市場價格變動頻繁的不便，我們在計算時也可選用平均價格。

按目標價值確定資金比重是指債券和股票等以未來預計的目標市場價值確定其資金比

重。這種權數能夠反應企業期望的資本結構,而不是像按帳面價值和市場價值確定的權數那樣只反應過去和現在的資本結構。所以,按目標價值權數計算得出的加權平均資金成本更適用於企業籌措新資金。然而,企業很難客觀合理地確定證券的目標價值,有時這種計算方法不易推廣。

在實務中,我們通常以帳面價值爲基礎確定的資金價值計算加權平均資金成本。

第五節　邊際資本成本

一、邊際資本成本的概念

邊際資本成本是指每增加一個單位資金而增加的成本。在現實中,邊際資本成本通常在某一籌資區間內保持穩定,當企業以某種籌資方式籌資超過一定限度時,邊際資本成本會提高,此時,即使企業保持原有的資本結構,加權平均資本成本也仍有可能上升。邊際資本成本也可以稱爲隨籌資額增加而提高的加權平均資本成本。在企業追加籌資時,企業不能僅僅考慮目前所使用的資金的成本,還要考慮爲投資項目新籌集的資金的成本,這就需要計算資金的邊際成本。

企業追加籌資有時可能只採取某一種籌資方式。但在籌資數額較大,或在目標資本結構既定的情況下,企業往往需要通過多種籌資方式的組合來實現。這時,邊際資本成本應該按加權平均法計算,而且其資本比例必須以市場價值確定。

當企業擬籌資進行某項投資時,應以邊際資本成本作爲評價該投資項目可行性的經濟標準,根據邊際資本成本進行投資方案的取捨。

二、邊際資本成本的計算

(一) 確定目標資本結構 (略)

(二) 測算個別資金的成本率 (略)

(三) 計算籌資總額分界點

籌資分界點是指在保持某資金成本率的條件下,企業可以籌集到的資金總限度。一旦籌資額超過籌資分界點,即使維持現有資本結構,其資金成本率也會增加。籌資分界點的計算公式爲:

$$籌資總額分界點 = \frac{某種籌資方式的成本分界點}{目標資金結構中該種籌資方式所占比重}$$

(四) 計算邊際資本成本

根據計算出的分界點,我們可得出若干組新的籌資範圍,再對各籌資範圍分別計算加權平均資本成本,即可得到各種籌資範圍的邊際資本成本。

【例5-10】A公司目前有資金100萬元,其中,長期債務20萬元,普通股權益(含留存收益)80萬元。爲了適應追加投資的需要,公司準備籌措新資。試測算追加籌資的邊際資本成本。可按下列步驟進行:

(1) 確定目標資本結構。經分析測算後,A公司的財務人員認爲目前的資本結構處於目標資本結構範圍,在今後增資時應予保持,即長期債務保持在20%,普通股權益保持在 80%。

（2）測算確定個別資金成本。財務人員分析了資本市場狀況和公司的籌資能力，認爲隨著公司籌資規模的不斷增加，各種資金的成本率也會增加，測算結果如表 5-2 所示。

表 5-2　　　　　　　　　　　　A 公司籌資資料

籌資方式	目標資本結構 （1）	追加籌資數額範圍（元） （2）	個別資金成本率（%） （3）
長期債務	0.2	10 000 以下 10 000~40 000 40 000 以上	6 7 8
普通股權益	0.8	22 500 以下 22 500~75 000 75 000 以上	14 15 16

（3）計算籌資總額分界點。A 公司計算的籌資總額分界點如表 5-3 所示。

表 5-3　　　　　　　　A 公司籌資總額分界點計算表

籌資方式	個別資金 成本率 （%）	各種籌資方式 的籌資範圍 （元）	籌資總額 分界點 （元）	籌資總額範圍 （元）
長期債務	6 7 8	10 000 以下 10 000~40 000 40 000 以上	10 000/0.2＝50 000 40 000/0.2＝200 000 —	50 000 以下 50 000~200 000 200 000 以上
普通股 權益	14 15 16	22 500 以下 22 500~75 000 75 000 以上	22 500/0.8＝28 125 75 000/0.8＝93 750 —	28 125 以下 28 125~93 750 93 750 以上

表 5-3 中，分界點是指特定籌資方式成本變化的分界點。例如，對長期債務而言，在 10 000 元以內，其成本爲 6%，而在目標資本結構中，債務的比重爲 20%，這表明債務成本由 6% 上升到 7% 之前，企業可籌集 50 000 元的資金。當籌資總額在 50 000 元至 200 000 元之間時，債務成本上升到 7%。

（4）計算邊際資金成本。

根據第三步計算的籌資總額分界點，可得出如下五組新的籌資範圍：①28 125 元以下；②28 125~50 000 元；③50 000~93 750 元；④93 750~200 000 元；⑤200 000 元以上。對這五個籌資總額範圍分別測算其加權平均資金成本，便可得到各種籌資範圍資金的邊際成本，計算過程如表 5-4 所示。

表 5-4　　　　　　　　　　邊際資金成本計算表

序號	籌資總額範圍 （元）	籌資方式	目標資本 結構（%）	個別資金 成本（%）	邊際資金 成本（%）
1	0~28 125	長期債務 普通股權益	20 80	6 14	1.2 11.2
		第一個範圍的邊際資金成本＝12.4%			

105

表5-4(續)

序號	籌資總額範圍（元）	籌資方式	目標資本結構（%）	個別資金成本（%）	邊際資金成本（%）
2	28 125~50 000	長期債務	20	6	1.2
		普通股權益	80	15	12
	第二個範圍的邊際資金成本=13.2%					
3	50 000~93 750	長期債務	20	7	1.4
		普通股權益	80	15	12
	第三個範圍的邊際資金成本=13.4%					
4	93 750~200 000	長期債務	20	7	1.4
		普通股權益	80	16	12.8
	第四個範圍的邊際資金成本=14.2%					
5	200 000以上	長期債務	20	8	1.6
		普通股權益	80	16	12.8
	第五個範圍的邊際資金成本=14.4%					

第六節 資本結構

一、資本結構的含義

資本結構是指企業各種資本的構成及其比例關係。資本結構是企業籌資決策的核心問題，在籌資管理過程中，採用適當的方法以確定最佳資本結構，是籌資管理的主要任務之一。

在企業籌資管理活動中，資本結構有廣義和狹義之分。廣義的資本結構是指全部資本的來源構成，不但包括長期資本，還包括短期負債，它又稱財務結構。狹義的資本結構是指長期資本（長期債務資本與股權資本）的構成及其比例關係，而短期債務資本被列入營運資本進行管理。本書採用狹義資本結構的概念。

企業資本結構是由企業採用的各種籌資方式籌集資本而形成的，各種籌資方式不同的組合類型決定着企業資本結構及其變化。企業籌資方式有很多，但總體分爲負債資本和權益資本兩類。因此，資本結構問題基本上是負債資本的比例問題，即負債在企業全部資本中所占的比重。

二、現代資本結構理論

自20世紀50年代以來，西方經濟學家對資本結構展開了廣泛的研究，曾先後出現過淨收入理論、折中理論和現代資本結構理論，其中影響最大的爲現代資本結構理論。它主要是指MM理論及其發展，如權衡模型、激勵理論、非對稱信息理論等。

1. MM理論和權衡理論

早期的MM理論認爲，由於所得稅法允許債務利息費用在稅前扣除，因此在某些嚴格的假設下，負債越多，企業的價值越大。這一理論並非完全符合現實情況，只能作爲進一步研究的起點。此後提出的權衡理論認爲，負債公司可以爲企業帶來稅額庇護利益，但各種負債成本隨負債比率增大而上升，當負債比率達到某一程度時，息稅前盈餘（EBIT）會下降，同時企業負擔代理成本與財務拮據成本的概率會增加，從而企業的市場價值降低，因此，企業融資應當是在負債價值最大和債務上升帶來的財務拮據成本與代理成本之間選擇最佳點。

2. 激勵理論

激勵理論研究的是資本結構與經理人員行爲之間的關係，該理論認爲債權融資具有比股權融資更強的激勵作用。因爲債務類似一項擔保機制，由於企業存在無法償還債務的財務危機風險甚至破產風險，因此經理人員必須做出科學的投資決策，努力工作以降低風險。相反，如果不發行債券，企業就不會有破產風險，經理人員擴大利潤的積極性就會喪失，市場對企業的評價也相應降低，企業資本成本也會上升，因此，企業應積極適當地舉債，使經理人員努力工作將破產風險降到最低。

3. 非對稱信息理論

非對稱信息理論由美國經濟學家羅斯（Ross）首先引入到資本結構理論中。羅斯假定經理有關於企業未來收益和投資風險的內部信息，而投資者缺乏這種信息，他們只知道對經理者的激勵制度，只能通過經理者輸出的信息間接評價企業的市場價值。資產負債率或債務比例就是將內部信息傳遞給市場的工具，負債比例上升表明經理者對企業的未來收益有較高的期望，對企業充滿信心，同時負債也會促使經理努力工作，外部投資者會把較高的負債視爲企業高質量的一個信號。

邁爾斯（Myess）和麥吉勒夫（Majluf）進一步考察發現，企業發行股票融資時會被市場誤解，大家都認爲其前景不佳，因此新股發行總會使股價下跌。但是，多發債券又會使企業受財務危機的制約。因此，企業資本的融資順序應是：先內部籌資，然後發行債券，最後才是發行股票。這一"先後順序論"在美國、加拿大等國家1970—1985年的企業融資中得到了證實。

從以上有關權衡模型、激勵理論、非對稱信息理論的分析我們可以看出，當負債引起的成本費用未超過稅收節餘價值時，採用債券融資對企業是有利的，這樣還能減少企業控制權的損失。這與MM理論是一致的。

三、最佳資本結構決策

（一）最佳資本結構的含義

所謂最佳資本結構是指企業在一定期間內，加權平均資本成本最低、企業價值最大時的資本結構。其判斷標準有三個：

（1）有利於最大限度地增加所有者財富，能使企業價值最大化；

（2）企業加權平均資本成本最低；

（3）資產保持適宜的流動，並使資本結構具有彈性。其中，加權資本成本最低是其主要標準。

從以上分析我們可以看出，負債籌資具有節稅、降低資本成本等作用，因此，對外負債是企業採用的主要籌資方式。但是，隨著負債籌資比例的不斷擴大，負債利率趨於上升，破產風險加大。因此，如何找出最佳的負債點（即最佳資本結構），使得負債籌資的優點得以充分發揮，同時又避免其不足，是籌資管理的關鍵。財務管理上將最佳負債點的選擇稱爲資本結構決策。

(二) 最佳資本結構決策的方法

資本結構的決策方法基本上包括兩種：一是比較資本成本法，另一種是無差別點分析法。

1. 比較資本成本法

它是通過計算不同資本結構的加權平均資本成本，並以此爲標準，選擇其中加權平均資本成本最低的資本結構。它以資本成本高低作爲確定最佳資本結構的唯一標準，在理論上與股東或企業價值最大化時相一致，在實踐中則表現爲簡單實用。其決策過程包括：

(1) 確定各方案的資本結構；

(2) 確定各結構的加權資本成本；

(3) 進行比較，選擇加權資本成本最低的結構爲最優結構。

【例5-11】某企業擬將籌資規模確定爲300萬元，有三個備選方案，其資本結構分別是：方案A長期借款50萬元、債券150萬元、股本100萬元；方案B長期借款70萬元、債券80萬元、股本150萬元；方案C長期借款100萬元、債券120萬元、股本80萬元。各方案相對應的個別資本成本如表5-5所示：

表5-5　　　　　　　　　　　　個別資本成本資料

單位：萬元

籌資方式	方案A 籌資額	方案A 資本成本	方案B 籌資額	方案B 資本成本	方案C 籌資額	方案C 資本成本
長期借款	50	6%	70	6.5%	100	7%
債券	150	9%	80	7.5%	120	8%
普通股	100	15%	150	15%	80	15%
合計	300		300		300	

計算各方案的綜合資本成本（WACC）如下：

$$WACC(A) = \frac{50}{300} \times 6\% + \frac{150}{300} \times 9\% + \frac{100}{300} \times 15\% = 10.5\%$$

$$WACC(B) = \frac{70}{300} \times 6.5\% + \frac{80}{300} \times 7.5\% + \frac{150}{300} \times 15\% = 11.02\%$$

$$WACC(C) = \frac{100}{300} \times 7\% + \frac{120}{300} \times 8\% + \frac{80}{300} \times 15\% = 9.53\%$$

通過計算與比較，我們不難看出方案C的資本成本最低，因此，選擇長期借款100萬元、債券120萬元、普通股票80萬元的資本結構最爲可行。

此方法通俗易懂，計算過程也不是十分複雜，是確定資本結構的一種常用方法。因所擬訂的方案數量有限，故有把最優方案漏掉的可能。同時，資本成本比較法僅以資本成本率最低爲決策標準，沒有具體測算財務風險因素，其決策目標實質上是利潤最大化而不是公司價值最大化，因此該方法一般適用於資本規模較小、資本結構較爲簡單的非股份制企業。

2. 每股收益無差別點分析法，也稱爲EBIT-EPS分析法

所謂無差別點，是指使不同資本結構的每股收益相等時的息稅前利潤點。企業合理的

資本結構，對企業的盈利能力和股東財富產生了一定的影響，因此我們將息稅前利潤（EBIT）和每股收益（EPS）作爲分析確定企業資本結構的兩大因素。每股收益無差別點分析法就是將息稅前利潤和每股收益這兩大要素結合起來，分析資本結構與每股收益之間的關係，進而確定最佳資本結構的方法。其決策程序爲：第一步，計算每股收益無差異點；第二步，做每股收益無差異點圖；第三步，選擇最佳籌資方式。

該方法測算每股收益無差異點的計算公式爲：

$$\frac{(EBIT-I_1)(1-T)-D_1}{N_1}=\frac{(EBIT-I_2)(1-T)-D_2}{N_2}$$

式中：EBIT 爲每股收益無差異點處的息稅前利潤；I_1、I_2 爲兩種籌資方式下的年利息；T 爲企業所得稅稅率；D_1、D_2 爲兩種籌資方式下的優先股股利；N_1、N_2 爲兩種籌資方式下流通在外的普通股股數。

每股收益無差別點的息稅前利潤計算出來以後，可與預期的息稅前利潤進行比較，企業據此選擇籌資方式。當預期的息稅前利潤大於無差異點息稅前利潤時，企業應採用負債籌資方式；當預期的息稅前利潤小於無差異點息稅前利潤時，企業應採用普通股籌資方式。

【例 5-12】某公司慾籌集新資本 400 萬元以擴大生產規模。籌集新資本的方式可用增發普通股或長期借款方式。若增發普通股，則計劃以每股 10 元的價格增發 40 萬股；若採用長期借款，則以 10%的年利率借入 400 萬元。已知該公司現有資產總額爲 2 000 萬元，負債比率爲 40%，年利率 8%，普通股 100 萬股。假定增加資本後預期息稅前利潤爲 500 萬元，所得稅率爲 30%。試採用每股利潤分析法計算分析應選擇何種籌資方式？

(1) 計算每股收益無差別點。根據資料計算如下：

$$\frac{(EBIT-64)\times(1-30\%)}{100+40}=\frac{(EBIT-64+40)\times(1-30\%)}{100}$$

EBIT = 204 萬元

將該結果代入上式可得無差別點的每股收益：

$$EPS=\frac{(204-64)\times(1-30\%)}{100+40}=0.7\ 元。$$

(2) 計算預計增資後的每股收益（見表 5-6），並選擇最佳籌資方式。

表 5-6　　　　　　　　　　預計增資後的每股收益　　　　　　　　　單位：萬元

項目	增發股票	增加長期借款
預計息稅前利潤（EBIT）	500	500
減：利息	64	64+40
稅前利潤	436	396
減：所得稅	130.8	118.8
稅後利潤	305.2	277.2
普通股股數（萬股）	140	100
每股利潤（EPS）	2.18	2.77

由表 5-3 計算得知，當預期息稅前利潤爲 500 萬元時，追加負債籌資的每股收益較高（爲 2.77 元），企業應選擇負債方式籌集資本。

由此表明，當息稅前利潤等於 204 萬元時，採用負債或發行股票方式籌資都是一樣的；當息稅前利潤大於 204 萬元時，採用負債方式籌資更有利；當息稅前利潤小於 204 萬元時，則應採用發行股票方式籌資。該公司預計 EBIT 爲 500 萬元，大於無差別點的 EBIT，故採用長期借款的方式籌資較為有利，此結論也可通過分析圖（圖 5-1）加以證明。

（3）繪製 EBIT-EPS 分析圖，如圖 5-1 所示。

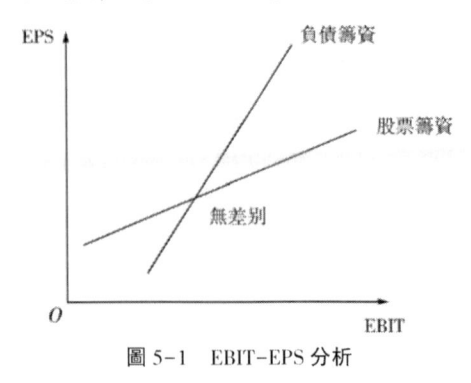

圖 5-1　EBIT-EPS 分析

由圖 5-1 可以看出，當 *EBIT* 為 204 萬元時，兩種籌資方式的 *EPS* 相等；當 *EBIT* 大於 204 萬元時，採用負債籌資方式的 *EPS* 大於普通股籌資方式的 *EPS*，故應採用負債籌資方式；當 *EBIT* 小於 204 萬元時，採用普通股籌資方式的 *EPS* 大於負債籌資方式的 *EPS*，故應採用普通股籌資方式。

每股收益分析法確定最佳資本結構，是以每股收益最大為分析起點的，它直接將資本結構與企業財務目標、企業市場價值等相關因素結合起來，因此是企業在追加籌資時經常採用的一種決策方法。

上述所介紹的兩種方法，雖然集中考慮了資本成本與財務槓桿效益，但沒有考慮資本結構彈性、財務風險大小及其相關成本等因素，其決策目標實際上是每股收益最大化而不是公司價值最大化，因此企業在具體應用時還須審慎鑑別、靈活使用。這種方法一般可用於資本規模不大、資本結構不太複雜的股份有限公司。

四、資本結構的調整

（一）影響資本結構變動的因素

資本結構的變動，除受資本成本、財務風險等因素影響外，還要受到其他因素的影響。這些因素主要是指：

1. 企業因素

企業因素主要是指企業內部影響資本結構變動的經濟變量，主要包括以下三下方面：

（1）管理者的風險態度。如果管理者對風險極為厭惡，則企業資本結構中負債的比重相對較小；相反，如果管理者以取得高報酬為目的而比較願意承擔風險，則資本結構中負債的比重相對要大。

（2）企業的獲利能力。息稅前利潤是還本付息的根本來源。息稅前利潤越大，即總資產報酬率大於負債利率，則利用財務槓桿能取得較高的淨資產收益率；反之則相反。可見，獲利能力是衡量企業負債能力強弱的基本依據。

（3）企業的經濟增長。經濟增長快的企業，總是期望通過擴大籌資來滿足其資本需要，而在股權資本一定的情況下，擴大籌資即意味着對外負債。從這裡也可看出，負債籌資及負債經營是促進企業經濟增長的主要方式之一。

2. 環境因素

環境因素主要是指制約企業資本結構的外部經濟變量，主要包括以下四個方面：

（1）銀行等金融機構的態度。雖然企業都是希望通過負債籌資來取得淨資產收益率的提高，但銀行等金融機構的態度在企業負債籌資中起到決定性的作用。在這里，銀行等金融機構的態度就是商業銀行的經營規則，即這些機構考慮貸款的安全性、流動性與收益性。

（2）信用評估機構的意見。信用評估機構的意見對企業的對外籌資能力起着舉足輕重的作用。

（3）稅收因素。因債務利息在稅前支付，故其具有節稅功能；而且，一般來説，企業所得稅率越高，節稅功能越強，從而舉債好處越多。因此，稅率變動對企業資本結構變動具有某種導向作用。

（4）行業差別。不同行業所處的經濟環境、資產構成及運營效率、行業經營風險等是不同的。因此，上述各種因素的變動直接導致行業資本結構的變動，從而體現其行業特徵。

（二）資本結構調整的原因

儘管影響資本結構變動的因素很多，但就某一具體企業來講，資本結構變動或調整有其直接的原因。這些原因，歸納起來有：

（1）成本過高。原有資本結構的加權資本成本過高，從而使得利潤下降。它是資本結構調整的主要原因之一。

（2）風險過大。雖然負債籌資能降低成本、提高利潤，但風險較大。如果籌資風險過大，以至於企業無法承擔，企業可預見的破産成本會直接抵減因負債籌資而取得的現時槓桿收益，企業此時也需進行資本結構調整。

（3）彈性不足。所謂彈性是指企業在進行資本結構調整時原有結構應有的靈活性，包括：籌資期限彈性、各種籌資方式間的轉換彈性等。其中，期限彈性針對負債籌資方式是否具有展期性、提前收兌性等而言；轉換彈性針對負債與負債間、負債與資本間、資本與資本間是否具有可轉換性而言。彈性不足的企業，其財務狀況將是脆弱的，這些企業的應變能力也相對較差。彈性大小是判斷企業資本結構是否健全的標誌之一。

（4）約束過嚴。不同的籌資方式，投資者對籌資方的使用約束是不同的。約束過嚴，一定意義上有損於企業財務自主權，有損於企業靈活調度與使用資金。正因為如此，企業有時寧願承擔較高的代價而選擇那些使用約束相對較寬的籌資方式。這也是促使企業進行資本結構調整的動因之一。

（三）資本結構調整的方法

針對這些調整的可能性與時機，資本結構調整的方法可歸納為：

1. 存量調整

所謂存量調整是指在不改變現有資產規模的基礎上，根據目標資本結構要求，對現有資本結構進行必要的調整。具體方式有：

（1）在債務資本過高時，企業將部分債務資本轉化為股權資本。例如，將可轉換債券轉換為普通股票。

（2）在債務資本過高時，企業將長期債務收兌或提前歸還，同時籌集相應的股權資本額。

（3）在股權資本過高時，企業通過減資並增加相應的負債額，來調整資本結構（這只是一種理論上的説法，在現實中，這種方法是較少採用的）。

2. 增量調整

它是指通過追加籌資量，從而增加總資產的方式來調整資本結構。具體方式有：

(1) 在債務資本過高時，企業通過追加股權資本投資來改善資本結構，如將公積金轉換爲資本，或者直接增資。

(2) 在債務資本過低時，企業通過追加負債籌資規模來提高負債籌資比重。

(3) 在股權資本過低時，企業可通過籌措股權資本來擴大投資，提高股權資本比重。

3. 減量調整

它是通過減少資本總額的方式來調整資本結構。具體方式有：

(1) 在股權資本過高時，企業通過減資來降低其比重（股份公司則可回購部分普通股票等）。

(2) 在債務資本過高時，企業利用稅後留存歸還債務，從而減少總資產，並相應減少債務比重。

第七節　槓桿原理

"槓桿"一詞是來自於物理學中的力學概念。它是指人們可以通過利用槓桿，用較小的力量移動較重物體的現象。財務管理中也存在着類似的槓桿效應。其表現爲：由於特定費用（如固定成本或固定財務費用）的存在，當業務量發生較小的變化時，利潤會產生較大的變化。這種槓桿效應不但會影響到企業稅後收益的水平和變化性，而且也影響到企業綜合的風險和收益。

財務管理中的槓桿效應有三種形式，即經營槓桿、財務槓桿和複合槓桿。要瞭解這些槓桿的原理，我們需要首先瞭解成本習性、邊際貢獻和息稅前利潤等相關術語的內涵。

一、成本習性、邊際貢獻與息稅前利潤

(一) 成本習性及分類

所謂成本習性，是指成本總額與業務量之間在數量上的依存關係。它是經營槓桿的概念基礎。成本按習性分爲固定成本、變動成本和混合成本三類。

1. 固定成本

固定成本是指其總額在相關範圍內，不直接受業務量變動的影響而固定不變的成本，如廠房、設備的折舊、廣告費、管理人員工資、辦公費等項目。但是由於固定成本在相關範圍內總額保持不變，因此，業務量的增加，意味着固定成本將分配給更多數量的產品。也就是說，每單位產品的固定成本，將隨業務量的增加而逐漸減少。

固定成本還可進一步區分爲約束性固定成本和酌量性固定成本兩類。

(1) 約束性固定成本。約束性固定成本屬於企業"經營能力"成本，是企業爲維持一定的業務量所必須負擔的最低成本，如廠房、機器設備折舊費、長期租賃費等。企業的經營能力一經形成，在短期內很難有重大改變，因而這部分成本具有很大的約束性，管理當局的決策行動不能輕易改變其數額。要想降低約束性固定成本，管理者只能從合理利用經營能力入手。

(2) 酌量性固定成本。酌量性固定成本屬於企業"經營方針"成本，是企業根據經營方針確定的一定時期（通常爲一年）的成本，如廣告費、研究與開發費、職工培訓費等。

這部分成本的發生，管理者可以隨企業經營方針和財務狀況的變化，掛酌其開支情況。因此，要降低酌量性固定成本，管理者就要在預算時精打細算，合理確定這部分成本的數額。

應當指出的是，固定成本總額只是在一定時期和業務量的一定範圍內保持不變。這裡所說的一定範圍，通常爲相關範圍。超過了相關範圍，固定成本也會發生變動。因此，固定成本必須和一定時期、一定業務量聯繫起來進行分析。從較長時間來看，所有的成本都有在變化，沒有絕對不變的固定成本。

2. 變動成本

變動成本是指其總額會隨業務量的變動而成正比例變動的成本，如直接材料成本和直接人工成本。但單位產品的變動成本則不隨業務量變動的影響，它是固定不變的。

與固定成本相同，變動成本也存在相關範圍，即只有在一定範圍之內，產量和成本才能完全成同比例變化，即完全的線性相關。超過了一定的範圍，這種關係就不存在了。例如，當一種新產品還是小批量生產時，由於生產還處於不熟練階段，直接材料和直接人工耗費可能較多，但隨著產量的增加，工人對生產過程逐漸熟練，單位產品的材料和人工費用逐漸降低。在這一階段，變動成本不一定與產量完全成同比例變化，而是表現爲小於產量增減幅度。在這以後，生產過程比較穩定，變動成本與產量成同比例變動，這一階段的產量便是變動成本的相關範圍。然而，當產量達到一定程度後，再大幅度增產可能會出現一些新的不利因素，這些不利因素使成本的增長幅度大於產量的增長幅度。

3. 混合成本

有些成本雖然也隨業務量的變動而變動，但不成同比例變動，不能簡單地歸入變動成本或固定成本，這類成本稱爲混合成本。混合成本按其與業務量的關係又可分爲半變動成本和半固定成本。

（1）半變動成本。它通常有一個初始量，類似於固定成本，在這個初始量的基礎上隨產量的增長而增長，有時也類似於變動成本。如企業的電話費。

（2）半固定成本。這類成本隨產量的變化而呈階梯形增長，產量在一定限度內，這種成本不變，當產量增長到一定限度後，這種成本就跳躍到一個新水平。化驗員、質量檢查人員的工資就屬於這類成本。

4. 總成本習性模型

從以上分析我們知道，成本按習性可分爲變動成本、固定成本和混合成本三類，但混合成本又可以按一定方法分解成變動部分和固定部分。那麼，總成本習性模型可以表示爲：
$y = a + bx$

其中，y 代表總成本，a 代表固定成本，b 代表單位變動成本，x 代表業務量（如產銷量，這裡假定產量與銷量相等，下同）。

顯然，若能求出公式中 a 和 b 的值，我們就可以利用這個直線方程來進行成本預測、成本決策和其他短期決策。

(二) 邊際貢獻及其計算

邊際貢獻是指銷售收入減去變動成本以後的差額。其計算公式爲：

邊際貢獻＝銷售收入－變動成本

＝（銷售單價－單位變動成本）×產銷量

＝單位邊際貢獻×產銷量

若以 M 表示邊際貢獻，p 表示銷售單價，b 表示單位變動成本，x 表示產銷量，m 表示單位邊際貢獻，則上式可表示爲：$M = px - bx = (p - b)x = mx$

(三) 息稅前利潤及其計算

息稅前利潤是指企業支付利息和交納所得稅前的利潤。其計算公式爲：

息稅前利潤＝銷售收入總額－變動成本總額－固定成本
　　　　　＝（銷售單價－單位變動成本）×產銷量－固定成本
　　　　　＝邊際貢獻總額－固定成本　　　　　　　　　　　　　　　　　（式5-13）

若以 $EBIT$ 表示息稅前利潤，a 表示固定成本，則上式可表示爲：

$EBIT = px - bx - a = (p - b)x - a = M - a$

顯然，不論利息費用的習性如何，上式的固定成本和變動成本中不應包括利息費用因素。息稅前利潤也可以用利潤總額加上利息費用求得。

【例5-13】某公司當年年底的所有者權益總額爲1 000萬元，普通股600萬股。目前的資本結構爲長期負債占60%，所有者權益占40%，沒有流動負債。設該公司的所得稅稅率爲33%，預計繼續增加長期債務不會改變目前11%的平均利率水平。董事會在討論明年資金安排時提出：

(1) 計劃年度分配現金股利0.05元/股；
(2) 擬爲新的投資項目籌集200萬元的資金作爲資本；
(3) 計劃年度維持目前的資本結構，並且不增發新股。

要求：測算實現董事會上述要求所需要的息稅前利潤。

解答：

(1) 因爲計劃年度維持目前的資本結構，所以計劃年度增加的所有者權益爲200×40%=80（萬元）。

因爲計劃年度不增發新股，所以，增加的所有者權益全部來源於計劃年度分配現金股利之後剩餘的淨利潤。

因爲發放現金股利所需稅後利潤＝0.05×600＝30（萬元），所以，計劃年度的稅後利潤＝30+80＝110（萬元）。

計劃年度的稅前利潤 $= \dfrac{110}{1-33\%} = 164.18$（萬元）

(2) 因爲計劃年度維持目前的資本結構，所以，需要增加的長期負債＝200×60%＝120（萬元）。

(3) 因爲原來的所有者權益總額爲1 000萬元，資本結構爲所有者權益占40%，所以，原來的資本總額 $= \dfrac{1\,000}{40\%} = 2\,500$ 萬元；因爲資本結構中長期負債占60%，所以，原來的長期負債＝2 500×60%＝1 500（萬元）。

(4) 因爲計劃年度維持目前的資本結構，所以，計劃年度不存在流動負債，計劃年度借款利息＝長期負債利息＝（原長期負債+新增長期負債）×利率
　　　　　　　　　　　　　　　＝（1 500+120）×11%＝178.2（萬元）

(5) 因爲息稅前利潤＝稅前利潤+利息，所以，計劃年度息稅前利潤
　　　　　　　　＝164.18+178.2＝342.38（萬元）

二、經營槓桿

(一) 經營風險

企業經營面臨各種風險，可劃分爲經營風險和財務風險。

經營風險是指企業經營上的原因導致利潤變動的風險，即未來的息稅前利潤（EBIT）的不確定性。影響企業經營風險的因素很多，主要是：

（1）產品需求。市場對產品的需求越穩定，經營風險越小；反之，經營風險越大。

（2）產品售價。產品售價變動不大，經營風險則小；否則經營風險就很大。

（3）產品成本。產品成本是收入的抵減，這裏的產品成本是構成產品要素的所有投入品成本（或價格），如原料進價、人工費用等。產品成本不穩定，會導致利潤不穩定，因此產品成本變動大，經營風險就大；反之，經營風險就小。

（4）調整價格的能力。當產品成本變動時，若企業具有較強的調整價格的能力，經營風險就小；反之，經營風險就大。

（5）固定成本的比重。在企業全部成本中，固定成本所占比重較大，單位產品分攤的固定成本額就多。從成本習性分析看，業務量或產品量越大，單位產品分攤的固定成本就會越小，反之則相反。固定成本這一習性及其形成的對利潤波動性的影響，就是經營風險。

（二）經營槓桿的含義

在上述影響企業經營風險的諸因素中，固定成本比重的影響最重要。在其他條件不變的情況下，產銷量的增加雖然不會改變固定成本總額，但會降低單位固定成本，從而提高單位利潤，使息稅前利潤的增長率大於產銷量的增長率。反之，產銷量的減少會提高單位固定成本，降低單位利潤，使息稅前利潤下降率也大於產銷量下降率。如果不存在固定成本，所有成本都是變動的，那麼，邊際貢獻就是息稅前利潤，這時的息稅前利潤變動率就同產銷量變動率完全一致。這種由於固定成本的存在而導致息稅前利潤變動率大於產銷量變動率的槓桿效應，稱為經營槓桿。由於經營槓桿對經營風險的影響最為綜合，因此，其常被用來衡量經營風險的大小。

（三）經營槓桿的計量

只要企業存在固定成本，就存在經營槓桿效應的作用。最常用的對經營槓桿的計量指標是經營槓桿係數。經營槓桿係數，是指息稅前利潤變動率相當於產銷量變動率的倍數。計算公式為：

$$DOL = \frac{\Delta EBIT/EBIT}{\Delta Q/Q}$$

式中：DOL 為經營槓桿係數；$\Delta EBIT$ 為息稅前利潤變動額；$EBIT$ 為變動前息稅前利潤；ΔQ 為銷售變動量（額）；Q 為變動前（或基期）銷售量（額）。

設 S 為銷售額，VC 為變動成本，F 為固定成本，上述公式可變換為：

$$DOL = \frac{S - VC}{S - VC - F}$$

即，$DOL = \dfrac{基期邊際貢獻}{基期息稅前利潤}$

【例 5-14】A 公司有關資料如表 5-7 所示，試計算該企業 2017 年的經營槓桿係數。

表 5-7   金額單位：萬元

項目	2016年	2017年	變動額	變動率（%）
銷售額	1,000	1,200	200	20
變動成本	600	720	120	20

表5-7(續)

項目	2016年	2017年	變動額	變動率（%）
邊際貢獻	400	480	80	20
固定成本	200	200	0	—
息稅前利潤	200	280	80	40

解：根據公式可得：

經營槓桿系數 $(DOL) = \dfrac{80/200}{200/1\,000} = \dfrac{40\%}{20\%} = 2$

上述計算是按經營槓桿的理論公式計算的，利用該公式，必須以已知變動前後的有關資料為前提，比較麻煩，而且無法預測未來（如2017年）的經營槓桿系數。按簡化公式計算如下：

按表5-7中2009年的資料可求得2010年的經營槓桿系數：

經營槓桿系數 $(DOL) = \dfrac{400}{200} = 2$

計算結果表明，兩個公式計算出的2016年經營槓桿系數是完全相同的。

同理，可按2016年的資料求得2017年的經營槓桿系數：

經營槓桿系數 $(DOL) = \dfrac{480}{280} = 1.71$

（四）經營槓桿與經營風險的關係

引起企業經營風險的主要原因是市場需求和成本等因素的不確定性，經營槓桿本身不是利潤不穩定的根源。但是，當業務量增加時，息稅前利潤將以 DOL 倍的幅度增加；當業務量減少時，息稅前利潤又將以 DOL 倍的幅度減少。而且，經營槓桿程度越高，利潤變動越激烈，企業的經營風險就越大。於是，企業經營風險的大小和經營槓桿有重要關係。其關係可表示為：

經營槓桿系數 $= \dfrac{\text{基期邊際貢獻}}{\text{基期邊際貢獻} - \text{基期固定成本}}$

或 $= \dfrac{(\text{基期銷售單價} - \text{基期單位變動成本}) \times \text{基期產銷量}}{(\text{基期銷售單價} - \text{基期單位變動成本}) \times \text{基期產銷量} - \text{基期固定成本}}$

從上式可以看出，影響經營槓桿系數的因素包括產品銷售數量、產品銷售價格、單位變動成本和固定成本總額等因素。經營槓桿系數將隨固定成本的變化呈同方向變化，即在其他因素一定的情況下，固定成本越高，經營槓桿系數越大。同理，固定成本越高，企業經營風險也越大；如果固定成本為零，則經營槓桿系數等於1。

在影響經營槓桿系數的因素發生變動的情況下，經營槓桿系數一般也會發生變動，從而產生不同程度的經營槓桿和經營風險。由於經營槓桿系數影響著企業的息稅前利潤，從而也就制約著企業的籌資能力和資本結構。因此，經營槓桿系數是資本結構決策的一個重要因素。

控制經營風險的方法有：增加銷售額、降低產品單位變動成本、降低固定成本比重。

【例5-15】某企業生產A產品，固定成本為60萬元，變動成本率為40%，當企業的銷售額分別為100萬元、200萬元、400萬元時。其經營槓桿系數為：

$$DOL_1 = \frac{100 - 100 \times 40\%}{100 - 100 \times 40\% - 60} = 無窮大$$

$$DOL_2 = \frac{200 - 200 \times 40\%}{200 - 200 \times 40\% - 60} = 2$$

$$DOL_3 = \frac{400 - 400 \times 40\%}{400 - 400 \times 40\% - 60} = 1.33$$

以上計算結果表明：

（1）當銷售額處於盈虧臨界點時，經營槓桿系數趨於無窮大。

（2）在固定成本不變的情況下，經營槓桿系數說明了銷售額增長所引起利潤增長的幅度。

（3）在固定成本不變的情況下，銷售額越大，經營槓桿系數越小，經營風險也越小。反之就越大。

三、財務槓桿

（一）財務風險

企業在經營中總會發生借入資金作爲資本，負債籌資的性質告訴我們，無論利潤多少，債務利息是不變的。財務風險，又稱籌資風險，是指由於負債結構及債務比例等因素的變動，給企業財務成果及償債能力帶來不確定性的風險。當債務比率較高時，企業將負擔較多的債務成本，相應地要經受較大的財務槓桿作用所引起的收益變動的衝擊，財務風險加大；相反，當債務比率較低時，財務風險相應較小。

（二）財務槓桿

財務槓桿又稱融資槓桿，是指企業在制定資本結構決策時對債務籌資的利用。不論企業利潤多少，債務的利息和優先股的股利通常都是固定不變的。當息稅前利潤增大時，每1元盈餘所負擔的固定財務費用就會相對減少，這給普通股股東帶來了額外的收益；反之，當息稅前利潤降低時，每1元盈餘所負擔的固定財務費用就會相對增加，這就會大幅度減少普通股盈餘。這種債務對投資者收益的影響，稱作財務槓桿。

（三）財務槓桿系數

財務槓桿系數是公司稅後利潤的變動率或普通股每股收益變動率相當於息稅前利潤變動率的倍數，是反應財務槓桿作用程度的指標。財務槓桿系數值越大說明企業的財務風險越大。

（四）財務槓桿的計量

財務槓桿效益是指利用債務籌資而給企業帶來的額外收益。它產生的原因有兩個：一是在原有資本結構下，息稅前利潤變動所帶來的槓桿利益；二是息稅前利潤維持原有水平不變，調整資本結構所帶來的槓桿利益。

1. 息稅前利潤變動下的財務槓桿利益

在企業資本結構一定的情況下，企業須支付的債務利息是相對固定的。當息稅前利潤增加時，投資人可分配利潤增加，從而給企業所有者帶來額外收益。這種情況下通常用財務槓桿系數來描述：

$$DFL = \frac{\Delta EPS/EPS}{\Delta EBIT/EBIT}$$

式中：DFL 爲財務槓桿系數；ΔEPS 爲普通股每股收益變動額或普通股稅後利潤變動額；EPS 爲基期每股收益或基期普通股稅後利潤；$\Delta EBIT$ 爲息稅前利潤變動額；EBIT 爲基期息稅前利潤。

財務槓桿系數的計算公式可進一步簡化。

設：I 爲債務年利息；D 爲優先股股利；T 爲所得稅稅率；N 爲流通在外普通股股數。

上式中基期每股利潤或基期普通股稅後利潤可表達如下：

EPS＝[（EBIT-I）(1-T)-D]/N 由於資本結構不變，所以利息費用、優先股股利相對不變，由此可得：

$\Delta EPS = \Delta EBIT(1-T)/N$

則：$DFL = \dfrac{EBIT}{EBIT - I - \dfrac{D}{(1-T)}}$ （式 5-18）

就未發行優先股的企業而言，其財務槓桿系數的計算公式可簡化爲：

$DFL = \dfrac{EBIT}{EBIT - I} = \dfrac{基期息稅前利潤}{基期息稅前利潤 - 基期利息}$ （式 5-19）

【例 5-16】某企業資產總額爲 100 萬元，負債與自有資本的比例爲 3：7，借款年利率爲 10%，企業基期息稅前利潤率爲 15%，企業預計計劃期息稅前利潤率將由 15% 增長到 20%，所得稅率爲 30%，問資本利潤率將增長多少？

計算如果如表 5-8 所示。

息稅前利潤增長率＝（20%-15%）÷15%＝33.33%

資本利潤率增長率＝（17%-12%）÷12%＝41.67%

表 5-8　　　　　　　　　　　　資本利潤率計算表

項目	基期	計劃期
EBIT	15	20
利息	3	3
稅前利潤	12	17
所得稅	3.6	5.1
稅後利潤	8.4	11.9
資本利潤率	12%	17%

財務槓桿系數＝41.67%÷33.33%＝1.25

從表 5-8 中可以看出，息稅前利潤率的增長會帶來資本利潤率的成倍增長。息稅前利潤率增長引起資本利潤率增長的幅度越大，財務槓桿效用就越強。爲取得財務槓桿利益，如果企業加大舉債比重，其財務槓桿系數也會相應提高，但同時會增加企業還本付息的壓力，財務風險也會因此相應增大。所以說，企業利用財務槓桿，可能產生好的效果，也可能產生壞的效果。

2. 息稅前利潤不變時，調整負債比例對資本利潤率的影響

當息稅前利潤一定時，如果息稅前利潤率大於利息率，提高負債比重，資本利潤率會相應提高；反之，資本利潤率則會大幅降低。可用公式表示如下：

稅前資本利潤率＝息稅前利潤率＋負債/自有資本×（息稅前利潤率-利息率）

稅後資本利潤率＝稅前資本利潤率×（1-所得稅率）

【例 5-17】某企業總資產爲 100 萬元，息稅前利潤率爲 20%，負債利率爲 10%，所得

稅率爲30%。現有幾個不同的資本結構，試測算出各種結構下的資本利潤率，計算結果如表5-9所示。

表5-9　　　　　　　　　　　　資本利潤率計算表

	結構（1） 0：100	結構（2） 40：60	結構（3） 70：30
息稅前利潤	20	20	20
利息	0	4	7
稅前利潤	20	16	13
所得稅	6	4.8	3.9
稅後利潤	14	11.2	9.1
資本利潤率	14%	18.67%	30.33%

由表5-9可知，當息稅前利潤率大於利息率時，加大負債比例會使資本利潤率大幅提高，調低負債比例則將產生資本利潤率的機會損失；反之，當息稅前利潤率小於利息率時，加大負債比例會使資本利潤率下降，給所有者帶來財務風險。

(五) 財務槓桿與財務風險的關係

根據前面的分析可知，財務風險是指由於企業舉債籌資而形成的應由普通股股東承擔的附加風險，它是財務槓桿作用的結果。財務風險是指因企業資本結構不同而影響企業支付本息能力的風險。在企業資本結構中，債務相對於股東權益的比重越大，企業支付能力降低的風險越大，爲此投資者所要求的收益率就越高，從而資本成本上升。由於財務槓桿有正財務槓桿和負財務槓桿之分，在資本結構中，債務所占的比例越高，財務槓桿的作用就越大，財務風險也就越大。

財務風險具體表現在：

(1) 舉債程度：企業舉債程度越高，財務風險越大，資本成本越大。

(2) 債務清償順序：某個投資者對企業的資產擁有優先權，對其他投資者便構成財務風險。因爲投資者的債權排列順序越靠後，收回本利的可能性就越小，投資者必然要求更高的收益率，從而資本成本增大。

(3) 收支匹配：如果企業的現金流量與債務本利的支付不相匹配，財務風險就會上升。

財務風險是企業唯一能控制的、影響資本成本的內部主觀因素。

四、複合槓桿

企業的生產經營活動中同時存在着經營槓桿和財務槓桿。複合槓桿描述了這兩種槓桿對企業的影響。

(一) 複合槓桿的概念

如前所述，由固定成本產生的經營槓桿的效應使得銷售量變動對息稅前利潤在擴大的作用；同樣，由固定財務費用產生財務槓桿的效應使得息稅前利潤對普通股每股收益有擴大的作用，即經營槓桿通過擴大銷售影響息稅前利潤，而財務槓桿擴大息稅前利潤影響收益。如果兩種槓桿共同起作用，那麼，銷售額的細微變動就會使每股收益產生更大的變動。

複合槓桿是指由於固定成本和固定財務費用的共同存在而導致的普通股每股收益變動率大於產銷量變動率的槓桿效應。

(二) 複合槓桿的計量

複合槓桿系數反應了經營槓桿與財務槓桿之間的關係，即爲了達到某一複合槓桿系數，經營槓桿和財務槓桿可以有多種不同的組合。在維持總風險一定的情況下，企業可以根據實際情況，選擇不同的經營風險和財務風險組合，實施企業的財務管理策略。

只要企業同時存在固定成本和固定財務費用等財務支出，複合槓桿的作用就會存在。計量複合槓桿的主要指標是複合槓桿系數。複合槓桿系數是指普通股每股收益變動率相當於產銷量變動率的倍數。其理論計算公式爲：

$$DTL = \frac{\Delta EPS/EPS}{\Delta Q/Q}$$

複合槓桿系數與經營槓桿系數、財務槓桿系數之間的關係可用下式表示：

$$DTL = DOL \times DFL$$

複合槓桿系數亦可直接按以下實務公式計算：

$$DTL = \frac{M}{EBIT - I} = \frac{S - VC}{S - VC - F - I} = \frac{EBIT + F}{EBIT - I}$$

【例5-18】某企業2016年和2017年有關資料如表5-10所示：

表5-10　　　　　　某企業2016年和2017年經營情況表　　　　　　單位：元

項目	2016年	2017年	槓桿形式
銷售收入	1 500 000	1 800 000	經營槓桿
固定成本	600 000	600 000	
變動成本	500 000	600 000	
息稅前利潤	400 000	600 000	
利息	120 000	120 000	財務槓桿
稅前利潤	280 000	480 000	
所得稅（30%）	84 000	144 000	
稅後利潤	196 000	336 000	
股票數量	10 000	10 000	
每股收益	19.60	33.60	

根據表5-10的資料，綜合槓桿系數計算如下：
每股收益增長率 =（33.60-19.60）÷19.60 = 71.43%
銷售額增長率 =（1 800 000-1 500 000）÷1 500 000 = 20%
複合槓桿系數 = 71.43%÷20% = 3.57
複合槓桿系數3.57表明每股利潤變動是銷售額變動的3.57倍。
如果按實務公式計算，2006年的綜合槓桿系數計算結果如下：

$$DTL = \frac{1\ 500\ 000 - 500\ 000}{1\ 500\ 000 - 500\ 000 - 600\ 000 - 120\ 000} = 3.57$$

計算結果與第一種方法的計算結果相同。

【例5-19】B企業年銷售額爲1 000萬元，變動成本率60%，息稅前利潤爲250萬元，全部資本500萬元，負債比率40%，負債平均利率10%。

要求：（1）計算B企業的經營槓桿系數、財務槓桿系數和總槓桿系數。
（2）如果預測期B企業的銷售額將增長10%，計算息稅前利潤及每股收益的增長幅度。

解：（1）計算 B 企業的經營槓桿係數、財務槓桿係數和複合槓桿係數：

$DOL = \dfrac{1\,000 - 1\,000 \times 60\%}{250} = 1.6$

$DFL = \dfrac{250}{250 - 500 \times 40\% \times 10\%} = 1.087$

$DTL = 1.6 \times 1.087 = 1.7392$

（2）計算息稅前利潤及每股收益的增長幅度：

息稅前利潤增長幅度 = 1.6×10% = 16%

每股收益增長幅度 = = 1.7392×10% = 17.39%

（三）複合槓桿與企業風險的關係

從上面的分析可以看到，在複合槓桿的作用下，當企業的銷售前景樂觀時，每股收益額會大幅度上升；當企業的銷售前景不好時，每股收益額又會大幅度下降。企業複合槓桿係數越大，每股收益的波動幅度越大。反之亦然。複合槓桿作用使普通股每股收益大幅度波動而造成的風險，稱爲複合風險。複合風險直接反應企業的整體風險。在其他因素不變的情況下，複合槓桿係數越大，複合風險越大；複合槓桿係數越小，複合風險越小。

【本章小結】

資本成本是企業籌資活動中必須考慮的財務變量之一，它是指企業爲籌措和使用資金而付出的代價。資本成本，包括個別資本成本、綜合資本成本和邊際資本成本等的預測與估算問題。

資本結構涉及最佳資本結構的標準、現代資本結構理論、影響資本結構的因素、資本結構決策的方法、資本結構的彈性和調整。

企業大體上面臨着經營風險和財務風險兩種風險。這兩種風險一般用經營槓桿係數和財務槓桿係數來測量。經營槓桿係數和財務槓桿係數的乘積構成了複合槓桿係數，它可用來測量企業的總風險。

【案例分析】

杉杉集團的資本擴張及資本結構調整

1989 年，杉杉集團的前身——寧波甬港服裝總廠生產經營發生嚴重虧損，資不抵債，總資產不足 200 萬元，職工 300 餘人，瀕臨破產境地。1999 年，杉杉集團奇跡般發展成爲擁有總資產 19 億元，淨資產 9 億元，年銷售額 22 億元，擁有 40 餘家分公司，5 000 餘名員工，列入國務院公布的 520 户國家重點企業之一的綜合性集團公司。十年來，杉杉集團順應了時代發展潮流，牢牢抓住了企業資本擴張的每一歷史機遇，並在資本經營上大膽探索，適度負債，合理安排和調整資本結構，保持了企業良好的財務狀況。

1. 企業理財目標與資本擴張

1989 年，寧波甬港服裝總廠爲擺脫困境，實施了以建立現代企業制度爲核心的重大改革，明確了企業財務主體的地位。十年來，杉杉集團在資本經營道路上走了三大步。

第一步是以品牌經營為突破口，實現資本原始積累。縱觀全球500強，無一例外均是首先在產品經營上成功的企業。1989年，面對一片蕭條的國內西服市場，杉杉集團進行了廣泛深入的市場調查和深刻細緻的分析研究。杉杉人認識到國外經久不衰的輕、軟、挺、薄、耐水洗的新概念西服，必將在國內市場掀起一次浪潮。杉杉人抓住機遇，舉債經營，引進當時國內首屈一指的法國杜克普西服生產流水線，擴大生產規模，成為當時國內最大西服生產企業之一。同時，他們提出創名牌戰略，實施品牌經營，由此進入了資本積累的良性循環，在以後幾年中，國內市場占有率一直保持30%左右，連續數年獲"心目中品牌""購物首選品牌""實際購買品牌"三項排名第一；1998年在中國服裝協會排名中，名列全國服裝行業利稅總額第一名，產品銷售收第二名；1999年全面建成的總投資額3億多元的杉杉工業城是目前全國服裝界最大最先進的生產基地；杉杉人在國內最先實行全自動、全封閉、全吊掛的恒溫恒濕的西服生產，國內服裝界的龍頭地位進一步鞏固，杉杉人完成了杉杉集團原始資本積累，為進一步資本擴張奠定了基礎。

第二步是適時進行股份制改造，取得資本快速擴張的通行證。全球500強中的工業企業，95%以上採用股份制，股份制是實現資本擴張不可抗拒的歷史潮流。杉杉人在企業規模不斷擴大、銷售高速增長、效益連年翻番之際，審時度勢，把握時機，聯合中國服裝設計研究中心（集團）、上海市第一百貨商店股份有限公司於1992年年底進行企業股份制改造，共同發起設立寧波杉杉股份有限公司，使企業的資本獲得迅速擴張，成為國內服裝行業的第一家進行規範化股份制改造的企業，取得了資本快速擴張的通行證。

第三步是爭取上市，進入資本擴張的快車道。運用股票這一金融工具，進行證券融資和投資活動是市場經濟條件下企業取得資本擴張最直接的途徑。1996年1月，杉杉股份公司發行股票的申請獲得國家有關機構批准。杉杉股票發行1 300萬股，每股以10.88元溢價發行，創股市定價發行股票價格最高紀錄，籌集權益性資本1.4億元。同年1月30日，杉杉股票在上海證券交易所掛牌交易，成為我國服裝行業中第一家上市的規範化股份公司，在以後的幾年中，其憑著公司優良的業績和對股東的豐厚回報，杉杉股份有限公司的幾次增資配股均獲得成功，杉杉資本急劇擴大。

2. 適應負債，合理調整資本結構

杉杉集團在財務策劃中，始終根據本企業的實際情況合理安排和調整資本結構，追求企業權益資本淨利率最高、企業價值最大而綜合資本成本最低的資本結構，保持企業良好的財務狀況。其財務策劃如下：

一是在產品經營期間，積極增加負債，獲取財務槓桿利益。杉杉集團在股份制改造初期，通過實施品牌經營，使企業資產淨利潤率高達28%。在此期間，企業的財務策劃以增加財務槓桿利益為出發點，採用積極開支籌資策略，大量提高債務比重，同時加強管理，降低資金成本，減少籌資風險，從而提高了權益資本收益率，獲取了較大的財務槓桿利益，為企業快速完成資本原始積累做出了積極的貢獻。1992年年底，企業總資本3 920萬元，其中長期負債1 080萬元，占28%，淨利潤720萬元，資本淨利潤率18.4%，權益資本收益率25.4%。至1995年年底，企業總資本擴展36 720萬元。其中長期負債13 800萬元，占37.6%，淨利潤6 790萬元，資本淨利潤率18.5%，權益資本收益率上升為29.6%。由此可見，在資本淨利潤率保持同一水平的基礎上，權益資本收益率增加了4.2個百分點，獲得了較大的財務槓桿利益。

二是在企業在高成長期間，保持適度負債，選擇最優資本結構。隨著杉杉股份的上市流通，資本快速擴張，1996年年底總資本達到46,700萬元，從而導致1996—1998年資產淨利潤率下降至22%的水平，而在此期間，國家大幅度下調信貸利率，使企業的債務成本趨低。杉杉集團企業財務策劃經廣泛而深入的研討，採用適度負債的中庸型籌資策略，選取綜合資金成本最低的方案作為最優資本結構方案。這樣，既獲取了較大的財務槓桿利益，又不影響所有者對企業的控制權。至1998年12月末，企業總資本達到77 080萬元，其中長期負債11 760萬元，占15.3%，比1995年年末的37.6%下降了22個百分點，而權益資本收益率達28.8%，與1995年年末的29.5%保持相近水平，使企業獲取了財務槓桿利益；企業財務信譽大大提高，為穩定發展創造瞭解良好的財務環境。

3. 對企業發展新階段財務策劃的幾點思考

當前，杉杉集團的企業要素已發生根本變化，技術密集程度更大，資產變現能力更強，營運效益更高，經營管理者素質已躍上新臺階。因此，財務策劃應着重思考以下幾個問題：第一，企業理財目標需要深化。在當前市場經濟和股份有限公司經濟體制的環境條件下，企業理由財總目標應由"利潤最大化"深化為"每股收益最大化"，以體現利潤的內在質量及股價市值的最大化，使企業的長遠利益與眼前利益有機結合，維護所有者及其他利益關係人的共同利益。第二，調整資本結構，獲取"財務槓桿利益"，是新時期的重要財務課題，即如何結合企業不同時期、不同情況，權衡得失，對企業適度負債做出正確選擇，合理安排資本結構，使之即獲取較大的財務槓桿利益，又不影響所有者對企業的控制權。第三，企業二次創業需高度重視防範財務風險。企業獲取財務槓桿利益而增加債務資金，就必須承擔相關的償債風險；企業開展投資活動獲取巨大的投資收益，就會存在相關的投資風險；企業開展國際經營業務，以獲取更廣闊的市場，會面臨外匯風險。目前，杉杉集團正在實施二次創業，其確立了以服裝為基礎產業，金融板塊和高科技板塊為二翼的企業發展新思路。在此期間，如何防範財務風險，保證二次創業的成功是財務策劃的又一重大課題。他們主要採取以下策略：

(1) 保持適當負債經營的規模，資產負債率以50%為宜，以67%為預警線；
(2) 調整資產結構，增強資產的流動性；
(3) 合理選擇投資環境，科學決策，提高投資收益率，保證企業良好信譽；
(4) 有針對性地採取措施防範外匯風險損失。

資料來源：夏光. 財務管理案例習題集 [M]. 北京：機械工業出版社，2008：134-136.

要求：

1. 杉杉集團如何進行資本結構調整？
2. 資本結構調整如何使杉杉集團走出困境？
3. 杉杉集團有哪些財務措施值得借鑒？

【本章練習題】

一、單項選擇題

1. 某公司發行總面額1,000萬元，票面利率為12%，償還期限5年，發行費率3%，所得稅率為33%的債券，該債券發行價為1 200萬元，則債券資本成本為（　　）。

　　A. 8.29%　　　　　　　　　　B. 9.7%
　　C. 6.91%　　　　　　　　　　D. 9.97%

2. 在其他條件不變的情況下，公司所得稅稅率降低會使得公司發行的債券成本（　　）。

A. 上升　　　　　　　　　　B. 下降
C. 不變　　　　　　　　　　D. 無法確定

3. 最佳資本結構是指（　　）。
   A. 企業價值最大時的資本結構
   B. 企業目標資本結構
   C. 加權平均的資本成本最高的目標資本結構
   D. 加權平均資本成本最低，企業價值最大的資本結構

4. 只要企業存在固定成本，那麼經營槓桿系數必（　　）。
   A. 恒大於1　　　　　　　　B. 與銷售量成反比
   C. 與固定成本成反比　　　　D. 與風險成反比

5. 既具有抵稅效應，又能帶來槓桿利益的籌資方式是（　　）。
   A. 發行債券　　　　　　　　B. 發行優先股
   C. 發行普通股　　　　　　　D. 使用內部留存

6. 某企業資本總額為2 000萬元，負債和權益籌資額的比例為2∶3，債務利率為12%，當前銷售額1 000萬元，息稅前利潤為200萬，則財務槓桿系數為（　　）。
   A. 1.15　　　　　　　　　　B. 1.24
   C. 1.92　　　　　　　　　　D. 2

7. 某公司發行普通股600萬元，預計算第一年股利率為14%，以後每年增長2%，籌資費用率為3%，該普通股的資本成本為（　　）。
   A. 14.43%　　　　　　　　　B. 16.43%
   C. 16%　　　　　　　　　　 D. 17%

8. 某期間市場無風險報酬率為10%，平均風險股票必要報酬率為14%，某公司普通股投資風險系數為1.2，該普通股資本成本為（　　）。
   A. 14%　　　　　　　　　　B. 14.8%
   C. 12%　　　　　　　　　　D. 16.8%

9. 資金成本包括用資費用和籌資費用，下列費用不屬於籌資費用的是（　　）。
   A. 向銀行支付的借款手續費　B. 股票的發行費用
   C. 向股東支付的股利　　　　D. 向證券經紀商支付的傭金

10. 下列籌資方式中，資本成本最低的是（　　）。
    A. 發行股票　　　　　　　　B. 發行債券
    C. 長期貸款　　　　　　　　D. 保留盈餘資本成本

二、多項選擇題

1. 邊際資本成本是（　　）。
   A. 資金每增加一個單位而增加的成本
   B. 追加籌資時所使用的加權平均成本
   C. 保持某資本成本條件下的資本成本
   D. 各種籌資範圍的綜合資本成本
   E. 在籌資突破點的資本成本

2. 計算企業財務槓桿系數直接使用的數據包括（　　）。
   A. 基期稅前利潤　　　　　　B. 所得稅率
   C. 基期息稅前利潤　　　　　D. 基期稅後利潤

E. 銷售收入
3. 公司債券籌資與普通股籌資相比，（　　）。
   A. 普通股籌資的風險相對較低
   B. 公司債券籌資的資本成本相對較高
   C. 普通股籌資可以利用財務槓桿的作用
   D. 公司債券利息可以稅前列支，普通股利必須是稅後支付
   E. 如果籌資費率相同，兩者的資本成本就相同
4. 在個別資本成本計算中須考慮所得稅因素的是（　　）。
   A. 債券成本　　　　　　　　B. 銀行借款成本
   C. 普通股成本　　　　　　　D. 留存收益成本
   E. 主權資本成本
5. 總槓桿系數的作用在於（　　）。
   A. 用來估計銷售額變動對息稅前利潤的影響
   B. 用來估計銷售額變動對每股收益造成的影響
   C. 揭示經營槓桿與財務槓桿之間的相互關係
   D. 用來估計息稅前利潤變動對每股收益造成的影響
   E. 用來估計銷售量對息稅前利潤造成的影響
6. 加權平均資本成本的權數，可有以下幾種選擇（　　）。
   A. 票面價值　　　　　　　　B. 帳面價值
   C. 市場價值　　　　　　　　D. 清算價值
   E. 目標價值
7. 留存收益的資本成本，正確的說法是（　　）。
   A. 它不存在成本問題　　　　B. 其成本是一種機會成本
   C. 它的成本計算不考慮籌資費用
   D. 它相當於股東投資於某種股票所要求的必要收益率
   E. 在企業實務中一般不予考慮
8. 企業降低經營風險的途徑一般有（　　）。
   A. 增加銷售量　　　　　　　B. 增加自有資本
   C. 降低變動成本　　　　　　D. 增加固定成本比例
   E. 提高產品售價
9. 企業在最優資本結構下，（　　）。
   A. 邊際資本成本最低　　　　B. 加權平均資本成本最低
   C. 企業價值最大　　　　　　D. 每股收益最大
   E. 限制條件少
10. 下列關於財務槓桿系數的表述，不正確的是（　　）。
    A. 財務槓桿系數是由企業資本結構決定的，在其他條件不變的情況下，債務比率越高，財務槓桿系數越大
    B. 財務槓桿系數反應財務風險，即財務槓桿系數越大，財務風險也就越大
    C. 財務槓桿系數與資本結構無關
    D. 財務槓桿系數可以反應息稅前利潤隨每股收益的變動而變動的幅度
    E. 財務槓桿系數反應財務風險，即財務槓桿系數越小，財務風險也就越小

三、判斷題

1. 每股收益無差別法既考慮了資本結構對每股收益的影響，也考慮資本結構對風險的影響。   （   ）
2. 留存收益是企業利潤所形成的，所以，留存收益沒有資本成本。   （   ）
3. 資本結構問題總的來說是負債資金的比例問題，即負債在企業全部資金中所占的比重。   （   ）
4. 當銷售額大於每股收益無差別點時，企業通過負債籌資比權益籌資更為有利，因為將使企業資金成本降低。   （   ）
5. 如果企業負債資金為零，則財務槓桿系數為1。   （   ）
6. 資金的成本是指企業為籌措和使用資金而付出的實際費用。   （   ）
7. 約束性固定成本是企業為維持一定的業務量所必須負擔的最低成本，要想降低約束性固定成本，只能從合理利用生產經營能力入手。   （   ）
8. 留存收益的成本計算與普通股的基本相同，但不用考慮籌資費用。   （   ）
9. 財務槓桿利益是指公司利用債務籌資這個財務槓桿而給權益資本帶來的額外收益。
                                                                （   ）
10. 資本成本是評價投資項目，比較投資方案和進行投資決策的主要經濟標準。
                                                                （   ）

四、計算分析題

1. 某公司全部資本為1,000萬元，負債權益資本比例為40：60，負債年利率為12%，企業所得稅率33%，基期息稅前利潤為160萬元。試計算財務槓桿系數。

2. 某公司擬籌資2 500萬元，其中按面值發行債券1,000萬元，籌資費率為2%，債券年利率10%，所得稅率為33%；發行優先股500萬元，股利率12%，籌資費率3%；發行普通股1 000萬元，籌資費率4%，預計第一年股利10%，以後每年增長4%。

要求：計算該方案的綜合資本成本。

3. 試計算下列情況下的資本成本：

（1）10年期債券，面值1 000元，票面利率11%，發行成本為發行價格1 125元的5%，企業所得稅率為25%；

（2）增發普通股，該公司每股淨資產的帳面價值為15元，上一年度現金股利為每股1.8元，每股盈利在可預見的未來維持7%的增長率，目前公司普通股的股價為每股27.5元，預計股票發行價格與股價一致，發行成本為發行收入的5%；

（3）優先股：面值150元，現金股利為9%，發行成本為其當前價格175元的12%。

4. 某企業目前擁有資本1,000萬元，其結構為：負債資本20%（年利息20萬元），普通股權益資本80%（發行普通股10萬股，每股面值80元）。現準備追加籌資400萬元，有兩種籌資方案可供選擇：

（1）全部發行普通股。增發5萬股，每股面值80元；

（2）全部籌措長期債務，利率為10%，利息為40萬元。企業追加籌資後，息稅前利潤預計為160萬元，所得稅率為33%。

要求：計算每股收益無差別點及無差別點的每股收益，並確定企業的籌資方案。

5. 某企業生產A產品，單價50元，單位變動成本30元，固定成本150,000元，1995年銷售為10,000件，1996年銷售量為15,000件，1997年目標利潤為180,000元。

(1) 試計算 A 公司產品的經營槓桿系數。
(2) 1997 年實現目標利潤的銷售量變動率是多少？
6. 某公司目前的資金來源包括面值 1 元的普通股 800 萬股和平均利率為 10% 的 3,000 萬元債務。該公司現擬投產甲產品，該項目需要投資 4,000 萬元，預計投資後每年可增加息稅前利潤 400 萬元。該項目有三個籌資方案可供選擇：
(1) 按 11% 的利率發行債券。
(2) 按面值發行股利率為 12% 的優先股。
(3) 按 20 元/股的價格增發普通股。

假設該公司目前的息稅前利潤為 1,600 萬元，所得稅稅率為 40%，證券發行費用忽略不計。根據以上資料，分析該公司應選擇哪種籌資方案？為什麼？

提示：
(1) 計算按不同方案籌資後的每股收益。
(2) 計算增發普通股和債券籌資的每股收益無差別點，以及增發普通股和優先股的每股收益無差別點。
(3) 計算籌資後的財務槓桿系數。

第六章 證券投資管理

【引導案例】

自從紅星工業旅遊公司設立以來,公司發展很快,經濟效益逐年增加,影響逐漸擴大,經營前景良好,已經成爲省內同行業後起之秀,公司資產已經達到3,000多萬元。公司主管財務的副經理陳先生認爲,公司要發展,不能只靠自身的力量,可以借力而行。公司在資金上和經營上都應借力而行,只有這樣,公司才能迅速發展狀大,才能在激烈的市場競爭中處於不敗之地,公司價值和股東的財富才能達到最大。

陳先生提出一個投資證券的計劃,準備提交到董事會討論。總經理王先生看到投資計劃後認爲證券投資風險太大,現在公司經營狀況雖然良好,但市場前景不太樂觀,沒有必要冒險,搞不好會使公司陷入困境,公司還有400多萬元的負債,若稍有不慎投資不利,公司就會走入破產的境地。幾年的辛苦經營換來的工作業績就會被全盤否定,兩位高層管理者的意見不能統一,董事會決定召開董事會討論表決。

本案例中涉及的主要問題是企業進行證券投資的問題。具體有:
1. 什麽是證券投資?
2. 證券投資有哪些種類?應該如何進行有選擇性地進行證券投資?
3. 證券投資的風險與收益如何權衡?
4. 什麽情況下企業才可以投資於某種證券,即購進證券?
5. 如果是投資於多種證券,應該怎樣組合?

這些都是本章將要詳細闡述的主要內容。

【學習目標】

1. 瞭解證券投資的概念、目的、種類。
2. 掌握各種證券投資的特徵、風險與收益的計算等基本知識。
3. 能夠利用所學知識分析與判斷投資客體的投資價值,進行投資決策。

第一節 證券投資概述

一、證券投資的概念及目的

(一) 證券投資的概念

證券是指票面載有一定金額,代表財產所有權或債權,可以有償轉讓的憑證。證券投資是企業投資的重要組成部分,是經濟主體爲特定經營目的或獲取投資收益而購買股票、債券等金融性資產的一種投資行爲。

（二）證券投資的目的

1. 暫時存放閒散資金

爲了有效利用資金，企業可以用暫時多餘閒置的現金，購入一些短期的有價證券進行投資。當現金流出超過現金流入時，企業將持有的有價證券售出，以增加現金，或者伺機售出，以獲取較高的投資收益。

2. 獲取長時期的投資收益

企業可以將較長時期不準備使用的資金，投資於一些經濟效益較好的股票和一些利率較高的債券，以期獲得較爲穩定的股利收入和債券利息收入。

3. 滿足未來財務需求

根據未來對資金的需求，如歸還到期債務、擴建廠房等，企業可以將現金投資於期限和流動性較爲適當的證券，在滿足未來需求的同時獲取證券帶來的收益。

4. 滿足季節性經營對現金的需求

從事季節性經營的企業在有些月份有資金剩餘，有些月份則會出現資金短缺，企業可以在有剩餘的時候進行證券投資，而在短缺的時候將證券變現。

5. 獲得對相關企業的控制權

企業可以通過購入相關企業的股票，取得被投資企業的控股權，使其成爲本公司的子公司，從而達到控制相關企業的目的。

二、證券投資的種類

證券投資按照不同的分類標準可以分爲以下幾類：

（一）按照不同的證券發行主體分類，企業證券投資可以分爲：

1. 政府債券投資

政府債券投資是指企業投資於政府債券的行爲。政府債券是指中央政府或者地方政府爲集資而發行的證券，包括公債、國庫券等。政府債券和其他債券相比，最大的特點是交易費用小、收益固定、信譽高、風險小。

2. 金融債券投資

金融債券投資是指投資者投資於金融債券的行爲。金融債券是指銀行或其他金融機構爲籌集資金而向投資者發行的借債憑證。發行金融債券的目的在於籌集中長期貸款的資金來源，其利率略高於同期定期儲蓄存款利率，一般由金融債券的發行機構經中央銀行批準後，在金融機構的營業點以公開出售的方式發行。

3. 企業債券和股票投資

企業債券和股票投資是指企業購買其他企業債券或股票的行爲。企業債券投資屬於債權性投資，投資人有權要求發債企業按期償付本息，否則可以通過法律程序要求補償。股票投資屬於權益性投資，投資人有權參與被投資企業的經營管理和按所占股份分享利潤，當被投資企業發生經營虧損或破產時，投資人需以出資額爲限承擔其損失。

（二）按照證券投資的對象分，企業證券投資可以分爲：

1. 股票投資

股票投資是指投資者將資金投向於股票，通過股票的買賣獲取收益的投資行爲。通常情況下，股票投資收益較高，風險也比較大。

2. 債券投資

債券投資是指投資者購買債券以取得資金收益的一種投資活動。與股票投資比較，債券投資收益相對較穩定，風險較小。

3. 基金投資

基金投資是指投資者通過購買基金股份或收益憑證來獲取收益的投資方式。這種方式可使投資者享受專家服務，有利於分散風險，使投資者獲得較高的、較穩定的投資收益。

4. 期貨投資

期貨投資是投資者通過買賣期貨合約躲避價格風險或賺取利潤的一種投資方式。期貨合約是在交易所達成的標準化的、受法律約束的，並規定在將來某一特定地點和時間交割某一特定商品的合約。該合約規定了商品的規格、品種、質量、重量、交割月份、交割方式、交易方式、等等。它與合同既有相同之處，又有本質的區別，其根本區別在於是否標準化。我們把標準的"合同"稱之為"合約"。該合約唯一可變的是價格，其價格是在一個有組織的期貨交易所內通過競價而產生的。

5. 期權投資

期權投資是指為了實現盈利目的或者規避風險而進行期權買賣的一種投資方式。期權是指在未來一定時期可以買賣的權力，是買方向賣方支付一定數量的金額（指權利金）後擁有的在未來一段時間內（指美式期權）或未來某一特定日期（指歐式期權）以事先規定好的價格（指履約價格）向賣方購買或出售一定數量的特定標的物的權力，但買賣雙方不負有必須買進或賣出的義務。根據期權買進賣出的性質劃分，期權投資可以分為看漲期權、看跌期權和雙向期權的投資；根據期權合同買賣的對象劃分，期權投資又可分為商品期權、股票期權、債券期權、期貨期權等的投資。

6. 證券組合投資

證券組合投資是指企業將資金同時投資於多種證券。例如，企業將資金既投資於企業債券，也投資於企業股票，還投資於基金。證券組合投資是企業等法人單位進行證券投資時常用的投資方式，它可以有效地分散證券投資風險。

三、證券投資的風險與收益

(一) 證券投資的風險

1. 違約風險

違約風險是指證券發行人無法按期支付利息或償還本金的風險。造成企業證券違約的原因有以下幾個方面：①政治、經濟形勢發生重大變動；②發生自然災害，如水災、地震等；③企業經營管理不善、成本高、浪費大；④企業在市場競爭中失敗，主要客戶消失；⑤企業財務管理失誤，不能及時清償到期債務。

2. 流動性風險

流動性風險是指投資人想出售有價證券獲取現金時，證券不能立即出售的風險。一般情況下，購買小公司的債券，企業想立即出售比較困難，因而流動性風險較大；但若購買國庫券，企業幾乎可以立即出售，因此流動性風險較小。

3. 利息率風險

利息率風險是指由於利息率變動引起證券價格波動而使投資者遭受損失的風險。一般而言，銀行利率下降，證券價格上升；銀行利率上升，證券價格下降。證券的到期時間越長，利息率風險越大。

4. 購買力風險

購買力風險是指由於通貨膨脹而使證券到期或中途出售時所獲得的貨幣資金的購買力降低的風險。在通貨膨脹時，購買力風險對投資者有重要的影響。隨著通貨膨脹的發生，預期報酬率固定的資產，其購買力風險會高於預期報酬率上升的資產。因此，普通股票、房地產等投資比收益長期固定的證券能更好規避購買力風險。

5. 期限性風險

期限性風險是指由於證券期限長而給投資者帶來的風險。一項投資，其到期日越長，投資者面臨的不確定性因素就越多，承擔的風險就越大。例如，同一家企業發行的十年期的債券要比一年期債券的風險大。

(二) 證券投資的收益

證券投資收益包括經常收益和當前收益。經常收益指債券按期發付的債息收入，或股票按期支付的股息或紅利收入；當前收益指證券交易現價與原價的差價所帶來的證券本金升值或減值。證券投資收益的高低是影響證券投資的主要因素。證券投資收益有絕對數和相對數兩種表示方法。在財務管理中通常用相對數，即以投資收益額占投資額的百分比來表示證券投資收益，我們稱之爲投資收益率。

1. 短期證券投資收益率

因爲短期證券投資期限短，短期證券收益率的計算比較簡單，所以在計算時一般不考慮時間價值因素。其基本計算公式爲：

$$K = \frac{S_1 - S_0 + P}{S_0} \times 100\%$$ (式 6-1)

式中，K 爲證券投資收益率；S_1 爲證券出售價格；S_0 爲證券購買價格；P 爲證券投資報酬（股利或利息）。

【例 6-1】甲公司於 2008 年 3 月 6 日以 90 元的價格購入 100 張面值 100 元、票面利率爲 8%、每年付息一次的折價債券，持有到 2009 年 3 月 5 日以 98 元的市價出售。甲公司該項對外投資的年收益率是多少？

$$K = \frac{(98 - 90) + 100 \times 8\%}{90} \times 100\% = 17.78\%$$

2. 長期證券投資收益率

因爲長期證券投資涉及的時間比較長，收益率計算比較複雜，因此在計算時要考慮資金時間價值的因素。

(1) 債券投資收益率的計算。企業進行債券投資，一般每年都能獲得固定的利息，並在債券到期時收回本金或在中途出售而收回資金，而債券投資收益就是使債券利息的年金現值和債券到期收回本金復利現值之和等於債券買入價格的貼現率。其計算公式爲：

$$V = \frac{I}{(1+i)^1} + \frac{I}{(1+i)^2} + \cdots + \frac{I}{(1+i)^n} + \frac{F}{(1+i)^n} = I \cdot (P/A, i, n) + F \cdot (P/F, i, n)$$

(式 6-2)

式中，V 爲債券的購買價格；I 爲每年獲得的固定利息；F 爲債券到期收回的本金或途中出售收回的資金；i 爲債券投資的收益率；n 爲投資期限。

【例 6-2】紅星公司 2009 年 5 月 1 日以 1 100 元購買面值爲 1 000 元的債券，其票面利率爲 8%，每年 5 月 1 日計算並支付利息一次，並於 5 年後的 4 月 30 日到期，按面值收回本金。試計算該債券的收益率。

解：$I = 1\,000 \times 8\% = 80(元)$，$F = 1\,000(元)$

$V = 80 \times (P/A, i, 5) + 1\,000 \times (P/F, i, 5) = 1\,100(元)$

解方程要用試誤法。設 $i = 8\%$，

則 $80 \times (P/A, 8\%, 5) + 1\,000 \times (P/F, 8\%, 5) = 80 \times 3.993 + 1\,000 \times 0.684 = 1\,000.44$（元）

可見，如果是平價發行的每年付一次息的債券，其收益率基本等於票面利率。由於利率與現值呈反向變化，現值越大，利率越小。債券的買價為 1 100 元，收益率一定低於 8%，應進一步貼現率降低測試。

設 $i = 6\%$，則

$80 \times (P/A, 6\%, 5) + 1\,000 \times (P/F, 6\%, 5) = 80 \times 4.212 + 1\,000 \times 0.747 = 1\,083.96$（元）

由於貼現結果仍小於 1 100 元，還應進一步降低貼現率測試。

設 $i = 5\%$，則

$80 \times (P/A, 5\%, 5) + 1\,000 \times (P/F, 5\%, 5) = 80 \times 4.330 + 1\,000 \times 0.784 = 1\,130.40$（元）

貼現結果高於 1 100 元，可以判斷，收益率應該介於 5%～6%。用插值法計算近似值：

$i = 5\% + \dfrac{1\,130.40 - 1\,100}{1\,130.40 - 1\,083.96} \times (6\% - 5\%) = 5.65\%$

上述試誤法比較麻煩，可以用下面的簡便算法求得近似結果：

$$i = \dfrac{I + (M - P) \div N}{(M + P) \div 2} \times 100\% \tag{式6-3}$$

式中，I 為每年的利息；M 為到期歸還的本金；P 為買價；N 為年數。

式中的分母是平均資金占用，分子是每年平價收益。根據上例數據計算：

$i = \dfrac{80 + (1\,000 - 1\,100) \div 5}{(1\,000 + 1\,100) \div 2} \times 100\% = 5.71\%$

從上例可以看出，如果買價和面值不等，則收益率和票面利率不同。

債券收益率是企業進行債券投資決策的基本標準，它可以反應債券投資按復利計算的真實收益率。如果債券收益率高於投資人要求的報酬率，則應買進該債券；否則就應放棄此項投資。

（2）股票投資收益率的計算。企業進行股票投資，每年可以獲得不同的股利，而出售股票時，也可以收回一定資金。股票收益率就是能使未來現金流入量的現值，即股利的復利現值與股票售價的復利現值之和，等於目前購買價格的貼現率。

$$V = \sum_{j=1}^{n} \dfrac{D_j}{(1+i)^j} + \dfrac{F}{(1+i)^n} \tag{式6-4}$$

式中，V 為股票的購買價格；D_j 為股票投資報酬（各年獲得的股利）；F 為股票售價；i 為股票投資的收益率；n 為投資期限。

【例6-3】八達公司於 2007 年 4 月 1 日投資 600 萬元購買某種股票 100 萬股，在 2008 年、2009 年和 2010 年的 3 月 31 日分別分得每股現金股利 0.5 元、0.8 元和 1 元，並於 2010 年 3 月 31 日以每股 8 元的價格將股票全部出售。試計算該項股票投資的收益率。

解：按逐步測試法計算，先用 20% 的收益率進行測算：

$V = \dfrac{0.5 \times 100}{(1+20\%)} + \dfrac{0.8 \times 100}{(1+20\%)^2} + \dfrac{1 \times 100}{(1+20\%)^3} + \dfrac{8 \times 100}{(1+20\%)^3}$

$= 50 \times 0.833 + 80 \times 0.694 + 900 \times 0.579$

$$= 618.27（萬元）$$

由於 618.27 萬元大於 600 萬元，說明要提高收益率測試，再用 22% 的收益率進行計算：

$$V = \frac{0.5 \times 100}{(1+22\%)} + \frac{0.8 \times 100}{(1+22\%)^2} + \frac{1 \times 100}{(1+22\%)^3} + \frac{8 \times 100}{(1+22\%)^3}$$

$$= 50 \times 0.820 + 80 \times 0.672 + 900 \times 0.551$$

$$= 590.66（萬元）$$

該項投資的收益率應該介於 20%～22%，用插值法計算：

$$i = 20\% + \frac{618.27 - 600}{618.27 - 590.66} \times (22\% - 20\%)$$

$$= 21.32\%$$

該項股票投資的收益率爲 21.32%。

第二節　股票投資

一、股票投資的目的與特點

（一）股票投資的目的

企業進行股票投資的目的主要有兩個：一是獲利，即作爲一般的證券投資，獲取股利收入及股票買賣差價；二是控股，即通過購買某一企業的大量股票達到控制該企業的目的。在第一種情況下，企業僅將某種股票作爲它證券組合的一個部分，不應冒險將大量資金投資於某一企業的股票上。而在第二種情況下，企業應集中資金投資於被控制企業的股票上，這時企業考慮更多的不是目前利益——股票投資收益的高低，而應是長遠利益——占有多少股權才能達到控制的目的。

（二）股票投資的特點

股票投資相對於債券投資而言，具有以下特點：

1. 股票投資是權益性投資

股票是代表所有權的憑證，股票的投資者是公司的股東，股東有權參與公司的經營決策。

2. 股票投資收益較高

股票投資收益主要包括股利和資本利得。股票股利的多少取決於發行公司的經營狀況、盈利水平和股利政策。一般情況下，股利要高於債券的利息。資本利得是企業通過低價進高價出而獲取的買賣價差收益。

3. 股票投資風險比較大

股票沒有固定的到期日，股票投資收益由於受發行公司經營狀況、盈利水平等多種因素的影響從而具有很大的不確定性。而且投資於股票後，企業不能要求股份公司償還本金，只能在證券市場上轉讓，所以股票投資者至少面臨兩大風險：一是股票發行公司經營不善所形成的風險，二是股票市場價格變動所形成的價差損失風險。

4. 股票投資流動性強

在股票交易市場上，股票可以作爲買賣對象或抵押品隨時轉讓。當股票投資者需要現金時，其可以將持有的股票轉讓換取現金，滿足其對現金的要求，同時將股東的身份以及各種權益讓渡給受讓者；當企業能夠籌集到股票投資所需的現金時，股票投資者也可以隨時購進股票，以獲取投資收益。

二、股票投資決策

在進行股票投資之前，企業需要對股票進行估價，以確定股票的內在價值，並將其與股票市場價格進行比較，視其低於、高於或等於市價後決定買入、賣出或繼續持有股票。下面介紹幾種最常見的股票估價模型。

（一）短期持有、未來準備出售的股票估價模型

在一般情況下，投資者投資於股票，不僅希望得到股利收入，還希望在未來出售股票時從股票價格的上漲中獲取買賣價差收入。那麼，在短期持有、未來準備出售的條件下，股票投資者的未來現金流入包括持有時期內每期獲取的股利收入和出售時的股價，股票的內在價值就等於股利現值和股價現值之和。其計算公式如下：

$$V = \sum_{T_t=1}^{n} \frac{D_t}{(1+K)^t} + \frac{V_n}{(1+K)^n} \qquad (式6-5)$$

式中，V 爲股票的價值；V_n 爲未來出售時預計的股票價格；K 爲投資人要求的必要投資收益率；D_t 爲第 t 期的預期股利，n 爲預計持有股票的期數。

【例6-4】某企業準備購入甲公司股票，目前市場上的價格爲每股50元，預計每年可獲利6元/股，準備三年後出售。預計出售價格爲60元/股，預期報酬率爲15%。問該企業是否應該投資？

解：$V = 6 \times (P/A, 15\%, 3) + 60 \times (P/A, 15\%, 3)$
　　$= 6 \times 2.283 + 60 \times 0.658 = 53.18$（元）

也就是該股票的內在價值大於目前市場價格，因此該企業應該投資。

（二）零成長股票估價模型

在長期持有、股票價格穩定不變的情況下，即預期每年年末股利的增長率爲零的情況下，我們可以將每年年末的股利看作永續年金的形式。此時，股利估價模型可以簡化爲：

$$V = \frac{D}{K} \qquad (式6-6)$$

式中，V 爲股票內在價值；D 爲每年固定股利；K 爲投資人要求的必要投資收益率。

【例6-5】假設某企業股票預期每年股利爲每股5元，若投資人要求的投資必要收益率爲10%，則該股票的每股內在價值是多少？

解：$V = \dfrac{5}{10\%} = 50$（元）

由此可知，當該股票的市場價格低於每股50元時，企業才值得購買。

（三）固定成長股票的估價模型

在無限期持有股票的條件下，如果發行公司預期每年的股利以一個固定的比率增長，這種股票稱爲固定成長股票。設每年股利增長率 g，上年股利爲 D_0，則，

$$V = \sum_{t=1}^{\infty} \frac{D_0 \times (1+g)^t}{(1+K)^t} \qquad (式6-7)$$

代入等比數列前 n 項求和公式，當 $n \to \infty$ 時，普通股的價值爲：

$$V = \frac{D_0 \times (1+g)}{K-g} = \frac{D_1}{K-g} \qquad \text{（式6-8）}$$

式中，D_1 爲第一年的股利。

【例6-6】A 公司去年每股支付利息爲 3 元，預計未來每年以 5%的增長率增長，B 公司要求獲得 15%的必要報酬率，問：股票價格爲多少時，B 公司才能購買 A 公司的股票？

解：$V = \dfrac{3\times(1+5\%)}{15\%-5\%} = 31.5$（元）

也就是，當市場上 A 公司的股票價格低於每股 31.5 元時，B 公司才能購買。

(四) 非固定成長股票的估價模型

在現實中，大多數公司股票的股利並不是固定不變或者以固定不變的比率增長的，而是處於不斷變動之中的，這種股票被稱爲非固定成長股票。這類股票的估價比較複雜，我們通常將企業股票價值分段進行計算，主要有四個步驟：①將股利現金流分爲兩部分，即開始時的非固定增長階段的和其後的永久性固定增長階段；②計算非固定增長階段預期股利的現值；③在非固定增長期末，也就是固定增長期開始時，計算股票的價值，並將該數值折現；④將兩部分現值相加，即爲股票的現時價值。

【例6-7】某公司正處於高速發展期。預計未來 4 年內以股利 10%的速度增長，在此後轉爲正常增長，股利年增長率爲 5%，該公司上年支付的每股股利爲 2 元。若投資者要求的必要報酬率爲 15%，則該股票的內在價值是多少？

解：首先，計算非正常增長時期的股利現值，如表 6-1 所示。

表6-1　　　　　　　　　　　股利現值表　　　　　　　　　　　單位：元

年份	股利	復利現值系數（i=15%）	現值
第1年	2×（1+10%）= 2.2	0.870	1.914
第2年	2×（1+10%）² = 2.42	0.756	1.830
第3年	2×（1+10%）³ = 2.66	0.658	1.750
第4年	2×（1+10%）⁴ = 2.93	0.572	1.676
合計			7.170

其次，計算第 4 年年末時的普通股價值：

$$V = \frac{D_5}{K-g} = \frac{D_4(1+5\%)}{15\%-5\%} = 30.765(\text{元})$$

再次，計算其現值：

$$\frac{30.765}{(1+15\%)^4} = 15.136 \text{（元）}$$

最後，計算股票目前的價值：

$V = 30.765 + 15.136 = 45.90$（元）

計算結果說明當該公司股票的市場價格低於 45.90 元時，該股票才值得購買。

除此之外，我們還可以通過簡單的市盈率法來估價。這是一種粗略的衡量股票價值的方法。由於該方法計算相對比較簡單，易於掌握，因此被許多投資者使用。市盈率是股票市價和每股收益之比。

即：市盈率＝每股市價／每股收益

換言之：股票價格＝該股市盈率×該股票每股收益；

股票價值＝行業平均市盈率×該股票每股收益　　　　　　　　　　（式6-9）

證券機構或刊物提供的同類股票過去若干年的平均市盈率，乘上當前該股票每股收益，可以得出股票的公平價值。用它和當前市價比較，可以看出所付價格是否合理。

【例6-8】某公司的股票每股收益爲3元，市盈率爲10元，行業股票的平均市盈率爲11，問是否應該投資？

解：股票價格＝10×3＝30元

股票價值＝11×3＝33元

因爲股票價值大於股票價格，說明市場對該股票的價值略有低估，股票基本正常，因此該股票有一定的吸引力。

三、股票投資的風險

由於股票投資的未來收入受多種因素的影響，從而給股票投資者帶來多種風險。在實踐中，投資者從購進股票到取得投資收益的過程中承擔的風險主要有經營性風險、價格波動性風險和流動性風險等。

(一) 經營性風險

經營性風險是指股票投資者因發行公司經營狀況和盈利水平所造成的股票投資收益的不確定性。一般來說，發行公司的經營狀況越好，盈利水平越高，股票投資者獲取的股利收益就越多；公司經營不善，股票投資者獲取的股利就少，甚至無利可分；如果公司因經營不善而破產，股票投資者可能血本無歸。

(二) 價格波動性風險

價格波動性風險是指股票投資者因股票市場價格波動所造成的投資收益的不確定性。儘管股票投資者都希望利用股票價格的波動獲利，但實際上，股票價格的波動趨勢和方向是很難準確把握的，其具有很大的不確定性，因此股票投資者獲取價差收益的不確定性也很大。如果股票市場價格下跌，股票投資者就會因股票貶值而遭受損失，若公司破產，投資者則連本金也無法收回。

(三) 流動性風險

流動性風險是指股票投資者無法以合理的價格及時變現手中股票而遭受損失的風險。其主要表現在兩個方面：一是當股票投資者遇到好的投資機會想出售現有的股票換取現金時，在短期內無法及時以合理的價格出售而喪失投資機會所遭受的損失；二是當有關發行公司的不利消息進入股票市場時，投資者可能競相拋售而又無法及時脫手股票所遭受的損失。

第三節　債券投資

一、債券投資的目的與特點

(一) 債券投資的目的

企業的債券投資有短期債券投資和長期債券投資。企業進行短期債券投資主要是爲了合理利用暫時閒置資金，調節現金餘額，使現金餘額達到合理的水平。當企業現金餘額太多時，企業便投資於短期債券，使現金餘額降低；反之，當現金餘額太少時，企業則出售債券，收回現金，以提高現金餘額。而企業進行長期債券投資主要是爲了獲得穩定的收益。

(二) 債券投資的特點

與股票投資相比，債券投資具有以下特點：

1. 投資風險較低

債券發行單位必須按規定的期限向債券投資者還本付息，所以，債券投資風險較低。但是不同發行主體發行的債券，其風險也不相同，如中央政府發行的國庫券由政府財政擔保，本息的安全性非常高，通常被視爲無風險債券。金融債券也由於金融機構的實力雄厚，其本息的安全性也比較高。企業債券的發行者一般也是資信情況和經營狀況比較好的單位，即使是企業破產，債券投資者具有比股東優先的求償權，因此，本息損失的風險也比較小。

2. 投資收益穩定性較強

債券票面一般都標有固定的利息率，債券的發行者有按時支付利息的法定義務。因此，正常情況下，投資者都能按期獲得穩定的收入，而不受債券發行單位經濟狀況的影響。

3. 選擇性較大

債券按照發行單位可分爲政府債券、金融債券和企業債券；按照是否可轉換爲股票可分爲可轉換債券和不可轉換債券。不同的債券，其利率、期限、風險、收益等也各不相同。企業可以根據自身的情況，權衡債券的風險和收益，選擇合適的債券或債券組合進行投資，以獲取較高的投資收益。

4. 投資者沒有經營管理權

債券投資屬於債權性投資，投資者是債券發行單位的債權人，而不是所有者。在各種投資方式中，債券投資者的權利最小，債券投資者無權參與被投資企業的經營管理，其只有按約定取得利息，到期收回本金的權利。

二、債券投資決策

債券的價值是由其未來現金流入量的現值決定的，影響債券價值的主要因素是債券面值、票面利率和市場利率。由於債券面值和票面利率在發行時就已經給定，因此，債券價值的高低主要由市場利率水平決定。市場利率越高，債券價值越低；市場利率越低，債券價值越高。

企業進行債券投資之前要對股票進行估價，確定股票的內在價值，在此基礎上做出證券的投資決策。只有債券的價值大於其購買價格時，企業才值得投資；否則，就不值得投資。下面介紹幾種常用的債券估價模型。

(一) 債券估價的基本模型

一般情況下，債券採取的是固定不變的利率，每年按復利計算並支付利息，到期歸還本金。這樣，債券的內在價值就等於各年的利息現值與本金現值之和。其計算公式是：

$$V = \sum_{n=1}^{n} \frac{i \cdot P}{(1+K)^{t}} + \frac{P}{(1+K)^{n}}$$

$$V = I \cdot (P/A, K, n) + P \cdot (P/F, K, n) \qquad \text{(式 6-10)}$$

式中，V 爲債券價值；i 爲債券票面利息率；F 爲債券面值；K 爲市場利率或投資人要求的必要投資收益率；I 爲每年利息，n 爲付息總期數。

【例6-9】某公司擬購買一種面值爲1 000元、票面利率爲10%、每年付息一次、期限爲5年的債券。當前市場利率是12%，問債券價格是多少時該公司才能進行投資？

解：$V = 1\,000 \times 10\% \times (P/A, 12\%, 5) + 1\,000 \times (P/F, 12\%, 5)$
$= 100 \times 3.605 + 1\,000 \times 0.567 = 927.50(元)$

說明只有當債券的市場價格低於927.50元時，該債券才值得購買，因爲在這種情況下，該公司才能獲得高於12%的收益率。

(二) 到期一次還本付息的債券估價模型

到期一次還本付息債券的特點是等到債券到期時一次性支付債券本金和利息。我國發行的國庫券就屬於這種債券。這種債券的內在價值就是到期本息之和的現值，其計算公式是：

$$V = \frac{P + P \cdot i \cdot n}{(1+K)^n}$$

$V = (P + P \cdot i \cdot n) \cdot (P/F, K, n)$ (式6-11)

式中的符號含義同前面"債券估價的基本模型"公式中的符號含義一致。

【例6-10】某公司擬購買政府發行的國庫券，該債券面值爲1 000元，票面利率爲10%，期限爲5年，單利計算利息，當市場利率爲4%時，該國庫券的市場價格是多少時，該公司才能購買？

解：$V = \dfrac{1\,000 + 1\,000 \times 10\% \times 5}{(1+4\%)^5} = 1\,233$（元）

說明只有當該國庫券的市場價格低於1,233元時，該公司才能購買。

(三) 折現發行的債券估價模型

有些債券以折現方式發行，沒有票面利率，到期按面值償還，也叫零票面利率債券。這種債券的內在價值就是到期時票面價值的現值，其計算公式是：

$$V = \frac{P}{(1+K)^n} = P \cdot (P/F, K, n)$$ (式6-12)

式中的符號含義同前面"債券估價的基本模型"公式中的符號含義一致。

【例6-11】某公司發行的債券面值爲1 000元，期限爲3年，以折現方式發行，期內不計利息，到期按面值償還，當市場利率爲12%時，其價格爲多少才值得購買？

解：$V = 1\,000 \times (P/F, 12\%, 3) = 1\,000 \times 0.712 = 712$（元）

計算結果表明，只有當該公司的債券市場價格低於712元的時候，才值得購買。

三、債券投資風險

由於債券投資屬於債權性投資，相對於權益性投資的股票投資而言，風險要低一些，但是其風險仍然存在於企業債券投資的整個過程。常見的債券投資風險主要包括利率風險、購買力風險、變現風險、再投資風險和違約風險。

(一) 違約風險

違約風險是指債券投資人可能遇到的因債券發行單位無法按期支付債券利息或償還本金的風險。一般來說，政府債券的違約風險最小，金融債券次之，企業債券的違約風險最大。

(二) 利率風險

利率風險是指債券投資人可能遇到的因市場利率提高而引起債券價格下跌從而使債券

收益減少而遭受損失的風險。一般而言，市場利率上升，債券價格下跌；市場利率下降，債券價格上升。債券的期限越長，投資者可能遭受的利率風險也就越大。

(三) 購買力風險

購買力風險是指通貨膨脹導致的債券到期或中途出售所獲得貨幣的購買力下降的風險。一般來說，收益固定證券比收益變動證券的購買力風險要大。因爲證券投資的收益比較穩定，所以證券投資受通貨膨脹的影響較大。

(四) 變現風險

變現風險是指債券投資人有可能遇到的不能按期或按照合理價格變現債券的風險。這種風險又叫流動性風險。通常政府債券變現力風險小，企業債券變現力風險大。在企業債券中，實力雄厚的大企業、信用級別高的企業發行的債券變現力風險較小，而實力較弱的小企業、信用級別低的企業發行的債券變現力風險較大。

(五) 再投資風險

再投資風險是指投資者可能遇到的因市場利率或銀行利率降低而使其喪失再投資機會的風險。也就是說，若投資人購買短期債券而沒有購買長期債券，其就會遭受再投資風險。由於長期債券的利率風險高於短期債券，所以長期債券的票面利率一般要高於短期債券。投資者爲了避免利率風險購買了短期債券，但當短期債券到期收回現金時，如果市場利率下降，投資者就無法再以同樣的價格購得相同收益率的債券，這時投資者只能尋找大約與市場利率相當的投資機會。這樣，不如當初就購買長期債券，以獲得較高的投資收益，因爲儘管利率下降，投資者仍然可按照票面利率獲取債券利息。

在債券投資中，風險總和收益相伴存在。債券因其發行主體經營情況、債券期限等不同，其收益與風險也不同。企業要根據自己的實際需要，對購買的債券從發行主體、期限、風險和收益等不同方面進行適當的搭配，形成符合需要的債券投資組合。

對於具體風險的迴避，在選擇債券時，要結合各種風險的特點進行分析。例如，企業在進行債券投資時，尤其是購買其他企業的債券時，應對債券發行單位的資信情況和經營狀況進行綜合分析，選擇合適債券，以避免或降低違約風險；企業可以通過分散債券的到期日來分散利率風險；企業可以通過購買信用級別高的上市債券來降低或避免變現風險等等。

第四節　基金投資

一、投資基金投資的含義

所謂投資基金就是一種利益共享、風險共擔的集合投資制度。它通過發行基金證券，集中投資者的資金，交由專業性投資機構管理，主要投資於股票、債券等金融工具，獲得收益後按投資基金持有比例進行分配的一種間接投資方式。投資基金的基本功能就是匯集衆多投資者的資金，交由專門的投資機構管理，由證券分析專家和投資專家具體操作運用，根據設定的投資目標，將資金分散投資於特定的投資組合，投資收益歸原投資者所有。

二、投資基金的分類

投資基金可以按照不同的標準進行分類，隨著證券投資基金的發展，投資基金的種類也在不斷地創新，目前常見的分類主要有以下幾種：

(一) 根據組織形態的不同劃分

根據組織形態的不同,投資基金可以分爲契約型投資基金和公司型投資基金。

1. 契約型投資基金

契約型投資基金又稱爲單位信托基金,它是指把受益人(投資者)、管理人、託管人三者作爲基金的當事人,由管理人與託管人通過簽訂信託契約的形式發行收益憑證而設立的一種基金。契約型基金由基金管理人負責基金的管理操作;由基金託管人作爲基金資產的名義持有人,負責基金資產的保管和處置,對基金管理人的動作實施監督。

2. 公司型投資基金

公司型投資基金又叫作共同基金。它是指按照公司法以公司形態組成的,通過發行股票或受益憑證方式來籌集的資金。投資者購買了該家公司的股票,就成爲該公司的股東,憑股票領取股息或紅利、分享投資所獲得的收益。

3. 契約型投資基金與公司型投資基金的比較

(1) 資金的性質不同。契約型投資基金的資金是信託資產,而公司型投資基金的資金是公司法人,是資本。

(2) 投資者的地位不同。契約型投資基金的投資者購買受益憑證後成爲基金契約的當事人之一,即受益人。而公司型投資基金的投資者購買基金公司的股票後成爲該公司的股東,以股利或紅利形式取得收益,並有權通過股東大會和董事會參與基金公司的管理。

(3) 基金的運營依據不同。契約型投資基金依據基金契約運營基金,公司型投資基金依據基金公司章程運營基金。

(4) 發行憑證不同。契約型投資基金在募集資金時,必須依據基金契約,其發行的是基金受益憑證。而公司型投資基金在募集資金資產時,必須依據普通股股票發行的條件及程序,其發行憑證是基金公司的股票。

(二) 根據變現方式的不同劃分

根據變現方式的不同,基金可以分爲封閉式基金和開放式基金。

1. 封閉式基金

封閉式基金是指基金的發起人在設立基金時,限定了基金單位的發行總額,籌足總額後,基金即宣告成立,並進行封閉,在一定時期內不再接受新的投資。基金單位的流通採取在證券交易所上市的辦法,投資者日後買賣基金單位,都必須通過證券經紀商在二級市場上進行競價交易。

2. 開放式基金

開放式基金是指基金發起人在設立基金時,基金單位或股份總規模不固定,可視投資者的需求,隨時向投資者出售基金單位或股份,並可應投資者要求贖回發行在外的基金單位或股份的一種基金運作方式。投資者既可以通過基金銷售機構購買基金使基金資產和規模由此相應增加,也可以要求發行機構按基金的資產淨值贖回基金單位以收回現金使得基金資產和規模相應減少。

3. 封閉式基金與開放式基金的比較

(1) 期限不同。封閉式基金通常有固定的封閉期限,而開放式基金沒有固定期限,投資者可以隨時向基金管理人贖回。

(2) 基金單位的發行規模要求不同。封閉式基金在招募說明書中列明基金規模,而開放式基金沒有發行規模限制。

(3) 基金單位轉讓方式不同。封閉式基金的基金單位在封閉期限內不能要求基金公司贖回，只能尋求在證券交易場所出售或櫃臺市場上出售給第三者。開放式基金的投資者可以在首次發行結束一段時間（多爲3個月）後，隨時向基金管理人或中介機構提出購買或贖回申請。

（4）基金單位的交易價格計算標準不同。封閉式基金的買賣價格受市場供求關係的影響，並不必然反應公司的淨資產。開放式基金的交易價格則取決於基金的每單位資產淨值的大小，其基本不受市場供求關係的影響。

（5）投資策略不同。封閉式基金的基金單位數不變，資本不會減少，因此基金可以進行長期投資。開放式基金因基金單位可隨時贖回，爲應付投資者隨時贖回兌現，基金資產不能全部用來投資，更不能把全部資本用來進行長期投資，必須保持基金資產的流動性。

(三) 根據投資對象的不同劃分

根據投資對象的不同，投資基金可分爲股票基金、債券基金、貨幣基金、期貨基金、期權基金、認股權證基金等。

1. 股票基金

股票基金是指以股票爲投資對象的投資基金，其投資對象通常包括普通股和優先股，其風險程度較個人投資股票市場要低得多，且具有較強的變現性和流動性，因此它也是一種比較受歡迎的基金類型。

2. 債券基金

債券基金是指投資管理公司爲穩健型投資者設計的，投資於政府債券、市政公債、企業債券等各類債券品種的投資基金。債券基金一般情況下定期派息，其風險和收益水平較股票基金低。

3. 貨幣基金

貨幣基金是指以國庫券、大額銀行可轉讓存單、商業票據、公司債券等貨幣市場短期有價證券爲投資對象的投資基金。這類基金投資風險小，投資成本低，安全性和流動性較高，在整個基金市場屬於低風險的安全基金。

4. 期貨基金

期貨基金是指以各類期貨品種爲主要投資對象的投資基金。由於期貨是一種合約，只需一定的保證金（一般爲5%~10%）即可買進合約。期貨可以用來套期保值，也可以小博大，如果預測準確，短期能夠獲得很高的投資回報；如果預測不準，遭受的損失也很大，其具有高風險高收益的特點。因此，期貨基金也是一種高風險的基金。

5. 期權基金

期權基金是指以能分配股利的股票期權爲投資對象的投資基金。期權也是一種合約，是指在一定時期內按約定的價格買入或賣出一定數量的某種投資標的的權利。如果市場價格變動對他履約有利，他就會行使這種買入和賣出的權利，即行使期權；反之，他亦可放棄期權而聽任合同過期作廢。作爲對這種權利占有的代價，期權購買者需要向期權出售者支付一筆期權費（期權的價格）。期權基金的風險較小，適合於收入穩定的投資者。其投資目的是獲取最大的當期收入。

6. 認股權證基金

認股權證基金是指以認股權證爲投資對象的投資基金。認股權證，是指由股份有限公司發行的、能夠按照特定的價格，在特定的時間內購買一定數量該公司股票的選擇權憑證。由於認股權證的價格是由公司的股份決定的，一般來說，認股權證的投資風險較通常的股票大得多。因此，認股權證基金也屬於高風險基金。

（四）根據投資風險與收益的不同劃分

根據投資風險與收益的不同，投資基金可分為成長型投資基金、收益型投資基金和平衡型投資基金。

1. 成長型投資基金

成長型投資基金是以基金資產價值不斷成長為主要目的，重視投資對象的成長潛力，風險較高，以股票為主要投資對象的投資基金。

2. 收益型投資基金

收益型投資基金是指以追求投資的當期收益為主，重視投資對象的當期股利和利息，以債券為主要投資對象的投資基金。

3. 平衡型投資基金

平衡型投資基金是指以追求投資的當期收入和追求資本的長期成長為目的的投資基金。

三、投資基金的價值與估價

（一）投資基金的價值

投資基金和其他證券一樣，也是一種證券，但是基金的內在價值卻與股票、債券等其他證券有很大的區別。

基金的價值取決於基金淨資產的現在價值。由於投資基金不斷更換投資組合，未來收益較難預測，再加上資本利得是投資基金的主要收益來源，變幻莫測的證券價格使得資本利得的準確預計非常困難，因此基金的價值主要由基金的現有市場價格去決定，基金投資者關注的是基金資產的現有市場價值。

（二）基金單位淨值

基金單位淨值，也稱單位資產淨值或單位淨資產值，是指某一時點每一基金單位（或基金股份）具有的市場價值。基金單位淨值是評價基金業績最基本和最直觀的指標，也是開放型基金申購價格、贖回價格以及封閉式基金上市交易價格確定的重要依據。其計算公式是：

$$基金單位淨值 = \frac{基金淨資產價值總額}{基金單位總份額} \qquad (式6-13)$$

式中，基金淨資產價值總額等於基金資產總額減去基金負債總額。基金資產總額不是資產總額的帳面價值，而是資產總額的市場價值，它是決定基金淨資產價值總額的主要因素；基金的負債除了以基金名義對外的融資借款以外，還包括應付給投資者的分紅、應付給基金經理公司的首次認購費和經理費用等。

【例6-12】假設某基金持有的某三種股票的數量分別為20萬股、50萬股和80萬股，每股的市價分別為35元，20元和20元，銀行存款為1 000萬元，該基金負債有兩項：對管理人應付報酬為400萬元、應付稅金為500萬元，已售出基金單位為2 000萬份。試計算該基金單位淨值。

解：根據基金單位淨值的計算公式可得

$$基金單位淨值 = \frac{20 \times 35 + 50 \times 20 + 80 \times 20 + 1\ 000 - 400 - 500}{2\ 000} = 1.7（元）$$

（三）基金的報價

從理論上來說，基金的報價是由基金的價值決定的。基金單位淨值越高，基金的交易價格也越高。具體而言，封閉式基金在二級市場上競價交易，交易價格有供求關係和基金業績決定，圍繞着基金單位淨值上下波動；開放式基金的櫃臺交易價格則完全以基金單位價值爲基礎，通常有兩種報價：認購價（賣出價）和贖回價（買入價）。其計算公式爲：

基金認購價＝基金單位淨值＋首次認購費　　　　　　　　　　　　　　　　（式6-14）
基金贖回價＝基金單位淨值－基金贖回費　　　　　　　　　　　　　　　　（式6-15）

式中，基金認購價是指基金管理公司的賣出價；首次認購費是指支付給基金管理公司的發行備金；基金贖回價是指基金管理公司的買入價；基金贖回費是指基金贖回時的各種費用。

（四）基金收益率

基金收益率是反應基金增值情況的指標，它通過基金淨資產的價值變化來衡量。基金資產的價值是以市價計量的，基金資產的市場價值增加，意味着基金的投資收益增加，基金投資者的權益也隨之增加。基金收益率的計算公式是：

$$基金收益率＝\frac{年末持有份數\times年末基金單位淨值-年初持有份數\times年初基金單位淨值}{年初持有份數\times年初基金單位淨值}$$

式中，持有份數是指基金單位的持有份數；年初的基金單位淨值相當於購買基金的本金投資。

【例6-13】某基金公司發行的是開放式基金，2017年的相關資料如表6-2所示。假設公司收取認購費和贖回費分別爲基金淨值的5%和8%。試求：
（1）計算年初的下列指標：基金單位淨值，基金認購價，基金贖回價。
（2）計算年末的下列指標：基金單位淨值，基金認購價，基金贖回價。
（3）2009年基金的收益率。

表6-2　　　　　　　　　　　　　　　　　　　　　　　　　　　　　　金額單位：萬元

項目	年初	年末
基金資產帳面淨值	1,000	1,200
負債帳面淨值	300	320
基金市場價值	1,500	2,000
基金單位	500萬單位	600萬單位

解：（1）年初的有關指標

$$基金單位淨值＝\frac{1\,500-300}{500}＝2.4（元）$$

基金認購價＝2.4＋2.4×5%＝2.52（元）
基金贖回價＝2.4－2.4×8%＝2.21（元）
（2）年末有關指標

$$基金單位淨值＝\frac{2\,000-320}{600}＝2.8（元）$$

基金認購價＝2.8＋2.8×5%＝2.94（元）
基金贖回價＝2.8－2.8×8%＝2.58（元）

（3）2009年基金的收益率＝$\frac{600\times2.8-500\times2.4}{500\times2.4}\times100\%＝40\%$

四、基金投資的優缺點

(一) 基金投資的優點

基金投資最大的優點是其能夠在不承擔太大風險的情況下獲得較高收益，因為基金投資能夠發揮專家理財的作用，具有資金規模優勢。具體而言，投資基金的優點體現在以下幾個方面：

1. 有利於小額資金持有者的資金投資

投資基金所要求的資金起點一般都比較低，投資者用少量的資金就可以投資於基金，然後基金再將大量投資者的資金集中起來投入證券市場，投資者通過基金的分紅來享有投資收益。所以，基金投資是有利於小額資金持有者的資金投資。

2. 專家理財，投資效率高

基金的操作一般都是由熟悉專業的基金經理或投資顧問來進行，他們一般都具有豐富的實際操作經驗，對國內外的宏觀經濟形勢、產業發展和政策、上市公司的基本情況都很瞭解。同時，這些基金經理和投資顧問信息渠道比較廣泛，並能夠利用研究方面的優勢，及時對信息進行處理，做出正確的投資決策。也就是說，投資者通過基金投資，能享受到專家理財的好處，從而大大提高了投資效率。

3. 有效控制風險，獲得規模報酬

基金管理人憑藉自身的專業知識，能夠較為準確地判斷投資面臨風險的種類、性質、大小，採取相應措施以分散投資風險或控制投資風險。同時，投資基金匯集眾多小投資者的資金，形成一定規模的大額資金，在參與證券投資時能享有規模效益。所以基金投資是一種風險相對較小，而收益卻較高的投資方式。

(二) 基金投資的缺點

基金投資一般無法獲得很高的投資收益，因為投資基金在投資組合過程中，在降低風險的同時，也喪失了獲得巨大收益的機會；其次，在大盤整體大幅度下跌的情況下，進行基金投資也可能會遭受損失，投資者可能承擔較大的風險。

第五節　證券投資組合

一、證券投資組合的概念與目的

證券投資組合又叫證券組合，是指投資者在進行證券投資時，不是將所有的資金都投向單一的某種證券，而是有選擇地投向一組證券。這種同時投資多種證券的做法叫作證券的投資組合。由於證券投資存在著較高的風險，而各種證券的風險大小又不相同，因此，企業在進行證券投資時，不應將所有的資金都集中投資於一種證券，而應同時投資於多種證券，這就形成了證券組合投資。

證券投資組合的目的主要表現在兩個方面：一方面是為了降低投資風險。由多種證券構成的投資組合，會降低風險，即收益率高的證券會抵消掉那些收益率低的證券。一般情況下，證券投資組合的風險會隨著組合所包含的證券數量的增加而降低，各種證券之間相關程度越低的證券構成的證券組合，其降低可分散風險的效應越大。另一方面是為了提高投資收益。理性的投資者都厭惡風險，但是同時又追求收益的最大化。根據風險與收益均衡的原理，投資者的期望收益越高，其承擔的風險也就越大。投資者可以通過有效的投資組合從而達到在風險既定的情況下，收益率達到最高；或在收益率既定的情況下，風險降到最低。

二、證券投資組合的風險和收益

（一）證券投資組合的風險

證券投資組合的風險可以根據風險是否可以通過投資多樣化方法加以回避及消除，分爲非系統風險和非系統風險。其中，非系統風險是可以通過有效證券投資組合而分散的風險，而系統風險是不可以通過有效證券投資組合而分散的風險。

1. 非系統風險

非系統風險是指證券發行公司因自身某些因素形成的只對個別證券造成影響的風險，也叫可分散風險或公司特別風險，包括公司在市場競争中的失敗、罷工、訴訟失敗等。這種風險來自於公司的内部，投資者可以通過證券持有的多樣化來抵消，即發生在一家公司的不利事件可以被其他公司的有利事件所抵消，也就是多買幾家公司的股票，一些股票收益下降的損失可以用一些股票收益上升的收益來彌補。

2. 系統風險

系統風險又叫不可分散風險或市場風險，是指那些對整個證券市場產生影響的因素引起的風險，包括戰爭、經濟衰退、通貨膨脹、高利率等。這種風險來自企業外部，對所有公司均產生影響，其表現爲整個證券市場平均收益率的變動，投資者無法控制和回避，因此不能通過證券投資組合分散掉。

系統風險雖然不能通過證券投資組合來分散，但是當整個市場收益率變動時，有的證券收益率變動大，有的證券收益率變動小，也就是說，單個證券所承擔系統風險的大小是不相同的。我們通常用 β 係數來衡量個別證券相對於市場上全部證券的平均收益的變動程度。

$$\beta = \frac{個別證券的系統風險}{市場上全部的證券系統風險} \qquad (式6-16)$$

假設整個證券市場的風險係數爲1，若某種證券的 β 係數等於1，則說明其風險與證券市場的風險相一致；若某種證券的 β 係數大於1，則說明其風險大於整個證券市場的風險；若某種證券的 β 係數小於1，則說明其風險小於整個證券市場的風險。

對於證券投資組合而言，其系統風險也可以用 β 係數來衡量。投資組合的 β 係數是個別證券 β 係數的加權平均數，權數爲各種證券在投資組合中所占的比重，其計算公式爲：

$$\beta_p = \sum_{i=1}^{n} W_i \cdot \beta_i \qquad (式6-17)$$

式中：β_p 爲證券投資組合的風險係數；W_i 爲第 i 項證券在投資組合總體中所占比重；β_i 爲第 i 項證券的期望收益率；n 爲投資組合中證券的種類數。

（二）證券投資組合的收益

證券投資組合的收益是指投資組合中單項資產預期收益率的加權平均數。其計算公式爲：

$$R_p = \sum_{i=1}^{n} W_i \cdot R_i \qquad (式6-18)$$

式中：R_p 爲投資組合的期望收益率；W_i 爲第 i 項證券在投資組合總體中所占比重；R_i 爲第 i 項證券的期望收益率；n 爲投資組合中證券的種類數。

【例6-14】某投資組合中包括A，B，C三種股票，其期望收益率分別爲15%、20%，

18%，在這個組合中，A、B、C三種股票的投資額分別是40萬元、40萬元、20萬元。則這個投資組合的期望收益率是多少？

解：$R_P = \frac{40}{40+40+20} \times 15\% + \frac{40}{40+40+20} \times 20\% + \frac{20}{40+40+20} \times 18\% = 17.6\%$

(三) 證券投資組合的風險收益率

投資者進行證券投資組合與進行單項投資一樣，都要求對承擔的風險進行補償，證券的風險越大，投資者要求的收益率越高。但是，與單項投資不同，證券組合投資要求補償的風險只是不可分散風險，而不要求對可分散風險進行補償。因為證券投資組合所包含的可分散風險能通過有效的證券組合分散掉，可分散風險的影響是微不足道的，不可分散風險就成為投資者尤為關注的風險，這類風險越大，投資者要求的風險補償越高。證券投資組合的風險收益是指投資者因承擔不可分散風險而要求的，超過資金時間價值（無風險收益率）的那部分額外收益，通常用風險收益率表示。其計算公式為：

$$R_p = \beta_p \cdot (R_M - R_F) \tag{式6-19}$$

式中，R_p為證券投資組合的風險收益率；β_p為證券投資組合的β係數；R_M為所有股票的平均收益率，也就是市場上所有股票組成的證券組合的收益率，簡稱市場收益率；R_F為無風險收益率，一般用國債利率來衡量。

【例6-15】某企業共持有100萬元三種股票A、B、C，構成投資組合，經測算，它們的β係數分別為1.5、1.5、0.8。三種股票在組合投資中所占的比重分別為20%、40%、40%，若股票市場平均收益率為16%，無風險收益率為12%。試計算該證券組合的風險收益率和風險收益額。

解：
①該證券組合的β係數為：
$\beta_p = 20\% \times 1.5 + 40\% \times 1.5 + 40\% \times 0.8 = 1.22$
②該證券組合的風險收益率為：
$R_p = 1.22 \times (16\% - 12\%) = 4.88\%$
③該證券組合的風險收益額為：
風險收益額 = 100 × 4.88%（萬元）

以上計算可以看出，在其他因素不變的情況下，風險收益的大小主要取決於證券投資組合的β係數，β係數越大，風險收益就越大；β係數越小，風險收益就越小。

(四) 證券投資組合的必要收益率

上述風險收益率的計算是在假設投資組合中所有的資產均為風險性資產的情況下，只考慮承擔不可分散風險而要求的，超過資金時間價值（無風險收益率）的那部分額外收益。事實上，市場上可供選擇的投資工具除了風險性資產外，還有大量的無風險性資產，如政府債券等。所以證券投資組合的主要收益率是指在組合證券投資下考慮不可分散風險而要求的預期收益率，包括無風險收益率和風險收益率兩部分。其計算公式為：

$$K_i = R_F + \beta_p \cdot (R_M - R_F) \tag{式6-20}$$

式中，K_i為證券投資組合的必要收益率；R_F為無風險收益率；β為證券投資組合的係數；R_M為所有股票或所有證券的平均收益率。

【例6-16】某企業持有由A、B、C三種股票組成的證券組合，該組合中它們所占的比例分別為50%、30%、20%，β係數分別為0.5、1.5、2，若股票市場的平均收益率為14%，無風險收益率為9%。求該證券組合的β係數和必要收益率。

解：$\beta_p = 50\% \times 0.5 + 30\% \times 1.5 + 20\% \times 2 = 1.1$
$K_i = 9\% + 1.1 \times (14\% - 9\%) = 14.5\%$

三、證券投資組合的策略與方法

(一) 證券投資組合的策略

在現實生活中，企業的決策者可以通過證券組合投資分散風險，以獲取較高的收益。然而不同的投資者有不同的投資策略，在證券投資組合理論的發展過程中，這些投資者所採用的投資策略形成了各種各樣的派別，以下介紹幾種常見的證券投資組合策略。

1. 保守型策略。這種策略購買盡可能多的證券，分散掉全部可分散的風險，以得到與市場所有證券的平均收益同樣的收益。根據證券投資組合理論，只要證券投資組合達到一定的數量，便可分散大部分可分散風險。所以這種策略是最簡單的。它的優點是：能分散掉全部可分散風險；不需要高深的證券投資的專業知識；證券投資管理費用比較低。因爲這種策略下的組合投資收益不高，不會高於證券市場上所有證券的平均收益，而且風險也不大，所以稱爲保守型策略。

2. 冒險型策略。這種策略認爲，只要投資組合做得好，就能擊敗市場或超越市場，取得遠遠高於市場平均收益的收益。在這種策略下，投資者主要投資於一些高收益、高風險的成長型股票，而很少選擇低風險、低收益的證券。另外，這種冒險者一般都頻繁變動其組合，冒險性較大。該策略收益高、風險大，所以被稱爲冒險型策略。

3. 適中型策略。這種策略介於保守型策略與冒險型策略之間。採用這種策略的人一般都善於對證券進行分析，如宏觀經濟形勢分析、行業分析、企業經營狀況分析等。通過分析，這類投資者選擇高質量的股票和債券組成投資組合。適中型策略者認爲，市場上股票價格一時沉浮並不重要，只要企業經營業績好，股票一定會升到其本來的價值水平，所以這種組合的投資者必須具備豐富的投資經驗並擁有進行證券投資的各種專業知識。這種策略風險不太大，收益卻比較高，是一種比較常見的投資組合策略。各種金融機構和企事業單位在進行證券投資時一般都採用這種策略。

(二) 證券投資組合的方法

進行證券投資組合的方法很多，但是最常見的方法通常有以下幾種：

1. 選擇足夠多的證券進行投資組合。根據證券投資組合的理論，證券投資組合中的證券種類越多，投資組合的可分散風險越小，當組合證券數目足夠多時，大部分可分散風險會分散掉。若在實際工作中使用這一方法，則不需有目的地組合，只要隨機選擇證券進行投資組合就可以了。據投資專家估計，在美國紐約證券市場上，隨機地購買40種股票，其大部分可分散風險都能分散掉。

2. 把投資收益呈負相關的證券放在一起進行組合。一種股票的收益上升而另一種股票的收益下降的兩種股票，稱爲負相關股票。呈負相關的證券進行投資組合能更有效地分散可分散風險。所以，在進行投資時，應盡可能尋找呈負相關的證券進行投資組合。例如，某企業同時持有一家汽車制造公司的股票和一家石油公司的股票，當石油價格大幅度上升時，這兩種股票便呈負相關。因爲油價上漲，石油公司的收益會增加，但是油價的上升，會影響汽車的銷量，使汽車公司的收益降低。只要選擇得當，這樣的組合對降低風險就有十分重要的意義。不過在現實中，呈負相關的證券是十分少見的。

3. 把風險大、風險中等、風險小的證券放在一起進行組合。這種組合又叫1/3法，即把證券投資組合中全部資金的1/3投資於風險較大的證券，1/3投資於風險中等的證券，1/3投資於風險小的證券。一般而言，風險大的證券對經濟形勢的變化比較敏感，當經濟處於繁榮時期，風險大的證券獲得較高的收益；當經濟衰退時，風險大的證券卻會遭受巨額損失。相反，風險小的證券對經濟形勢變化不十分敏感，一般能獲得穩定收益，而不致遭受損失。中等風險的證券投資收益對宏觀經濟狀況變動的敏感程度介於風險較大的證券和風險較小的證券之間。這種方法收益不高，但是風險也不大，投資者不至於承擔巨大的損失。

【案例分析】

巴菲特投資經驗

1930年，巴菲特出生於美國，11歲開始購買股票，27歲創建自己的帝國。巴菲特在股票市場上的非凡業績和驚人的盈利，使市場專家和華爾街的經紀人都感到不可思議。那麼，在變幻莫測的股票市場，巴菲特制勝的秘訣是什麼呢？

20世紀50年代早期，他帶着孩童般的執著讀厚重的《穆迪手冊》，在里面尋找線索。終於發現了一些無人問津又非常便宜的股票，如西部的保險公司和GEICO股票等，於是他投資了8 000美元——幾乎是他當時積蓄的2/3到GEICO上。後來，股票在不到兩年的時間翻了整整兩倍。

有一次，一個經紀商以15美元的價格提供給他一種名不見經傳的保險股票，但沒有關於它的公開資料，於是巴菲特就跑到州保險辦公室收集數據。他看到的信息足以說明這種股票絕對是便宜貨，就買進了一些，一段時間後，它就上升到370美元一股，巴菲特終日忙於閱讀和分析一個個公司的年度報表和商業刊物，把每一份財務報表牢記在心，逐漸地，他心中建立起了對華爾街整個詳細輪廓，他對現有的所有股票和債券都了如指掌，並相信沒有任何人能分析得比他更好。

每當巴菲特看到一種股票時，他不僅看資產的靜止現象，還將其作為一個有着獨特動力和潛能的活生生的正在運作的企業來看待。1963年，巴菲特開始研究一種與以往他購買的任何股票都不相同的股票，它沒有工廠，也沒有硬件資產，它最有價值的商品就是它的名字。當時美國捷運公司有成千上萬的票據在市場上流通，像貨幣一樣被人們接受。但這年11月，捷運公司運到麻煩，其股價從60美元跌至1964年年初的每股35美元。當華爾街證券商齊聲高喊"賣"時，巴菲特將自己1/4的資產投在了這只股票上。

1967年夏天，道·瓊斯指數回升到900點，而且自20世紀60年代以來第一次出現成交量居高不下的情況，華爾街洋溢着空前的喜悅，證券商下着越來越多的賭註。巴菲特確信這種遊戲非常賺頭，股票還會繼續上漲，但他也"確信"自己不能把這些股票做好，於是他把擊敗道·瓊斯指數的目標降低了10個百分點，即從現在起每年盈利9%或超過道·瓊斯指數5個百分點。而事實上，這一年他盈利了30%，比道·瓊斯指數多出了17個百分點，其中大部分來自美國捷運公司，它已經狂漲到每股180美元。

1987年10月19日，星期一，美國股市在持續"牛"了數年之後終於崩潰了。除了三種永久股票外，巴菲特早在10月12日左右就把所有的股票都拋掉了。

巴菲特作為個人，是一個證券投資天才，而從企業的角度來看，他的做法也有很多可借鑒之處。

資料來源：陳玉菁，宋良榮. 財務管理 [M]. 北京：清華大學出版社，2005.

【課堂活動】

1. 巴菲特制勝的秘訣是什麼？

2. 從事證券投資,投資者應該考慮哪些問題?

【本章小結】

本章對證券投資的主要形式股票投資和債券投資的基本含義、特點、風險收益等進行解釋,對二者的股價模型和投資決策進行闡述;

明確基金投資的基本概念和分類,分析基金投資的估價和基金投資收益,並說明基金投資的優缺點;

本章闡述證券投資組合的概念及目的,分析證券投資組合的收益與風險,並介紹了通常使用的證券投資組合的策略及方法。

【同步測試】

一、名詞解釋

1. 股票投資
2. 債券投資
3. 基金投資
4. 證券組合投資
5. 違約風險
6. 購買力風險
7. 流動性風險
8. 利息率風險
9. 系統風險
10. 非系統風險

二、單項選擇題

1. 企業對外債券投資,從其產權關係看屬於(　　)。
   A. 債權投資　　　　　　　B. 股權投資
   C. 證券投資　　　　　　　D. 直接投資
2. 證券發行人無法按期支付利息或償還本金的風險稱爲(　　)。
   A. 違約風險　　　　　　　B. 購買力風險
   C. 流動性風險　　　　　　D. 期限性風險
3. 下列何種證券能夠更好地避免購買力風險?(　　)。
   A. 國庫券　　　　　　　　B. 普通股票
   C. 企業債券　　　　　　　D. 優先股票
4. 下列各項中,會帶來非系統風險的是(　　)。
   A. 個別公司工人的罷工　　B. 國家稅法的變化
   C. 國家財政政策的變化　　D. 影響所有證券的因素
5. 如果有一永續債券,每年度派息12元,而市場利率爲10%。則該債券的市場價值爲(　　)。
   A. 120元　　　　　　　　B. 191元
   C. 453元　　　　　　　　D. 480元
6. 在投資人想出售有價證券獲取現金時,證券不能立即出售的風險稱爲(　　)。
   A. 違約風險　　　　　　　B. 購買力風險
   C. 流動性風險　　　　　　D. 期限性風險

7. 某公司準備購買一種預期未來股利固定增長的股票，該股票今年的股利是每股 2 元，預期的股利增長率為每年 10%。則該股票第 6 年度股利預期為（　　）。

   A. 2.93 元   B. 3.22 元
   C. 3.54 元   D. 3.00 元

8. 某投資者持有甲、乙、丙三種股票，三種股票所占資金的比例分別為 20%、30%、50%，其 β 系數分別為 1.2、0.8、1.8，則綜合 β 系數為（　　）。

   A. 1.8   B. 3.8
   C. 1.38   D. 1.58

9. 某公司準備購買一種預期未來股利不變的零增長股票，預期該股票的股利為每股 2 元，該公司要求的最低投資報酬率為 10%，目前市場上的實際利率為 8%。則該股票的價格在（　　）元以下時，公司才可以購買。

   A. 25   B. 20
   C. 30   D. 22

10. 某種股票當前的市場價格是 40 元，每股股利時 2 元，預期的股利增長率是 5%。則其市場決定的預期收益率是（　　）。

    A. 5%   B. 5.5%
    C. 12%   D. 10.25%

11. 某企業計劃發售一面值為 10 000 元的三年期債券，票面利率 8%，計復利，到期一次性還本付息，發行時的市場利率為 10%。則該債券的發行價格為（　　）。

    A. 9 460 元   B. 9 503 元
    C. 10 000 元   D. 10 566 元

12. 假設某基金持有的某三種股票的數量分別為 10 萬股、50 萬股和 100 萬股，每股的市價分別為 30 元、20 元和 10 元，銀行存款為 1 000 萬元。該基金負債有兩項：對管理人應付報酬 500 萬元、應付稅金為 500 萬元，已售出基金單位為 2 000 萬份。該基金單位淨值為（　　）。

    A. 4.8 元   B. 1.5 元
    C. 1.15 元   D. 1.3 元

三、多項選擇題

1. 債券投資的優點主要有（　　）。
   A. 本金安全性高   B. 收入穩定性強
   C. 投資收益較高   D. 投資選擇性大

2. 下列屬於開放式基金的特點的是（　　）。
   A. 沒有固定期限   B. 沒有發行規模限制
   C. 不能隨時要求贖回   D. 發行價格基本不受供求關係影響

3. 下列說法正確的有（　　）。
   A. 保守型策略的證券組合投資能分散掉全部可分散風險
   B. 冒險型策略的證券組合投資中成長型的股票比較多
   C. 適中型策略的證券組合投資選擇高質量的股票和證券組合
   D. 1/3 的投資組合法不會獲得太高的收益，也不會承擔巨大的風險

4. 下列風險中屬於系統風險的有（　　）。
   A. 違約風險   B. 利息率風險

C. 購買力風險　　　　　　　D. 流動性風險
5. 下列各風險中，不能用多角化投資來分散掉風險有（　　）。
A. 市場風險　　　　　　　　B. 系統風險
C. 公司特有風險　　　　　　D. 市場利率風險

四、簡答題

1. 證券投資風險主要來自哪幾個方面？各自性質如何？
2. 比較股票投資和債券投資的優缺點。
3. 基金投資有什麼優點？
4. 證券投資組合的策略有哪些？

五、計算題

1. 甲企業計劃利用一筆長期資金投資購買股票。現有 M 公司股票和 N 公司股票可供選擇，甲企業只準備投資一家公司股票。已知 M 公司股票現行市價為每股 9 元，上年每股股利為 0.15 元，預計以後每年以 6% 的增長率增長。N 公司股票現行市價為每股 7 元，上年每股股利為 0.60 元，股利分配政策將一貫堅持固定股利政策。甲企業所要求的投資必要報酬率為 8%。

要求：

(1) 利用股票估價模型，分別計算 M、N 公司股票價值；
(2) 代甲企業做出股票投資決策。

2. A 公司擬購買債券作為長期投資（打算持有至到期日）。其要求的必要收益率為 6%。現有三家公司同時發行 5 年期、面值均為 1 000 元的債券。其中，甲公司債券的票面利率為 8%，每年付息一次，到期還本，債券發行價格為 1 041 元；乙公司債券的票面利率為 8%，單利計息，到期一次還本付息，債券發行價格為 1 050 元；丙公司債券的票面利率零，債券發行價格為 750 元，到期按面值還本。

要求：

(1) 計算 A 公司購入甲公司債券的價值和收益率。
(2) 計算 A 公司購入乙公司債券的價值和收益率。
(3) 計算 A 公司購入丙公司債券的價值。
(4) 根據上述計算結果，評價甲、乙、丙三種公司債券是否具有投資價值，並為 A 公司做出購買何種債券的決策。

3. 某公司持有 A、B、C 三種股票構成的證券組合，三種股票所占比重分別為 50%、30% 和 20%；其 β 系數分別為 1.2、1.0、0.8；股票的市場收益率為 10%，無風險收益率為 8%。A 股票的每股市價為 25 元，剛收到上一年度派發的每股 1.2 元的現金股利，預計股利以後每年將增長 6%。

要求：

(1) 計算該證券組合的風險報酬率；
(2) 計算該證券組合的必要收益率；
(3) 計算投資 A 股票的必要投資收益率；
(4) 該公司慾追加 A 股票的投資，試代公司做出是否追加投資的決策。

第七章　項目投資管理

【引導案例】

撫順工業旅遊有限責任公司，自成立以來，影響逐漸擴大，經營前景良好。旅遊產品有礦區遊、景區遊、紅色遊、風光遊、歷史古跡遊、民族特色遊等，業務範圍不斷擴大，經濟效益逐年增加。

關於公司現需要增加 5 臺大型的旅遊客車，有兩個方案：一個方案是購買國產客車，每臺價格預計 64 萬元，公司可申請五年期的貸款進行購買，貸款年利率為 8%，預計每年每臺發生修理維護費和司機工資等各種費稅為 5 萬元，每臺客車預計使用 5 年，殘值 4 萬元，採用直線法計提折舊；另一個方案是向租賃公司租入德國產旅遊大客車，發動機性能好，車體和車內裝修豪華，但每年每臺租金高達 20 萬元，年底付租金，5 年租期結束後客車歸還租賃公司，司機隨車出租，工資由租賃公司負責，客車的維護保養等一切稅費都由租賃公司統一負責，公司可隨時結束租賃，只要提前三個月通知租賃公司即可。

增加 5 臺大型的旅遊客車，可使公司每年預計增加收入 120 萬元。

增加客車擴大業務量後，公司肯定有盈利。公司主管業務的副經理張翼簡單算了個帳，借款購買 5 臺客車需支出 320 萬元，5 年的利息 128 萬元，再加上其他稅費 25 萬元，總計 473 萬元，而租賃 5 年的總支出為 500 萬元。他知道在購買的情況下不到三年就可還本，同時，因利息可以抵稅，在公司所得稅稅率為 25% 的情況下，實際利率更低。若採用租賃方式，租金總額不僅超過購買支出，且無殘值收入。因此，張翼認為應該採取購置而不是租賃方式。

但張翼將此方案提報給由部門經理參加的公司董事會例會討論時，卻受到主管財務的副經理李昊天的堅決反對。李昊天認為，即使不考慮通貨膨脹，現在就付出 320 萬元不一定比 5 年間每年付 100 萬元有利，儘管利息有抵稅作用，但租金支出也有抵稅效果，故到底採用何種方式比較有利，應通過財務分析才能確定。

請問在本案例中，作為企業財務分析人員，應如何對投資項目進行決策？項目投資用什麼指標進行評價？哪些因素又會影響到項目投資決策？

【學習目標】

1. 正確理解並掌握項目投資決策的相關理論。
2. 掌握現金流量的內容和淨現金流量的計算、投資評價指標及其運用。
3. 瞭解投資分析的風險調整貼現法和風險調整現金流量法。
4. 熟悉固定資產更新的決策和所得稅與折舊對項目投資的影響。

第一節 項目投資概述

一、項目投資的含義和特點

投資通常是指投入財力以期在未來一段時間內或相當長一段時期內獲得收益的行爲。廣義投資的概念涉及範圍相當廣泛,既包括長期投資,也包括短期投資;既包括生產性投資,也包括金融性投資;既包括固定資產投資,也包括無形資產投資。本章所要研究的投資主要是指生產性固定資產投資,即通常所說的項目投資。

項目投資是以一種特定項目爲對象,直接與新建項目或更新改造項目有關的長期投資行爲。從性質上看,它是指企業作爲投資主體,圍繞着其生產經營中所需要固定資產等數量的增加與質量的改善而進行的投資。與股票、債券投資不同,項目投資支出通常被納入資本預算決策程序,其目的是獲得能夠增加未來現金流量的長期資產,以下爲其主要特點:

(一) 投資金額大

項目投資,特別是戰略性的擴大生產能力投資一般都需要較多的資金,其投資額往往需要消耗投資人多年的資金積累,在企業總資產中占有相當大的比重。因此,項目投資對企業未來的現金流量和財務狀況都將產生深遠的影響。

(二) 影響時間長

項目投資發揮作用的時間較長,項目投入運營後對企業未來的現金流量和長期生產經營活動將產生重大影響。

(三) 投資風險大

項目投資一旦形成,就會在一個較長的時間內固化爲一定的物質形態,具有投資剛性,即無法在的短期內做出更改,且面臨較大的市場不確定性和其他風險,決策失誤將造成不可能挽回的損失。因此,在投資之前採用一定的技術和方法進行風險決策顯得尤爲重要。

(四) 不可逆性強

項目投資一般不會在一年或一個營業週期內變現,而且即使在短期內變現,其變現能力也較差。因爲項目投資一旦完成,要想改變是相對困難的,不是無法實現,就是代價太大。

從以上特點可以看出,企業各個投資項目的平均獲利能力往往決定了整個企業的獲利能力,相應地,項目投資失誤可能使企業陷入困境,甚至置企業於死地。所以,在投資決策上管理者必須建立必要的投資決策程序,採用各種專門方法進行投資決策,以便提高投資效率。

二、項目投資程序

(一) 確定投資目標

確定投資的目標就是要達到的預定投資目的,因此,確定投資目標是投資決策的前提。投資目標是根據企業的長遠發展戰略、中長期投資計劃和投資環境的變化,在把握良好投資機會的情況下提出的。它可以由企業管理當局或企業高級管理人員提出,也可以由企業各級管理部門的相關部門領導提出,在此階段決定投資方向、投資規模、投資結構以及未來投資成本效益的評估標準，爲投資決策奠定良好的基礎。

(二) 擬定投資可行方案

項目投資前必須進行可行性分析，從技術、經濟、財務等方面進行全面的、系統的綜合研究。同時從法律、環境保護、公衆安全以及對國民經濟的影響等方面做出科學的論證與評價，爲投資項目的決策提供可靠的依據和建設，根據確定的目標分析結果，擬訂多個具有可行性的備選方案。

(三) 進行項目評價

進行項目評價需要確定的變量有項目壽命期的估計、項目預期產生的現金流入和現金流出，以及用來計算項目現金流量的現值所需要的恰當的折現率。然後運用各種投資評價指標，把各項投資按可行程度進行排列，寫出詳細的評價報告。

(四) 進行投資決策分析

投資項目評價後，應按分權管理的決策權限由企業高層管理人員或相關部門經理做最後決策。投資額小的戰術性項目投資，一般由部門經理做出，特別重大的項目投資需要報董事會或股東大會批準。不管由誰最後決策，其結論一般都可以分成以下幾種：一是接受這個投資項目，可以進行投資；二是拒絕這個項目，不能進行投資；三是返還給項目提出的部門，重新論證後，再進行處理。

(五) 進行項目執行與控制

在這一過程中，企業管理人員應建立一套預算執行情況的跟蹤系統，及時、準確地反應預算執行中的各種信息，將實際指標與預算指標進行對比，以便找出差異，分析原因，並將分析結論及時反饋給各有關部門或單位，以便調整偏離項目預算的差異，實現既定的目標。

(六) 反饋調整決策方案

在投資項目的執行過程中，管理人員應根據環境和需要的不斷變化，對原先的決策方案，根據變化了的情況和生產實踐的反饋信息，做出相應的改變或調整，從而使決策更科學、更合理。

第二節　現金流量估算

現金流量是指在投資決策中，一個項目引起的企業現金支出和現金收入增加的數量。應提請註意的是：本章使用的"現金"是指廣義的現金。它不僅包括各種貨幣資金，而且還包括項目需要投入，企業擁有的一切資源的變現價值（或稱重置成本）。例如，一個投資項目需要使用原有的廠房、設備和材料等，此時進行投資決策的現金流量應該是指它們的變現價值，而不是它們的帳面價值。

一、現金流量的構成

現金流量包括現金流出量、現金流入量和現金淨流量三個具體概念。

(一) 現金流出量

現金流出量（在項目開始時也稱初始現金流出量或原始投資額），是指投資方案引起的企業現金支出的增加額，由以下三部分組成：
(1) 固定資產投資，包括固定資產的購入或建造成本、運輸成本和安裝成本等。
(2) 流動資產投資，包括對材料、產品、產成品和現金等流動資產的投資。
(3) 其他投資費用，指長期投資有關的職工培訓費、談判費、註冊費用等。

(二) 現金流入量

現金流入量，是指投資方案所引起的企業現金收入的增加量。其一般由以下兩個部分組成：

1. 營業現金流入量

營業現金流入量是營業收入扣除付現成本後的餘額。其計算公式如下：

營業現金流入量＝營業收入－付現成本　　　　　　　　　　　　　　　（式7-1）

其中，付現成本是指需要企業每年支付現金的營業成本。在營業成本中不需要每年支付現金的主要是折舊費，所以付現成本可以用營業成本減折舊來計算。

其計算公式如下：

付現成本＝營業成本－折舊　　　　　　　　　　　　　　　　　　　　（式7-2）

如果從每年現金流動的結果來看，增加的現金流入來自兩部分：一部分是利潤造成的貨幣增值，另一部分是以貨幣形式收回的折舊。所以營業現金流入的計算公式如下：

營業現金流入量＝營業收入－付現成本
　　　　　　　＝營業收入－（營業成本－折舊）
　　　　　　　＝利潤＋折舊　　　　　　　　　　　　　　　　　　　　（式7-3）

其中，利潤指的是稅前利潤，若考慮所得稅的影響，可得出年淨營業現金流入量（營業現金流入量）的計算公式：

年淨營業現金流入量＝年營業收入－付現現金－所得稅＝淨利＋折舊　　（式7-4）

2. 終結現金流入量

終結現金流入量是指投資項目完結時所發生的現金流量，主要包括兩部分：
(1) 殘值收入。項目結束時設備殘值的變現收入。
(2) 收回墊支的流動現金。它是指項目投資初期墊支在材料、輔助材料、半成品等上的資金，在項目結束時全額收回。

(三) 現金淨流量

現金淨流量，是指一定期間現金流入量和現金流出量的差額。其計算公式如下：

現金淨流量＝現金流入量－現金流出量　　　　　　　　　　　　　　　（式7-5）

這裡所說的"一定期間"，可以指一年，也可以指投資項目持續的整個期間。在上述公式中，若流入量大於流出量，則淨流量為正值；若流入量小於流出量，則淨流量為負值。

投資項目在建設期和生產經營期內某一年現金淨流量的計算公式如下：

某年現金淨流量＝利潤＋折舊－固定資產投資－流動現金支出

投資項目最後一年現金淨流量的計算公式如下：　　　　　　　　　　　（式7-6）

最後一年現金淨流量＝利潤＋折舊＋殘值收入＋收回的流動資金　　　　（式7-7）

二、在項目投資決策中採用現金流量的原因

項目投資決策的重要環節之一就是預測投資項目的現金流量，全面、準確地預測投資項目預期現金流量是投資項目財務可行性評價的基礎。項目投資決策中採用現金流量進行分析的主要原因體現在以下幾個方面：

(一) 採用現金流量體現了資金的時間價值觀念

採用現金流量而不是會計利潤來衡量投資項目的價值，是因為會計利潤是按權責發生制核算的。它與現金流量的含義完全不同，利潤並不考慮資金的收付時間，而科學的投資決策必須認真考慮資金的時間價值。也就是在投資決策時，應根據投資項目壽命週期內各年的現金流量，按照資本成本，結合時間價值來確定項目評估的各項指標，進而對投資項目方案進行評估。

(二) 採用現金流量對投資項目進行評估更符合客觀實際

由於受到折舊方法、存貨計價、費用的攤銷和成本計算等人為因素的影響，即使針對同一個項目計提折舊，固定資產折舊方法的不同，每期計提的折舊額也會不同，這從而導致按權責發生制計算的項目各年利潤的分布存在很大的差異，而在考慮時間價值的情況下，早期的收益與晚期的收益有明顯的區別。由於現金流量的分布不受上述因素的影響，因此採用現金流量指標可以保證項目決策和評估的客觀性。

(三) 採用現金流量指標取代利潤指標作為評價項目淨收益的指標

如果不考慮資金的時間價值，在整個投資項目運營的年限內，利潤總計與現金淨流量總計是相等的。因此，現金淨流量完全可以取代利潤作為評價淨收益的指標。

三、確定相關現金流量

相關現金流量是指由某投資項目引起的現金流量，即所計算的現金流量都與本項目決策有關。投資項目實施後，企業的現金流量並不都是相關現金流量。確定投資項目的相關現金流量應遵循的基本原則是：只有增量現金流量才是項目的相關現金流量。所謂增量現金流量，是指接受或拒絕某個投資方案後，企業總現金流量因此而發生變動。只有那些由於採納某個項目引起的現金流入增加額，才是該項目的現金流入；只有那些由於採納某個項目引起的現金支出增加額，才是該項目的現金流出。在確定相關現金流量時應註意以下問題：

(一) 沉沒成本不是相關現金流量

沉沒成本是指已經發生的、在投資決策中無法改變的成本。例如，某公司決定生產新產品，在此之前花費2萬元進行市場調查，這筆開支是企業的一項現金流出，但由於該市場調查在投資決策時已經實施，不管決策結果是否生產新產品，已經發生的市場調查費用已經無法改變，所以在投資決策時不予考慮。

(二) 必須考慮機會成本

在投資方案確定的過程中，如果選擇一個方案，必然要放棄其他方案。其他投資方案可能產生的收益是實行本方案的一種代價，被稱為這項投資方案的機會成本。例如，企業慾生產一種新產品，可使用A、B兩條生產線，在考慮選擇A生產線進行生產時，使用B生產線生產新產品產生的收益就是A方案的機會成本。

(三) 考慮對淨營運資金的影響

當企業投資某項新業務後，由於銷售額擴大，其對存貨、應收帳款等流動資金的需要量也會隨之增加，企業必須籌措新的資金以滿足這種需要；同時，企業擴充也會導致應付帳款和應付費用的增加，從而減少企業流動資金的實際需要。淨營運資金增加額等於增加的流動資產與增加的流動負債的差額。當投資項目的壽命週期要結束時，公司與項目有關的存貨出售，應收帳款變爲現金，應付帳款和應付費用也隨之償付，淨營運資金恢復到初始投資時的水平。如果貨幣不具有時間價值，這些現金流量將相互抵銷，但是由於貨幣的確存在時間價值，因此必須將其納入分析之中。

(四) 籌資成本不作爲現金流出處理

如果投資項目所需資金來源是債務資金，爲該債務所支付的籌資費用及債務的償還不作爲現金流出量，原因有二：一是視同自有資金處理，這就是全投資假設，即假設全部投資資金均爲企業的自有資金；二是在計算淨現值、現值指數與內含報酬率時使用的貼現率，其實質就是資金的成本，折現時不能再次扣除。

四、現金流量的計算

爲了正確地評價投資項目的優劣，我們應正確地計算現金流量。現舉例說明如下：

【例7-1】A企業計劃進行一項目投資，A、B兩個互斥的備選方案的有關資料爲：(1) A方案固定資產投資需100萬元，流動資金50萬元，建設期爲0，運營期5年，到期淨殘值收入5萬元，預計投產後營業收入爲90萬元/年，每年不含財務費用的總成本爲60萬元。(2) B方案在建設期初需固定資產投資120萬元，建設期2年，資本化利息共10萬元，建設期結束時流動資金投資80萬元，項目運營期5年，固定資產淨殘值收入8萬元。投產後每年營業收入170萬元，年經營成本80萬元，每年還利息5萬元。不考慮所得稅，固定資產按直線法計提折舊，企業的預期收益率爲10%。要求：計算兩個方案各年的淨現金流量。

A方案：

折舊 (100-5) /5=19 (萬元)

$NCF_0 = -150$ (萬元)

NCF_1-4= (90-60) +19=49 (萬元)

$NCF_5 = 49+55 = 104$ (萬元)

B方案：

$NCF_0 = -120$ (萬元)

$NCF_1 = 0$ (萬元)

$NCF_2 = -80$ (萬元)

NCF_3-6=170-80=90 (萬元)

$NCF_7 = 90+80+8 = 178$ (萬元)

第三節 項目投資評價方法

項目投資方案的決策一般是通過一些經濟評價方法來判斷的。評價長期投資方案的方法有兩類：一類是貼現方法，即考慮了時間價值因素的方法，主要包括淨現值法、現值指數法和內含報酬率法；另一類是非貼現方法，即沒有考慮時間價值因素的方法，主要包括投資回收期法、平均報酬率法和會計收益率法。

一、貼現的分析評價方法

貼現的分析評價方法是指考慮時間價值的分析方法，也被稱爲貼現現金流量分析技術，主要包括以下三種方法：

(一) 淨現值法

淨現值（Net Present Value，NPV）是指特定方案未來現金流入量的現值與未來現金流出量現值之間的差額。或者說它是指投資方案實施後，未來能獲得的各種報酬按資金成本或必要報酬率折算的總現值與歷次投資額按資金成本按必要報酬率折算的總現值的差額，通常用 NPV 表示，其計算公式如下：

$$NPV = \frac{NCF_1}{(1+k)^1} + \frac{NCF_2}{(1+k)^2} + \cdots + \frac{NCF_n}{(1+k)^n} - C$$

$$= \sum_{t=1}^{n} \frac{NCF_t}{(1+k)^t} - C \qquad (\text{式 7-8})$$

式中：NPV——淨現值；
NCF_t——第 t 年的淨現金流量；
k——貼現率（資金成本或企業要求的必要報酬率）；
n——預計使用年限；
C——初始投資額或投資額總現值。

淨現值可表達爲

淨現值 = 未來報酬的總現值 - 投資總現值

= 現金流入總現值 - 現金流出總現值 (式 7-9)

按照淨現值法，所有的未來現金流入和現金流出都要按預定貼現率折算爲現值，然後再計算它們的差額。

如果淨現值爲正數，即貼現後的現金流入大於流出，說明該項目的投資報酬率大於預定的貼現率，亦即該投資方案的實際報酬率大於資金成本或必要報酬率，投資於該方案是有利可圖的；如果淨現值爲零，即貼現後現金流入等於現金流出，說明該項目的投資報酬率相當於貼現率，亦即該投資方案的實際報酬等於資金成本或必要報酬率，投資於該方案是保本的，企業償付借款本息後將一無所獲；如果淨現值爲負數，即貼現後現金流入小於現金流出，說明該項目的投資報酬率小於貼現率，亦即該投資方案的實際報酬率小於資金成本或必要報酬率，投資於該方案不但連成本都收不回來，還要虧損。

淨現值法的決策規劃有兩個：一是在只有一個備選方案時，淨現值爲正值的可採納，否則放棄；二是在多個備選方案時，取淨現值爲正值中淨現值最大的方案。

【例 7-2】某企業現有兩項投資機會，資金成本率爲 10%，有關數據如表 7-1 所示。

表 7-1 　　　　　　　　淨現值計算資料表　　　　　　　　單位：萬元

期間	A 方案 淨收益	A 方案 淨現金流量	B 方案 淨收益	B 方案 淨現金流量
0		-18 000		-24 000
1	-3 600	2 400	1 200	9 200
2	6 000	12 000	1 200	9 200
3	6 000	12 000	1 200	9 200
合計	8 400	8 400	3 600	3 600

A、B 兩個方案的淨現值計算如下：

$$NPV(A) = 2\,400 \times PVIF_{10\%,\,1} + 12\,000 \times PVIF_{10\%,\,2} + 12\,000 \times PVIF_{10\%,\,3} - 18\,000$$
$$= 2\,400 \times 0.909 + 12\,000 \times 0.826 + 12\,000 \times 0.751 - 18\,000$$
$$= 21\,106 - 18\,000$$
$$= 310.6 \text{（萬元）}$$
$$NPV(B) = 9\,200 \times PVIF_{10\%,\,3} - 24\,000$$
$$= 9\,200 \times 2.487 - 24\,000$$
$$= 22\,880 - 24\,000$$
$$= -1\,120 \text{（萬元）}$$

以上計算結果表明：A 方案的淨現值大於零，說明 A 方案的報酬率超過10%。若該企業的資本成本或要求的投資報酬率爲10%，說明 A 方案是有利的，可以採納；而 B 方案的淨現值爲負數，說明該方案的報酬率達不到10%，因而應該放棄。

淨現值法的主要優點是理論較完善，有廣泛的適用性。該方法考慮了資金的時間價值，能夠反應各種投資方案的淨收益，其實際反應的是投資方案貼現後的淨收益，因而是一種較好的、適用性較強的方法。在互斥項目的選擇中，利用淨現值法進行決策是最好的選擇。

淨現值法的主要缺點有三個：一是不能揭示實際報酬率。它能說明評估方案的實際報酬率與貼現率之間的大小關係，但是不能說明該方案的實質報酬率是多少。二是貼現率不好確定。實際上淨現值法應用的關鍵是如何確定貼現率，有兩種確定方法：一種是根據企業資金成本來確定，另一種是根據企業要求的最低資金利潤率來確定。三是在投資規模不等的項目投資決策時，不能做出判斷。

(二) 貼現指數法

現值指數（Present Value Index，PI）又稱獲利指數、利潤指數及貼現的收益率。概括地說，現值指數是指未來現金流入現值與現金流出現值之比；具體地說，它是指投資項目未來報酬的總現值與全部投資額的總現值之比，用 PI 表示。其計算公式如下：

$$PI = \frac{\left[\dfrac{NCF_1}{(1+i)^1} + \dfrac{NVF_2}{(1+i)^2} + \cdots + \dfrac{NCF_n}{(1+i)^n}\right]}{C}$$
$$= \sum_{t=1}^{n} \frac{NCF_t}{(1+i)^t} / C \tag{式 7-10}$$

即

$$\text{現值指數} = \frac{\text{未來報酬的總現值}}{\text{全部投資的總現值}} \tag{式 7-11}$$

或

$$\text{現值指數} = \frac{\text{現金流入總現值}}{\text{現金流出總現值}} \tag{式 7-12}$$

現值指數說明了每1元現值投資額可獲得多少現值報酬，或者說，現值指數的實際是每1元原始投資可望獲得的現值淨收益。它是一個相對數，反應投資的效率。而淨現值是一個絕對數，反應的是投資效益，所以現值指數更適合於投資規模不同的方案之間的比較。

現值指數的決策規則：一是在只有一個備選方案時，選現值指數大於1的，否則，放棄；二是在有多個備選方案時，取現值指數大於1且該指數最大的那個方案。

仍以例 7-2 的資料爲例，A 和 B 兩個方案的現值指數計算如下：

$$PI(A) = \frac{2\,400 \times PVIF_{10\%,\,1} + 12\,000 \times PVIF_{10\%,\,2} + 12\,000 \times PVIF_{10\%,\,3}}{18\,000}$$

$$= \frac{21\ 106}{18\ 000} = 1.17$$

$$PI(B) = \frac{9\ 200 \times PVIFA_{10\%,5}}{24\ 000} = 0.95$$

以上計算結果可以看出，A 方案的現值指數大於 1，其投資收益超過成本，即投資報酬率超過預計的貼現率，換句話講，A 方案每 1 元原始投資額可帶來 1.17 元的淨收益，所以 A 方案可行；B 方案的現值指數小於 1，其報酬率沒有達到預定的貼現率，報酬額小於成本，所以 B 方案不應被採納。

現值指數法的優點：一是真實地反應了投資項目的盈虧程度，由於現值指數法考慮了資金的時間價值因素，所以能真實地反應投資項目的盈虧程度；二是便於獨立方案的比較，由於現值指數是用相對數來表示投資效益的，所以，可以在初始額不同或全部投資額不同的方案之間進行比較、優選。

現值指數法的缺點：一是現值指數的概念不好理解，二是其未能揭示投資方案本身具有的真實報酬率。

現值指數法和淨現值法都考慮了資金的時間價值，但兩者反應的內容不同。淨現值是絕對數，反應投資的效益；現值指數是相對數，反應投資的效率。在決策中，這兩種方法可以結合使用。

(三) 內含報酬率法

內含報酬率（internal rate of reture，IRR）又稱內部收益率。概括地說，是指能夠使未來現金流入量的現值等於現金流出量現值的貼現率；具體地說，是指使投資項目的淨現值等於零時的貼現率。用 IRR 來表示，其計算公式為：

$$\frac{NCF_1}{(1+r)^1} + \frac{NCF_2}{(1+r)^2} + \cdots + \frac{NCF_n}{(1+r)^n} - C = 0$$

即

$$\sum_{i=1}^{n} \frac{NCF_i}{(1+r)^i} - C = 0 \tag{式 7-13}$$

未來報酬總現值－全部投資總現值＝0 (式 7-14)

能使上述等式成立的"r"，就是該方案的內含報酬率。前面研究的淨現值法和現值指數法雖然考慮了時間價值，它們可以說明投資方案高於或低於某一特定的投資報酬率，但是它們都沒有揭示方案本身可以達到的具體的報酬率是多少，而內含報酬率是根據方案的現金流量計算得出的，是方案本身的投資報酬率。因此，內含報酬率實際反應了投資項目的真實報酬率，這使得決策根據該項指標的大小，即可對投資項目進行評價。

決策規則：一是在只有一個備選方案時，取大於或等於必要報酬率的方案，否則，放棄；二是在有多個備選方案時，從大於或等於必要報酬率的方案中取內含報酬率最大的方案。

計算方法分為兩種：

1. 第一種方法

若淨現金流呈等額均勻分布，可直接按年金求現值的方法計算。其計算公式如下：

投資額總現值 ＝ 每年淨現金流量 × $PVIFA_{i,n}$

則

$$年金現值系數 = \frac{投資額總現值}{年淨現金流量} \tag{式 7-15}$$

仍以例 7-2 的資料為例，B 方案的內含報酬率計算如下：

$$24\ 000 = 9\ 200 \times PVIFA_{i,3}$$

$$PVIFA_{i,3} = \frac{24\ 000}{9\ 200} = 2.609$$

查"年金現值係數表"，$n=3$ 時，係數 2.609 所指的利率為 i，結果與 2.609 接近的現值係數為 2.624 和 2.577，分別指向 7% 和 8%，說明該方案的內含報酬率在 7% 和 8% 之間，可用內插法進一步確定 B 方案的內含報酬率。

$$\left.\begin{array}{l} 7\% \\ X \\ 8\% \end{array}\right\} X - 7\%\Big\} 8\% - 7\%$$

$$\left.\begin{array}{l} 2.624 \\ 2.609 \\ 2.577 \end{array}\right\} 2.609 - 2.624 \Big\} 2.577 - 2.624$$

所以 $\dfrac{X - 7\%}{8\% - 7\%} = \dfrac{2.609 - 2.624}{2.577 - 2.624}$

$$X = 7\% + 1\% \times \left(\frac{-0.015}{-0.047}\right)$$

$$= 7\% + 0.32\%$$

$$= 7.32\%$$

以上計算結果表明 B 方案的內含報酬率只有 7.32%，小於貼現率（10%），所以該方案是虧損的，應該放棄。

2. 第二種方法

若現金流量呈不均勻分布，需採用"逐步測試法"計算，步驟如下：

第一步，估計一個貼現率，用它來計算淨現值。若淨現值為正數，說明方案本身的報酬率超過估計的貼現率，應提高貼現率後再測試；若淨現值為負數，說明方案本身的報酬率低於估計的貼現率，應降低貼現率後進一步測試。

第二步，經過反覆測算，找到由負到正兩個比較接近於零的淨現值，從而確定內含報酬率的區間範圍（兩個相鄰的貼現率）。

第三步，用插值法求其精確值，從而計算出方案的實際內含報酬率。

仍以例 7-2 的資料為例，根據前面的計算得知，A 方案的淨現值為正數，說明它的投資報酬率大於 10%，應提高貼現率進一步測試。若以 18% 為貼現率測試，其結果淨現值為負數（-44），應降到 16% 再測試，結果淨現值為正值（676），可以判定 A 方案的內含報酬率在 16% 和 18% 之間，測試過程見表 7-2。

表 7-2　　　　　　　　　　A 方案內含報酬率測試表　　　　　　　　單位（萬元）

年份	淨現金流量	貼現率 18% 貼現係數	貼現率 18% 現值	貼現率 16% 貼現係數	貼現率 16% 現值
0	-18 000	1	-18 000	1	-18 000
1	2 400	0.847	2 032	0.862	2 068
2	12 000	0.718	8 616	0.743	8 916
3	12 000	0.609	7 308	0.641	7 692
淨現值			-44		676

用插值法來求 A 方案內含報酬率的精確值，如下：

$$內含報酬率(A) = 16\% + 2\% \times \frac{676}{44 + 676} = 17.88\%$$

計算結果表明，A 方案的內含報酬率為 17.88%，大於貼現率 10%，投資於該方案是有利可圖的，可淨得 7.88% 的報酬率，所以 A 方案可以採納。

內含報酬率法的優點是它考慮了時間價值，反應了投資項目的真實報酬率，有實用價值；缺點是計算過於複雜，不易掌握。尤其是每年淨現金流量不相等的投資項目，一般要經過多次測算才能確定。

二、非貼現的分析評價方法

非貼現的分析評價方法，是指不考慮時間價值，把不同時間的貨幣收支都看成是等效的。目前，在企業投資決策中該類方法只起輔助作用。該類方法主要有投資回收期法、平均報酬率法和會計收益率法。

（一）投資回收期法

投資回收期，是指回收初始投資所需的時間，一般以年為單位。這是一種使用很廣泛、時間很長久的投資決策方法，計算結果表示收回投資所需要的年限，回收年限越短，方案越有利。其計算方法分為兩種情況：

1. 第一種情況

當投資額期初一次支出，每年淨現金流量相等時，計算公式如下：

$$投資回收期 = \frac{原始投資}{年淨現金流量} \tag{式7-16}$$

B 方案就屬於這種情況。

$$回收期(B) = \frac{24\,000}{92\,000} = 2.61(年)$$

2. 第二種情況

當投資額分幾年投入，每年淨現金流量不相等時，其計算公式如下：

$$投資回收期 = (n-1)期 + \frac{第(n-1)年末回收額}{第n年現金流入量} \tag{式7-17}$$

A 方案就屬於這種情況。

$$回收期(A) = (3-1) + \frac{18\,000 - 2\,400 - 12\,000}{12\,000} = 2.3(年)$$

兩個方案的回收期相比，A 方案短，所以應選 A 方案。

投資回收期法的優點是計算簡便、容易為決策人理解和使用，受投資者歡迎，而且該指標可以從一定程度上反應企業投資方案的風險；缺點是沒有考慮資金的時間價值，也沒有考慮回收期以後的收益。因此，回收期法是傳統財務管理中，進行投資決策經常使用的方法，但是在現代財務管理中，它只能作為一種輔助方法來使用。

（二）平均報酬率法

平均報酬率法，是指投資項目壽命週期內平均的年投資報酬表。其計算公式如下：

$$平均報酬率 = \frac{平均現金流量}{初始投資額} \times 100\% \tag{式7-18}$$

仍以例 7-2 資料爲例，A、B 兩個項目的平均報酬率計算如下：

$$平均報酬率(A) = \frac{(2\,400 + 12\,000 + 12\,000) \div 3}{18\,000} \times 100\% = 48.89\%$$

$$平均報酬率(B) = \frac{9\,200}{24\,000} \times 100\% = 38.33\%$$

在採用平均報酬率法進行決策時，企業應事先確定一個要求達到的平均報酬率，在只有一個備選方案時，只有高於這平均報酬率的項目才能入選，而在有多個備選方案時，應選用平均報酬率最高的方案。計算公式的分母也可使用平均投資額，如此計算的結果可能會高一些，但是不會改變方案的優先次序。

平均報酬率法的優點是簡明、易算和易懂；缺點是沒有考慮資金的時間價值。若將不同時點上的現金流量看成是等值的，那麼在期限較長、後期收益率較高的項目投資決策時，有時會得出錯誤的結論。

(三) 會計收益率法

會計收益率，是指企業淨利潤（淨收益）與投資額的比率。因爲這種方法在計算時要使用會計報表數字，以及會計中的收益和成本的概念，所以其稱作會計收益率法。其計算公式如下：

$$平均收益率 = \frac{年平均淨收益}{原始投資額} \times 100\% \tag{式 7-19}$$

仍以例 7-2 資料爲例，A、B 兩個項目的會計收益率計算如下：

$$會計收益率(A) = \frac{(-3\,600 + 6\,000 + 6\,000) \div 3}{18\,000} \times 100\% = 15.60\%$$

$$會計收益率(B) = \frac{1\,200}{24\,000} \times 100\% = 5\%$$

會計收益率法的優點是決策所需資料直接來自核算數據，容易取得，計算方法簡單明了；缺點是沒有考慮資金時間價值的因素。

三、項目投資決策評價方法的運用

(一) 使用年限相同的固定資產更新決策

隨著科學技術的發展，固定資產更新的週期越來越短，企業經常會面臨是否重購機器設備的決策問題。在實際工作中，企業做出這個決策要考慮許多方面的影響因素，其中最重要的是算清經濟帳，即更新固定資產是否合算。這就要求更新的結果必須符合經濟原則，要有經濟效益。決策的具體方法爲差量分析法。

差量分析法，就是通過計算一個方案與另一個方案增減的現金流量差額，來判斷方案是否可行。用"△"表示增減額，即差量。

【例 7-3】甲公司現有一臺舊設備，尚能繼續使用 4 年，預計 4 年後淨殘值爲 3 000 元，目前出售可獲得現金 30 000 元。使用該設備每年可獲得收入 600 000 元，經營成本 400 000 元。市場上有一種同類新型設備，價值 100 000 元，預計 4 年後淨殘值爲 6 000 元。使用新設備將使每年經營成本減少 30 000 元。企業適用所得稅稅率爲 33%，基準折現率爲 19%。（按直線法計提折舊）要求：

(1) 確定新、舊設備的原始投資及其差額；

(2) 計算新、舊設備的年折舊額及其差額；

(3) 計算新、舊設備的年淨利潤及其差額；
(4) 計算新、舊設備淨殘值的差額；
(5) 計算新、舊設備的年淨現金流量 NCF；
(6) 對該企業是否更新設備做出決策。

下面從新設備的角度來計算兩個方案的差額現金流量：

(1) 新設備原始投資額＝100,000（元）

舊設備原始投資額＝ 30,000（元）

兩者差額＝100,000－30,000＝70,000（元）

(2) 新設備折舊額＝（100,000－6 000）/4＝23,500（元）

舊設備折舊額額＝（30,000－3,000）/4＝6,750（元）

兩者差額＝ 16,750（元）

(3) 新設備利潤額＝138,355（元）

舊設備利潤額額＝129,477.5（元）

兩者差額＝8,877.5（元）

(4) 新舊設備的殘值差額＝6,000－3,000＝3,000（元）

(5) 新設備 NCF_0＝－10,000（元） NCF_{1-3}＝161,855（元） NCF_4＝167,855（元）舊設備 NCF_0＝－30,000（元） NCF_{1-3}＝136,227.5（元） NCF_4＝139,227.5（元）差額 $\triangle NCF_0$＝－70,000（元） $\triangle NCF_{1-3}$＝25,627.5（元） $\triangle NCF_4$＝28,627.5（元）(6) 測試 irr＝18%時，NVP＝487.93

irr＝20%時，NVP＝－2,208.63

用插值法算得 irr＝18%＋487.93/(487.93＋2 208.63)＝18.36%<19%
所以使用舊設備。

(二) 使用年限不同的固定資產更新決策

前例所研究的固定資產投資方案的選擇都是假定在各投資項目的壽命期相等的前提下的。但實務中，投資項目不同，壽命期也不相同。由於項目的壽命期不同，投資者就不能簡單地運用淨現值、內部報酬率和獲利指數進行投資項目間的比較分析。否則，可能得出錯誤的結論。現舉例如下：

【例7-4】ABC 企業計劃更新生產線，現有兩個方案可供選擇。甲方案初始投資額爲200萬元，每年產生95萬元的淨現金流量，項目的使用壽命爲4年，4年後必須更新並且期滿無殘值；乙方案的初始投資額爲340萬元，每年可產生100萬元的淨現金流量，項目的壽命期爲8年，8年後必須更新並且期滿無殘值。企業的資本成本爲15%，應選擇哪個投資項目？

兩個項目的淨現值計算如下：

NPV 甲＝NCF 甲×$PVIFA$（K，N）－C＝95×$PVIFA$（15%，4）－200

＝95×2.855－200＝71.23（萬元）

NPV 乙＝NCF 乙×$PVIFA$（K，N）－C＝100×$PVIFA$（15%，8）－340

＝100×40 487－340＝108.7（萬元）

項目的淨現值表明乙項目優於甲項目，應選擇乙項目進行投資。但是這種分析並不全面，因爲這種分析沒有考慮到兩個方案的壽命期不同。如果選擇乙項目，需要歷經8年才能得到108.70萬元的收益，而甲方案歷經4年就可以得到71.23萬元的收益，第4年年末還有其他投資機會可供選擇。由此，兩種專門用於比較壽命期不等的投資方案優劣的分析方法產生了——最小公倍壽命法和年資本回收額法。

1. 最小公倍壽命法

最小公倍壽命法就是通過對投資項目的壽命週期進行延展，以使兩投資項目的壽命週期相一致的方法。延展的原則是假定在後續的延展依舊重複原投資項目，並且在延展期內項目的各年現金流動與首次投資完全一致。仍以 ABC 企業的投資方案爲例，甲、乙兩投資項目的最小公倍壽命期爲 8 年。由於乙項目的淨現值原來就是按 8 年計算的，所以不必再做調整。但是甲項目的淨現值是按 4 年計算的，要將其壽命期延展至 8 年，按最小公倍法的延展原則假定從第 4 年年末開始重新再次投資。具體分析過程見表 7-3。

表 7-3　　　　　　　　　　甲投資項目的現金流量表　　　　　　　　單位：萬元

項目	0	1	2	3	4	5	6	7	8
首次投資的現金流量	-200	95	95	95	95				
再次投資的現金流量					-200	95	95	95	95
兩次投資合並的現金流量	-200	95	95	95	-105	95	95	95	95

該項目 8 年的淨現值爲：

NPV 甲 = 首次投資的淨現值 + 再次投資（第四年年末）的淨現值 × $PVIF$（15%，4）

= 71.23 + 71.23 × 0.572 = 111.97（萬元）

經過上述分析，兩個項目的淨現值可以進行比較。由於甲項目的淨現值爲 111.97 萬元，乙項目的淨現值爲 108.70 萬元，因此應選擇甲項目。

2. 年資本回收額法

年資本回收額法是把項目的淨現值轉化爲項目每年的平均淨現值，也稱爲年均淨現值。其計算公式爲：

$$ANPV = \frac{NPV}{PVIFA_{k,n}} \qquad (式7-20)$$

式中：$ANPV$——年資本回收額；

NPV——淨現值；

$PVIFA_{k,n}$——年金現值系數。

仍以 ABC 企業甲、乙兩投資方案爲例，甲、乙兩方案的年資本回收額分別爲：

$ANPV$ 甲 = 71.23 ÷ $PVIF$（15%，4）= 71.23 ÷ 2.855

= 24.95（萬元）

$ANPV$ 乙 = 108.70 ÷ $PVIF$（15%，8）= 108.70 ÷ 40 487

= 24.23（萬元）

上述計算表明：甲項目的年資本回收額大於乙項目的年資本回收額，故而應選擇甲項目進行投資。

ABC 企業的甲乙兩個投資項目的最小公倍壽命週期爲 8 年，而其中乙方案的壽命期剛好爲 8 年，所以只需對甲方案進行調整即可。但有時兩個投資方案的最小公倍壽命週期並非其中某一個投資項目的壽命週期。例如，兩投資項目的壽命週期分別爲 3 年和 11 年，那麼最小公倍壽命週期爲 33 年，要對兩個投資項目進行合理的比較分析，就必須對兩個投資項目都進行延展，這樣勢必計算量較大，這是最小公倍壽命期法不可避免的缺點。換句話說，最小公倍壽命週期法一般適用於一投資項目的壽命週期是另一個投資項目壽命週期的倍數時的情形。相對來講，年資本回收額法顯得比較簡單合理。一般情況下，兩種方法會得出相同的結果，但當兩投資項目按最小公倍壽命週期法求得的淨現值相差不大時，運用兩種方法可能會得出相反的結論，如果再投資風險較大收益較低，應以年資本回收額法爲準。

(三) 資本限量決策

企業在進行投資決策時，其投資的數量和規模往往受到兩種情況限制：一種是缺乏技術力量、管理人才、經營能力，這種限制被稱爲軟資源配額，屬於經營管理的範疇；另一種情況是由於資金不足，不可能投資於所有可供選擇的項目，不得不在一定的資金範圍內進行選擇投資，這種限制被稱爲硬資金配額，屬於財務管理研究的問題。

在資金有限量的情況下，公司如何選擇最好的方案，是特殊條件下的決策問題。爲了獲得最大的經濟效益，公司應將有限資金投資於一組最佳的投資組合方案，其選擇標準是淨現值最大和現值指數最大；相應地，其決策方法有兩種：現值指數法和淨現值法。

採用現值指數法的計算步驟：計算各項目的現值指數→選出現值指數≥1 的所有項目→計算加權平均的現值指數→取最大的一組。

採用淨現值法的計算步驟：計算各項目的淨現值→選出淨現值≥0 的所有項目→計算各組合的淨現值總額→取淨現值總額最大的一組。

【例 7-5】某公司只有 400 萬元資金供投資，現有 6 種投資方案可供選擇，資料如表 7-4 所示。

表 7-4　　　　　　　　　　　各方案情況表

方案	A	B	C	D	E	F
投資額/萬元	100	100	400	300	200	200
淨現值/萬元	20	22.5	58.5	42.5	25.4	22.8
現值指數	1.2	1.23	1.15	1.14	131	1.11

計算結果如表 7-5 所示。

表 7-5　　　　　　　　　　　各方案計算情況表

順序	項目組合	初始投資/萬元	加權平均現值指數	淨現值總額/萬元
1	ABE	400	1.173	67.9
2	ABF	400	1.163	65.3
3	BD	400	1.163	65
4	A、D	400	1.155	62.5
5	C	400	1.55	58.5
6	EF	400	1.22	48.2

加權平均現值指數：

$$PI_W = \sum_{i=1}^{n} PI_i x_i \qquad (式7-21)$$

式中：PI_W——加權平均現值指數；

PI_i——某項目的平均現值指數；

x_i——某項目投資額占總投資額的比重。

表中 A、B、E 組合的加權現值指數的計算方法如下：

加權平均現值指數 = $\frac{100}{400} \times 1.2 + \frac{100}{400} \times 1.23 + \frac{200}{400} \times 1.130 = 1.173$

上述計算表明，在上述六種組合中，"A、B、E"的組合方案爲最佳組合，它的現值指數和淨現值總額都是最大的。但是，如果其中 A、B 兩個方案是互斥的，即不相容的，選 A 就不能 B，表 7-4 中的第一和第二組合方案都不能成立，應選第三個組合，即"B、D"組合方案，它的淨現值指數與第二個組合相同。

（四）投資開發時機決策

投資開發時機決策主要研究礦藏開發時機的問題，在礦藏儲量一定的前提條件下，隨著開採量的增加、儲存量的減少，礦產品的價格會呈現一種不斷上升的趨勢。也就是說，早開發的收入少，晚開發的收入多。但是，受資金時間價值的影響，早開發所得的 100 萬元比 10 年後或開發晚的 100 萬元的價值大，究竟應該何時開發最爲有利，就是現在要研究的問題。

投資開發時機決策的基本規則也是尋找使淨現值最大的方案。但是，由於兩個方案的時間（t）不一樣，因而不能把淨現值簡單地相比，而需要把晚開發的淨現值再一次折現，即換算爲早開發的第一期期初時的現值，然後將兩個方案進行比較，取其中淨現值爲正且該值最大的開發方案。

【例 7-6】根據預測得知某礦產品價格 5 年後將上升 40%，不論當前還是 5 年後開發，初始投資額均爲 100 萬元，建設期爲 1 年，從第二年開始投產，5 年可全部採完，擁有該礦產開發權的某公司，慾確定最佳開發時機。現金流量資料如表 7-6 所示，企業資金成本爲 15%。

表 7-6　　　　　　　　　　　現金流量表　　　　　　　　　　單位：萬元

時間（年） 方案	0	1	2-5	6
立即開發	-100	0	90	100
5 年後開發	-100	0	130	140

現在開發的淨現值：

$NPV = 90 \times PVIFA_{15\%, 4} \times PVIF_{15\%, 1} + 100 \times PVIF_{15\%, 6} - 100$

　　　$= 90 \times 2.855 \times 0.870 + 100 \times 0.432 - 100$

　　　$= 166.75$（萬元）

5 年後開發的淨現值：

$NPV = (130 \times PVIFA_{15\%, 4} \times PVIF_{15\%, 1} + 140 \times PVIF_{15\%, 6} - 100) \times PVIF_{15\%, 5}$

　　　$= (130 \times 2.855 \times 0.870 + 140 \times 0.432 - 100) \times 0.497$

　　　$= 140.84$（萬元）

因爲現在開發的淨現值大（166.75 萬元），所以應該立即開發。

（五）投資期決策

從開始投資至投入生產所需要的時間稱爲投資期。縮短投資期可以使項目提前投入運行，早日獲得現金流入量和經濟效益，若從資金時間價值這方面考慮，這樣是合理的。但是，縮短投資期，需要集中施工力量，交叉作業，加班加點，因此往往需要增加投資額，增加項目現金的流出量。因此，究竟是否縮短建設期、建設期縮短多長時間為宜，我們應採用一定的方法進行分析，把這筆經濟帳算清楚，從而決定最佳的投資期。進行投資期決策的方法有兩種：差量分析法和淨現值分析法。

1. 差量分析法

根據縮短投資期與正常投資期相比的△現金流量來計算△淨現值。若△淨現值為正，則說明縮短投資期比較有利；若△淨現值為負，則說明縮短投資期得不償失。即：

△NPV>0→有利→縮短投資期；

△NPV<0→不利→正常投資期。

【例7-7】某公司進行一項投資，正常投資期為4年，慾縮短為2年，公司資金成本15%，正常投資期4年，每年投資100萬元，4年共計400萬元，第5年至第15年每年現金淨流量為150萬元；若縮短為2年，每年需投資220萬元，2年共需投資440萬元；投產後的項目壽命和每年現金淨流量不變，期末無殘值，不用墊支營運資金。要求根據上述資料，分析判斷應否縮短投資期。具體資料如表7-7所示。

表7-7　　　　　　　　　　　　現金流量表　　　　　　　　　　單位：萬元

項目＼時間	0	1	2	3	4	5-13	14	15
（1）縮短投資期的現金流量	-220	-220	0	150	150	150		
（2）正常期的現金流量	-100	-100	-100	-100	0	150	150	150
（3）△現金流量=（1）-（2）	-120	-120	100	250	150	0	-150	-150

縮短投資期的△淨現值計算如下：

$$\Delta NPV = -120 - 120 \times PVIF_{15\%,1} + 100 \times PVIF_{15\%,2} + 250 \times PVIF_{15\%,3}$$
$$+ 150 \times PVIF_{15\%,4} - 150 \times PVIFA_{15\%,2} \times PVIF_{15\%,13}$$
$$= -120 - 120 \times 0.870 + 100 \times 0.765 + 250 \times 0.658$$
$$- 150 \times 0.572 - 150 \times 1.626 \times 0.163$$
$$= 61.74(萬元)$$

計算結果表明：縮短投資期可增加淨現值61.74萬元，所以應該採納縮短投資期的方案。

2. 淨現值分析法

淨現值分析法，先分別計算正常投資期和縮短投資期的淨現值，然後進行比較分析，若縮短投資期與正常投資期淨現值的差額為正，則可採納縮短投資期的方案；否則，應放棄。

以例7-7資料為例，兩個方案的淨現值計算如下：

正常投資期的淨現值為

$$NPV = -100 - 100 \times PVIF_{15\%,3} + 150 \times PVIFA_{15\%,11} \times PVIF_{15\%,4}$$
$$= -100 - 100 \times 2.283 + 150 \times 5.234 \times 0.572$$
$$= 120.78(萬元)$$

縮短投資期的淨現值為

$$NPV = -220 - 220 \times PVIF_{15\%,1} + 150 \times PVIFA_{15\%,11} \times PVIF$$

$$= -220 - 220 \times 0.87 + 150 \times 5.234 \times 0.756$$
$$= 182.1 (萬元)$$

縮短投資期與正常投資期淨現值的差額為

182.10-120.78=61.32 （萬元）

計算結果表明：縮短投資期可增加淨現值 61.32 萬元，所以應該採納縮短投資期的方案。

第四節　項目投資風險調整

前面研究的投資決策，是在現金流確定的條件下進行的，即回避了風險的問題。事實上，風險是市場經濟的一個重要特徵，它貫穿於財務活動的全過程，在財務管理的投資活動中充滿了不確定性，因此，風險是客觀存在的。如果決策面臨的不確定性較小，一般可以忽略不計，把其視為確定情況下（無風險）的決策。如果決策面臨的不確定性較大，足以影響方案的選擇，就應該對它們進行計量，並在決策時加以考慮。風險投資決策的分析方法很多，常用的方法有按風險調整貼現率法和按風險調整現金流量法。

一、投資者的風險偏好分析

在對投資方案進行評價時，投資者不僅要瞭解風險的水平，還需要考慮其對風險的態度。從理論上講，根據投資者對待風險的態度可將投資者分以下三種情況：

（1）風險偏好型投資者

風險偏好型投資者喜好冒風險，當對兩個預期收益相同但風險水平不同的投資項目進行選擇時，他們一般會選擇風險較高的項目。

（2）風險中庸型投資者

風險中庸型投資者對風險持中立的態度。當對兩個預期收益相同當風險水平不同的項目進行選擇時，對風險中庸者而言，選擇哪一個投資方案都一樣的。

（3）風險厭惡投資者

風險厭惡投資者不喜歡風險。當對兩個預期收益相同但風險水平不同的項目進行選擇時，風險厭惡者會選擇風險較低的項目。然而厭惡風險並不意味着投資者躲避風險，不進行風險投資，而是表明投資者對高風險項目要求有高收益作為回報。在實際財務管理活動中，雖然不排除有風險偏好者和風險中庸者，但是事實表明絕大多數投資者都是風險厭惡者。

企業對於項目投資的決策，主要採用兩種方法，一種為風險調整貼現率法，另外一種為風險調整現金流量法。本節以下內容即對該兩種方法進行具體的介紹和分析。

二、風險調整貼現率法

風險調整貼現率法，是指將有關的風險報酬，加入到資本成本或必要報酬率中，構成按風險調整的貼現率，並用以進行投資分析的方法。這種方法的基本思路是對於高風險的項目，採用較高的貼現率法去計算淨現值，然後根據淨現值法的規律來選擇方案。問題的關鍵是如何根據風險的大小確定包括風險因素在內的貼現率，即風險調整貼現率。現介紹以下三種方法：

(一) 利用資本資產定價模型調整貼現率

證券的風險分爲兩部分：可分散風險和不可分散風險。其中不可分散風險的大小取決於 β 係數的大小，通過 β 係數來測量，可分散風險屬於公司特有風險，可以通過合理的證券投資組合來消減，消減的程度取決於相關係數 γ。也就是說，它可以通過企業的多樣化經營來消除。因此，在進行證券投資決策時，值得注意的風險就應該只是不可分散風險。此時，特定投資項目按風險調整的貼現率就可以用資產定價模型來確定。其計算公式如下：

$$k_j = R_F + \beta_j \times (k_m - R_F)$$

式中：k_j——按風險調整的貼現率；

R_F——無風險利息率；

β_j——貝他系數；

k_m——市場平均報酬率.

【例 7-8】若政府債券的利率爲 10%（無風險利率），市場平均報酬率爲 16%（平均貼現率）。當 $\beta=1.5$、$\beta=1$、$\beta=0.5$ 時，求某公司債券按風險調整的貼現率？

當 $\beta=1.5$ 時，說明該債券風險大於市場風險，其風險調整貼現率爲

$k_j = 10\% + 1.5 \times (16\% - 10\%) = 19\%$

當 $\beta=1$ 時，說明該債券風險等於市場風險，其風險調整貼現率爲

$k_j = 10\% + 1 \times (16\% - 10\%) = 16\%$

當 $\beta=0.5$，說明該債券風險小於市場風險，其風險調整貼現率爲

$k_j = 10\% + 0.5 \times (16\% - 10\%) = 13\%$

該方法的核心問題是 β 值不好確定，投資與實際往往會因此而產生偏差。

(二) 按投資項目的風險等級來調整貼現率

該方法是對影響投資項目的各因素進行評分，根據評分來確定風險等級，並根據風險等級來調整貼現率的一種方法，一般通過列表來計算。其計算過程如表 7-8 所示：

表 7-8　　　　　　　　　　　風險等級調整的貼現率表

項目	投資項目的風險狀況得分									
	A		B		C		D		E	
	狀況	得分	狀況	得分	狀況	得分	狀況	得分	狀況	得分
市場競爭戰略上的協調投資回收期資源供應	無	1	較弱	3	一般	5	較強	8	很強	12
	很好	1	較好	3	一般	5	較差	8	很差	12
	1.5 年	4	1 年	1	2.5 年	7	3 年	10	4 年	15
	一般	8	很好	1	較好	5	很差	12	較差	10
總分	—	14	—	8	—	22	—	38	—	49

表7-8(續)

項目	投資項目的風險狀況得分									
	A		B		C		D		E	
	狀況	得分	狀況	得分	狀況	得分	狀況	得分	狀況	得分
總分	風險等級					調整後的貼現率				
0~8	很低					7%				
8~16	較低					9%				
16~24	一般					12%				
24~32	較高					15%				
32~40	很高					17%				
40分以上	最高					25%				

風險等級、貼現率的確定都由人們憑經驗主觀估計來確定，具體的評分也是由有經驗的專家來評定，該方法的最大問題就是受主觀因素影響太大。

(三) 用風險報酬率模型來調整貼現率

風險報酬率的模型如下：

$k_i = R_F + b_i \cdot q$

式中：k_i——必要投資報酬率；

P_F——無風險投資報酬率；

b_i——風險報酬率；

q——投資項目的標準差率（變異系數或變化系數）。

上述公式即風險調整貼現率＝無風險貼現率＋風險報酬系數×風險程度

風險報酬系數 b_i 的高低反應風險投資報酬率的影響程度，b_i 越大，風險變化對投資報酬率的影響越大；b_i 越小，風險變化對投資報酬率的影響越小。其值一般對經驗數據，可根據歷史資料用高低點法或回歸直線求出。而且該值與企業對待風險的態度有關，比較穩健的企業，b_i 值可定得較高；敢於冒風險的企業，b_i 值可定得較低。投資項目的標準差率 q 可根據投資項目現金流量可能的數據及其概率分析計算。

【例7-9】某企業最低報酬率爲10%，有A、B兩個投資方案供選擇，其投資額、稅後現金淨流量（CFAT）及概率（p_i）見表7-9。

表7-9　　A、B方案的現金流量及概率表

方案 年	A方案		B方案	
	CFAT	p_i	CFAT	p_i
0	-10 000	1	-4 000	1
1	6 000	0.25		
	4 000	0.50		
	2 000	0.25		

表7-9(續)

方案 年	A方案 CFAT	p_i	B方案 CFAT	p_i
2	8 000	0.20		
	6 000	0.60		
	4 000	0.20		
3	5 000	0.30	6 000	0.1
	4 000	0.40	8 000	0.8
	3 000	0.30	10 000	0.1

本例中無風險利息（i）為10%，要確定風險調整貼現率（k），需要先確定風險程度（Q）和風險報酬率（b），其計算過程通過以下八個步驟：

(1) 計算期望值（期望稅後現金淨流量）

$$E_i = \sum_{i=1}^{n} CFATi \times p_i$$

A、B兩個方案的期望計算如下：

$$\begin{cases} E(A_1) = 6\,000 \times 0.25 + 4\,000 \times 0.5 + 2\,000 \times 0.25 = 4\,000(元) \\ E(A_2) = 8\,000 \times 0.2 + 6\,000 \times 0.6 + 4\,000 + 0.2 = 6\,000(元) \\ E(A_3) = 5\,000 \times 0.3 + 4\,000 \times 0.4 + 3\,000 \times 0.3 = 4\,000(元) \end{cases}$$

E（B）= 6 000×0.1+8 000×0.8+10 000×0.1 = 8 000（元）

(2) 計算標準差

$$\sigma = \sqrt{\sum_{i=1}^{n}(CFAT - E_I)^2 \times P_i}$$

A、B兩個方案的標準差計算如下：

$$\begin{cases} \sigma(A_1) = \sqrt{(6\,000-4\,000)^2 \times 0.25+(4\,000-4\,000)^2 \times 0.5+(2\,000-4\,000)^2 \times 0.25} = 1\,414.20（元）\\ \sigma(A_2) = \sqrt{(8\,000-6\,000)^2 \times 0.2+(6\,000-6\,000)^2 \times 0.6+(4\,000-6\,000)^2 \times 0.2} = 1\,264.90（元）\\ \sigma(A_3) = \sqrt{(5\,000-4\,000)^2 \times 0.3+(4\,000-4\,000)^2 \times 0.4+(3\,000-4\,000)^2 \times 0.3} = 775.55（元） \end{cases}$$

σ（B）= $\sqrt{(6\,000-8\,000)^2 \times 0.1+(8\,000-8\,000)^2 \times 0.8+(10\,000-8\,000)^2 \times 0.1}$ = 894.40（元）

(3) 計算綜合標準差

$$D = \sqrt{\sum_{i=1}^{n} \frac{\sigma^2}{(1+i)^{2i}}}$$

A、B兩個方案的綜合標準差計算如下：

$$D(A) = \sqrt{\frac{1\,414.20^2}{(1+10\%)^{2\times1}} + \frac{1\,264.90^2}{(1+10\%)^{2\times2}} + \frac{774.60^2}{(1+10\%)^{2\times3}}} = 1\,756.20(元)$$

$$D(B) = \sqrt{\frac{894.40^2}{(1+10\%)^{2\times3}}} = 671.90(元)$$

（4）計算現金流入預期現值

$$EPV(A) = \frac{4\,000}{(1+10\%)^1} + \frac{6\,000}{(1+10\%)^2} + \frac{4\,000}{(1+10\%)^3} = 11\,600.30(元)$$

$$EPV(B) = \frac{8\,000}{(1+10\%)^3} = 6\,010.50(元)$$

（5）計算風險程度

$$Q = \frac{D}{EPV}$$

A、B兩個項目的風險程度計算如下：

$$Q(A) = \frac{1\,756.20}{11\,600.30} = 0.15$$

$$Q(B) = \frac{671.90}{6\,010.50} = 0.11$$

在上述計算過程中，由於B方案只有第三年才有稅後現金流量發生，所以也可以不計算綜合標準差（D）和現金流入預期現值（EPV）直接用標準差（σ）和期望值（E_i）來計算風險程度（Q）即可。B方案的風險程度計算如下：

$$Q(B) = \frac{\sigma}{E_i} = \frac{894.40}{8\,000} = 0.11$$

（6）計算風險報酬率

風險報酬率是直線方程 $k = i + b \times Q$ 的系數 b，它的高低反應風險程度變化對風險調整最低報酬率影響的大小。b值是經驗數據，可根據歷史資料用高低法或直線回歸法求出。

因為 $k = i + b \times Q$，所以

$$b = \frac{k - i}{Q}$$

若該例中，中等風險程度項目的變化系數為0.5，含有風險報酬的最低報酬率為16%，無風險報酬率為10%，則

$$b = \frac{16\% - 10\%}{0.5} = 0.12$$

（7）計算風險調整貼現率 $k = i + b \times Q$

A、B兩個項目的風險調整貼現率計算如下：

$k(A) = 10\% + 0.12 \times 0.15 = 11.8\%$

$k(B) = 10\% + 0.12 \times 0.11 = 11.32\%$

（8）根據不同的風險調整貼現率計算淨現值

$$NPV = \sum_{t=1}^{n} \frac{E_i}{(1+k_1)^t} - C$$

A、B兩個項目按風險調整貼現率計算的淨現值如下：

$$NPV(A) = \frac{4\,000}{(1+11.8\%)^1} + \frac{6\,000}{(1+11.8\%)^2} + \frac{4\,000}{(1+11.8\%)^3} - 10\,000$$

$$= 11\,240.70 - 1\,000 = 1\,240.70(元)$$

$$NPV(B) = \frac{8\,000}{(1+11.32\%)^3} - 4\,000$$

$$= 5\,799.60 - 4\,000 = 1\,799.60(元)$$

計算結果表明，B 方案的淨現值大，所以 B 方案優於 A 方案。

按風險調整貼現率法的優點是符合邏輯、有科學性、使用廣泛；缺點是人爲地誇大了風險的作用。該方法把時間價值和風險價值混在一起，並據此對現金流量進行貼現，這就意味着風險將隨著時間的推移而加大，人爲地假定風險一年比一年大，只是不合理的。事實上，一些壽命週期長的項目，隨著時間的推移，其收入愈加穩定，風險相對減弱。

三、風險調整現金流量法

風險調整現金流量法，是指先按風險調整現金流量，然後進行投資決策的評價方法。具體的調整方法很多，最常用的、效果最好的是確定當量法。

確定當量法也稱肯定當量法，是把不確定的各年的現金流量，按照一定的系數（通常稱爲約當系數或當量系數）折算爲大約相當於確定的現金流量的數量，然後利用無風險貼現率來評價風險投資項目的決策分析方法。該方法的基本思路是：先用一個系數發有風險的稅後現金流量調整爲無風險的稅後現金流量，然後再用無風險的貼現率去計算淨現值，最後用淨現值法決策規則投資項目的取舍。其計算公式如下：

$$NPV = \sum_{t=0}^{n} \frac{d_t \times (\text{現金流量期望值})}{(1 + \text{無風險報酬率})^t}$$

式中：d_t——第 t 年現金流量的約當系數，$0 \leq d_t \leq 1$。

肯定當量系數是指不肯定的一元現金流量期望值相當於使投資者滿意的、肯定的金額的系數，可以把各年不肯定的一元現金流量換算爲肯定的現金流量。也可以說，肯定當量系數是指預計現金流入量中使投資者滿意的無風險的份額。提請注意的是，由於現金流量中已經消除了全部風險，相應的折現率應當是無風險的報酬率。其計算公式如下：

$$d_t = \frac{\text{確定的現金流量}}{\text{不確定的現金流量期望值}}$$

在進行評價是，可根據各年現金流量風險的大小選用不同的約當系數。當現金流量爲確定時，可取 $d=1.00$；當現金流量的風險很小時，可取 $1.00 > d \geq 0.80$；當風險一般時，可取 $0.80 > d \geq 0.40$；當現金流量風險很大時，可取 $0.40 > d > 0$。

約當系數的選用可能會因人而異，敢於冒險的分析者會選用較高的約當系數，而不願冒險的投資者可能選用較低的約當系數。爲了防止因決策者的偏好不同而造成決策失誤，可以根據變化系數來確定約當系數，其對照關係如表 7-10 所示。

表 7-10　　　　　　　　變化系數來與約定系數對照關係表

變化系數	約定系數	變化系數	約定系數
0.00~0.07	1	0.33~0.42	0.6
0.01~0.15	0.9	0.43~0.54	0.5
0.16~0.23	0.8	0.55~0.70	0.4
0.24~0.32	0.7	…	1

【例 7-10】沿用例 7-9 的資料，其計算過程分爲以下三個步驟：
（1）計算各年現金流入量的變化系數
變化系數爲

$$q = \frac{\sigma_i}{E_i}$$

A、B 兩個方案的變化系數計算如下：

$$\begin{cases} q(A_1) = \dfrac{1\,414.20}{4\,000} = 0.35 \\ q(A_2) = \dfrac{1\,264.90}{4\,000} = 0.21 \\ q(A_3) = \dfrac{774.60}{4\,000} = 0.19 \end{cases}$$

$$q(B) = \dfrac{894.40}{8\,000} = 0.11$$

（2）確定約當系數

$$\begin{cases} d(A_1) = 0.5 \\ d(A_2) = 0.8 \\ d(A_3) = 0.8 \end{cases}$$

$$d(B) = 0.9$$

（3）計算各方案的淨現值

$$NPV = \sum_{t=1}^{n} \dfrac{d_t E_t}{(1+i)^t} - C$$

A、B 兩個方案按風險調整現金流量計算的淨現值如下

$$\begin{aligned} NPV(A) &= \dfrac{0.6 \times 4\,000}{(1+10\%)^1} + \dfrac{0.8 \times 6\,000}{(1+10\%)^2} + \dfrac{0.8 \times 4\,000}{(1+10\%)^3} - 10\,000 \\ &= 8\,553 - 10\,000 \\ &= -1\,447(元) \end{aligned}$$

$$\begin{aligned} NPV(B) &= \dfrac{0.9 \times 8\,000}{(1+10\%)^3} - 4\,000 \\ &= 5\,409.50 - 4\,000 \\ &= 1\,409.50(元) \end{aligned}$$

計算結果表明：B 方案的淨現值爲正值，所以應選 B 方案。

確定當量法是用調整淨現值公式中的分子的方法來考慮風險，而風險調整貼現率法是用調整淨現值中的分母的方法來考慮風險，這是兩種方法的重要區別。

確定當量法的優點是克服了風險調整貼現率法誇大遠期風險的缺點；缺點是約當系數的確定是個難題。如何合理、準確地確定約當系數是個不好解決的問題，目前還沒有一致公認的標準，而這與投資者對風險的態度有關。

【案例分析】

東方公司微波爐生產線項目投資決策案例

東方公司是生產微波爐的中型企業，該公司生產的微波爐質量優良，價格合理，近幾年來一直供不應求。爲了擴大生產能力，該公司準備新建一條生產線。李強是該公司的投資部的工作人員，主要負責投資的具體工作。該公司財務總監要求李強收集建設新生產線的相關資料，寫出投資項目的財務評價報告，以供公司領導決策參考。

李強經過半個月的調研，得出以下有關資料。該生產線的初始投資爲57.5 萬元，分兩年投入。第一年初投入 40 萬元，第二年初投入 17.5 萬元。第二年可完成建設並正式投產。

投產後每年可生產微波爐1 000臺，每臺銷售價格為800元，每年可獲得銷售收入80萬元。投資項目預計可使用5年，5年後的殘值可忽略不計。在投資項目經營期內需墊支流動資金15萬元，這筆資金在項目結束時可如數收回。該項目生產的產品年總成本的構成情況如下：

原材料　　　　　　40萬元
工資費用　　　　　8萬元
管理費（不含折舊）　7萬元
折舊費　　　　　　10.5萬元

李強又對本公司的各種資金來源進行了分析研究，得出該公司加權平均資金成本為8%。該公司所得稅率為40%。

李強根據以上資料，計算出該投資項目的營業現金淨流量、現金淨流量及淨現值（見表7-11、表7-12、表7-13），並把這些數據資料提供給公司高層領導參加的投資決策會議。

表7-11　　　　　　　　投資項目的營業現金淨流量計算表　　　　　　　　單位：元

項目	第1年	第2年	第3年	第4年	第5年
銷售收入	800,000	800,000	800,000	800,000	800,000
付現成本	550,000	550,000	550,000	550,000	550,000
其中：原材料	400,000	400,000	400,000	400,000	400,000
工資	80,000	80,000	80,000	80,000	80,000
管理費	70,000	70,000	70,000	70,000	70,000
折舊費	105,000	105,000	105,000	105,000	105,000
稅前利潤	145,000	145,000	145,000	145,000	145,000
所得稅	58,000	58,000	58,000	58,000	58,000
稅後利潤	87,000	87,000	87,000	87,000	87,000
現金淨流量	192,000	192,000	192,000	192,000	192,000

表7-12　　　　　　　　投資項目的現金淨流量計算表　　　　　　　　單位：元

項目	第0年	第1年	第2年	第3年	第4年	第5年	第6年
初始投資	-400,000	-175,000					
流動資金墊支		-150,000					
營業現金淨流量			192,000	192,000	192,000	192,000	192,000
流動資金回收							150,000
現金淨流量合計	-400,000	-325,000	192,000	192,000	192,000	192,000	342,000

表7-13　　　　　　　　投資項目淨現值計算表　　　　　　　　單位：元

年份	現金淨流量	10%的現值系數	現值
0	-400,000	1.000	-400,000

表7-13(續)

年份	現金淨流量	10%的現值系數	現值
1	-325 000	0.909	-295,425
2	192,000	0.826	158,892
3	192,000	0.751	144,192
4	192,000	0.683	131,136
5	192,000	0.621	119,232
6	342,000	0.564	192,888
合計			50,915

在公司領導會議上，李強對他提供的有關數據做了必要說明。他認爲，建設新生產線有 50,915 元淨現值，因此這個項目是可行的。

公司領導會議對李強提供的資料進行了研究分析，認爲李強在收集資料方面做了很大的努力，計算方法正確，但忽略了物價變動問題，這使得李強提供的信息失去了客觀性和準確性。

公司財務總監認爲，在項目投資和使用期間內，通貨膨脹率大約爲6%。他要求有關負責人認真研究通貨膨脹對投資項目各有關方面的影響。

生產部經理認爲，由於物價變動的影響，原材料費用每年將增加 10%，工資費用也將每年增加8%。財務部經理認爲，扣除折舊後的管理費每年將增加 4%，折舊費每年仍爲10.5 萬元。銷售部經理認爲，產品銷售價格預計每年可增加8%。公司總經理指出，除了考慮通貨膨脹對現金流量的影響以外，還要考慮通貨膨脹對貨幣購買力的影響。

公司領導會議決定，要求李強根據以上各部門的意見，重新計算投資項目的現金流量和淨現值，提交下次會議討論。

問題探討：根據該公司領導會議的決定，請你幫助李強重新計算各投資項目的現金淨流量和淨現值，並判斷該投資項目是否可行。

【課堂活動】

有人認爲，項目投資管理最大的挑戰在於，項目在實施過程中面臨的不確定因素太多，要確保項目成本不超預算、還要取得預期的效果，並按時完成，幾乎是一項無法完成的任務。但由於項目支出是企業最大的成本和"現金流出"科目，能否對項目進行有效的財務控制，對企業的整體運行和財務狀況都會產生重要的影響。

如何將財務控制貫穿於項目的整個生命週期，如何在執行過程中尋求成本、進度和效果之間的平衡，如何構建一套將項目管理與財務控制有效結合的內控系統？

【本章小結】

本章介紹了項目投資的含義、特點，分析了項目投資所遵循的從項目提出到可行性分析、項目評價、項目選擇、項目實施和控制等一系列程序，闡述了項目投資過程中現金流量的構成要素，主要包括初始現金流量、經營現金流量和終結現金流量三部分；分析了相關現金流量的確定以及現金流量的計算；詳細介紹了項目投資決策評價指標，包括貼現的分析以及先進力量的分析評價指標，並對這些指標的運用進行分析；說明了風險條件下的項目投資決策，從分析投資者的風險偏好入手，對項目的相關風險進行了分析；說明了項目風險調整可以採用風險調整貼現率和風險調整現金流量法兩種基本方法；介紹了無形資產投資的含義、特點和內容；對無形資產進行分類，運用淨現值法、獲利指數法和內涵報酬率法對無形資產投資進行決策。

【同步測試】

一、名詞解釋

項目投資　現金流量　相關成本　機會成本　現金淨流量　投資回收期　投資利潤率　淨現值率　獲利指數　內部收益率　互斥方案　年等額淨回收額法　折舊抵稅　風險調整貼現率法

二、簡答題

1. 項目投資的現金流入量和現金流出量分別包括哪些內容？
2. 利潤和現金流量的關係如何？
3. 如何計算淨現金流量？
4. 項目投資評價的一般方法有哪些？
5. 如何應用項目投資評價的各種方法？
6. 如何進行固定資產更新決策？
7. 所得稅與折舊對項目投資有什麼影響？
8. 投資風險分析有哪些方法？

三、單項選擇題

1. 把投資分為直接投資和間接投資的標準是（　　）。
   A. 投資行為的介入程度　　　　B. 投入的領域
   C. 投資的方向　　　　　　　　D. 投資的內容
2. 下列屬於直接投資的是（　　）。
   A. 直接從股票交易所購買股票　B. 購買固定資產
   C. 購買公司債券　　　　　　　D. 購買公債
3. 關於項目投資，下列表達式不正確的是（　　）。
   A. 計算期＝建設期＋運營期
   B. 運營期＝試產期＋達產期
   C. 達產期是指從投產至達到設計預期水平的時期
   D. 從投產日到終結點之間的時間間隔稱為運營期
4. 計算投資項目現金流量時，下列說法不正確的是（　　）。
   A. 必須考慮現金流量的增量　　B. 盡量利用未來的會計利潤數據
   C. 不能考慮沉沒成本因素　　　D. 考慮項目對企業其他部門的影響
5. 某完整工業投資項目的建設期為0，第一年流動資產需用額為1 000萬元，流動負債可用額為400萬元，第二年流動資產需用額為1 200萬元，流動負債可用額為600萬元。則下列說法不正確的是（　　）。
    A. 第一年的流動資金投資額爲 600 萬元
    B. 第二年的流動資金投資額爲 600 萬元
    C. 第二年的流動資金投資額爲 0 萬元
    D. 第二年的流動資金需用額爲 600 萬元
6. 經營成本中不包括（　　）。
    A. 該年折舊費　　　　　　　B. 工資及福利費
    C. 外購動力費　　　　　　　D. 修理費
7. 項目投資現金流量表（全部投資現金流量表）中不包括（　　）。
    A. 所得稅前淨現金流量　　　B. 累計所得稅前淨現金流量
    C. 借款本金償還　　　　　　D. 所得稅後淨現金流量
8. 某投資項目終結點那一年的自由現金流量爲 32 萬元，經營淨現金流量爲 25 萬元。假設不存在維持運營投資，則下列說法不正確的是（　　）。
    A. 該年的所得稅後淨現金流量爲 32 萬元
    B. 該年的回收額爲 7 萬元
    C. 該年的所得稅前淨現金流量爲 32 萬元
    D. 該年有 32 萬元可以作爲償還借款利息、本金、分配利潤、對外投資等財務活動的資金來源
9. 計算靜態投資回收期時，不涉及（　　）。
    A. 建設期資本化利息　　　　B. 流動資金投資
    C. 無形資產投資　　　　　　D. 開辦費投資
10. 下列各項中，不影響項目投資收益率的是（　　）。
    A. 建設期資本化利息　　　　B. 運營期利息費用
    C. 營業收入　　　　　　　　D. 營業成本
11. 某項目建設期爲零，全部投資均於建設起點一次投入，投產後的淨現金流量每年均爲 100 萬元，按照內部收益率和項目計算期計算的年金現值系數爲 4.2。則該項目的靜態投資回收期爲（　　）年。
    A. 4.2　　　　　　　　　　　B. 2.1
    C. 8.4　　　　　　　　　　　D. 無法計算

四、多項選擇題

1. 從企業角度看，固定資產投資屬於（　　）。
    A. 直接投資　　　　　　　　B. 生產性投資
    C. 對內投資　　　　　　　　D. 周轉資本投資
2. 與其他形式的投資相比，項目投資（　　）。
    A. 投資內容獨特　　　　　　B. 投資數額多
    C. 投資風險小　　　　　　　D. 變現能力強
3. 下列表達式中不正確的包括（　　）。
    A. 原始投資＝固定資產投資＋無形資產投資＋其他資產投資
    B. 初始投資＝建設投資
    C. 項目總投資＝建設投資＋建設期資本化利息
    D. 項目總投資＝建設投資＋流動資金投資

4. 單純固定資產投資的現金流出量包括（　　）。
   A. 流動資金投資　　　　　　　　B. 固定資產投資
   C. 新增經營成本　　　　　　　　D. 增加的稅款

5. 不同類型的投資項目，其現金流量的具體內容存在差異，不過也有共同之處。下列說法正確的有（　　）。
   A. 現金流入量中均包括增加的營業收入
   B. 現金流出量中均包括增加的經營成本
   C. 現金流入量中均包括回收的流動資金
   D. 現金流出量中均包括增加的稅款

6. 確定項目現金流量時的相關假設包括（　　）。
   A. 投資項目的類型假設　　　　　B. 按照直線法計提折舊假設
   C. 項目投資假設　　　　　　　　D. 時點指標假設

7. 在項目投資決策中，估算營業稅金及附加時，需要考慮（　　）。
   A. 應交納的營業稅　　　　　　　B. 應交納的增值稅
   C. 應交納的資源稅　　　　　　　D. 應交納的城市維護建設稅

8. 建設期內年初或年末的淨現金流量有可能（　　）。
   A. 大於0　　　　　　　　　　　　B. 小於0
   C. 等於0　　　　　　　　　　　　D. 三種情況均有可能

9. 項目投資現金流量表與財務會計的現金流量表相比（　　）。
   A. 反應對象不同　　　　　　　　B. 期間特徵不同
   C. 勾稽關係不同　　　　　　　　D. 信息屬性不同

10. 淨現值，是指在項目計算期內，按設定折現率或基準收益率計算的各年淨現金流量現值的代數和。計算項目淨現值的方法包括（　　）。
    A. 公式法　　　　　　　　　　　B. 列表法
    C. 特殊方法　　　　　　　　　　D. 插入函數法

11. 同時滿足下列條件中的（　　）可以認定該項目基本具備財務可行性。
    A. 淨現值大於0
    B. 包括建設期的靜態投資回收期大於項目計算期的一半
    C. 投資收益率大於基準投資收益率
    D. 不包括建設期的靜態投資回收期小於項目運營期的一半

五、判斷題

1. 投資，是指企業為了在未來可預見的時期內獲得收益或使資金增值，在一定時期向一定領域的標的物投放足夠數額的資金或實物等貨幣等價物的經濟行為。（　　）

2. 流動資金投資，是指項目投產前後分次或一次投放於流動資產項目的投資額，又稱墊支流動資金或營運資金投資。（　　）

3. 原始投資的資金投入方式包括一次投入和分次投入。如果投資行為只涉及一個年度，則一定屬於一次投入。（　　）

4. 根據時點指標假設可知，如果原始投資分次投入，則第一次投入一定發生在項目計算期的第一期期初。（　　）

5. 歸還借款本金和支付利息導致現金流出企業，所以，如果項目的資金包括借款，則計算項目的現金流量時，應該扣除還本付息支出。（　　）

6. 在項目計算期數軸上，"2"只代表第二年年末。( )
7. 在計算項目投資的經營成本時，需要考慮融資方案的影響。( )
8. 維持運營投資是指礦山、油田等行業為維持正常運營而需要在運營期投入的流動資產投資。( )
9. 淨現金流量又稱現金淨流量，是指在項目運營期內由每年現金流入量與同年現金流出量之間的差額所形成的序列指標。其計算公式為：某年淨現金流量＝該年現金流入量－該年現金流出量。( )
10. 全部投資的現金流量表與項目資本金現金流量表的流入項目沒有區別，但是流出項目不同。( )
11. 如果項目的淨現值大於0，則淨現值率一定大於1。( )
12. 當項目建設期為零，全部投資均於建設起點一次投入，投產後的淨現金流量表現為普通年金的形式時，可以直接利用年金現值系數計算內部收益率。( )

六、計算題

1. 某企業擬進行一項固定資產投資（均在建設期內投入），該項目的現金流量表（部分）如表7-14所示：

表7-14　　　　　　　　　現金流量表（部分）　　　　　　　單位：萬元

項目	建設期		運營期			
	0	1	2	3	4	5
淨現金流量	-800	-200	100	600	B	1 000
累計淨現金流量	-800	-1 000	-900	A	100	1 100
折現淨現金流量	-800	-180	C	437.4	262.44	590.49

要求：
（1）計算表中用英文字母表示的項目的數值；
（2）計算或確定下列指標：
①靜態投資回收期；
②淨現值；
③原始投資以及原始投資現值；
④淨現值率；
⑤獲利指數。
（3）評價該項目的財務可行性。

2. 某企業準備投資一個單純固定資產投資項目，採用直線法計提折舊，固定資產投資均在建設期內投入。所在的行業基準折現率（資金成本率）為10%，企業適用的所得稅稅率為25%。有關資料如下表7-15所示：

表7-15　　　　　　　　　企業相關財務資料　　　　　　　　單位：元

項目計算期	息稅前利潤	稅後淨現金流量
0		-100 000
1		0

表7-15(續)

項目計算期	息稅前利潤	稅後淨現金流量
2	20 000	35 000
3	30 000	42 500
5	30 000	42 500
6	20 000	38 000

要求計算該項目的下列指標：
(1) 初始投資額；
(2) 年折舊額；
(3) 回收的固定資產淨殘值；
(4) 建設期資本化利息；
(5) 投資收益率。

3. A企業在建設起點投入固定資產450萬元，在建設期末投入無形資產投資50萬元，投入開辦費投資8萬元，並墊支流動資金22萬元，建設期為2年，建設期資本化利息為12萬元。預計項目使用壽命為6年，固定資產淨殘值為12萬元。項目投產後每年預計外購原材料、燃料和動力費為40萬元，工資及福利費為5萬元，修理費0.8萬元，其他費用4.2萬元，每年折舊費為75萬元，開辦費在投產後第一年全部攤銷，投產後第1~5年每年無形資產攤銷額為10萬元，第6年無形資產攤銷額為0萬元；每年預計營業收入（不含增值稅）為190萬元（有140萬元需要交納增值稅，稅率為17%；有50萬元需要交納營業稅，稅率為5%），城建稅稅率為7%，教育費附加率為3%。該企業應該交納增值稅的營業收入還需要交納消費稅，稅率為10%，不涉及其他的營業稅金及附加。A企業適用的所得稅稅率為20%。

要求：
(1) 判斷該項目屬於哪種類型的投資項目，並計算初始投資額；
(2) 每年的經營成本；
(3) 每年的應交增值稅、消費稅和營業稅；
(4) 每年的營業稅金及附加；
(5) 投產後各年的不包括財務費用的總成本費用；
(6) 投產後各年的息稅前利潤；
(7) 各年所得稅後的現金淨流量。

七、綜合題

1. 甲企業打算在2007年末購置一套不需要安裝的新設備，以替換一套尚可使用5年、折餘價值為40 000元、變價淨收入為10 000元的舊設備。取得新設備的投資額為165 000元。到2012年末，新設備的預計淨殘值超過繼續使用舊設備的預計淨殘值5 000元。使用新設備可使企業在5年內，第1年增加息稅前利潤14 000元，第2年至第4年每年增加息前稅後利潤18 000元，第5年增加息前稅後利潤13 000元。新舊設備均採用直線法計提折舊。假設全部資金來源均為自有資金，適用的企業所得稅稅率為25%，折舊方法和預計淨殘值的估計均與稅法的規定相同，投資人要求的最低報酬率為10%。

要求：
(1) 計算更新設備比繼續使用舊設備增加的投資額；
(2) 計算運營期因更新設備而每年增加的折舊；
(3) 計算因舊設備提前報廢發生的處理固定資產淨損失；
(4) 計算運營期第1年因舊設備提前報廢發生淨損失而抵減的所得稅額；
(5) 計算建設期起點的差量淨現金流量 $\triangle NCF_0$；
(6) 計算運營期第1年的差量淨現金流量 $\triangle NCF_1$；
(7) 計算運營期第2年至第4年每年的差量淨現金流量 $\triangle NCF_{2-4}$；
(8) 計算運營期第5年的差量淨現金流量 $\triangle NCF_5$；
(9) 計算差額投資內部收益率，並決定是否應該替換舊設備。

2. 甲公司爲一投資項目擬定了甲、乙兩個方案，請您幫助做出合理的投資決策，相關資料如下：
(1) 甲方案原始投資額在建設期起點一次性投入，項目計算期爲6年，用插入函數法求出的淨現值爲18萬元；
(2) 乙方案原始投資額爲100萬元，在建設期起點一次性投入，項目計算期爲4年，建設期爲1年，運營期每年的淨現金流量均爲50萬元。
(3) 該項目的折現率爲10%。

要求：
(1) 計算甲方案真實的淨現值；
(2) 計算乙方案的淨現值；
(3) 用年等額淨回收額法做出投資決策；
(4) 用方案重複法做出投資決策；
(5) 用最短計算期法做出投資決策。

第八章　營運資金管理

【引導案例】

　　某公司近年來高速發展，從一個地方小廠發展成為我國的明星企業，主營業務收入增長以數十倍、上百倍計，而且該公司應收帳款的數額和帳齡一直控制在一個合理的水平，保證了公司現金流動順暢、充足，為公司進一步發展提供了堅實的基礎保障。該公司採取的完善內控體系的措施主要有以下幾條：一是分層管理。應收帳款的管理是一個系統工程，在公司內部，各部門之間需要相互協調、相互配合、相互監督，形成一個應收帳款管理的組織體系。在公司內部，財務部是應收帳款的主管部門，負責公司各事業部應收帳款的計劃、控制和考核，對不能收回的應收帳款提出審核處理意見。各事業部是應收帳款的責任單位，負責本單位應收帳款的直接管理。其中，事業部綜合管理部負責對應收帳款直接責任單位和責任人的考核，事業部財務科負責本事業部應收帳款的日常監督管理並向公司財務部報送應收帳款的詳細資料。發生應收帳款時，對此負責的銷售人員根據銷售合同的要求在發票的記帳聯上簽字，並負責該帳款的催收。這種應收帳款管理體系，將賒銷的決定權和應收帳款的監控權、考核權、核銷權徹底地分開，使每個環節都處於其他相關部門的監控之下，最大限度地減少了個別人員或部門徇私舞弊的可能性。二是總量控制。公司根據各事業部的銷售計劃核定應收帳款的月度占有定額及年度平均定額，各事業部再將定額拆分成每個銷售人員的應收帳款占有定額。這樣，使得各部門和銷售人員一定期限內的應收帳款發生額保持在一定限額之內，從而使公司的總體風險被控制在一定範圍之內，不至於對生產經營造成巨大影響。三是動態監控。公司要求應收帳款責任人每月對應收帳款餘額進行核對，尤其對有疑問的帳項必須及時核對；各事業部每月進行應收帳款分析，根據帳齡長短制定解決辦法；財務部根據各事業部帳齡情況分析全公司應收帳款情況，據此下達清收事項計劃。這種動態監控有利於及時發現和處理應收帳款管理中存在的問題，並及時調整相關的策略，避免問題擴大。該公司通過建立合理的考評指標體系和內控體系，有效地管理了公司的應收帳款，保證了資產的安全性和收益性。

　　你如何評價該公司針對應收帳款管理採取的完善內控體系的措施？

【學習目標】

1. 熟悉營運資金的概念與特點，瞭解現金的持有動機、應付帳款與存貨的功能。
2. 掌握現金、應收帳款、存貨成本的計算方法。
3. 掌握信用政策的構成與決策方法。
4. 掌握存貨經濟批量模型，並瞭解各項流動資產日常管理活動的內容。
5. 能夠計算企業的最佳現金持有量、應收帳款和存貨的持有成本。

第一節　營運資金概述

一、營運資金概念

營運資金，是流動資產與流動負債的差額。

流動資產是指可以在一年以內或者超過一年的一個營業週期內實現變現或運用的資產，具有占用時間短、周轉快、易變現等特點。企業擁有較多的流動資產，可在一定程度上降低財務風險。在資產負債表上，流動資產主要包括以下項目：貨幣資金、交易性金融資產、應收票據、應收帳款和存貨。

流動負債是指需要在一年或者超過一年的一個營業週期內償還的債務，又稱短期融資，具有成本低、償還期短的特點，企業必須認真進行管理，否則，企業將承受較大的風險。流動負債主要包括以下項目：短期借款、應付票據、應付帳款、應付職工薪酬、應付稅金及未交利潤等。

為了有效地管理企業的營運資金，必須瞭解營運資金的特點，以便有針對性地進行管理。營運資金一般具有以下特點：

（1）周轉時間短。根據這一特點，說明營運資金可以通過短期籌資方式加以解決。

（2）數量具有波動性。流動資產或流動負債容易受內外條件的影響，數量的波動往往很大。

（3）來源具有多樣性。營運資金的需求問題既可通過長期籌資方式解決，也可通過短期籌資方式解決。僅短期籌資就有銀行短期借款、短期融資、商業信用、票據貼現等多種方式。

此外，非現金形態的營運資金如存貨、應收帳款、短期有價證券容易變現，這一點對企業應付臨時性的資金需求有重要意義。財務上的營運資金管理著重於投資，即企業在流動資產上的投資額進行管理。

二、營運資金規模的確定

營運資金規模的大小，取決於流動資產總額與流動負債總額的相對大小。營運資金數額越大，企業短期償債能力越強；反之則越小。營運資金規模的確定是企業收益與風險權衡的結果。

1. 流動資產總額及其結構對風險和收益的影響

流動資產占資產總額的比例越大，企業不能償還到期債務及不能應付各種意外情況的可能性大大下降，因此企業的風險就越小。從降低風險的角度來看，流動資產占資產總額的比例越大越好。

但流動資產占資產總額的比例增加，可能會影響到企業的盈利能力。因為此時企業可能有更多的現金閒置，更多資金占用在應收帳款上，更多的存貨積壓。因此流動資產規模應與企業的經營規模相適應，這樣既不會造成閒置浪費，企業又有足夠的償債能力。

2. 流動負債總額及其結構對風險和收益的影響

流動負債中的應付及預收款項往往沒有成本，短期借款成本小於長期借款成本，因此流動負債的資金成本是最低的。流動負債在整個來源中占的比重越高，企業的資金成本就越低，但償債風險也大大提高。因此在確定流動負債總額時，要權衡不同流動負債水平下的收益與風險。

3. 營運資金規模的確定

營運資金規模的大小，取決於流動資產總額與流動負債總額的相對大小。營運資金數額越大，企業短期償債能力越強；反之則越小。因此，增加營運資金規模，是降低企業償債風險的重要保障。

但營運資金規模的增加，要求企業必須有更多的長期資金來源用於流動資產占用，從而會增大企業的資金成本，降低獲利能力，資金成本的提高與獲利能力的降低又反過來使償債能力下降，償債風險提高。因此，企業營運資金規模的確定，必須在考慮償債風險的基礎上，再考慮成本和收益。在西方，一般認為生產企業的流動資產與流動負債的合理比例應為2：1，即流動資產是流動負債的2倍。

三、籌資策略對營運資金的影響

1. 穩健型的籌資策略

在穩健性的籌資策略中，長期資產及經常性占用的流動資產，用長期資金來融通；而臨時性占用的流動資產一部分用長期資金來融通，一部分用短期資金來融通。如圖8-1所示。

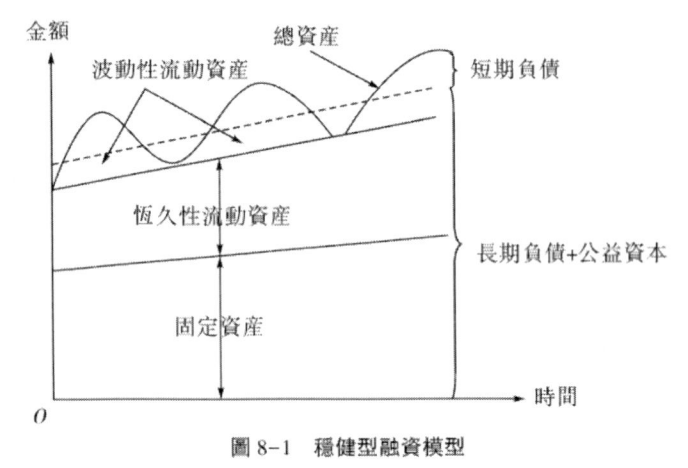

圖 8-1　穩健型融資模型

這種籌資策略使得營運資金加大，短期償債風險下降；但由於長期資金比例大，資金成本大，因此收益下降。

2. 激進型的籌資策略

激進型籌資策略中，長期資產用長期資金來融通；經常性占用的流動資產，一部分用長期資金來融通，一部分用短期資金來融通；臨時性占用的流動資產全部採用短期資金來融通。如圖8-2所示。

這種籌資策略使得營運資金減少，短期償債風險加大；但由於短期資金比例大，資金成本低，收益增加。

3. 折衷型的籌資策略

折衷的籌資策略中，長期資產和經常性占用的流動資產用長期資金來融通，而臨時性占用的流動資產則用短期資金來融通，企業負債的到期結構與企業資產的壽命期相對應。如圖8-3所示。

圖 8-2　激進型融資模型

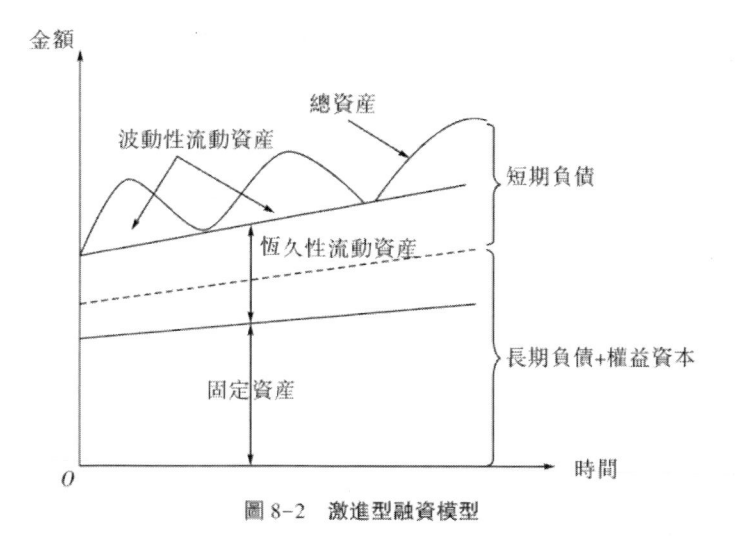

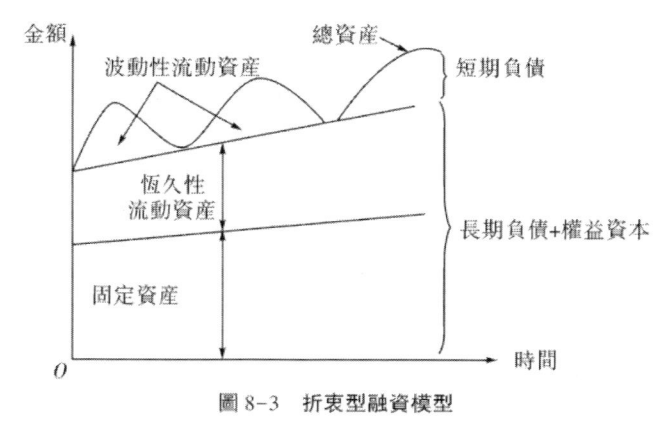

圖 8-3　折衷型融資模型

不同的籌資策略對營運資金規模影響較大，企業必須在權衡收益和風險後才能確定採用何種籌資策略。

第二節　現金管理

一、現金的持有動機與成本

(一) 現金的含義

現金是企業流動性最強的資產，它可以用來滿足生產經營開支的各種需要，也是還本付息和履行納稅義務的保證。現金包括企業的庫存現金、各種銀行存款、銀行本票和銀行匯票等所有可以即時使用的支付手段。有價證券是企業現金的一種轉換形式。有價證券變現能力強，可以隨時兌換成現金。企業有多餘現金時，通常將其兌換成有價證券；需要補充現金時，及時出讓有價證券換回現金。在這種情況下，有價證券成了現金的替代品，我們將其視爲"現金"的一部分。

(二) 現金的持有動機

企業持有一定數量的現金，主要是基於交易性、預防性和投機性等方面需要的動機。

(1) 交易動機：持有一定的現金以滿足正常生產經營秩序下的需要。一般説來，企業爲滿足交易動機所持有的現金餘額主要取決於企業銷售水平。

(2) 預防動機：持有現金以應付緊急情況的現金需要。企業應付緊急情況所持有的現金餘額主要取決於三方面：一是企業願意承擔風險的程度，二是企業臨時舉債能力的強弱，三是企業對現金流量預測的可靠程度。

(3) 投機動機：持有現金以抓住各種瞬息即逝的市場機會、獲取較大利益而準備的現金需要。其持有量大小往往與企業在金融市場的投資機會及企業對待風險的態度有關。

(三) 現金的成本

企業持有現金的成本通常由持有成本、轉換成本和短缺成本三個部分組成。

(1) 持有成本：指企業因保留一定現金餘額而增加的管理費用及喪失的再投資收益。持有成本包括管理費用和機會成本。管理費用具有固定成本的性質，在一定範圍內，它一般與所持現金的數量没有密切的關係。機會成本屬於變動成本，它與現金的持有量成正比例關係。

(2) 轉換成本：指企業用現金購入有價證券以及轉讓有價證券換取現金所付出的交易費用。固定性證券轉換成本與現金持有量成反比例變動關係。

(3) 短缺成本：指在現金持有量不足而又無法及時通過有價證券變現加以補充而給企業造成的損失。短缺成本與現金持有量成反方向變動關係。

二、現金管理的目標及內容

(一) 現金管理的目標

現金是流動性最強的資產，也是獲利能力最低的資產。因此，現金管理的目的就是要在資產的流動性和獲利能力之間做出抉擇，以獲得最大的長期利潤。

(二) 現金管理的內容

(1) 編制現金收支計劃，以便合理估計未來的現金需求。

(2) 對日常的現金收支進行控制，力求加速收款，延緩付款。

(3) 用特定的方法確定最佳現金餘額，當企業實際現金餘額與最佳現金餘額不一致時，企業應採用短期融資策略或歸還借款和投資於有價證券策略來達到理想狀況。現金管理的內容如圖 8-4 所示：

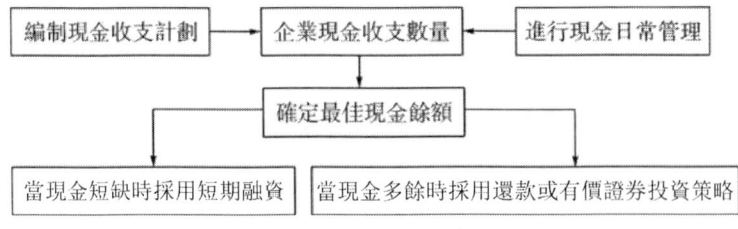

圖 8-4　現金管理的內容

三、最佳現金持有量的確定方法

現金管理除了要求企業做好日常管理、加速現金周轉外，還需要企業控制好現金的規模。企業的現金持有不足，則可能影響正常的生產經營；現金持有過多，則會降低整體盈利水平。因此，確定最佳的現金持有量，可以指導現金管理實踐，爲企業創造良好的經濟效益。最佳現金持有量是指既能將企業的不能支付風險控制在較低水平，又能避免過多地占用現金，使持有現金的總成本最低的現金持有量。常用的確定最佳現金持有量的方法有成本分析模型、存貨模型、現金周轉模型和隨機模式等。

（一）成本分析模式

成本分析模式是根據現金持有的相關成本，分析、預測其總成本最低時現金持有量的一種方法。

在影響現金持有的相關成本因素中，成本分析模式只考慮持有一定數量的現金而發生的管理成本、機會成本和短缺成本，而不考慮轉換成本。其中，管理成本具有固定成本的性質，與現金持有量不存在明顯的線性關係；機會成本（因持有現金而喪失的再投資收益）與現金持有量成正比例變動關係，機會成本等於現金持有量與有價證券利率（或報酬率）的乘積；短缺成本同現金持有量負相關，現金持有量愈大，現金短缺成本愈小；反之，現金持有量愈小，現金短缺成本愈大。這些成本同現金持有量之間的關係可以從圖8-5反應出來。

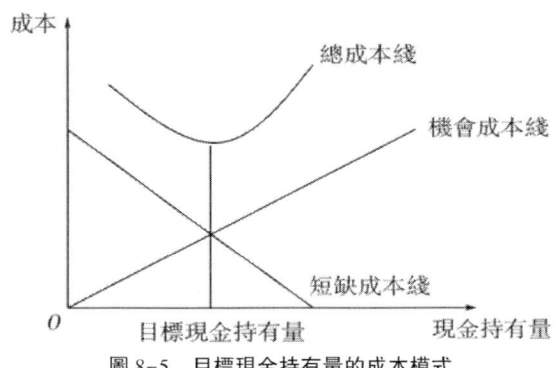

圖8-5　目標現金持有量的成本模式

從圖8-5可以看出，由於各項成本同現金持有的變動關係不同，現金持有總成本呈抛物線型，抛物線的最低點即爲成本最低點，該點所對應的現金持有量便是最佳現金持有量，此時總成本最低。

在實際工作中運用該模式確定最佳現金持有量的具體步驟爲：
（1）根據不同現金持有量測算並確定有關成本數值；
（2）按照不同現金持有量及其有關成本資料編制最佳現金持有量測算表；
（3）在測算表中找出總成本最低時的現金持有量，即最佳現金持有量。

【例8-1】某企業現有A、B、C、D四種現金持有方案，有關成本資料如表8-1所示：

表 8-1　　　　　　　　　　現金持有量備選方案表　　　　　　　　單位：元

項目	A	B	C	D
現金持有量	40,000	50,000	60,000	70,000
機會成本	8%	8%	8%	8%
管理費用	1,200	1,200	1,200	1,200
短缺成本	3,200	2,200	1,100	0

根據表 8-1 編制該企業最佳現金持有量測算表，如表 8-2 所示。

表 8-2　　　　　　　　　　最佳現金持有量測算表　　　　　　　　單位：元

方案	現金持有量	機會成本	管理費用	短缺成本	總成本
A	40,000	3,200	1,200	3,200	7,600
B	50,000	4,000	1,200	2,200	7,400
C	60,000	4,800	1,200	1,100	7,100
D	70,000	5,600	1,200	0	6,800

通過比較表 8-2 中各方案的總成本可知，D 方案的相關總成本最低，因此，70,000 元為企業的最佳現金持有量。

(二) 存貨模式

存貨模式來源於存貨的經濟批量模型，它認為公司現金持有量在許多方面與存貨相似，存貨經濟批量模型可用於確定目標現金持有量。在存貨模式中，企業只需考慮機會成本和轉換成本。凡是能夠使現金管理的機會成本與轉換成本之和保持最低的現金持有量，即為最佳現金持有量。

假設：T 為一定期間內現金總需求量

F 為每次轉換有價證券的固定成本（即轉換成本）

C 為最佳現金持有量（每次證券變現的數量）

K 為有價證券利息率（機會成本）

TC 為現金管理總成本

則：現金管理總成本＝機會成本＋轉換成本

即：$TC = \frac{1}{2}C \times K + \frac{T}{C} \times F$　　　　　　　　　　　　　　　　（式 8-1）

現金管理總成本與持有機會成本、轉換成本的關係如圖 8-6 所示。

從圖 8-6 可以看出，現金管理的總成本與現金持有量呈現凹形曲線關係。持有現金的機會成本與證券變現的交易成本相等時，現金管理的總成本最低，此時的現金持有量為最佳現金持有量，即：

$$C^* = \sqrt{\frac{2TF}{K}}$$　　　　　　　　　　　　　　　　（式 8-2）

將公式 8-2 代入公式 8-1 得最低現金管理總成本 $TC(C^*)$

$TC(C^*) = \sqrt{2TFK}$　　　　　　　　　　　　　　　　（式 8-3）

【例 8-2】某企業現金收支狀況比較穩定，預計全年（按 360 天計算）需要現金

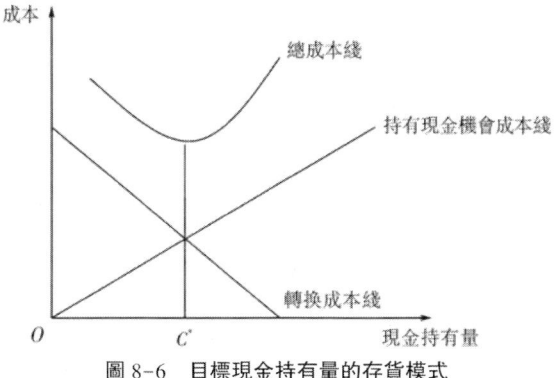

圖 8-6　目標現金持有量的存貨模式

900 000元，現金與有價證券的轉換成本爲每次450元，有價證券的年利率爲10%，則：

最佳現金持有量 $(C) = \sqrt{2TF/K}$
$= \sqrt{2 \times 900\,000 \times 450/10\%} = 90,000$（元）

最低現金管理相關總成本
$TC(C^*) = \sqrt{2TFK} = \sqrt{2 \times 900\,000 \times 450 \times 10\%} = 9\,000$（元）
轉換成本 $=(900\,000 \div 90\,000) \times 450 = 4\,500$（元）
持有機會成本 $=(90\,000 \div 2) \times 10\% = 4,500$（元）
有價證券交易次數 $(T/Q) = 900\,000/90\,000 = 10$（次）

存貨模式確定最佳現金持有量建立於未來期間現金流量穩定均衡且呈週期性變化的基礎之上。實際工作中，準確預測現金流量不易做到。通常，在預測值與實際發生值相差不是太大時，實際持有量可在上述公式確定的最佳現金持有量基礎上，稍微再提高一些。

(三) 現金周轉模式

現金周轉模式是從現金周轉的角度出發，根據現金的周轉速度來確定最佳現金持有量的一種方法。利用這一模式確定最佳現金持有量，包括以下三個步驟：

1. 計算現金周轉期。現金周轉期是指企業從購買材料支付現金到銷售商品收回現金的時間。

現金周轉期＝應收帳款周轉期－應付帳款周轉期＋存貨周轉期

(1) 應收帳款周轉期是指從應收帳款形成到收回現金所需要的時間。

(2) 應付帳款周轉期是指從購買材料形成應付帳款開始直到以現金償還應付帳款爲止所需要的時間。

(3) 存貨周轉期是指從以現金支付購買材料款開始直到銷售產品爲止所需要的時間。

2. 計算現金周轉率。現金周轉率是指一年中現金的周轉次數，其計算公式爲：

$$現金周轉率 = \frac{360}{現金周轉次數} \qquad (式 8\text{-}4)$$

3. 計算最佳現金持有量。其計算公式爲：

最佳現金持有量＝年現金需求額÷現金周轉率　　　　　　　　　　　　(式 8-5)

(四) 隨機模式

隨機模式是在企業未來的流量呈不規則波動、無法準確預測的情況下採用的一種確定最佳現金餘額的一種方法。其基本原理爲：制定一個現金控制區域，定出上限與下限，即現金持有量的最高點與最低點。當餘額達到上限時企業將現金轉換爲有價證券，降至下限時將有價證券換成現金。隨機模式主要適用於企業未來現金流量呈不規則波動、無法準確預測的情況。如圖 8-7 所示：

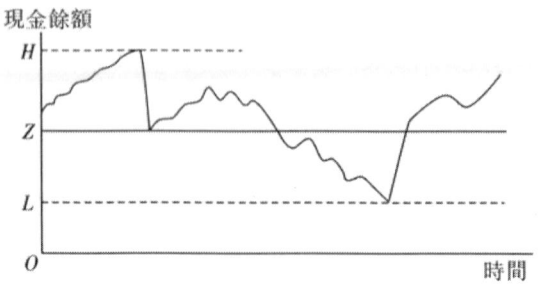

圖 8-7 現金持有量的隨機模式圖

上圖中，H 爲上限，L 爲下限，Z 爲目標控制線。現金餘額升至 H 時，可購進 $(H-Z)$ 的有價證券，使現金餘額回落到 Z 線；現金餘額降至 L 時，出售 $(Z-L)$ 金額的有價證券，使現金餘額回落到 Z 的最佳水平。

目標現金餘額 Z 線的確定，可按現金總成本最低，即持有現金的機會成本和轉換有價證券的固定成本之和最低的原理，並結合現金餘額可能波動的幅度考慮。

按照以上分析，在隨機模式下現金餘額 Z 的計算公式爲：

$$Z = \sqrt[3]{\frac{3FQ^2}{4K}} + L \qquad (式 8-6)$$

$$H = 3Z - 2L \qquad (式 8-7)$$

式中：
F——轉換有價證券的固定成本
Q^2——日現金淨流量的方差
K——持有現金的日機會成本（證券日利率）

【例 8-3】某企業每次轉換有價證券的固定成本爲 100 元，有價證券的年利率爲 9%，日現金淨流量的標準差爲 900 元，現金餘額下限爲 2 000 元。若一年以 360 天計算，求該企業的現金最佳持有量和上限值。

$$Z = \sqrt[3]{\frac{3 \times 100 \times 900^2}{4 \times 0.09/360}} + 2\,000 = 8\,240 \text{（元）}$$

$H = 3 \times 8\,240 - 2 \times 2\,000 = 20\,720$（元）

由上例可見，該企業現金最佳持有量爲 8 240 元，當現金餘額上升到 20 720 元時，則可購進 12 480 元的有價證券（20 720-8 240＝12 480）；而當現金餘額下降到 2 000 元時，則可售出 6 240 元的有價證券（8 240-2 000＝6 240）。

四、現金收支計劃的編制

現金收支計劃是預計未來一定時期企業現金的收支狀況，並進行現金平衡的計劃，是企業財務管理的一個重要工具。在現金全額收支法下，現金計劃包括以下幾個部分：

（一）現金收入

現金收入包括營業現金收入和其他現金收入兩部分。

（1）營業現金收入的主體部分是產品銷售收入，其數字可從銷售計劃中取得。財務人員根據銷售計劃資料編制現金計劃時，應註意以下兩點：

①必須把現銷和賒銷分開，並單獨分析賒銷的收款時間和金額；

②必須考慮企業收帳中可能出現的有關因素，如現金折扣、銷貨退回、壞帳損失等。

（2）其他現金收入通常有設備租賃收入、證券投資的利息收入、股利收入等。

（二）現金支出

（1）營業現金支出，主要有材料採購支出、工資支出和其他支出。

（2）其他現金支出，主要包括固定資產投資支出、償還債務的本金和利息支出、所得稅支出、股利支出或上繳利潤等。

（三）淨現金流量

淨現金流量是指現金收入與現金支出的差額。可按下式計算：

淨現金流量＝現金收入－現金支出

＝（營業現金收入＋其他現金收入）－（營業現金支出＋其他現金支出）

（式8-8）

（四）現金餘缺

現金餘缺是指計劃期現金期末餘額與最佳現金餘額（又稱理想現金餘額）相比後的差額。現金餘缺額的計算公式為：

現金餘缺額＝期末現金餘額－最佳現金餘額

＝（期初現金餘額＋現金收入－現金支出）－最佳現金餘額

＝期初現金餘額±淨現金流量－最佳現金餘額 （式8-9）

現金餘缺調整的方式有兩種：一是利用借款調整現金餘缺，二是利用有價證券調整現金餘缺。如果期末現金餘額大於最佳現金餘額，應設法進行投資或歸還債務；如果期末現金餘額小於最佳現金餘額，應進行籌資予以補足。

五、現金日常控制的應用方法

（一）加速現金收款

企業帳款的收回包括三個階段：即客戶開出支票、企業收到支票、銀行清算支票，企業帳款收回的時間包括支票郵寄時間、支票在企業停留的時間以及支票結算的時間。

要盡快地使這些付款轉化為可用現金必須滿足如下要求：①減少顧客付款的郵寄時間；②減少企業收到顧客開來支票與支票兌現之間的時間；③加速資金存入自己往來銀行的過程。為達到以上要求，可採用以下措施。

1. 集中銀行

集中銀行是指通過設立多個收款中心來代替通常在公司總部設立的單一收款中心，以加速帳款回收的一種方法。其目的是縮短從顧客寄出帳款到現金收入企業帳戶這一過程的時間。其具體做法為：

（1）企業以服務地區和各銷售區的帳單數量為判斷依據，在收款額比較集中的地區設立若干收款中心，並指定一個收款中心（通常是設在公司總部所在地的收帳中心）的帳戶爲集中銀行。

（2）公司通知客户將貨款送到最近的收款中心，客户收到帳單後直接匯款給當地收款中心，而不必送到公司總部所在地的收帳中心。

（3）收款中心將每天收到的貨款存到當地銀行，然後再把多餘的現金從地方銀行匯入集中銀行——公司開立主要存款帳户的商業銀行。

雖然設立集中銀行能夠大大縮短帳單和貨款郵寄的時間，並且一定程度上也縮短了支票兑現時間；但是另一方面，由於每個收款中心的地方銀行都要求有一定的補償餘額，這種補償是一種閑置不能使用的資金，若開設的收款中心越多，補償金額也就越大，閑置的資金也就越多，更何況收款中心本身需要一定的人力物力，花費就更大。正是由於集中銀行的收款方法利弊皆存，所以，財務主管在決定採用集中銀行收款時，應在權衡利弊得失的基礎上，通過計算分散收帳收益淨額做出是否採用銀行集中法的決策。分散收帳收益淨額的具體計算如下：

分散收帳收益淨額=［（分散收帳前應收帳款餘額-分散收帳後應收帳款餘額）-各收款中心補償餘額之和］×企業綜合資金成本率-因增設收帳中心每年增加費用額 （式8-10）

當分散收帳收益淨額爲正時，則應分設收帳中心；相反，則不應分設收帳中心。

2. 鎖箱系統

鎖箱系統是通過在各主要城市租用專門的郵政信箱，以縮短從收到顧客付款到存入當地銀行的時間的一種現金管理辦法。鎖箱系統的具體做法爲：

（1）在業務比較集中的地區租用當地加鎖的專用郵政信箱，並開立分行存款户。

（2）通知顧客把付款郵寄到指定的郵政信箱。

（3）授權公司郵政信箱所在地的開户行，每天收取郵政信箱的匯款並存入公司帳户，然後將扣除補償餘額以後的現金及一切附帶資料定期送往公司總部。這就免除了公司辦理收帳、貨款存入銀行的一切手續。

3. 其他方法

除以上兩種方法外，還有一些加速收現的方法。例如，對於金額較大的貨款可採用電匯、直接派人前往收取支票並送存銀行的方法，以加速收款。另外，公司對於各銀行之間以及公司内部各單位之間的現金往來也要嚴加控制，以防有過多的現金閑置在各部門之間，以減少不必要的銀行帳户等方法加快現金回收。

（二）控制支出

現金支出管理的主要任務是盡可能延緩現金的支出時間，當然這種延緩必須是合理合法的，否則企業延期支付帳款所得到的收益將遠遠低於由此而遭受的損失。控制現金支出的方法有以下幾種。

1. 運用"浮遊量"

所謂現金浮遊量是指企業帳户上存款餘額與銀行帳户上所示的存款餘額之間的差額。有時，企業帳户上的現金餘額已爲零或負數，而該企業銀行帳上的現金餘額還有很多，這是因爲有些企業已經開出的付款票據尚處在傳遞過程中，銀行尚未付款出帳。如果能正確預測"浮遊量"並加以利用，可節約大量現金。在使用"浮遊量"時，必須控制好使用額度和使用時間。

2. 推遲支付應付款

企業可在不影響企業信譽的情況下，盡可能推遲應付款的支付期，充分運用供貨方提供的信用優惠。如遇企業急需現金，甚至可以放棄供貨方的折扣優惠，在信用期的最後一天支付貨款。當然，這需要權衡折扣優惠與急需現金之間的利弊得失而定。

3. 採用匯票結算方式付款

在使用支票付款時，只要受票人將支票存入銀行，付款人就要無條件地付款。但匯票不是"見票即付"的付款方式，在受票人將匯票送達銀行後，銀行要將匯票交付款人承兌，並由付款人將一筆相當於匯票金額的資金存入銀行，銀行才會付款給受票人，這樣就有可能合法地延期付款。

(三) 現金綜合管理

1. 力爭實現現金流量同步

一般來說，企業的現金流入與現金流出往往並不同步。企業的財務管理人員應該想方設法使企業的現金流入與現金流出發生的時間趨於一致。這樣就可以將企業交易性現金持有量降到最低水平，從而提高企業現金的使用效率。

2. 健全現金的內部控制制度

企業在現金管理中，應實行出納管錢、會計管帳、財務主管印章的相互牽制制度；實行定期輪崗制度；明確現金支出的批準權限；做好收支憑證的管理及帳目的核對工作。

3. 遵循國家現金管理的規定

要按照規定的範圍使用庫存現金（現鈔）；職工工資、津貼；個人勞動報酬；根據國家規定頒發給個人的科學技術、文化藝術、體育等各種獎金；各種勞保、福利費用以及國家規定的對個人的其他支出；向個人收帳農副產品和其他物資的價款；出差人員必須隨身攜帶的差旅費；結算起點（1 000元）以下的零星支出；中國人民銀行確定需要支付的其他支出，不得超限持有庫存現金；企業庫存現金，由其開戶銀行根據企業的實際需要核定限額，一般以3~5天的零星開支額為限。現金收入應及時送存開戶銀行，不得坐支。企業不得出租、出借銀行帳戶；不得簽發空頭支票和遠期支票；不得套取銀行信用；不得公款私存；等等。

4. 適當進行閒置現金的投資

企業在籌資和經營時，會取得大量的現金，這些現金在用於資本投資或其他業務活動之前，通常會閒置一段時間。這些現金頭寸可用於短期證券投資以獲取利息收入或資本利得，如果管理得當，這些現金頭寸可為企業增加相當可觀的淨收益。

第三節　應收帳款管理

應收帳款是企業因對外銷售商品、提供勞務而應向客戶單位收取的款項。應收帳款的存在一方面可增加銷售收入，另一方面又因形成應收帳款而增加經營風險。作為對應收帳款的財務管理，其基本目標是：在發揮應收帳款強化競爭、擴大銷售功能的同時，盡可能降低投資的機會成本、壞帳損失與管理成本，最大限度地獲取應收帳款投資的效益。

一、應收帳款的功能及成本

(一) 應收帳款的功能

（1）增加銷售。賒銷是一種重要的促銷手段，對企業擴大產品銷售、開拓並占領市場、增強企業競爭力都具有重要意義。

（2）減少存貨。賒銷可以加速產品銷售的實現，加快產成品向銷售收入的轉化速度，這對降低存貨中的產成品數額有着積極的影響。

(二) 應收帳款的成本

1. 機會成本

應收帳款的機會成本主要是指資金由於投放在應收帳款上而不能用於其他投資時所喪失的收益。如有價證券的利息收入等。

作爲應收帳款的機會成本，一方面與應收帳款金額掛勾，另一方面又與資金成本掛勾，因此，應收帳款的機會成本是維持賒銷業務所需資金數量與該資金成本率的乘積，即應收帳款的機會成本可以按照以下步驟進行計算：

(1) 計算應收帳款周轉次數：

應收帳款周轉次數＝日歷天數÷應收帳款周轉天數　　　　　　　　　　　(式8-11)

(2) 計算應收帳平均餘額：

應收帳款平均餘額＝賒銷收入淨額÷應收帳款周轉次數　　　　　　　　　(式8-12)

(3) 計算維護賒銷業務所需要的資金

維持賒銷業務所需要的資金＝應收帳款平均餘額×變動成本÷銷售收入

　　　　　　　　　　　　＝應收帳款平均餘額×變動成本率　　　　　　(式8-13)

(4) 計算應收帳款的機會成本

應收帳款的機會成本＝維持賒銷業務所需要的資金數量×資金成本率　　　(式8-14)

上式中資金成本率一般可按有價證券利息率計算。

【例8-4】假使某企業預測的年度賒銷收入淨額爲3 000 000元，應收帳款周轉期爲60天，變動成本率爲60%，資金成本率爲10%，計算應收帳款機會成本。

應收帳款周轉率＝360/60＝6（次）

應收帳款平均餘額＝3 000 000/6＝500 000（元）

維持賒銷業務所需資金500 000×60%＝300 000（元）

應收帳款機會成本＝300 000×10%＝30 000（元）

2. 管理成本

管理成本是指企業對應收帳款進行管理而耗費的開支，是應收帳款成本的重要組成部分，主要包括應對客戶收取的資信調查費用、應收帳款帳簿記錄費用、收帳費用以及其他費用。

3. 壞帳成本

壞帳成本是指應收帳款無法收回而給應收帳款持有企業帶來的損失。

壞帳成本＝年賒銷額×壞帳損失率　　　　　　　　　　　　　　　　　　(式8-15)

二、應收帳款的信用政策

信用政策是指企業爲對應收帳款投資進行規劃與控制而確立的基本原則與行爲規範，包括信用標準、信用條件、收帳政策三個方面內容。

(一) 信用標準

信用標準是客戶獲得企業商業信用所應具備的最低條件。

1. 信用標準的影響因素——定性分析

企業在信用標準的確定上，面臨着兩難的選擇，其實，這也是風險、收益、成本的對稱性關係在企業信用標準制定方面的客觀反應。有效的途徑是，企業在制定或選擇信用標準時應考慮三個因素：

（1）同行業競爭對手情況。
（2）企業承受違約風險的能力。
（3）客戶的資信程度。客戶的資信程度可通過 5C 系統來反應，包含道德品質（Character）、還款能力（Capacity）、資本實力（Capital）、擔保（Collateral）、經營環境條件（Condition）五大方面來對客戶信用資質進行估計和評定。

2. 信用標準的確立——定量分析

對信用標準的定量分析，旨在解決兩個問題：一是確定客戶拒付帳款的風險，即壞帳損失率；二是確定客戶的信用等級，以作爲給予或拒絕信用的依據。這主要通過以下三個步驟來完成：

（1）設定信用等級的評價標準
（2）利用既有或潛在客戶的財務報表數據，計算各自指標值。並與上述標準進行比較。
比較的方法：若某客戶的某項指標值等於或低於壞的信用標準，由該客戶的拒付風險系數（壞帳損失率）增加 10%；若客戶的某項值介於好與壞的信用標準之間，則該客戶的拒付風險系數（壞帳損失率）增加 50%；若客戶的某一指標值等於或高於好的信用標準，則視該客戶的這一指標無拒付風險。最後將客戶的各項指標的拒付風險系數累加，即作爲該客戶發生壞帳損失的總比率。

（3）進行風險排隊，並確定各有關客戶的信用等級。
累計風險系數在 5% 以內的爲 A 級客戶，在 5%～10% 的爲 B 級客戶。不同等級的客戶，其相應的信用政策是不同的。

3. 信用標準決策

信用標準變化會引起銷售量、應收帳款總額、應收帳款管理成本、壞帳損失的變化。如果企業放鬆信用標準後所增加的銷售利潤大於由此而增加的應收帳款的機會成本、管理成本和壞帳損失成本，那麼企業就應該放鬆信用標準。相反，如果企業收緊信用標準後所減少的銷售利潤小於由此而減少的應收帳款的機會成本、管理成本和壞帳損失成本，那麼企業就應該收緊信用標準。

【例 8-5】某企業本年度銷售額 240 萬元，單價 40 元，單位變動成本 30 元。下年度企業準備放鬆信用標準，預計銷售額將增加 60 萬元，平均收款期將從 1 個月延長到 2 個月，應收帳款管理成本將增加 0.5 萬元。設應收帳款的機會成本爲 15%，新增銷售額的壞帳損失率爲 10%，企業有剩餘生產能力，產銷量增加無需增加固定成本。

（1）信用標準變化對收益的影響：
60/40×（40-30）＝15（萬元）
（2）信用標準變化對應收帳款機會成本的影響：
（300/12×2-240/12×1）×15%
＝（50-20）×15%＝4.5（萬元）
（3）信用標準變化對應收帳款管理成本的影響：0.5 萬元
（4）信用標準變化對壞帳損失的影響：
60×10%＝6（萬元）
信用標準變化對企業利潤的綜合影響：
15-4.5-0.5-6＝4（萬元）
企業下年度應放鬆信用標準。

（二）信用條件

信用標準是企業評價客戶等級決策給予或拒絕客戶信用的依據。一旦企業決策給予客户信用優惠時，就需要考慮具體的信用條件。

信用條件是指企業接受客户信用訂單時所提出的付款要求。其具體的現金方式如"2/10，N/30"，主要包括信用期限、折扣期限及現金折扣等。其中，信用期限是指企業允許客户從購貨到支付貨款的時間限定；現金折扣是指企業爲鼓勵客户早日付款，在規定的時間内給予客户一定比例的優惠；折扣期限是指客户能享受現金折扣的最後期限。

企業在經營過程中，隨著環境的變化，需要不斷調整信用政策，並對改變條件的備選方案進行認真評價。

【例8-6】某企業預測年度賒銷收入淨額2 400萬元，其信用條件是：N/30，變動成本率爲65%，資金成本率爲20%，假設企業收帳政策不變，固定成本不變，該企業準備了三個信用條件的備選方案：A維持原信用條件；B信用條件爲N/60；C信用條件爲N/90。各方案的賒銷水平、壞帳損失及收帳費用如下：

表8-3　　　　　　　　　　　信用條件備選方案　　　　　　　　　　單位：萬元

項目	A	B	C
*年賒銷額	2 400	2 640	2 800
應收帳款周轉率	12	6	4
應收帳款平均餘額	2 400/12=200	2 640/6=440	2 800/4=700
維持賒銷業務所需資金	20×65%=130	440×65%=286	700×65%=455
*壞帳損失率	2%	3%	5%
壞帳損失	2 400×2%=48	2 640×3%=79.2	2 800×5%=140
*收帳費用	24	40	56

計算分析如下：

表8-4　　　　　　　　　　　信用條件分析評價　　　　　　　　　　單位：萬元

項目	A	B	C
年賒銷額	2 400	2 640	2 800
變動成本	1 560	1 716	1 820
信用成本前收益	840	924	980
信用成本：			
機會成本	130×20%=26	286×20%=57.2	455×20%=91
壞帳損失	48	79.2	140
收帳費用	24	40	56
小計	98	176.4	287
信用成本後收益	742	747.6	693

所以，應選擇B方案。

【例8-7】接上例：若企業選擇了B，但爲了加速應收帳款的收回，決定將賒銷條件改爲：2/10，1/20，n/60（D方案），估計有60%的客户（按賒銷額計算）會利用2%的折扣，15%的客户會利用1的折扣，壞帳損失率降爲2%，收帳費用降爲30萬元。則：

應收帳款周轉期=60%×10+15%×20+25%×60=24（天）

應收帳款周轉率=360/24=15（次）

應收帳款平均餘額 = 2 604.36/15 = 173.624（萬元）
維持賒銷業務所需資金 = 173.624×65% = 112.86（萬元）
機會成本 = 112.86×20% = 22.58（萬元）
壞帳損失 = 2 640×2% = 52.8（萬元）
現金折扣 = 2 640×（2%×60%+1%×15%）= 35.649（萬元）
如下表所示：

表 8-5　　　　　　　　　　信用條件分析評價　　　　　　　　單位：萬元

項目	B	D
年賒銷額	2,640	2,640
減：現金折扣		35.64
年賒銷淨額	2,640	2,604.36
減：變動成本	1,716	1,716
信用成本前收益	924	888.36
減：信用成本		
機會成本	57.2	22.58
壞帳損失	79.2	52.8
收帳費用	40	30
小計	176.4	105.38
信用成本後收益	747.6	782.98

所以，應選擇 D 方案。

(三) 收帳政策

收帳政策是指當客戶違反信用條件，拖欠甚至拒付帳款時，企業所採取的收帳策略與措施。在企業向客戶提供商業信用時，其必須考慮三個問題：第一，客戶是否會拖欠或拒付帳款，程度如何；第二，怎樣最大限度地防止客戶拖欠帳款；第三，一旦帳款遭到拖欠甚至拒付，企業應採取怎樣的對策。前兩個問題的解決主要靠信用調查和嚴格信用審批制度。第三個問題的解決則必須通過制定完善的收帳政策，採取有效的收帳措施。

企業對拖欠應收帳款進行催收，都需要付出一定的代價，即收帳費用。如果企業的收款政策過寬，拖欠款項的客戶將會增多並且拖延款項的時間延長，從而增加應收帳款的投資和壞帳損失，但卻會減少收帳費用；而收帳政策過嚴，又將導致拖欠款項的客戶減少及拖延款項的時間縮短，從而減少應收帳款的投資和壞帳損失，但卻會增加收帳費用。因此，企業在制定收帳政策時，要權衡利弊得失，掌握好寬嚴界限。

因此，制定合理的收帳政策就是要在增加的收帳費用與減少壞帳損失及應收帳款機會成本之間進行權衡，若前者小於後者，則說明制定的收帳政策是可取的。

三、信用風險管理制度與綜合信用管理

(一) 信用風險管理制度

信用風險管理制度是專門針對企業賒銷行為中的信用行為進行監督和控制的一種財務管理制度，這樣一種制度按照賒銷行為發生到應收帳款回收，可以劃分為銷售行為前期、收款中期、收款後期的三種事前信用風險控制、事中信用風險控制、事後信用風險控制

制度。

1. 事前控制——客戶資信管理制度

在這項制度中,企業應當關注如下五個管理任務:

(1) 對客戶企業的信用進行調查。只有正確地評價顧客的信用狀況,企業才能合理地執行其信用政策。要想合理地評價顧客的信用,企業必須對顧客信用進行調查,收集有關的信息資料。

(2) 客戶企業的信用評估。收集好信用資料後,要對這些資料進行分析,並對顧客信用狀況進行評估。信用評估的方法很多,這裡介紹兩種常見的方法:5C 評估法和信用評分法。

5C 評估法主要分析以下五個方面信用要素:借款人品德品質(Character)、還款能力(Capacity)、資本實力(Capital)、擔保(Collateral)、經濟環境條件(Condition)。

信用評分法則是先對一系列財務比率和信用情況指標進行評分,然後進行加權平均,得出顧客綜合的信用分數,並以此進行信用評估的一種方法。

2. 事中控制——授信業務管理制度

在這項管理制度中企業應當關註的事項是:根據前期對客戶的信用檔案調查,制定合理的信用政策,並且審核客戶的信用額度,將信用檔案與信用額度相掛勾,並且依照信用額度來對發貨數量實行控制

3. 事後控制——應收帳款監控制度

在這項管理制度中,企業應該在賒銷行為發生之後,隨時觀察企業的信用狀況,尤其是臨近到期的應收帳款,更應該適時的對客戶還款能力進行調查,對每一筆應收帳款實行緊密監督,保證現金流量,對於逾期的應收帳款,應建立催收、追收程序,對惡劣客戶甚至涉及法律手段的借助。同時,對於應收帳款,企業應按照謹慎性原則計提壞帳準備,提早預防損失,以保證企業現金流量正常穩定。

(二) 綜合信用管理

綜合信用管理是由企業建立一個在總經理或董事會直接領導下的獨立的綜合信用管理部門(或設置信用監理),由該部門負責有效協調企業的銷售目標和財務目標,在企業內部形成一個科學的風險制約機制,防止任何部門或各層管理人員盲目決策所可能產生的信用風險。

企業專設的綜合信用管理部門,並不是所有信用管理工作全部由該部門獨立承擔,而是與財務部門、銷售部門、經理高層之間相互配合完成。綜合信用管理部門的基本功能是在企業信用政策允許的範圍內做好賒銷管理工作,管理客戶資信、分析客戶信用、管理應收帳款和壞帳損失的處理。其目的在於增加有效銷售、加速資金周轉、減少企業貸款、改進企業與客戶之間的關係,從而增強企業整體運作的穩定性和實效性。

作為企業信用管理的一種高效方法,綜合信用管理流程中應包括以下幾個方面的工作:

(1) 客戶檔案管理工作:主要包括客戶信息的收集、客戶檔案的建立和維護、與客戶交易有關的風險指數定量化分析、動態客戶檔案的企業內部服務、客戶授信等,它屬於應收帳款的事前控制。

(2) 客戶授信:在客戶信用檔案收集的基礎上,合理制定和運用信用政策、審核信用額度,通過客戶信用檔案與授信的管理來控制企業應收帳款發生的總體規模和個體規模;整個信用管理中的客戶授信屬於應收帳款的事中控制。

(3) 應收帳款管理和商帳追收,通過對應收帳款的管理,包括進行帳齡分析和對客戶的動態跟蹤,實現對每一筆應收帳款的監控,以保證企業的現金流量,以及商帳追收,即對於

逾期應收帳款進行處理，其中包括對每筆逾期應收帳款的診斷、標準催收程序的設立和執行、委託專業追帳公司進行國內外追帳、對惡劣客戶訴諸法律等，它屬於應收帳款的事後控制。

結合以上分析，一個有效的綜合信用管理流程，包括控制環節的設計，管理制度的制訂和規範措施的採用三大內容（如圖 8-8 所示）。

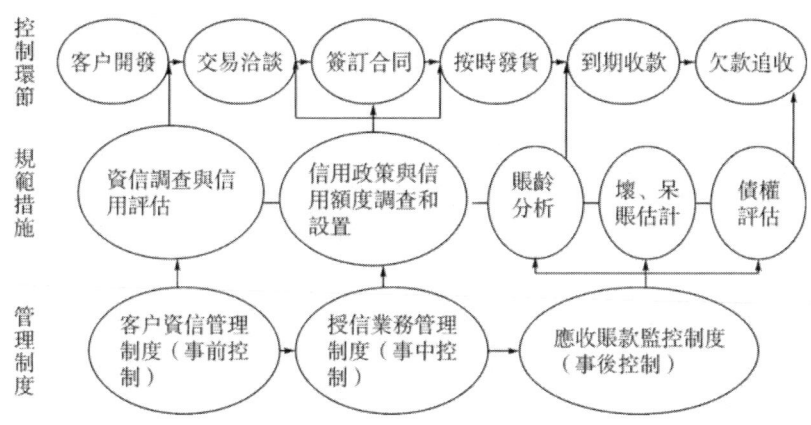

圖 8-8　綜合信用管理模式概念示意圖

這樣一個綜合信用管理流程，強化了客戶資信管理，並防範了銷售中的信用風險；通過對應收帳款的控制和對欠款的追收，加快了資金周轉，減少呆帳、壞帳損失，提高了財務管理質量；另外，在防範企業運營風險，提升企業市場競爭力的同時，也全面提高了企業管理的規範性和管理素質。當然，如果企業採用新的信用管理流程時，必須依照綜合信用管理的工作流程設計符合企業實情的信用組織結構，以有效地實現該流程的功能。

四、應收帳款日常管理

企業日常經營活動中，除了對銷售行為中的信用風險進行管理以外，對於已發生的應收帳款，企業還應進一步加強日常管理工作，採取有力的措施進行分析、控制，及時發現問題，提前採取對策。這些應收帳款日常管理的措施主要包括應收帳款追蹤分析、應收帳款帳齡分析、應收帳款收現率分析和建立應收帳款壞帳準備制度

（一）應收帳款追蹤分析

應收帳款一旦發生，企業就必須考慮如何按期足額收回的問題。要達到這一目的，企業有必要在收帳之前，對該項應收帳款的運行過程進行追蹤分析。既然應收帳款是存貨變現過程的中間環節，對應收帳款實施追蹤分析的重點應放在賒銷商品的銷售和變現方面。客戶以賒銷方式購入商品後，迫於獲利和付款信譽的動力和壓力，必然期望迅速地實現銷售並收回帳款。如果這一期望能夠順利實現，而客戶又具有良好的信用品質，則賒銷企業如期足額地收回客戶欠款一般不具有多大問題。然而，市場供求關係所具有的瞬變性，這使得客戶所賒銷的商品不能順利地銷售和變現，經常出現的情形有兩種：積壓或賒銷。但無論屬於其中哪種情形，對客戶而言，都意味着與應付帳款相對的現金支付能力匱乏。在這樣的情況下，客戶能否嚴格履行賒銷企業的信用條件，取決於兩個因素：其一，客戶的信用品質；其二，客戶的現金持有量與調劑程度。如果客戶的信用品質良好，持有一定的現金餘額，且現金支出的約束性較小，可調劑程度較大，客戶大多是不願以損失市場信譽為代價而拖欠企業帳款的。如果客戶信用品質不佳，或者現金匱乏，或者現金可調劑程度

低下，企業的帳款遭受拖欠也就在所難免。

(二) 應收帳款帳齡分析

企業已發生的應收帳款時間長短不一，有的尚未超過信用期，有的則已逾期拖欠。一般來講，逾期拖欠時間越長，帳款催收的難度越大，這部分應收帳款成為壞帳的可能性也就越高。因此進行帳齡分析，密切注意應收帳款的回收情況，是提高應收帳款收現效率的重要環節。

應收帳款帳齡分析就是考察研究應收帳款的帳齡結構。所謂帳齡結構，就是指各帳齡應收帳款的餘額占應收帳款總額餘額的比重。

【例 8-8】已知某企業帳齡分析表如下：

表 8-6　　　　　　　　　　應收帳款帳齡分析表

應收帳款	帳戶數量	金額（萬元）	比重（%）
信用期內（設平均為 3 個月）	100	120	60
超過信用期 1 個月內	50	20	10
超過信用期 2 個月內	20	12	6
超過信用期 3 個月內	10	8	4
超過信用期 4 個月內	15	14	7
超過信用期 5 個月內	12	10	5
超過信用期 6 個月內	8	4	2
超過信用期 6 個月以上	16	12	6
應收帳款餘額總計	—	200	100

利用帳齡分析表，企業可以瞭解尚在信用期內的欠款數量及比例、超過信用期的欠款數量及比例，此時企業應分析逾期帳款具體屬於那些客戶，那些客戶是否經常發生拖欠情況，發生拖欠的原因何在。一般而言，帳款逾期時間越短，收回的可能性越大，發生壞帳的可能性越小；反之，則回收的可能性越小，發生壞帳的可能性越大。因此企業應對不同拖欠時間的帳款及不同信用品質的客戶，採用不同的收帳方法，制定出經濟、可行的收帳政策；對可能發生的壞帳損失，要提前有所準備，充分估計這一因素對企業損益帶來的影響。對尚未過期的應收帳款，也不能放鬆管理和監督，以防發生新的拖欠。

(三) 應收帳款收現率分析

由於企業當前現金支付需要量與當期應收帳款收現額之間存在非對稱性矛盾，並呈現出預付性與滯後性的差異特徵（如企業必須用現金支付與賒銷收入有關的增值稅和所得稅，彌補應收帳款資金占用等），這就決定了企業必須對應收帳款收現水平制定一個必要的控制標準，即應收帳款收現率。

應收帳款收現率是為適應企業現金收支匹配關係的需要，所確定出的有效收現的帳款應占全部應收帳款的百分比，是二者應當保持的最低比例。公式為：

$$應收帳款收現率 = \frac{當期必要現金支付總額 - 當期其他穩定可靠的現金流入總額}{當期應收帳款總計金額}$$

(式 8-16)

式中的其他穩定可靠的現金流入總額是從應收帳款收現以外的途徑可以取得的各種穩定可靠的現金流入數額，包括短期有價證券變現淨額，可隨時取得的銀行貸款額等。

應收帳款收現率指標反應了企業既定會計期間預期現金支付數量扣除各種可靠、穩定性來源後的差額，必須通過應收款項有效收現予以彌補的最低保證程度。其意義在於：應收帳款未來是否可能發生壞帳損失對企業並非最爲重要，更爲關鍵的是實際收現的帳項能否滿足同期必要的現金支付要求。

【例8-9】某企業預期必須以現金支付的款項有：支付工人工資150萬元，應納稅款105萬元，支付應付帳款180萬元，其他現金支出9萬元。預計該期穩定的現金收回金額是210萬元，記載在該期應收帳款明細期末帳上客戶有A（欠款240萬元）、B（欠款300萬元）和C（欠款60萬元），應收帳款收現率計算如下：

當期現金支付總額＝150+105+180+9＝444（萬元）

當期應收帳款總計金額＝240+300+60＝600

應收帳款收現率＝（444-210）÷600×100%＝39%

即企業當期必須收回應收帳款的39%，才能最低限度保證當期必要的現金支出，否則便有可能出現支付危機。

企業應該定期計算應收帳款收現率，看其是否達到既定的控制標準，當其未達到應收帳款收現率控制標準時，企業應查明原因並採取相應措施，確保企業有足夠的現金滿足同期必需的現金支付要求。

(四) 應收帳款壞帳準備金制度

不管企業採用什麼樣的信用政策，只要存在商業信用行爲，壞帳損失的發生在所難免。當有確鑿證據表明確實無法收回的應收帳款時，應作爲壞帳損失處理。企業在遵循穩健原則的同時，應對壞帳損失的可能性預先進行估計，積極建立彌補壞帳損失的準備金制度。

壞帳準備金制度是企業按照事先確定的比例估計壞帳損失，計提壞帳準備金，待發生壞帳時再衝減壞帳準備金。建立壞帳準備金制度的關鍵是合理確定計提壞帳準備的比例，通常壞帳準備金的計提比例有三種方法：賒銷百分比法、帳齡分析法、應收帳款餘額百分比法。

(1) 賒銷百分比法：按照賒銷貨款的一定比例計提壞帳準備。

(2) 帳齡分析法：按照帳齡的長短分別確定不同的壞帳準備金計提比例，一般情況下，帳齡越短的計提比例越小，帳齡越長的計提比例越大。

(3) 應收帳款餘額百分比發：按照應收帳款餘額的一定比例計提壞帳準備。

第四節　存貨管理

一、存貨的功能和成本

(一) 存貨的功能

存貨是指企業爲銷售或耗用而儲存的各種資產，在制造企業，存貨通常包括：原材料、委託加工材料、包裝物、低值易耗品、在產品、產成品等。

存貨是流動資產中所占比例較大的項目，在工業企業中，約占流動資產的50%～60%。所以，存貨管理的好壞，對整個企業的財務狀況影響極大。同時存貨又是聯繫產品生產和銷售的一個重要環節，存貨過多會增加企業風險或減少利潤，而存貨過少又會喪失銷售機會或停工待料。因此，存貨管理的目的就是既要充分保證生產經營對存貨的需要，又要盡量避免存貨積壓，降低存貨成本。

存货管理的任务在于恰当地控制存货水平，在保证销售和耗用正常进行的情况下，尽可能地节约资金、降低存货成本。

企业持有存货的功能可以归纳为以下几个方面。

1. 防止停工待料

适量的原材料存货和在产品、半成品存货是企业生产正常进行的前提和保障。就企业外部而言，供货方的生产和销售往往会因某些原因而暂停或推迟，从而影响企业材料的及时采购、入库和投产。就企业内部而言，有适量的半成品储备，能使各生产环节的生产调度更加合理，各生产工序步调更为协调，联系更为紧密，不至于因等待半成品而影响生产。可见，适量的存货能有效防止停工待料事件的发生，维持生产的连续性。

2. 适应市场变化

存货储备能增强企业在生产和销售方面的机动性以及适应市场变化的能力。企业有了足够的库存产成品，才能有效地供应市场，满足顾客的需要。相反，若某种畅销产品库存不足，企业将会坐失目前的或未来的推销良机，并有可能因此而失去顾客。在通货膨胀时，适当地储存原材料存货，能使企业获得因市场物价上涨而带来的好处。

3. 获取规模效益

企业如果批量采购原材料，可以获取价格上的优惠，也可以降低管理及采购费用；批量组织生产，可以使生产均衡，降低生产成本；批量组织销售，可以及时满足客户对产品的需求，有利于销售规模的迅速扩大。

(二) 存货的成本

企业在存货决策时，通常需要考虑以下几项成本。

1. 取得成本

取得成本是指为取得某种存货而支出的成本，它又可分为：①订货成本，即取得订单的成本，订货成本中有一部分与订货次数无关，如常设采购机构的基本开支等，称为订货的固定成本，用 F_1 表示。另一部分与订货次数有关，如差旅费、邮资等，称为订货的变动成本，每次订货的变动成本用 K 表示，订货次数等于存货年需求量 D 与每次进货量 Q 之商。②购置成本，即存货本身的价值，经常用存货数量与单价的乘积来确定。年需要量用 D 表示，单价用 U 表示，则购置成本为 DU。订货成本加上购置成本，就等于存货的取得成本（TC_a），其公式可表达为：

取得成本=订货成本+购置成本

$$TC_a = F_1 + D/Q \cdot K + DU \qquad (式8-17)$$

2. 储存成本

储存成本是指为保持存货而发生的成本，储存成本也分为固定成本和变动成本。固定成本与存货数量的多少无关，如仓库折旧、仓库职工的固定月工资等，常用 F_2 表示；变成成本与存货的数量有关，如存货奖金的应计利息、存货的破损和变质损失、存货的保险费用等，单位变动成本用 K_c 表示。因此，储存成本（TC_c）的计算公式为：

储存成本=储存固定成本+储存变动成本

$$TC_c = F_2 + K_c \cdot Q/2 \qquad (式8-18)$$

3. 短缺成本

短缺成本是指由于存货储备不能满足生产和销售的需要而造成的损失，如停工损失、丧失销售机会的损失、经济信誉的损失、紧急采购的额外开支等。短缺成本用 TC_s 表示。

存货储存的总成本表现为取得成本、储存成本、缺货成本三者之和，用 TC 表示储备存貨的總成本。其計算公式為：
$$TC = TC_a + TC_c + TC_s$$
$$= F_1 + D/Q \cdot K + DU + F_2 + K_c \cdot Q/2 + TC_s \tag{式 8-19}$$

二、存貨控制的基本方法

經濟批量控制是最基本的存貨定量控制方法，包括經濟訂貨批量模型及其擴展模型兩方面內容。經濟訂貨批量模型（economic ordering quantity model，EOQ）是指在保證生產經營需要的前提下能使一定時期內存貨相關總成本最低的採購批量。經濟訂貨批量模型有許多形式，但各種形式的模型都是以基本經濟訂貨模型為基礎發展起來的。基本經濟訂貨模型使用了許多假設條件，有些條件與現實相差較遠，但是它卻為經濟訂貨批量的確定奠定了良好的理論基礎，而其他模型一般是在基本模型的基礎上，通過放寬某些假設條件而得到的，因此稱為基本模型的擴展模型。

（一）基本經濟訂貨批量模型

基本經濟訂貨批量模型，通常是建立在如下基本假設基礎上的：
（1）企業能夠及時補充存貨，所需的存貨市場供應充足，在需要存貨時可以立即取得；
（2）存貨集中到貨，而不是陸續入庫；
（3）不允許缺貨，即無缺貨成本；
（4）一定時期的存貨需求量能夠確定，即需求量為常量；
（5）存貨單價不變，不考慮現金折扣，單價為已知常量；
（6）企業現金充足，不會因現金短缺而影響進貨。

基於上述假設，存貨相關總成本的公式簡化為：$TC = TC_a + TC_c$
即：$TC = F_1 + D/Q \cdot K + DU + F_2 + K_c \cdot Q/2$ (式 8-20)

式中：TC 為存貨相關總成本；D 為存貨年需求量；Q 為每次進貨批量；K 為每次訂貨的變動成本；K_c 為存貨的單位儲存變動成本；F_1 為訂貨固定成本；F_2 為儲存固定成本；U 為單位購置成本。

根據上述公式，為了求出存貨總成本 TC 的最小值，從數學角度，只要對上述公式求一階導數即得：

$$Q^* = \sqrt{\frac{2KD}{K_c}} \tag{式 8-21}$$

這就是經濟訂貨量的基本模型，由此求出的每次訂貨量 Q^* 就是使存貨成本最小的訂貨批量。這個基本模型還可以演變成其他形式：

經濟批量下的存貨總成本：$TC(Q^*) = \sqrt{2KDK_c}$ (式 8-22)

最佳訂貨次數：$N^* = \dfrac{D}{Q} = \sqrt{\dfrac{DK_c}{2K}}$ (式 8-23)

最佳訂貨週期：$t^* = \dfrac{1}{N^*}$ 年 (式 8-24)

經濟批量占用的資金：$I^* = \dfrac{Q^*}{2} \times U$ (式 8-25)

【例 8-10】某企業每年耗用甲材料 3,600 千克，材料單價為 80 元，一次訂貨成本為 50 元，每千克材料的年儲存變動成本為 4 元。根據上述資料，計算甲材料的經濟訂貨批量、年最佳採購次數以及經濟訂貨批量下的最低總成本。

解：依據公式可得，甲材料的經濟訂貨批量：

$$Q^* = \sqrt{\frac{2 \times 50 \times 3\,600}{4}} = 300(千克)$$

甲材料年最佳採購次數：

$N^* = 3\,600 \div 300 = 12$（次）

經濟訂貨批量下的最低總成本：

$TC(Q^*) = \sqrt{2 \times 50 \times 3\,600 \times 4} = 1\,200$（元）

基本經濟訂貨批量與相關成本之間的關係可用圖 8-9 來表示，在該圖中，儲存變動成本與一次訂貨規模成正比例關係，而訂貨變動成本與一次訂貨規模成反比例關係，由此決定相關總成本線的變化。因此，Q^* 點即為可使存貨總成本最低的經濟訂貨批量。

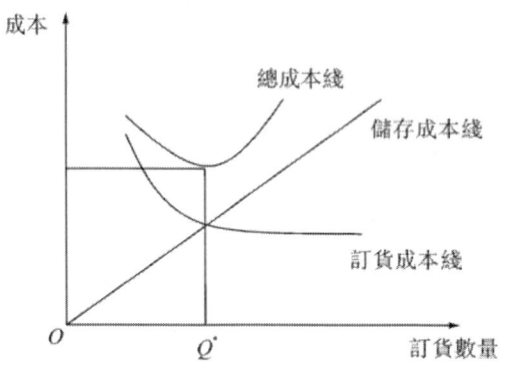

圖 8-9　基本經濟訂貨批量與相關成本關係圖

（二）經濟訂貨批量模型的擴展

經濟訂貨批量模型是建立在一定的假設條件基礎上的，而現實生活中能同時滿足上述假設條件的情況相當罕見。為了使基本模型更接近於實際情況，具有較高的實用價值，我們需要適當放寬假設條件，同時改進基本模型。

1. 訂貨提前期與再訂貨點

基本經濟訂貨批量模型中假定"需要存貨時可以立即取得"是不符合實際情況的。現實中，企業從訂貨到收到貨物往往需要若干天，為了避免停工待料情況的發生，企業不能等到存貨全部用完再去訂貨，而需要在存貨沒有用完之前提前訂貨。因此，企業需要計算自訂貨至收到貨物所需的天數，此天數稱為訂貨提前期，用 L 來表示。在提前訂貨的情況下，企業再次發生訂貨單時，尚有存貨的庫存量，稱為再訂貨點，用 R 表示。它的數量等於訂貨提前期（L）和每日平均需用量（d）的乘積，即：$R = L \times d$ 　　　　（式 8-26）

【例 8-11】續上例，假定企業訂貨日至到貨期的時間為 15 天，每日存貨需用量為 5 千克，則：

$R = L \times d = 15 \times 5 = 75$（千克）

當甲材料的存貨降至 75 千克時，企業就應當再次訂貨，等到訂貨到達時，原有庫存剛好用完。此時有關存貨的每次訂貨批量、訂貨次數、訂貨間隔時間等並無變化，與瞬時補充時相同。這就是說，訂貨提前期對經濟訂貨批量並無影響，可仍以原來瞬時補充情況下的 300 千克為經濟訂貨批量，只不過在達到再訂貨點（庫存 75 千克）時即發出訂貨單罷了。

2. 存貨陸續供應和使用的經濟訂貨批量模型

在建立基本模型時，我們假定存貨一次全部入庫。事實上，存貨可能陸續入庫，庫存量也陸續增加。尤其是產成品和在製品的轉移，幾乎都是陸續供應和陸續耗用的。這時，我們需要對基本模型進行一些修改。

假設每批的訂貨量爲 Q。由於每日送貨量爲 p，則該批存貨全部送達所需日數爲 Q/p，稱爲送貨期。因存貨每日耗用量爲 d，故送貨期內的全部耗用量爲：$Q/p \cdot d$。因爲存貨邊送邊用，所以每批存貨送完時，最高庫存量已經小於 Q，即最高庫存量爲 $Q - Q/p \cdot d$，平均存貨量則爲：$\frac{1}{2}(Q - Q/p \cdot d)$。這樣，與批量有關的存貨總成本爲：

$$TC(Q^*) = D/Q \cdot K + \frac{1}{2}(Q - Q/p \cdot d) \cdot K_c$$
$$= D/Q \cdot K + Q/2(1 - d/p) \cdot K_c \qquad (式 8\text{-}27)$$

對上式求一階導數，或者建立全年訂貨變動成本等於全年儲存變動成本的等式，得到存貨陸續供應和使用的經濟訂貨量公式爲：

$$Q^* = \sqrt{\frac{2KD}{K_C}} \cdot \sqrt{\frac{P}{P-d}} \qquad (式 8\text{-}28)$$

相應地，存貨陸續供應和使用經濟批量的相關總成本爲：

$$TC(Q^*) = \sqrt{2KDK_c \cdot \left(1 - \frac{d}{p}\right)} \qquad (式 8\text{-}29)$$

【例 8-12】某企業對 A 零件的年需求量爲 2 500 件，每日送貨量爲 20 件，每日耗用量爲 10 件，單位價格爲 20 元，一次訂貨成本爲 25 元，年單位儲存變動成本爲 4 元，則 A 零件的經濟訂貨批量和經濟訂貨批量下的相關總成本分別爲多少？

解：依據公式可得，A 零件的經濟訂貨批量爲：

$$Q^* = \sqrt{2 \times 25 \times 2\,500/4 \times \frac{20}{20-10}} = 250(元)$$

經濟訂貨批量下的相關總成本爲：

$$TC(Q^*) = \sqrt{2 \times 25 \times 2\,500 \times 4 \times \left(1 - \frac{10}{20}\right)} = 500(元)$$

陸續供應和使用的經濟訂貨批量模型，還可以用於自制和外購的選擇決策。自制零件屬於邊送邊用的情況，平均庫存量較少，單位生產成本可能較低，但是每批零件投產的生產準備成本比一次訂貨的成本可能高出很多。外購零件的單位成本可能較高，平均庫存量也較高，但是其訂貨成本則較低。要在自制零件還是外購零件之間做出選擇，需要全面衡量它們各自的相關總成本。

3. 存在商業折扣的經濟訂貨批量模型

在經濟訂貨批量的基本模型中，假定商品的價格是不變的。但在現實生活中，許多企業在銷售時都有批量折扣（商業折扣），即對大批量採購的企業往往在價格上給予一定的優惠。因此，在這種情況下，存貨相關總成本除了考慮訂貨變動成本和變動儲存成本外，還應考慮購置成本（因爲購置成本隨著訂貨批量的變化而發生變化，構成了存貨批量決策的相關成本），這時：

存貨相關總成本＝訂貨變動成本＋變動儲存成本＋購置成本

$$TC = \frac{D}{Q}K + K_c\frac{Q}{2} + DU(1 - 折扣率) \qquad (式 8\text{-}30)$$

考慮商業折扣情況下確定經濟批量的步驟：
(1) 確定無商業折扣條件下的經濟批量和存貨相關總成本。
(2) 加進不同批量的進價成本差異因素。
(3) 比較不同批量下的存貨相關總成本，找出存貨相關總成本最低的訂貨批量。

【例8-13】某公司W零件的年需求量爲7 200件，該零件單位標準價格爲50元，已知每次訂貨成本爲25元，單位零件年儲存變動成本爲4元，該公司從銷售單位獲悉的銷售政策爲：一次訂貨量爲1 000件以內的執行標準價；一次訂貨量爲1 000~3 000件（含1 000件）的給予2%的批量折扣。一次訂貨量爲3 000件以上（含3 000件）的給予3%的批量折扣。請根據以上資料確定企業的最佳訂貨量。

①沒有價格優惠的最佳訂貨批量：

$$Q^* = \sqrt{\frac{2 \times 25 \times 7\,200}{4}} = 300(件)$$

300件訂貨批量的存貨相關總成本爲：
7,200÷300×25+300÷2×4+7,200×50 = 361,200 （元）

②1,000件訂貨批量的存貨相關總成本：
7,200÷1,000×25+1,000÷2×4+7,200×50×（1-2%） = 354,980 （元）

③3,000件訂貨批量的存貨相關總成本：
7,200÷3,000×25+3,000÷2×4+7,200×50×（1-3%） = 355,260 （元）

通過對上述三種訂貨批量下的存貨相關總成本的比較，我們可以看出，1,000件訂貨批量爲最佳，因爲其相關總成本最低。

4. 存在缺貨的經濟訂貨批量模型

基本模型中假定不允許缺貨，從而杜絕了缺貨成本。但在實際生活中，供貨方或運輸部門的問題經常會導致所採購的材料無法及時到達企業，發生缺貨損失的現象，這時就必須將缺貨成本加以考慮（因爲缺貨成本已存在，並且隨訂貨批量的變動而變化）。在這種情況下，使訂貨變動成本、儲存變動成本和缺貨成本總和最低的採購批量，才是最佳的訂貨批量。

存貨相關總成本＝訂貨變動成本＋儲存變動成本＋缺貨成本　　　　　　　　（式8-31）

設S爲單位缺貨年均成本，現利用導數求解的方式，所確定的存在缺貨條件下的經濟批量的公式爲：

$$Q^* = \sqrt{\frac{2KD \cdot (K_c + S)}{K_c \cdot S}} \quad\quad\quad (式8\text{-}32)$$

最低的相關總成本爲：

$$TC(Q^*) = \sqrt{\frac{2KDK_c S}{K_c + S}} \quad\quad\quad (式8\text{-}33)$$

【例8-14】某企業R材料年需求量爲2 000噸，每次訂貨成本50元，單位材料年儲存變動成本2元，單位缺貨年均成本4元，則材料的經濟訂貨批量及最低的相關總成本爲多少？

解：依據公式計算，存在缺貨情況的經濟訂貨批量爲：

$$Q^* = \sqrt{\frac{2 \times 50 \times 2\,000 \times (2+4)}{2 \times 4}} \approx 387(噸)$$

最低相關總成本爲：

$$TC(Q^*) = \sqrt{\frac{2 \times 50 \times 2\,000 \times (2 \times 4)}{2 + 4}} \approx 516 \text{（元）}$$

三、存貨控制的其他方法

（一）ABC 控制法

ABC 控制法是由義大利經濟學家巴累托於 19 世紀在研究人口與收入的關係規律時提出來的，以後經過不斷的發展與完善，現已廣泛地應用於現代企業的存貨管理與控制。ABC 控制法是根據各種存貨在全部存貨中的重要程度對存貨進行分類、排隊、分等級、有重點地管理和控制的一種方法。其具體的操作步驟是：

1. 計算每一種存貨在一定時間內（一般爲一年）的資金占用額。
2. 計算每一種存貨資金占用額占全部資金占用額的百分比，並按大小順序排列，編成表格。
3. 根據事先測定好的標準，把最重要的存貨劃爲 A 類，把一般存貨爲 B 類，把不重要的存貨劃爲 C 類，並畫圖表示出來。
4. 對 A 類存貨進行重點規劃和控制，對 B 類存貨進行次重點管理，對 C 類存貨只進行一般管理。

把存貨劃分成 A、B、C 三大類，目的是對存貨占用資金進行有效的管理。A 類存貨種類雖少，但占用的資金多，應集中主要力量管理，對其經濟批量要進行認真規劃，對收入、發出要進行嚴格控制；C 類存貨雖然種類繁多，但占用的資金不多，不必耗費大量人力、物力、財力去管，這類存貨的經濟批量可憑經驗確定，不必花費大量時間和精力去進行規劃和控制；B 類存貨介於 A 類和 C 類之間，也應給予相當的重視，但不必像 A 類那樣進行非常嚴格的控制。

表 8-7　　　　　　　　　　存貨管理的 ABC 控制法

項目	A 類存貨	B 類存貨	C 類存貨
占存貨總數量的比例	5%～20%	20%～30%	60%～70%
占存貨總價值的比例	60%～80%	15%～30%	5%～15%
控制程度	嚴格控制	一般控制	粗狂控制
制定定額方法	詳細計算	根據過去記錄	低了就進貨
儲備情況記錄	詳細記錄	有記錄	不設明細帳
庫存監督方式	經常檢查	定期檢查	不檢查
安全儲備	低	較多	靈活

（二）零庫存管理

1. 存貨對企業經營的負面影響

（1）企業持有存貨，必然占壓流動資金，從而發生機會成本。

（2）企業持有存貨，會發生倉儲成本。

（3）企業持有存貨，可能掩蓋生產質量問題，掩蓋了生產的低效率，增加企業信息系統的複雜性。

2. 零庫存管理的基本思想

零庫存管理認爲，按需要組織生產和銷售同樣能使生產準備成本和儲存成本最小化。

零庫存管理是在不接受生產準備成本或是訂貨成本的前提下，試圖使這些成本趨於零。措施是縮減生產準備的時間和簽訂與供貨商的長期合同。

3. 零庫存管理的實施

要想順利實施庫存管理，達到理想的管理效果，必須先解決兩個問題：

第一，如何能夠實現很低的存貨水平，甚至是零存貨？

第二，在存貨水平很低，甚至是零存貨的情況下，如何能保持生產的連續性？

爲此，可以採取以下措施：

（1）在產品市場狀況表現爲供過於求（或供等於求）時，採用拉動式的生產系統，以銷定產；而如果產品市場狀況表現爲供小於求時，則可採用推動式的生產系統，以產促銷。

（2）改變材料採購策略

（3）建立無庫存生產的制造單元

（4）減少不附加價值成本，縮短生產週期

（5）快速滿足客戶需求

（6）保證生產順利進行，實施全面質量管理

（三）現代存貨的控制方法：JIT

JIT 是起源於日本的 just-in-time（準時生產系統）的簡稱，其最早是由日本豐田汽車公司的副總裁大野耐一（Taiichi Okno）提出的，最初該系統被稱作"看板系統"。看板的字面含義是"卡片"或"標誌"，在這里，看板是告訴供應商發送更多存貨的信號。JIT 庫存管理的思想是：企業應持有最低水平的庫存，保證生產的不中斷不是依靠企業自己持有庫存，而應依靠供應商的"準時"供應。這與傳統的庫存管理思想形成鮮明的對比，傳統的庫存管理要求企業持有可靠的安全庫存水平以保證生產不中斷，由於 JIT 要求最大限度地降低存貨，甚至使存貨爲零，這樣就降低了存貨的資金占用，並避免了產品積壓、過時變質等浪費，也減少了裝卸、搬運以及庫存等費用，從而降低了各項存貨成本，提高了企業的經濟效益。目前，許多公司都採用了 JIT 存貨控制系統，最典型的例子就是戴爾計算機公司在產成品方面應用了該系統，由於戴爾只在接到訂單後才開始組裝計算機，因此產成品庫存爲零，在 1982—1994 年，美國公司的庫存在總資產中所占的比例下降了 34%，JIT 存貨控制系統起了很大的作用。雖然 JIT 存貨控制系統對企業非常有益，但實施起來卻不容易，它要求供應商能夠提供迅速的、高質量的服務，甚至與供應商距離的遠近，是否有足夠的接收迅速的、高質量的服務，甚至與供應商距離的遠近，是否有足夠的接收庫存的通道（如裝貨碼頭）等因素都限制了該系統的成功實施。

【案例分析】

"頂點"難副其名，存貨欠思量

頂點公司是一家機械配件公司，有時也兼營組裝業務。公司承攬了某工程的一部分業務，同時，收購了當地一家頗有影響的家庭用品廠，以期能夠有更大發展，但是，公司發展並不像預期的那樣讓人感到欣慰。公司老總爲此大傷腦筋，在一次企業業務諮詢會上，他聽說採用"獲利中心"的管理辦法能使業務增長，利潤增加，於是如獲至寶，立馬着手在公司上下實施這種辦法，其中他委派了兩位經理，一位管零件，另一位管客戶服務。這兩個經理走馬上任後，採取不同方式開始了自己的工作。客戶服務經理，信奉"顧客就是上帝"，認爲任何事凡是不能滿足顧客要求的，都是他個人的失職。因此，他做事均從顧客

的角度出發，增加了每一種存貨，希望在任何時候、任何情況下，都能使顧客想要什麼貨，就有什麼貨；想要多少貨，就有多少貨。真正做到使顧客"滿意而來，滿載而歸"。這樣一來，客戶服務經理確實減少甚至杜絕了不能滿足顧客需要的可能性，可是他也增加了價值600萬元的存貨，占用了大量的資金，給公司資金的周轉帶來很大的障礙。另一位管零件的經理則恰恰與客戶服務經理相反。他深知保存存貨是需要成本的，於是他就下定決心降低存貨，由600萬元減到400萬元。如此一來，他不僅得罪了客戶服務經理，而且不經意地趕走了很多顧客，就連一些老客戶也開始抱怨起來。

公司同時還存在另外一種情況，家庭用品部的負責人自從接管這塊新業務以後，在短短的一年時間裡，開拓了很多銷售渠道，諸如百貨公司、廉價連鎖商店和特約零售商等，業績逐漸有所提升，但令其百思不得其解的是其利潤率與銷售情況極不相符，利潤和預期的相差太遠，非常不理想。

在該負責人的建議下，公司老總委派專業稽核人員去徹底調查利潤率低下的原因。經過一次盤點存貨後他們就發現，許多購買的原料，都沒有對應數量的產品裝運出去，並發現最後的存貨價值居然有50萬元的差額。於是老總下令，在兩個星期內針對這個問題進行一次秘密檢查。結果發現：一位服務10餘年的工廠監督經常用卡車偷運已完工的成品出廠廉價銷售。他雇用的卡車一般在工廠下班關門之後裝運貨物出廠，並折價五六折出售。雖然最後這位監守自盜者在監獄裡待了好幾年，不過，公司也因此損失了上百萬的財物。其實只要設一個機構對貨品和原料的進出工廠進行管理，就可以阻止這一監守自盜的行為。

比起應收帳款，存貨顯得更不容易管理，每一個企業都應加倍關註於此，因為只要控制住資金周轉的大敵——存貨過多，就相當於增加了資金。

（一）缺少對存貨量的科學規劃

頂點公司兩位經理的行為雖然迥然不同，但都有一個共同的毛病，那就是缺少對存貨量的科學規劃，客戶服務經理沒有考慮到存貨的成本，管零件的經理沒有考慮到存貨有個適量問題（沒有選擇性地削減不適銷的存貨，而是對每一種存貨作普遍的削減）。

在實際的企業運作中，商品存貨過少，企業會很被動。比如，當商品的品種數量太少，品種規格不全時，不僅會發生有訂單卻無貨可付，從而丟失利潤的事情，還會使顧客因為沒有拿到貨，久不久之喪失對企業的信賴感，多而失去顧客成本增加，降低企業競爭能力；存貨過多會影響企業經營的靈活性等。既然存貨必不可少，又不能過多，那麼就一定要對之進行控制和規劃，讓其保持在最優水平上，而不是像頂點公司的兩個經理那樣，帶著良好的願望，憑空想象，毫無根據地加減存貨量，如此只能事與願違。

（二）缺乏嚴密的存貨管理制度

如果企業沒有設置一個嚴密的存貨管理制度，就意味著在鼓勵員工違反並破壞這種制度。存貨失控會引起很多不良後果，諸如企業資金周轉不靈，失去客戶，企業原材料或產品被盜，成本增加等等。頂點公司的家庭用品部存貨價值差額高達50萬元，就是因為該公司存貨管理薄弱，在存貨方面缺少控制，才使行為者有機可乘。

企業的存貨有運送過程中的存貨、原材料和產成品存貨。運送過程中的存貨是指處於不同生產階段或不同儲存地點之間的存貨，它的存在有助於有效率地進行生產安排和資源利用。如沒有這類存貨，每一階段的生產將只有等到前一階段完成生產後才能進行，會造成生產延遲和時間的浪費，原材料存貨給予企業採購彈性。如果沒有它，企業將嚴格與生產保持一致進行原材料採購。產成品存貨使企業在生產安排和行銷方面具有彈性。生產沒有必要嚴格地與銷售保持一致。以上各種存貨的優點，促進了企業保存存貨的行為，而在不經意間忽略了對存貨的控制。

從企業各個部門來看，因爲大多從本部門利益出發，所以持存貨支持態度者居上風。比如銷售經理和生產經理通常由於存貨的優點而相對更傾向於保持大量的存貨；採購經理因爲通常可通過大量採購而獲得銷售折扣，也具有保持大量存貨的傾向。難做的是財務經理，他不僅要在大家既有的觀念下對存貨進行控制，而且還要促使別的部門考慮持有存貨的資金成本以及處理和儲存成本。即使這樣，能夠通情達理的人也並不多，因爲涉及本部門利益，沒有哪家會首先站出來支持對自己不利的事情。這可能是存貨控制疏漏讓人防不勝防止的一個重要原因。

案例啓示：

1. 認真做好存貨規劃

存貨是產品生產和銷售之間的聯結紐帶，大量的存貨可使企業有效率地滿足顧客的需求。如果某種產品暫時出現存貨短缺，對客戶的現時甚至將來銷售都可能失去，因此企業有必要保持各種類型的存貨，但是存貨要占用資金，具有存貨成本，所以，企業又不能持有過多的存貨，這就需要進行存貨規劃。存貨規劃是指在確定企業存貨占用資金數額的基礎上，編制存貨資金計劃，以便於合理確定存貨資金的占用數量，節約使用資金。做存貨規劃的前提是要先確定企業存貨占用資金的數額。因爲企業存貨占用資金由儲備資金、生產資金、成品資金組成，所以只需確定他們三者的數額即可。儲備資金是指企業從用現金購買各項材料物資開始，到把它們投入生產爲止的整個過程所占用的資金。生產資金是指從原材料投入生產開始，直到產品制成入庫爲止的整個過程所占用的資金，生產資金主要指在產品占用的資金。成品資金是指成品從制從入庫開始，直到銷售取得貨款或結算貨款爲止的整個過程所占用的資金。

2. 加強存貨的日常控制

存貨的日常控制是指在日常生產經營過程中，按照存貨計劃的要求，對存貨的使用和周轉情況進行的組織、調節和監督。存貨控制的方法主要有如下幾種：一是存貨的歸口分級控制。這一管理方法包括如下三項內容：在廠長經理的領導下，財務部門對存貨資金實行統一管理；實行資金的歸口管理；實行資金的分級管理。二是經濟訂貨批量控制。經濟訂貨批量是指在一定時期儲存成本和訂貨成本總和最低的採購批量。企業要想降低儲存成本，則需要小批量採購；企業要想降低訂貨成本，就需要大批量採購。由此可見，這兩種成本的高低與訂貨批量多少的關係是相反的。訂購的批量大，儲存的存貨就多，會使儲存成本上升，但由於訂貨次數減少，則會使訂貨成本降低；反之，如果降低訂貨批量，可降低儲存成本，但由於訂貨次數增加，會使訂貨成本上升。也就是說，隨著訂購批量大小的數最低的訂購批量，即經濟訂貨批量。三是適時控制（JIT）。適時控制是由日本企業首創，並爲越來越多的西方國家的企業所推崇的一種先進的生產管理系統。但對待任何有價值的東西，都不應該是全盤地拿來，而應該從中找到適合自己的、能爲自己所用的一部分，哪怕是一點兒，總比全部拿來消化不了"鬧肚子"強。在適時控制的問題上，我們的企業要格外謹慎。現階段我國在自然環境、經濟體制以及企業內部管理模式等方面與日本和西方國家的企業都存在較大的差距，因此，我們不能照搬其他國家的模式來應用適時控制，而是應該本着權變的管理思想，在充分分析自身條件的基礎上，制定出一系列適合我國企業內外部環境的、行之有效的適時控制策略。

3. 有效降低存貨庫存

高庫存意味着高利息負擔，因爲通常是用借貸來的錢支付購買庫存的費用；高庫存也意味着高額的資金占用；高庫存還占據了寶貴的儲存場地。當然，有時高庫存也有好的一面，如有些公司由於保持了高庫存而降低了成本；當某些材料一時買不到時，高庫存也有助於減少生產的停頓等。但是，總之，高庫存不是一件好事，任何一家企業的存貨管理狀況完全能夠體現或代表該企業整體管理水平的優劣。高庫存顯然是管理手段落後和管理水平差的象徵。因此，企業必須降低庫存，這也是控制存貨的重要方面。

首先，企業應該對庫存進行分類，並建立庫存報表。這樣就能明確哪些庫存可以低到夠兩天消耗或滿足兩天的生產需要即可，哪些庫存則可能要高到滿足三四個月生產的需要；是否絕對有必要去訂購一種新材料。其次，控制材料的採購。普通工程產品的價格中，材料的開銷一般構成總價的50%~80%，因此在材料的開銷上如果能做些事情，企業將大大降低產品的價格。勞動的開銷、折舊費和其他開銷也是價格的構成部分，但和材料相比，這些項目的開銷是比較小的。因此，購買材料時應該謹慎。一種能控制住材料的辦法是按生產的要求訂貨，即將材料採購計劃與生產計劃聯繫起來。爲了能採購到質優價廉的材料，對同一項材料必須至少保持2~3個供貨商，否則一遇到罷工或者某個供貨商用高價訛人，就會給企業帶來損失。關於材料問題，企業不僅僅是考慮買來盡可能便宜而且質量好的材料就可以了，應該更多地考慮一旦正在使用的材料短缺時，在保證產品質量的前提下，是否能夠利用便宜得多而同樣有效的庫存材料代替，而不必購買新的材料。這樣不僅可有效利用多餘庫存量，而且還可以減少資金運用。

資料來源：李劍鋒. 財務管理十大誤區 [M]. 北京：中國經濟出版社，2004.

【課堂活動】

1. 中宏公司向友利公司購買原材料，友利公司開出的付款條件爲"2/10，N/30"。中宏公司的財務經理王洋查閱公司記錄表明，會計人員對此項交易的處理方式是：一般在收到貨物後15天支付款項，當王洋詢問公司會計爲什麼不爭取現金折扣時，負責該項交易的會計不假思索地回答道，這一交易的資金成本僅爲2%，而銀行貸款成本卻爲12%。

思考：（1）會計人員錯在哪里？他在觀念上混淆了什麼？喪失現金折扣的實際成本有多大？

（2）如果中宏公司無法獲得銀行貸款，而被迫使用商業信用資金（即使用推遲付款商業信用籌資方式），爲降低年利息成本，你應向財務經理王洋提出何種建議？

2. 某企業每年耗用A材料14 400千克，該材料的單位採購價格爲10元，每千克材料年儲存成本平均爲2元，平均每次進貨費用爲400元。一次訂購A材料超過2 880千克，則可以獲得2%的商業折扣，此時應如何做出採購決策？

【本章小結】

從體系上說，流動資產投資屬於投資體系的內容。伴隨著流動資產的發生，流動負債也必然發生。流動資產減去流動負債後的餘額就是營運資金。流動資產的特點是投資回收期短、流動性強、具有並存性、具有波動性。流動負債的特點是速度快、彈性高、成本低、風險大。

企業進行生產經營活動需要持有現金，以滿足交易動機、預防動機、投機動機的需要，與此同時現金的成本會產生。現金的成本包括持有成本（機會成本、管理費用）、轉換成本、短缺成本。因此持有現金應有一個最佳的量。最佳現金持有量的確定方法有成本分析模式、存貨模式等。

應收帳款有促進銷售、減少存貨的功能，但應收帳款的機會成本、管理成本、壞帳成本會增加，因此在應收帳款管理中必然要制定信用政策。信用政策是企業對應收帳款進行規劃和控制而確定的基本原則與行爲規範，由信用標準、信用條件和收帳政策構成。信用標準是客戶獲得企業商業信用所應具備的最低條件，通常以預期的壞帳損失率表示。信用條件包括信用期限、折扣期限各爲多少合適，是否給予現金折扣、現金折扣率爲多少。收帳政策是指客戶違反信用條件，拖欠甚至拒絕付款時企業所採取的收帳策略與措施。

存貨的功能是防止停工待料、適應市場的變化、降低進貨成本、維持均衡生產、促進產品銷售等。爲了發揮存貨的功能，企業必須儲備一定的存貨，由此發生進貨成本（包括進價成本和進貨費用）、儲存成本、缺貨成本。持有存貨過少會影響生產經營活動的正常進行，增加缺貨成本和進貨成本，但存貨持有量過多會增加存貨的儲存成本。如何既滿足生產經營對存貨的需要，又降低存貨儲存成本，企業需要進行存貨決策。存貨決策的關鍵在於確定存貨經濟批量、最佳的存貨儲存期。

存貨經濟批量模型包括存貨經濟批量的基本模型和存在數量折扣情況下的經濟批量模型。在存貨最佳經濟批量的基本模型里，存貨相關總成本包括變動性進貨費用和變動性儲存費用；存在數量折扣時的存貨相關總成本包括存貨進價成本、變動性進貨費用、變動性儲存成本；存貨儲存期控制主要從存貨保本儲存天數和存貨保利儲存天數兩方面進行。

存貨形式多樣化的特點決定了對存貨應採取科學的管理方法——存貨 ABC 分類管理。其核心是將存貨按照金額標準和品種數量標準分成 A、B、C 三類，然後，對 A 類存貨分品種重點管理，對 B 類存貨分類別一般控制，對 C 類存貨按總額靈活掌握。

【同步測試】

一、單項選擇題

1. 屬於存貨的進貨費用的是（　　）。
   A. 採購人員的辦公費、差旅費　　B. 存貨的買價
   C. 存貨占用資金的應計利息　　　D. 材料中斷造成的停工損失
2. 應收帳款的成本中不包括（　　）。
   A. 管理成本　　　　　　　　　　B. 機會成本
   C. 轉換成本　　　　　　　　　　D. 壞帳成本
3. 下列各項中（　　）與現金持有量呈反向變動關係。
   A. 機會成本　　　　　　　　　　B. 短缺成本
   C. 管理費用　　　　　　　　　　D. 儲存成本
4. 某企業預測的年賒銷額爲 900 萬元，應收帳款平均收帳期爲 45 天，變動成本率爲 70%，資金成本率 10%。則應收帳款的機會成本爲（　　）萬元。
   A. 7.88　　　　　　　　　　　　B. 8.2
   C. 7.21　　　　　　　　　　　　D. 9.42
5. 某企業若採用銀行集中法增設收款中心，可使企業應收帳款平均餘額由現在的 400 萬元減至 200 萬元。企業綜合資金成本率爲 12%，因增設收款中心每年將增加相關費用 12 萬元。則該企業分散收帳收益淨額爲（　　）萬元。
   A. 4　　　　　　　　　　　　　 B. 8
   C. 12　　　　　　　　　　　　　D. 24
6. 大華公司 2004 年應收帳款總額爲 2 000 萬元，當年必要現金支付總額爲 1 000 萬元，

應收帳款收現以外的其他穩定可靠的現金流入總額爲 800 萬元。則該公司 2004 年應收帳款收現保證率爲（　　）。

  A. 50%　　　　　　　　　　　　B. 10%

  C. 20%　　　　　　　　　　　　D. 15%

 7. 信用條件爲 "1/20，n/50" 時，預計有 30% 的客戶選擇現金折扣優惠。則平均收帳期爲（　　）天。

  A. 20　　　　　　　　　　　　　B. 50

  C. 37　　　　　　　　　　　　　D. 41

 8. （　　）就是在增加的收帳費用與減少的壞帳損失、減少的機會成本之間進行權衡。

  A. 確定信用標準　　　　　　　　B. 選擇信用條件

  C. 制定收帳政策　　　　　　　　D. 5c 評估法

 9. 信用標準通常用（　　）來表示。

  A. 信用期限　　　　　　　　　　B. 預期的壞帳損失率

  C. 折扣期限　　　　　　　　　　D. 現金折扣率

 10. 下列公式中錯誤的是（　　）。

  A. 應收帳款機會成本＝應收帳款平均餘額×資金成本率

  B. 維持賒銷業務所需要資金＝應收帳款平均餘額×變動成本率

  C. 應收帳款平均餘額＝年賒銷額/360×平均收帳天數

  D. 應收帳款平均餘額＝平均每日賒銷額×平均收帳天數

 11. 下列說法中錯誤的是（　　）。

  A. 現金浮遊量是指企業帳戶上現金餘額與銀行帳戶上所示的存款餘額之間的差額

  B. 郵政信箱法免除了公司辦理收帳、貨款存入銀行等手續，因而縮短了票據郵寄時間和在企業的停留時間

  C. 採用匯票付款是現金支出管理的方法之一

  D. 合理利用 "浮遊量" 屬於現金回收管理的一種方法

 12. 下列各項中正確的是（　　）。

  A. 成本分析模式中機會成本和固定性轉換成本之和最低的現金持有量就是最佳現金持有量

  B. 存貨模式中機會成本和短缺成本之和最低的現金持有量就是最佳現金持有量

  C. 成本分析模式和存貨模式中都需要考慮機會成本

  D. 存貨模式中機會成本和變動性轉換成本之和最低的現金持有量就是最佳現金持有量

 13. 確定爲預防動機而持有的現金餘額時不需要考慮的因素是（　　）。

  A. 企業願意承擔風險的程度　　　B. 企業臨時舉債能力的強弱

  C. 企業對現金流量預測的可靠程度　D. 企業銷售水平

 14. 實行數量折扣的經濟進貨批量模式不需要考慮的成本因素是（　　）。

  A. 變動進貨費用　　　　　　　　B. 進價成本

  C. 變動儲存成本　　　　　　　　D. 缺貨成本

 15. 某企業現金收支狀況比較穩定，預計全年需要現金 600 000 元，每次轉換成本爲 600 元，有價證券利息率爲 20%。則最佳現金管理相關總成本是（　　）元。

  A. 6 000　　　　　　　　　　　　B. 12 000

  C. 4 000　　　　　　　　　　　　D. 8 000

16. 某企業全年耗用甲材料 3 600 噸，每次的訂貨成本為 30 元，每噸材料年變動儲備成本 15 元。則最佳訂貨批量為（　　）噸。

 A. 30   B. 150

 C. 200   D. 120

17. 下列項目中屬於持有現金的成本的是（　　）。

 A. 現金與有價證券之間相互轉換的手續費

 B. 由於現金短缺造成的損失

 C. 現金被盜損失

 D. 由於持有現金而喪失的再投資收益

18. 下列屬於應收帳款的機會成本是（　　）。

 A. 對客戶的資信調查費用   B. 收帳費用

 C. 壞帳損失   D. 應收帳款占用資金的應計利息

19. 在存貨模式下，最佳現金持有量是使（　　）之和保持最低的現金持有量。

 A. 機會成本與短缺成本

 B. 短缺成本與轉換成本

 C. 現金管理的機會成本與固定性轉換成本

 D. 現金管理的機會成本與變動性轉換成本

20. 控制現金支出的有效措施是（　　）。

 A. 運用坐支   B. 運用透支

 C. 加速收款   D. 運用現金浮遊量

二、多項選擇題

1. 某企業甲商品採用批進批出方式銷售，影響該批商品獲利或虧損額的因素是（　　）。

 A. 每日變動儲存費   B. 目標利潤

 C. 保本儲存天數   D. 實際儲存天數

2. 存貨 ABC 分類管理中存貨的分類標準包括（　　）。

 A. 單價   B. 金額

 C. 品種   D. 品種數量

3. 存貨的功能包括（　　）。

 A. 維持生產的延續性   B. 避免失去銷售機會

 C. 降低採購費用   D. 維持均衡生產，降低生產成本

4. 應收帳款日常管理是指企業應採取有力的措施對應收帳款進行分析和控制，其措施包括（　　）。

 A. 應收帳款追蹤分析   B. 應收帳款收帳政策決策

 C. 應收帳款帳齡分析   D. 應收帳款收現保證率分析

5. 選擇信用標準時應考慮的因素包括（　　）。

 A. 同行業競爭對手情況   B. 企業承擔違約風險的能力

 C. 客戶的資信程度   D. 客戶的信用品質

6. 應收帳款的管理成本包括（　　）。

 A. 資信調查費用

 B. 收帳費用

C. 應收帳款無法收回帶來的損失
D. 資金投放在應收帳款上而喪失的其他收入

7. 現金管理存貨模式的假設前提包括（ ）。
   A. 證券的變現具有很大的不確定性，所需的現金可以通過證券變現取得
   B. 預算期內現金需要總量可以預測
   C. 現金支付過程比較穩定
   D. 證券的利率或報酬率已知

8. 流動負債的特點包括（ ）。
   A. 速度快   B. 彈性低
   C. 成本低   D. 風險大

9. 流動資產的特點包括（ ）。
   A. 投資回收期短
   B. 流動性較強
   C. 各種不同形態的流動資產同時存在
   D. 流動資產佔用資金的數量具有穩定性

10. 為了提高現金使用效率，企業應當（ ）。
    A. 加速收款並盡可能推遲付款
    B. 盡可能使用支票付款，少用匯票付款
    C. 盡可能利用現金浮遊量
    D. 力爭現金流入與現金流出同步

11. 企業的信用政策包括的內容有（ ）。
    A. 信用標準   B. 收帳政策
    C. 信用期限   D. 折扣期限和現金折扣

12. 客戶資信程度的高低通常決定於（ ）。
    A. 客戶的信用品質   B. 償付能力
    C. 資本   D. 企業規模

13. 信用標準過高的可能結果包括（ ）。
    A. 喪失很多銷售機會   B. 降低違約風險
    C. 擴大市場佔有率   D. 減少壞帳費用

14. 下列說法正確的是（ ）。
    A. 現金持有量越大，持有現金的機會成本就越高
    B. 在現金需要量既定的情況下，現金持有量越小，進行證券變現的次數就越多，相應的現金轉換成本就越大
    C. 現金持有量與短缺成本之間呈負相關關係
    D. 現金持有量越多越好，越多越安全

15. 下列項目中，屬於交易動機的是（ ）。
    A. 繳納稅款   B. 派發現金股利
    C. 購買原材料   D. 購買股票

三、判斷題

1. 由於持有現金而喪失的再投資收益並不屬於持有現金的持有成本。（ ）
2. 信用條件 "1/10, n/20" 的含義是如果在10天內付款，可享受1%的現金折扣，否

則應在20天內按全額付清。   （   ）
　　3. 存貨儲存期控制中的變動儲存費用是指金額與其儲存數量成正比例關係的儲存費用。
                                                          （   ）
　　4. 有數量折扣的存貨模式的假設條件中只是在基本模式的基礎上放寬了"不存在數量折扣"這一條件。   （   ）
　　5. 信用標準是指企業接受客戶信用訂單時所提出的付款要求。   （   ）
　　6. 用郵政信箱法和銀行業務集中法進行現金回收管理都可以減少支票郵寄時間。
                                                          （   ）
　　7. 固定性轉換成本總額與現金持有量之間成反比例關係。   （   ）
　　8. 預防動機是指爲把握市場投資機會，獲得較大收益而持有的現金。（   ）
　　9. 企業持有的現金總額通常等於各種動機所需現金餘額的簡單相加。（   ）
　　10. 營運資金又稱營運資本，是指資產減去負債後的餘額。   （   ）
　　11. 採用存貨abc分類管理法時，通常a類存貨應當作爲重點管理。 （   ）
　　12. 一般來說，企業爲滿足投機性動機所持有的現金餘額主要取決於企業銷售水平。
                                                          （   ）
　　13. 存貨的保險費用屬於決策的無關成本。   （   ）
　　14. 現金折扣即商品削價，是企業廣泛採用的一種促銷方法。   （   ）

四、計算分析題

　　1. 甲企業現金收帳狀況平穩，預計全年（按360天計算）需要現金10萬元，現金與有價證券的轉換成本爲每次800元，有價證券的年利率爲10%。要求計算：最佳現金持有量、最低現金管理總成本、轉換成本和持有機會成本、有價證券交易次數及有價證券交易間隔期。

　　2. 某公司測算，若採用銀行業務集中法，增設收帳中心，可使公司應收帳款平均餘額由現在的300萬元減至250萬元，每年增加相關費用8萬元。假設該公司綜合資金成本率爲20%。要求：計算分散收帳收益淨額，並判斷該公司可否採用銀行業務集中法收帳。

　　3. 某公司預測的年度賒銷收入爲5 000萬元，信用條件爲"n/30"，變動成本率爲60%，資金成本率爲10%。該公司爲擴大銷售，擬訂了兩個備選方案：
　　（1）將信用條件放寬到"n/45"，預計壞帳損失率爲3%，收帳費用爲60萬元。
　　（2）將信用條件改爲"2/10，1/30，n/45"。估計約有60%的客戶（按賒銷額計算）會利用2%的現金折扣，20%的客戶會利用1%的現金折扣，壞帳損失率爲2%，收帳費用爲55萬元。
　　要求：根據上述資料，請爲該企業作出決策。

　　4. 某公司每年需要甲材料80 000件，每次訂貨成本爲160元。每件材料的年儲存成本爲10元，該種材料的採購價爲10元/件，一次訂貨量在2 000件以上的可獲3%的折扣，在4 000件以上可獲5%的折扣，求公司的最佳進貨批量。

第九章　收益分配管理

【引導案例】

　　江華公司2007年至2009年的稅後利潤總額分別爲2 000萬元、3 720萬元、3 000萬元。該企業適用所得稅稅率爲15%，法定盈餘公積金和法定公益金提取比例爲10%，任意盈餘公積金由企業決定，剩餘部分全部對外分配。已知該企業2001年虧損6 000萬元，用2004年、2005年、2006年稅前利潤彌補，還有5 600萬元虧損沒有彌補。投資者爲了維護自身利益，2008年、2009年要求企業向投資者分配不少於7%的利潤，否則將要求企業更換領導。2006年末企業任意盈餘公積金爲1 100萬元，企業總股本8 000萬股，每股面值1元。

　　如果你是該企業的領導，應該如何滿足投資者的要求並增強企業發展後勁？

【學習目標】

1. 瞭解企業收益分配政策和基本程序。
2. 掌握股利種類，影響股利政策的因素。
3. 熟悉股份有限公司股利政策的類型及其影響。

第一節　收益分配概述

一、收益分配的項目和順序

（一）公司收益分配的項目

　　（1）盈餘公積金。公司應當按照淨利潤扣除彌補以前年度虧損後的10%比例提取法定公積金；但當法定公積金累計額達到公司註冊資本50%時，可不再提取。
　　（2）股利。

（二）利潤分配的順序

　　（1）彌補以前年度虧損（指超過用所得稅前的利潤抵補虧損的法定期限後，仍未補足的虧損）；
　　（2）計提法定公積金；
　　（3）計提任意公積金；
　　（4）向投資者分配利潤或向股東支付股利。

二、收益分配的基本原則

　　收益分配是指企業根據國家有關規定和企業章程對企業淨利潤進行分配的一種財務行爲。收益分配涉及企業、投資者、經營者和職工等多方面的利益關係，影響到企業長遠利益與近期利益、整體利益與局部利益等的處理與協調。爲了充分發揮利潤分配協調各方經濟利益、促進企業理財目標實現的功能，企業必須遵循以下原則：

(一) 依法分配

按《公司法》及《企業財務通則》等有關法律的要求，對稅後利潤按以下順序進行分配。

這一分配順序的邏輯關係是：企業以前年度虧損未彌補完，不得提取盈餘公積金、公益金；在提取盈餘公積金、公益金以前，不得向投資者分配利潤。因此，企業的利潤分配必須嚴格按照國家的法規進行。

(二) 分配與積累並重

利潤分配要求企業要在給投資者即時回報的同時考慮其長遠發展，留存一部分利潤作爲積累。我國財務制度規定，企業必須按照當年稅後利潤扣減彌補虧損後的10%提取法定盈餘公積金，當法定盈餘公積金達到註冊資本的50%時可不再提取；企業以前年度未分配利潤可以並入本年度利潤分配；企業在向投資者分配利潤前，經董事會決定，可以提取任意盈餘公積金。正常股利加額外股利政策體現了分配與積累並重的原則等。

(三) 兼顧各方面利益

企業在分配時應從全局出發，充分考慮企業、所有者、債權人、職工的利益，必須統籌兼顧，合理安排。投資者作爲企業資本的所有者，依法享有利潤的分配權，職工作爲企業利潤的創造者，除獲得工資及獎金等勞動報酬外，還要以適當的方式參與利潤的分配，在稅後利潤中提取公益金，用於職工集體福利設施支出，這在一定程度上有助於提高經營者和員工的工作積極性。

(四) 投資與收益對等原則

投資與收益對等原則即企業進行收益分配應當體現"誰投資誰受益"，收益大小與投資比例相適應原則。企業生產經營發生的虧損，國家不再予以彌補，而是要求企業用以後年度企業實現的利潤進行彌補，並注意利潤分配程序和政策中所體現的原則，如股利分配中同股同權、同權同利體現了投資與收益對等原則。

(五) 資本保全原則

企業的收益分配必須以資本保全爲前提。企業的收益分配是對投資人投入資金的增值部分所進行的分配，不是投資人資本金的返還。以企業的資本金進行的分配屬於一種清算行爲，而不是收益的分配。企業必須在有可供分配留存收益的情況下進行收益分配，只有這樣才能充分保護投資者的利益。

三、國有資本收益管理的有關規定

(一) 國有資本收益的構成

國有資本收益包括註冊的國有資本分享的企業稅後利潤和國家法律、行政法規規定的其他國有資本收益。

(二) 利潤分配制度

企業實現的年度淨利潤，歸企業投資者所有，企業必須按規定進行分配。企業將以前年度未分配利潤，並入本年度可向投資者分配的利潤進行分配。母公司制定的年度利潤分配方案，應當報主管財政機關備案，母公司向主管財政機關上交利潤的具體辦法，由財政部根據國務院的決定制定。

（三）虧損彌補規定

企業發生的年度經營虧損，依法用以後年度實現的利潤彌補。連續5年不足彌補的，用稅後利潤彌補，或者經企業董事會或經理辦公會審議後，依次用企業盈餘公積、資本公積彌補。企業在以前年度虧損未彌補之前，不得向投資者分配利潤。

（四）資產損失的處理

生產經營的損失計入本期損益；清算期間的損失計入清算費用；公司改制改建中的損失，可以衝減所有者權益。

（五）產權轉讓收益的處理

企業轉讓母公司國有資本所得收益，上繳主管財政機關；企業轉讓子公司股權所得收益與其對於公司股權投資的差額，作為投資損益處理。上市公司國有股減持所得收益，按國務院規定執行。

（六）企業清算收益的處理

企業清算淨收益歸投資者所有，其中子公司清算所得淨收益，投資者分享的股份與其對子公司股權投資的差額，作為投資收益處理；母公司清算所得淨收益，上繳主管財政機關。

第二節　股利政策理論

股利政策是指公司在平衡內外部相關集團利益的基礎上，對於是否發放股利、發放多少股利以及何時發放股利等方面採取的基本態度和方針政策，主要涉及公司對其利益進行分配還是留存用於再投資的決策問題。

一、股利政策理論

股利政策的研究經歷了從古典股利政策理論到具有開拓性的MM股利無關論，再到考慮稅收、信息不對稱、不完全契約、法律限制、交易成本等多種因素後對MM理論進一步拓展而生的現代股利理論的發展過程，主要研究成果包括"在手之鳥"理論、MM股利無關論、投資者類比效應理論、信號理論、委託代理理論和行為理論等，研究思路從股利政策是否影響股票價格逐步轉移到如何影響股票價格。

（一）股利無關論

股利無關論是由美國經濟學家莫迪格萊尼（Modigliani）和財務學家米勒（Miller）（簡稱莫米）於1961年提出的。莫米立足於完善的資本市場，從不確定性角度提出了股利政策和企業價值不相關理論。

MM理論認為，在完美的資本市場中，投資者可以在現金股利和出售股票實現的"自由股利"之間自由選擇，公司投資需要額外資金時也可以無成本、無限制地從市場籌集。股利政策不會對公司價值或股票價格產生任何影響。公司股價完全取決於投資決策獲利能力，而非利潤分配政策。

莫米理論是建立在完善資本市場假設的基礎之上的，它包括：①完善的競爭假設；②信息完備假設；③交易成本爲零假設；④理性投資者假設。這一假設與現實世界是有一定的差距。雖然，莫米也認識到公司股票價格會隨著股利的增減而變動這一重要現象，但他們認爲，股利增減所引起的股票價格的變動並不能歸因於股利增減本身，而應歸因於股利所包含的有關企業未來盈利的信息內容。

從某種程度上說，莫米對股利研究的貢獻不僅在於他們提出了一種嶄新的理論，更重要的還在於他們爲理論成立的假設條件進行了全面系統的分析。

(二) 股利相關論

1. "在手之鳥"理論（bird-in-the-hand）——流行最廣泛和最持久的股利理論

"在手之鳥"理論源於諺語"雙鳥在林不如一鳥在手"。該理論可以說是流行最廣泛和最持久的股利理論。其初期表現爲股利重要論，後經威廉姆斯（Williamns，1938）、林特納（Lintner，1956）、華特（Walter，1956）和麥倫·戈登（Gordon，1959）等發展爲"在手之鳥"理論。

"在手之鳥"理論認爲，由於股票價格一般波動較大，而投資者大都厭惡風險，因此投資者會認爲現金股利要比留存收益再投資帶來的資本利得更爲可靠。在這種情況下，股利政策與公司價值息息相關，公司支付的股利越多，投資者所承擔的風險越小，要求的必要報酬率越低，公司股價越高，公司價值也就越大。

這種理論反應了傳統的股利政策，爲股利政策的多元化發展奠定了理論基礎。"在手之鳥"理論是股利理論的一種定性描述，是實務界普遍持有的觀點，但是這一理論無法確切地描述股利是如何影響股價的。

2. 代理理論與信號傳遞理論

這一方面的研究發端於20世紀70年代信息經濟學的興起。信息經濟學對古典經濟學的一個重大突破是拋棄企業非人格化假設，代之以經濟人效用最大化假設，這一變化對股利政策也產生了深刻影響。借鑒不對稱信息的分析方法，財務學者從代理理論與信號理論兩個角度對這一問題展開了研究。

(1) 代理理論始於詹森與麥克林有關企業代理成本的經典論述。

委託代理理論從放寬MM股利無關論中管理層是股東的完美代理人，股東不需要對管理層付出監督和約束成本的假設出發，該理論認爲公司股東與管理層之間存在委託代理關係，由於發放股利可以減少管理層實際可以控制的自由現金流甚至還需要對外融資，所以發放現金股利能夠使公司接受更多來自資本市場和債權人的監督，從而降低企業的代理成本。但是對外融資還會增加交易成本，所以最優股利政策應該使代理成本和交易成本之和最小。此外，股東和債權人之間也存在股利政策的代理問題，股東有時會掠奪債權人的財富，而過度的現金股利就是一種攫取的手段。

(2) 信息傳遞理論。

該理論的代表人物爲米勒與洛克。該理論從投資者和管理層擁有相同信息假設出發，認爲管理層與公司外部投資者之間存在信息不對稱，股利是管理層傳遞其掌握的公司內部信息的一種手段。股利能夠傳遞公司未來盈利能力的信息，從而對股票價格有一定的影響：當公司支付的股利水平上升時，公司股價上升；反之，當公司支付的股利水平下降時，公司股價下降。但是，股利政策作爲一種信號傳遞機制，其功能的實現需要以會計信息尤其是股利分配信息的真實性爲前提，這就要求公司披露真實的財務信息。該理論同時認爲，成功公司的股利信號不容易被其他公司簡單模仿，發送的信號必須與可觀察事件具有相關性以及不存在成本更低的傳遞同樣信息的辦法。

(三) 差別稅收理論

該理論的代表人物爲布倫南和奧爾巴克。布倫南創立了股價與股利關係的静態模型，奧爾巴克提出"稅賦資本化假設"。

差別稅收理論觀點的主要前提是，公司將現金分配給股東的唯一途徑是支付應稅股利，公司的市場價值等於企業預期支付的稅後股利的現值，因此，未來股利所承擔的稅賦被資本化入股票價值，股東對於公留存收益或支付股利是不加區分的。按這種觀點，提高股利稅負將導致公司權益的市場價值的直接下降。該理論認爲，不同邊際稅率的投資者對於股利的偏好不一樣，股東聚集在能夠滿足各自股利偏好的公司內，公司的任何股利政策都不可能滿足所有股東對股利的要求，而只能吸引一部分偏好這種股利政策的投資者。

二、股利政策理論在中國現實中的應用

在我國，股權結構和市場健全程度均與西方發達國家差別甚大。首先，中國上市公司多由原國有企業改制而成，國有股在上市公司中占着絕對控股地位，這從而造成高度集中的股權結構，兩權分離尚不徹底。中國國有股不具有人格化代表，並非終極所有者，缺乏監督管理者的動機，而關係到切身利益的社會公衆股所占比例小，極爲分散，是沒有足夠的能力影響公司決策的。其次，中國市場力量不足以解決公司中的代理問題。投資者難以依靠市場對企業進行有效的監督。此外，中國負債形式單一，多爲銀行借款，而銀行也是典型的國有企業，其本身的代理問題也較嚴重。因此，股利政策理論在中國的應用應有所修正。我們認爲：

(1) 對於當前中國股利政策的代理分析，應當圍繞社會公衆股-國有股-管理者這種代理關係進行，而不能像西方發達國家那樣以債權人-股東-管理者爲中心分析代理關係。

(2) 從代理關係分析，在中國，上市公司的控股股東存在利用現金股利轉移公司現金的傾向，而社會公衆股則偏好公司管理者發放股票股利以獲取資本利得，公司管理者也願意發放股票股利將現金留存於企業造成過度投資。因而現實中的股利政策應取決於三種力量的制衡。

(3) 從信號傳遞理論看，股利政策的優化即是在傳遞當前收益所能實現的效益與放棄投資方案所導致的損失之間的權衡。在我國，由於市場尚處於非有效階段，股價嚴重偏離企業業績，股市的優化資源配置功能還不明顯，公司管理者缺乏對投資者揭示私有信息的動機，因而股利政策傳遞信號的機制還不健全。

第三節　股利分配政策

股利分配政策是現代公司理財活動的核心內容之一。一方面，它是公司籌資、投資活動的邏輯延續，是其理財行爲的必然結果；另一方面，恰當的股利分配政策，不僅可以樹立起良好的公司形象，而且能激發廣大投資者對公司持續投資的熱情，從而使公司獲得長期、穩定的發展條件和機會。

一、股利分配政策的分類

目前，在股利分配的實務中，公司常用的股利分配政策有以下四種：

（一）剩餘股利政策（Residual Dividend Policy）

1. 剩餘股利政策的含義

剩餘股利政策是指公司生產經營所獲得的稅後利潤首先應較多地考慮滿足公司有利可圖的投資項目的需要，即增加資本或公積金。當增加的資本額達到預定的目標資本結構（最佳資本結構），如果有剩餘，則派發股利；如果沒有剩餘，則不派發股利。

2. 剩餘股利政策的理論依據是 MM 理論股利無關論

該理論是由美國財務專家米勒（Miller）和莫迪格萊尼（Modigliani）於 1961 年在他們的著名論文《股利政策，增長和股票價值》中首先提出的，因此被稱爲 MM 理論。該理論認爲，在完全資本市場中，股份公司的股利政策與公司普通股每股市價無關，公司派發股利的高低不會對股東的財富產生實質性的影響，公司決策者不必考慮公司的股利分配方式，公司的股利政策將隨公司投資、融資方案的制訂而確定。因此，在完全資本市場的條件下，股利完全取決於投資項目需用盈餘後的剩餘，投資者對於盈利的留存或發放股利毫無偏好。

3. 剩餘股利政策的具體應用程序

（1）根據投資機會計劃和加權平均的邊際資本成本函數的交叉點確定最佳資本預算水平；

（2）利用最優資本結構比例，預計確定企業投資項目的權益資金需要額；

（3）盡可能地使用留存收益來滿足投資所需的權益資本數額；

（4）當留存收益在滿足投資需要後尚有剩餘時，則派發現金股利。

【例 9-1】A 公司 2008 年的稅後淨利潤爲 8 000 萬元，由於公司尚處於初創期，產品市場前景被看好，產業優勢明顯。其確定的目標資本結構爲：負債資本爲 70%，股東權益資本爲 30%。如果 2009 年該公司有較好的投資項目，需要投資 6 000 萬元，該公司採用剩餘股利政策，則該公司應當如何融資和分配股利。

解：首先，確定按目標資本結構需要籌集的股東權益資本爲：

6 000×30% = 1,800（萬元）

其次，確定應分配的股利總額爲：

8 000−1,800 = 6,200（萬元）

因此，A 公司還應當籌集負債資金：

6,000−1,800 = 4,200（萬元）

4. 剩餘股利政策的優缺點及適用性。

（1）剩餘股利政策的優點：充分利用留存利潤籌資成本最低的資本來源，保持理想的資本結構，使綜合資本成本最低，實現企業價值的長期最大化。

（2）其缺陷表現在：完全遵照執行剩餘股利政策，將使股利發放額每年隨投資機會和盈利水平的波動而波動。即使在盈利水平不變的情況下，股利將與投資機會的多寡呈反方向變動；投資機會越多，股利越小；反之，投資機會越少，股利發放越多。而在投資機會維持不變的情況下，股利發放額則將因公司每年盈利的波動而同方向波動。

（3）剩餘股利政策一般適用於公司初創階段。

（二）固定股利支付率政策（Constant Dividend Payout Ratio Policy）

1. 固定股利支付率政策含義

固定股利支付率政策是公司確定固定的股利支付率，並長期按此比率從淨利潤中支付股利的政策。

2. 固定股利支付率政策的理論依據是"一鳥在手"理論

該理論認為，用留存利潤再投資帶給投資者的收益具有很大的不確定性，並且投資風險隨著時間的推移將進一步增大，因此，投資者更傾向獲得現在的固定比率的股利收入。如果有 A 和 B 股票，它們的基本情況相同，A 股票支付股利，而 B 股票不支付股利，那麼，A 股票價格要高於不支付股利 B 股票的價格。同樣，股利支付率高的股票價格肯定要高於股利支付率低的股票價格。顯然，股利分配模式與股票市價相關。

【例9-2】A 公司目前發行在外的股數為 1 000 萬股，該公司的產品銷路穩定，公司現擬投資 1 200 萬元，擴大生產能力50%。該公司想要維持目前50%的負債比率，並想繼續執行10%的固定股利支付率政策。該公司在 2008 年的稅後利潤為 500 萬元。要求：該公司2009 年為擴充上述生產能力必須從外部籌措多少權益資本？

解：保留利潤：500×（1-10%）＝450（萬元）
項目所需權益融資需要：1 200×（1-50%）＝600（萬元）
外部權益融資：600-450＝150（萬元）

3. 固定股利支付率政策的優缺點和適用性
（1）固定股利支付率政策的優點
① 股利與企業盈餘緊密結合，體現了多盈多分、少盈少分、不盈不分的原則；
② 保持股利與利潤間的一定比例關係，體現了風險投資與風險收益的對稱。
（2）固定股利支付率政策的缺點
股利支付與公司盈利狀況相脫節，當盈利能力較低或出現現金緊張時，仍要保證股利的正常發放，容易引起公司資金短缺，導致財務狀況惡化，使公司承擔較大的財務壓力。
（3）固定股利支付率政策只適用於穩定發展的公司和公司財務狀況較穩定的階段。

(三) 固定股利或穩定的股利政策

1. 固定股利或穩定的股利政策含義
固定股利或穩定的股利政策是指公司將每年派發的股利額固定在某一特定水平上，然後在一段時間內不論公司的盈利情況和財務狀況如何，派發的股利額均保持不變。只有當企業對未來利潤增長確有把握，並且這種增長被認為是不會發生逆轉時，才增加企業每股股利額。這一政策的特點是，不論經濟狀況如何，也不論企業經營業績好壞，其都應將每期的股利固定在某一水平上保持不變，只有當公司管理當局認為未來盈利將顯著地、不可逆轉地增長時，才會提高股利的支付水平。

2. 採用該政策的理論依據是"一鳥在手"理論和股利信號理論
該理論認為：①股利政策向投資者傳遞重要信息。如果公司支付的股利穩定，就說明該公司的經營業績比較穩定，經營風險較小，有利於股票價格上升；如果公司的股利政策不穩定，股利忽高忽低，這就給投資者傳遞企業經營不穩定的信息，從而導致投資者對風險的擔心，進而使股票價格下降。②穩定的股利政策，是許多依靠固定股利收入生活的股東更喜歡的股利支付方式，它更利於投資者有規律地安排股利收入和支出。普通投資者一般不願意投資於股利支付額忽高忽低的股票，因此，這種股票不大可能長期維持於相對較高的價位。③穩定股利或穩定的股利增長率可以消除投資者內心的不確定性，它相當於向投資者傳遞了該公司經營業績穩定或穩定增長的信息，從而使公司股票價格上升。

【例9-3】若某企業稅後可供分配給股東的利潤為 800 萬元，並且企業的固定股利支付率為2%，那麼股東可獲股利額為多少？

解：800×2%＝160（萬元）

3. 固定股利或穩定的股利政策的缺陷及適用性

(1) 固定股利或穩定的股利政策的缺陷表現爲兩個方面：①公司股利支付與公司盈利相脫離，這造成投資的風險與投資的收益不對稱；②它可能會給公司造成較大的財務壓力，甚至侵蝕公司留存利潤和公司資本。公司很難長期採用該政策。

(2) 固定股利或穩定的股利政策一般適用於經營比較穩定的企業。

(四) 低正常股利加額外股利政策（Below Normal Dividend With Extra Dividend Policy）

1. 低正常股利加額外股利政策含義

低正常股利加額外股利政策是公司事先設定一個較低的經常性股利額，一般情況下，公司每期都按此金額支付正常股利，只有企業盈利較多時，再根據實際情況發放額外股利。

2. 低正常股利加額外股利政策的理論依據是"一鳥在手"理論和股利信號理論

公司將其派發的股利固定地維持在較低的水平，則當公司盈利較少或需用較多的保留盈餘進行投資時，公司仍然能夠按照既定的股利水平派發股利，體現了"一鳥在手"理論。而當公司盈利較大且有剩餘現金，公司可派發額外股利，體現了股利信號理論。公司將派發額外股利的信息傳播給股票投資者，有利於股票價格的上揚。

【例9-4】某企業2008年實現的稅後淨利爲1 000萬元，法定公積金和任意公積金的提取比率爲15%，若2009年的投資計劃所需資金800萬元，公司的目標資金結構爲自有資金占60%。

(1) 若公司採用剩餘股利政策，則2008年末可發放多少股利？

(2) 若公司發行在外的股數爲1 000萬股，計算每股利潤及每股股利？

(3) 若2009年公司決定將公司的股利政策改爲低正常股利加額外股利政策，設股利的逐年增長率爲2%，投資者要求的必要報酬率爲12%，計算該股票的價值。

解：(1) 提取公積金的數額：1 000×15% = 150（萬元）

可供分配利潤：1,000−150 = 850（萬元）

投資所需自有資金：800×60% = 480（萬元）

向投資者分配額：850−480 = 370（萬元）

(2) 每股利潤：1,000÷1,000 = 1 元/股

每股股利：370÷1 000 = 0.37 元/股

(3) 股票的價值：0.37 (1+2%) ÷12%−2% = 3.77（元）

3. 低正常股利加額外股利政策優點

這種股利政策的優點是股利政策具有較大的靈活性。低正常股利加額外股利政策，即可以維持股利的一定穩定性，又有利於企業的資本結構達到目標資本結構，使靈活性與穩定性較好地相結合，因而爲許多企業所採用。

4. 低正常股利加額外股利政策的缺點

(1) 股利派發仍然缺乏穩定性，額外股利隨盈利的變化，時有時無，給人漂浮不定的印象；

(2) 如果公司較長時期一直發放額外股利，股東就會誤認爲這是"正常股利"，一旦取消，極易造成公司"財務狀況"逆轉的負面影響，股價下跌在所難免。

(五) 影響股利分配的因素

企業的股利分配政策在一定程度上決定企業的對外再籌資能力和企業市場價值的大小。因此，股利分配政策的確定會受到各方面因素的影響。

爲了保護債權人和股東利益，許多國家的有關法規如公司法、證券法以及稅收相關法律法規都對企業利潤分配予以一定的硬性限制。這些限制主要體現在以下幾個方面：

1. 資本保全約束

資本保全約束是爲了保護投資者的利益所做出的法律限制。它要求利潤分配的客體不能來源於原始投資，也就是不能將資本（包括股本和資本公積）用於分配，目的在於使公司能有足夠的資本，以維護債權人的權益。

2. 股利出自盈利

股利出自盈利規定公司年度累計淨利潤必須爲正數時才可發放股利，以前年度虧損必須足額彌補。貫徹"無利不分"的原則，有稅後淨收益是股利支付的前提，但不管淨收益是本年度實現的，還是以前年度實現節餘的。

3. 償債能力約束

償債能力是指企業按時足額償還到期債務的能力。如果公司已經無力償還債務或因發放股利將極大影響公司的償債能力，則不準發放股利。

4. 資本積累約束

資本積累約束要求企業在分配利潤時，必須按照一定比例和基數提取各種法定盈餘公積金，這是爲了增強企業抵禦風險的能力，維護投資者的利益。

5. 超額累積利潤

股東接受股利繳納的所得稅高於其進行股票交易的資本利得稅，於是企業通過累積利潤使股價上漲的方式幫助股東避稅。許多西方國家在法律上明確規定公司不得超額累積利潤，一旦公司的保留盈餘超過法律認可的水平，將被加徵額外稅額。我國法律對公司累積利潤尚未做出限制性規定。

二、股東因素

股東往往從自身需要出發，對公司的股利分配產生一定的影響。

(一) 穩定的收入和避稅

一些依靠股利維持生活的股東，往往要求公司支付穩定的股利，若公司留存較多的利潤，其將受到這部分股東的反對。另外，一些高股利收入的股東又出於避稅的考慮（股利收入的所得稅高於股票交易的資本利得稅），往往反對公司發放較多的股利。

(二) 控制權的稀釋

若股利支付率較高，公司盈餘必然減少，這就意味着將來依靠發行股票等方式籌集資金的可能性增大；而發行新股，尤其是普通股，意味着企業控制權有旁落他人或其他公司的可能，因爲發行新股必然稀釋公司的控制權，這是公司原有持有控制權的股東們所不願看到的局面。因此，若他們拿不出更多的資金購買新股以滿足公司的需要，他們寧肯不分配股利而反對募集新股。

(三) 逃避風險的考慮

一些股東認爲，資本利得是有風險的，而目前的股利是確定的，因此他們往往要求支付較多的股利。

三、公司的因素

就公司的經營需要來講，公司也存在一些影響股利分配的因素。

(一) 盈餘的穩定性

公司是否能獲得長期穩定的盈餘是其股利決策的重要基礎。盈餘相對穩定的公司能夠較好地把握自己，有可能支付比盈餘不穩定的公司較高的股利；而盈餘不穩定的公司一般採取低股利政策。對於盈餘不穩定的公司來講，低股利政策可以減少因盈餘下降而造成的股利無法支付、股價急劇下降的風險，還可使公司將更多的盈餘再投資，以提高公司權益資本比重，減少財務風險。

（二）資產的流動性

如企業資產的流動性較高，即企業持有大量的貨幣資金和其他流動資產，其變現能力強，也就可以採取較高的股利率分配股利；反之就應該採取低股利率。一般來說，企業不應該也不會為了單純地追求發放高額股利而降低企業資產的流動性，削弱企業的應變能力去冒較大的財務風險。

（三）舉債能力

具有較強舉債能力（與公司資產的流動性相關）的公司因為能夠及時地籌措到所需的現金，有可能採取較寬鬆的股利政策；而舉債能力弱的公司則不得不多滯留盈餘，因而往往採取較緊的股利政策。

（四）未來投資機會

有著良好投資機會的公司需要有強大的資金支持，因而往往少發放股利，將大部分盈餘用於投資；缺乏良好投資機會的公司會保留大量現金，這造成資金的閒置，於是這類公司傾向於支付較高的股利。正因為如此，處於成長中的公司多採取低股利政策，陷於經營收縮的公司多採取高股利政策。

（五）資本成本

與發行新股相比，保留盈餘不需花費籌資費用，是一種比較經濟的籌資渠道。從資本成本考慮，公司應當採取低股利政策。

（六）債務需要

具有較高債務償還需要的公司可以通過舉借新債、發行新股籌集資金償還債務，也可直接用經營積累償還債務。如果公司認為後者適當的話，（比如，前者資本成本高或受其他限制難以進入資本市場）將會減少股利的支付。

四、其他因素

（一）債務合同約束

公司的債務合同，特別是長期債務合同，往往有限制公司現金支付程度的條款，這使公司只能採取低股利政策。

（二）通貨膨脹

在通貨膨脹的情況下，公司折舊基金的購買力水平下降，這會導致沒有足夠的資金來源重置固定資產。這時，盈餘會被當做彌補折舊基金購買力水平下降的資金來源，因此在通貨膨脹時期公司股利政策往往偏緊。

由於上述種種影響股利分配的因素，股利政策與股票價格就不是無關的，公司的價值或者說股票價格不會僅僅由其投資的獲利能力所決定。

第四節　股利分配方案決策

中國《公司法》規定，公司分配股利，首先由公司董事會根據公司盈餘情況和股利政策，擬訂股利分配方案（包括配股方案），然後提交股東大會審議通過。只有經股東大會審議通過的股利分配方案才具有法律效力，才能向社會公布。

股利分配方案的確定，主要是考慮確定以下四個方面的內容：一是選擇股利政策類型，確定是否發放股利；二是確定股利支付率的高低；三是確定股利支付形式，即確定合適的股利分配形式；四是確定股利發放的日期等。

一、選擇股利政策類型，確定是否發放股利

表 9-1　　　　　　　　　公司股利分配政策的選擇

公司發展階段	特點	適應的股利政策
公司初創階段	公司經營風險高，融資能力差	剩餘股利政策
公司高速發展階段	產品銷量急劇上升，需要進行大規模的投資	低正常股利加額外股利政策
公司穩定增長階段	銷售收入穩定增長，公司的市場競爭力增強，行業地位已經鞏固，公司擴張的投資需求減少，廣告開支比例下降，淨現金流入量穩步增長，每股淨利呈上升態勢	穩定增長型股利政策
公司成熟階段	產品市場趨於飽和，銷售收入難以增長，但盈利水平穩定，公司通常已積累了相當的盈餘和資金	固定型股利政策
公司衰退階段	銷售收入銳減，利潤嚴重下降，股利支付能力日下	剩餘股利政策

二、確定以多高的股利支付率分配股利

股利支付率是當年發放股利與當年利潤之比，或每股股利除以每股收益。

一般來說，公司發放股利越多，股利的分配率越高，因而對股東和潛在的投資者的吸引力越大，也就越有利於建立良好的公司信譽。一方面，由於投資者對公司的信任，會使公司股票供不應求，從而使公司股票市價上升。公司股票的市價越高，對公司吸引投資、再融資越有利。另一方面，過高的股利分配率政策，一是會使公司的留存收益減少，二是如果公司要維持高股利分配政策而對外大量舉債，會增加資金成本，最終必定會影響公司的未來收益和股東權益。

股利支付率是股利政策的核心。確定股利支付率，首先要弄清公司在滿足未來發展所需的資本支出需求和營運資本需求，有多少現金可用於發放股利，然後考察公司所能獲得的投資項目的效益如何。如果現金充裕，投資項目的效益又很好，則應少發或不發股利；如果現金充裕但投資項目效益較差，則應多發股利。

三、確定以什麼形式支付股利

（一）現金股利（Cash Dividends）

現金股利是股份公司以現金的形式發放給股東的股利。是企業最常見的、也是最易被投資者接受的股利支付方式。發放現金股利的多少主要取決於公司的股利政策和經營業績。上市公司發放現金股利主要出於三個原因：投資者偏好、減少代理成本和傳遞公司的未來信息。公司採用現金股利形式時，必須具備兩個基本條件：一是公司要有足夠的未指明用途的留存收益（未分配利潤），二是公司要有足夠的現金。

（二）股票股利（Stock Dividends）

股票股利是公司將應分配給股東的股利以股票的形式發放。在我國股票股利通常稱為紅股，發放股票股利又稱為送股或送紅股。用於發放股票股利的，除了當年可供分配的利潤外，還有公司的盈餘公積和資本公積。它不會引起公司資產的流出或負債的增加，不改變每位股東的股權比例，只涉及股東權益內部結構的調整，將資金從留存盈利帳戶轉移到其他股東權益帳戶，因此不會引起股東權益總額的改變，不會直接增加股東財富。

【例 9-5】某企業在發放股票股利前，股東權益情況如表 9-2 所示。

表 9-2　　　　　　　發放股票股利前的股東權益情況　　　　　　　單位：元

項目	金額
普通股股本（面值 1 元，已發行 200,000 股）	200,000
盈餘公積（含公益金）	400,000
資本公積	400,000
未分配利潤	2,000,000
股東權益合計	3,000,000

假定企業宣布發放 10% 的股票股利，即發放 20,000 股普通股股票，現有股東每持 100 股，可得 10 股新發股票。如該股票當時市價 20 元，發放股票股利以市價計算。則：

未分配利潤劃出的資金為：$20 \times 200\,000 \times 10\% = 400,000$（元）

普通股股本增加為：$1 \times 200,000 \times 10\% = 20,000$（元）

資本公積增加為：$400,000 - 20,000 = 380,000$（元）

發放股票股利後，企業股東權益各項目如表 9-3 所示。

表 9-3　　　　　　　發放股票股利後的股東權益情況　　　　　　　單位：元

項目	金額
普通股股本（面值 1 元，已發行 22 000 股）	220,000
盈餘公積（含公益金）	400,000
資本公積	780,000
未分配利潤	1,600,000
股東權益合計	3,000,000

公司發放股票股利，可能出於以下方面的考慮。

（1）保留現金。發放現金股利會使公司的現金大量減少，可能會使公司由於資金短缺而喪失投資良機或增加公司的財務負擔；而發放股票股利，則不會減少公司現金持有量，又能使股東獲得投資收益，有利於公司將更多的現金用於投資和擴展業務，減少對外部資金的依賴。

（2）避免股東增加稅收負擔。對股東而說，現金股利需要繳納所得稅，而股票股利則不需要納稅，即使將來出售需要繳納資本利得稅，其稅率也較低。

（3）滿足股東投資的意願。股東投資的目的是獲得投資報酬，發放股票股利可以使股東得到減輕稅收負擔的好處，又會使股東得到相當於現金股利的收益。

（4）降低公司的股價。發放股票股利可以增加公司流通在外的股份數，使公司股價降低至一個便於交易的範圍之內。降低公司的股價有利於吸引更多的中小投資者，提高股票市場占有率，有助於減輕股市大戶對股票的衝擊，有利於公司進一步增發新股。如：某上市公司發放股利前的股價為每股 18 元，如果該公司決定按照 10 股送 2 股的比例發放股票股利，則該公司的股票在除權日之後的市場價格應降至每股 15 元（18/1.2）。

（三）財產股利（Property Dividends）

財產股利是以現金以外的資產支付的股利，主要是以公司所擁有的其他企業的有價證券，如債券、股票，作為股利支付給股東。具體有實物股利和證券股利。

（1）實物股利：發給股東實物資產或實物產品，多用於採用額外股利的股利政策。
（2）證券股利：最常見的財產股利是以公司擁有的其他公司的有價證券來發放股利。

（四）負債股利（Liability Dividends）

負債股利是公司以負債支付的股利，通常是以公司的應付票據支付給股東，在不得已情況下也有發行公司債券抵付股利的。由於負債均需還本付息，因此對公司構成較大的支付壓力，只能作為公司已宣布並立即支付股利而現金又暫時不足時的權宜之計。負債股利使公司資產總額不變，負債增加，淨資產減少。

財產股利和負債股利實際上是現金股利的替代。這兩種股利方式目前在我國公司實務中很少使用，但並非法律所禁止。

四、確定何時發放股利

股份公司分配股利必須遵循法定的程序，先由董事會提出分配預案，然後提交股東大會決議，股東大會決議通過分配預案之後，向股東宣布發放股利的方案，並確定股權登記日、除息（或除權）日和股利發放日等。制定股利政策時必須明確這些日期界限。

（一）股利宣告日（Declaration Date）

股利宣告日是指將公司股東會議決定的股利分配情況予以公告的日期。例如，某公司 2009 年 4 月 20 日召開股東會議，宣布每股派現 0.5 元，5 月 1 日為股東登記日，5 月 10 日支付。

（二）股權登記日（Holder-of-record Date）

股權登記日指有權領取股利的股東資格登記截止日期，又稱為除權日。只有這一日在公司股東名冊上登記有名的股東，方有權領取最近一次發放的股利。在股權登記日以後購買股票的新股東無權參與本次分配。股權登記日一般在分配方案宣布後的 10~20 天。

（三）除息（權）日（Ex-Dividend Date）

除息日就是除去股利的日期，也就是領取股利的權利和股票相互分離的日期。在除息日前，股利包含在股票的價格之中，該股票稱為含權股（含息股），持有股票就享有獲取股利的權利。除息日開始，股利權與股票相互分離，股票價格會下降，此時，股票稱爲除息股或除權股。而在除息日當天或以後新購買股票的股東則不能享受這次股利。其原因是，股票買賣之間的交接過戶需要一定的時間，如果有股票的轉讓，公司可能不能夠及時地獲得股東變更的資料，只能以原登記的股東爲股利支付對象。爲了避免衝突，證券行業一般規定在股權登記日的前4天（或3天）爲除息日。自該日起，股票爲無息交易。也就是說，新股東如果希望獲取本次股利，就必須在股權登記日的4天前購入股票，否則，股利仍然由原股東領取。例如，如某公司以5月1日爲股權登記日，往前算4天爲4月27日，這一天爲除息日，因此，購買股票的人如果希望獲取股利，就必須在4月26日或以前購買，否則，股利仍屬原來的股東。

（四）股利支付日

股利支付日就是公司向股東正式發放股利的日期。

【案例分析】

利潤分配方案

根據上海浦東發展銀行股份有限公司第二屆第十七次董事會會議決議，決定2018年度利潤分配方案。具體實施事項公告如下：

根據經境內會計師事務所審計的2018年度會計報表，本公司2018年度法定報表實現淨利潤19.30億元，2009年年初未分配利潤爲5,328萬元。

1. 按當年度稅後利潤10%的比例提取法定盈餘公積，共計1.93億元；
2. 按當年度稅後利潤10%的比例提取法定公益金，共計1.93億元；
3. 按當年度稅後利潤10%的比例提取一般任意盈餘公積，共計1.93億元；
4. 提取一般準備8.5億元；
5. 分配普通股股利每10股派1.2元人民幣（社會公衆股東含個人所得稅），以2004年年末總股本391 500萬股爲基數，應付股利共計4.698億元；
6. 本年度不送股，不轉增股本。上述分配方案執行後，結餘未分配利潤8 448萬元。

第五節　股票分割與股票回購

一、股票分割

（一）股票分割的含義及特點

股票分割又稱拆股，是公司管理當局將某一特定數額的新股按一定比例交換一定數量的流通在外普通股的行爲。例如，三股換一股的股票分割是指三股新股換取一股舊股。

股票分割對公司的資本結構和股東權益不會產生任何影響，一般只會使發行在外的股票總數增加，每股面值降低，並由此引起每股市價下跌，而資產負債表中股東權益各帳戶的餘額都保持不變，股東權益的總額也維持不變。

（二）採用股票股利與股票分割的區別

一般來說，在股價有較大漲幅的情況下，可採用股票分割來抑制股價的上漲；股票股利可用於對年度內股價的抑制。假設企業的收益和股利每年按10%的幅度同步增長，則股價也會以相同的增長率上漲，以至於股價很快就超出了企業所期望的範圍。

【例9-6】某企業以每股5元的價格發行了10萬股普通股，每股面值爲1元，本年盈餘爲22萬元，資本公積餘額爲50萬元，未分配利潤餘額爲140萬元。

（1）若企業宣布發放10%的股票股利，即發放1萬股普通股股票，股票當時的每股市價爲10元，則從未分配利潤中轉出的資金爲10萬元。股票股利對企業股東權益構成、每股帳面價值、每股收益的影響如表9-4所示。

表9-4　　　　　　　　　發放股票股利對每股收益的影響

所有者權益項目	發放股票股利前	發放股票股利後
普通股股數	10萬股	11萬股
普通股	10萬元	11萬元
資本公積	50萬元	59萬元
未分配利潤	140萬元	130萬元
所有者權益合計	200萬元	200萬元
每股帳面價值	200萬元/10萬股=20元	200萬元/11萬股=18.18元
每股收益	22萬元/10萬股=2.2元	22萬元/11萬股=2元

（2）若企業宣布按1：2的比例進行股票分割，則股票分割對企業股東權益構成、每股帳面價值、每股收益的影響如表9-5所示。

表9-5　　　　　　　　　實施股票分割對每股收益的影響

所有者權益項目	股票分割前	股票分割後
普通股股數	10萬股（每股面額爲1元）	20萬股（每股面額爲0.5元）
普通股	10萬元	10萬元
資本公積	50萬元	50萬元
未分配利潤	140萬元	140萬元
所有者權益合計	200萬元	200萬元
每股帳面價值	200萬元/10萬股=20元	200萬元/20萬股=10元
每股收益	22萬元/10萬股=2.2元	22萬元/20萬股=1.1元

（三）股票分割的作用

（1）採用股票分割可使公司股票每股市價降低，促進股票流通和交易。

（2）股票分割能有助於公司併購政策的實施，增加對被併購方的吸引力。例如，我們假設有A、B兩個企業，A企業股票每市價爲60元，B企業股票每市價爲6元，A企業準備通過股票交換的方式對B企業實施併購，如果以A企業1股股票換取B企業10股股票，可能會使B企業的股東在心理上難以承受；相反，如果A企業先進行股票分割，將原來1股分拆爲5股，然後再以1：2的比例換取B企業股票，則B企業的股東在心理上可能會容易接受些。通過股票分割的辦法改變被併購企業股東的心理差異，更有利於企業併購方案的實施。

（3）股票分割也可能會增加股東的現金股利，使股東感到滿意。

（4）股票分割可向股票市場和廣大投資者傳遞公司業績好、利潤高、增長潛力大的信息，從而能提高投資者對公司的信心。

二、股票回購

(一) 股票回購的含義與方式

股票回購是指股份公司出資將其發行流通在外的股票以一定價格購回予以註銷或作為庫存股的一種資本運作方式。我國公司法規定只有當公司為了減少其註冊資本，或與持有本公司股票的公司合並才可以回購本公司的股票，並且要在 10 日內註銷。

股票回購的方式主要有三種：一是在市場上直接購買，二是向股東標購，三是與少數大股東協商購買。

(二) 股票回購的動機

公司回購股票的動機主要有：
(1) 提高財務槓桿比例，改善企業資本結構。
(2) 滿足企業兼併與收購的需要，利用庫存股票交換被兼併企業的股票，減少或消除因企業兼併而帶來的每股收益的稀釋的效應。
(3) 分配企業超額現金。
(4) 滿足認股權的行使，在企業發行可轉換債券轉換、認股權證或實行高層經理人員股票期權計劃以及員工持股計劃的情況下，採用股票回購的方式即不會稀釋每股收益，又能滿足認股權的行使。
(5) 在公司的股票價值被低估時，提高其市場價值。
(6) 清除小股東。
(7) 鞏固內部人控制地位。

(三) 股票回購應考慮的因素

公司回購股票應考慮的因素主要有：
(1) 股票回購的節稅效應。
(2) 投資者對股票回購的反應。
(3) 股票回購對股票市場價值的影響。
(4) 股票回購對公司信用等級的影響。

(四) 股票回購的負效應

股票回購可能對上市公司經營造成的負面影響有：
(1) 股票回購需要大量資金支付回購的成本，易造成資金緊缺，資產流動性變差，影響公司發展後勁。
(2) 回購股票可能使公司的發起人股東更註重創業利潤的兌現，而忽視公司長遠的發展，損害公司的根本利益。
(3) 股票回購容易導致內部操縱股價。

【案例分析】

案例資料：A 股份有限公司（以下簡稱 A 公司）是民營軟件企業衝擊資本市場的領路者。2006 年 12 月 6 日，經北京市人民政府批準，由有限責任公司變更為股份有限公司，註冊資本為 7 500 萬元人民幣。北京 A 科技有限公司、北京 A 企業管理研究所有限公司、上海 A 科技投資管理有限公司、南京 B 管理諮詢有限公司、山東 C 信息諮詢有限公司作為股東分別持有 A 公司 55%、15%、15%、10%、5% 的股份。

2007 年 4 月 10 日 A 軟件公司於 4 月 10 日發布招股說明書。根據招股說明書，此次將發行流通股 2 500 萬股，股票發行後，公司的註冊資金爲 10 000 萬元，由以上五公司和社會公衆出資組成。這樣，以上五公司的持股比例分別減少至 41.25%、11.25%、11.25%、7.5%、3.75%。董事長×× 在以上五公司中均占有較大比重的股份，分別爲 73.6%、73.6%、90%、42.8%、86%。

2008 年 4 月 23 日，A 公司以發行價每股 36.68 元、市盈率 64.35 倍在上海證券交易所上網定價發行 2 500 萬 A 股，憑借上市，A 募集資金達 8 億多元，淨資產從 2000 年底的 8 384 萬元飆升了 10 倍。2008 年 5 月 18 日，A 軟件在上海證券交易所上市，當天以每股 76 元開盤，瞬間下探每股 73.88 元後一路扶搖直上，當天最高價爲每股 100 元，換手率高達 85.6%，成交 2 140 萬股，成交總額爲 17.36 億元。收盤於每股 92 元。

2009 年 4 月 28 日，A 軟件公司股東大會審議通過 2001 年度分配方案爲 10 股派 6 元（含稅），共計派發現金股利 6 000 萬元，占本次可分配利潤的 99.79%，剩餘 126 947 元利潤留待以後年度分配。剛剛上市一年即大比例分紅，一時之間市場上衆說紛紜，董事長王××更是由於其大股東的地位成爲漩渦中心，因爲按照×× 對 A 軟件公司的持股比較推算，他可以從這次股利派現中分得 3 312 萬元！

這樣高額的現金股利發放是否符合 A 軟件的企業發展思路？是否具有大股東套現的嫌疑呢？

案例探析：

1. 公司財務狀況良好，有能力派發高額現金股利

2008 年度，A 軟件公司主營業務依然專註於軟件產業，並註重於管理軟件領域。公司從年初開始實施"全面升級、擴展發展"的業務戰略，通過產品升級、服務升級、銷售平臺升級、人才升級和國際合作，實現了公司由財務軟件產品和服務提供商向管理軟件解決方案、產品和服務提供商的全面升級發展。2008 年，公司實現主營業務收入 33 348.32 萬元，主營業務利潤 30 444.66 萬元，與 2000 年相比，分別增長了 56.65% 和 55.93%。A 軟件公司 2006—2009 年中期主要財務數據如表 9-6 所示。

表 9-6　　A 軟件公司 2006—2009 年中期主要財務數據

	2009 年中期	2008 年末	2007 年末	2006 年末
主營業務收入（萬元）	20 499.44	33 348.32	21 288.53	18 514.36
主營業務利潤（萬元）	18 561.04	30 443.66	19 523.85	16 740.18
其他業務利潤（萬元）	7.55	1.25	18.85	40.86
營業利潤（萬元）	2 821.98	5 010.51	2 632.84	4 226.28
投資收益（萬元）	—	—	—61.14	6.95
補貼收入（萬元）	1 781.47	3 132.90	2 030.18	118.13
營業外收支（萬元）	7.36	—110.94	85.83	—14.91
利潤總額（萬元）	4 429.54	7 923.94	4 687.70	4 337.05
所得稅（萬元）	504.82	916.12	689.73	827.5
淨利潤（萬元）	4 011.88	7 040.06	4 004.29	3 506.56

表9-6(續)

	2009年中期	2008年末	2007年末	2006年末
淨資產收益率（％）	3.85	7.02	47.76	45.22
流動比率（倍）	12.46	6.6	1.13	1.12
速動比率（倍）	12.43	6.58	1.11	1.07
資產負債比率（％）	7.27	13.82	48.17	39.96
稅後利潤增長率（％）	37.69	75.81	14.19	60
淨資產增長率（％）	2.09	796.59	8.11	-0.90
現金及現金等價物淨增額（萬元）	-9 024.47	67 300.56	1 724.52	—
經營活動現金流量（萬元）	1 543.79	10 329.34	4 764.64	
銷售商品收到現金（萬元）	23 153.14	40 116.22	24 163.62	
銷售商品收到現金占主營收入比例（％）	112.99	120.29	113.51	

通過表9-6可以看出A軟件公司2001年確實有能力、有理由派發高額的現金股利：償債能力方面，公司的流動比率和速動比率都高於6，遠遠超過一般認為的2和1標準，資產負債率也只有13.82％，長、短期都沒有償債壓力，財務風險很低；經營成果方面，公司的主營業務利潤率在90％以上，淨利潤也達到7 040.06萬元，高於準備發放的現金股利；現金流量方面，公司2001年度現金及現金等價物的淨增加額為67 300.56萬元，經營活動產生的現金流量淨額更有10 329.34萬元，說明淨利潤是有真實的現金保證的。公司的發展狀況良好，有樂觀的盈利預期。

2. 公司現金寬裕，通過派發現金股利可以減少現金閒置

A軟件公司董事長××在新股上市時曾表示，公司早在兩年以前就對募集的投資項目進行了論證，並已通過政府的項目審批，資金缺口為8.03億元，此外公司還有多個項目在進行談判。但是在新股上市後僅四個月的2001年8月，公司就發布公告稱巨額資金已挪作他用，在2001年度報告中對此作出了說明：公司於2008年4月23日首次發行人民幣普通股2 500萬股，募集資金總額達8億多元，由於按照公司募集資金投資使用計劃，這些資金將在3年內陸續投資使用，故在2008年和2009年將會有部分資金處於階段性閒置狀態。公司針對這一狀況，在安全、積極的原則下，為了保障投資人的投資回報，採取的措施包括：按照募集資金投資使用計劃，進行項目投資；安排銀行定期和活期存款；安排1億元人民幣購買國債，另外委託興業證券股份有限公司管理2億元人民幣資金，進行委託理財。另外，A軟件公司在發行A股前，曾於2008年3月21日與交通銀行北京海澱新技術產業開發試驗區支行訂立借款合同，金額為人民幣4 500萬元整，用於資金周轉，利率為月息4.875％，合同期限自2008年3月27日至2009年3月27日。但僅過了一個多月，在4月29日，公司就全部提前償還該筆貸款。2001年度年報中顯示公司長期負債僅為100萬元，並無長期借款，因此，在募集到巨額資金並取得良好收益後，寬裕的現金在短期內又無法找到好的投資項目，將多餘的資金以股利形式發放，也是一種非常現實的選擇。

3. 通過派發現金股利，提高公司淨資產收益率

高股利現金分紅後，降低了公司的淨資產規模，提高了淨資產收益率，給予投資者積極的信號，能促使股票價格上漲，A軟件公司2000年，2001年的淨資產收益率分別為

47.76%和7.02%。A軟件公司共派發現金股利6 000萬元，如果不派現，則2001年的淨資產收益率為6.63%。

案例啟示：

1. 處於不同發展時期的企業適用不同的股利政策

快速增長型公司往往有較高收益的投資項目，所以對資金需求較大，股利支付率一般偏低；而那些市場份額比較穩定，又不需額外追加大量投資的公司，則往往通過較高的股利支付率水平向投資者傳遞管理當局對未來穩定高收益的預期。由於投資者對增長型公司的良好未來預期，使增長型公司較價值型公司擁有更高的市盈率，而分紅派息傳出的市場信號往往被理解成公司增長速度開始減緩，正在逐步走入價值型公司的行列，所以走在IT前沿的微軟公司即使用360億美元的超額現金儲備，也仍然選擇了不支付股息紅利的股利政策。而A軟件公司2008年上半年才上市，就採取了每股派現0.6元的高股利政策，公司有動用募股資金進行分紅之嫌。這種做法有可能傳遞出混淆投資者判斷的市場信號。

2. 股利信號的作用取決於它的性質而非變化方向

市場更加關注的是股利信號的性質而不是股利變化的方向。也就是說，並不是所有的股利增加都是好消息，傳遞利空信息的股利增加反而會導致負的市場反應。如果股利的變化方向與自願性披露信息對公司經營狀況的揭示具有高度不一致時，股利信號只能起到干擾投資者判斷的作用，從而引起市場反應混亂，股票價格大幅波動。

3. 股利政策應保持長期穩定性

在較為成熟的證券市場上，上市公司大都採取較穩定的股利政策，股利支付一般不受公司盈餘波動的影響。因為投資者對股利削減的反應要遠大於對同等股利增加的反應，所以管理當局只有在確信持續增加的利潤能夠支撐較高的股利支付水平時，才提高股利，而且一經提高，這一股利支付水平應具有長期穩定性。否則，下一年的股利削減將帶來更大的負面反應。同理，即使公司面臨虧損，管理當局亦應保持平穩的股利支付水平，直到他們確信虧損不可扭轉。

【課堂活動】

某公司本年實現的淨利潤為2,500萬元，資產合計2,800萬元，年終利潤分配前的股東權益項目資料見表9-7：

表9-7

股本——普通股（每股面值2元，200萬股）	400萬元
資本公積金	160萬元
未分配利潤	840萬元
所有者權益合計	1,400萬元

公司股票的每股現行市價為35元。

要求：

1. 假設該公司計劃按每10股送1股的方案發放股票股利，股票股利的金額按現行市價計算，計算完成這一分配方案後的股東權益各項目數額。

2. 假設該公司計劃每10股送1股的方案發放股票股利，股票股利的金額按現金市價計算，並按發放股票股利前的股數派發每股現金股利0.2元。計算完成這一分配方案後的股東權益各項目數額。

【本章小結】

　　利潤分配是將企業實現的稅後利潤在各權益者之間進行分配的過程。利潤分配的項目包括盈餘公積金和股利（向投資者分配的利潤）。

　　公司的利潤分配應按如下順序進行：計算可供分配的利潤；計提法定盈餘公積金；計提任意盈餘公積金；向股東（投資者）支付股利（分配利潤）。

　　股利支付的程序主要經歷股利宣告日、股權登記日、除息日和股利支付日。

　　股利支付的方式主要有現金股利、股票股利、財產股利和負債股利等。

　　影響股利政策的主要因素有法律方面的因素、公司方面的因素和股東方面的因素等。

　　股利分配政策是指股份公司是否發放股利、發放多少股利、何時發放股利等方面的方針和策略。一般來說，有以下幾種不同類型的股利分配政策：剩餘股利政策、固定股利或穩定增長股利政策、固定股利支付率政策、低正常股利加額外股利的政策。

　　股票股利是公司以發放的股票作爲股利的支付形式。股票股利並不直接增加股東的財富，也不會導致公司資產的流出或負債的增加，對公司本身的財產也不構成增減變動，但會引起所有者權益各項目間的結構發生變動。

　　股票分割是指將一面額較高的股票交換成數股面額較低的股票的行爲。股票分割雖然並不屬於發放股利，但其產生的效果與發放股票股利近似。

【同步測試】

一、單項選擇題

1. （　　）之後的股票交易，股票交易價格會有所下降。
   A. 股利宣告日　　　　　　　　B. 除息日
   C. 股權登記日　　　　　　　　D. 股利支付日

2. 股票股利的優點不包括（　　）。
   A. 可將現金留存公司用於追加投資　　B. 股東樂於接受
   C. 擴大股東權益　　　　　　　　　　D. 傳遞公司未來經營效益的信號

3. （　　）要求企業在分配收益時必須按一定的比例和基數提取各種公積金。
   A. 資本保全約束　　　　　　　B. 資本積累約束
   C. 償債能力約束　　　　　　　D. 超額累計利潤約束

4. 一般來說，如果一個公司預期未來有較好的投資機會，且預期投資收益率大於投資者期望收益率時，則有可能採取（　　）的利潤分配政策。
   A. 寬鬆　　　　　　　　　　　B. 較緊
   C. 不緊　　　　　　　　　　　D. 固定或變動

5. 在企業的淨利潤與現金流量不夠穩定時，採用（　　）對企業和股東都是有利的。
   A. 剩餘股利政策　　　　　　　B. 固定股利政策
   C. 固定股利支付率政策　　　　D. 低正常股利加額外股利政策

6. （　　）是領取股利的權利與股票分離的日期。
   A. 股利宣告日　　　　　　　　B. 股權登記日

C. 除息日 D. 股利支付日
7. ( ) 主要用於職工住宅等集體福利設施支出。
   A. 法定盈餘公積金 B. 任意盈餘公積金
   C. 法定公益金 D. 資本公積金
8. ( ) 適用於經營比較穩定或正處於成長期、信譽一般的公司。
   A. 剩餘股利政策 B. 固定股利政策
   C. 固定股利支付率政策 D. 正常股利加額外股利政策
9. ( ) 體現了投資風險與投資收益的對稱性。
   A. 剩餘股利政策 B. 固定股利政策
   C. 固定股利支付率政策 D. 正常股利加額外股利政策
10. ( ) 有利於優化資本結構，降低綜合資本成本，實現企業價值的長期最大化。
    A. 剩餘股利政策 B. 固定股利政策
    C. 固定股利支付率政策 D. 正常股利加額外股利政策
11. 下列各項中不屬於確定利潤分配政策的公司因素內容的是 (   )。
    A. 舉債能力 B. 償債能力
    C. 未來投資機會 D. 盈餘穩定狀況
12. 利潤分配的基本原則中 (   ) 是正確處理投資者利益關係的關鍵。
    A. 依法分配原則 B. 兼顧各方面利益原則
    C. 分配與積累並重原則 D. 投資與收益對等原則
13. 公司以股票形式發放股利，可能帶來的結果是 (   )。
    A. 引起公司資產減少
    B. 引起公司負債減少
    C. 引起股東權益內部結構變化
    D. 引起股東權益與負債同時變化
14. 某公司現有發行在外的普通股 1,000,000 股，每股面額 1 元，資本公積 3,000,000 元，未分配利潤 8,000,000 元，股票市價 20 元；若按 10% 的比例發放股票股利並按市價折算未分配利潤的變動額，公司資本公積的報表列示將爲 (   ) 元。
    A. 1,000,000 B. 2,900,000
    C. 4,900,000 D. 3,000,000
15. 造成股利波動較大，給投資者以公司不穩定的感覺，對於穩定股票價格不利的股利分配政策是 (   )。
    A. 剩餘股利政策 B. 固定股利政策
    C. 固定股利比例政策 D. 低正常股利加額外股利政策
16. 大華公司於 2009 年度提取了公積金、公益金後的淨利潤爲 100 萬元，2010 年計劃所需 50 萬元的投資，公司的目標結構爲自有資金 40%，借入資金 60%，公司採用剩餘股利政策。該公司於 2002 年可向投資者分紅（發放股利）數額爲 (   ) 萬元。
    A. 20 B. 80
    C. 100 D. 30
17. 在影響收益分配政策的法律因素中，目前，我國相關法律尚未作出規定的是 (   )。
    A. 資本保全約束 B. 資本積累約束
    C. 償債能力約束 D. 超額累計利潤約束

18. 當法定公積金達到註冊資本的（　　）時，可不再提取。
    A. 6%　　　　　　　　　　　　B. 10%
    C. 25%　　　　　　　　　　　 D. 50%
19. 股利支付與公司盈利能力相脫節的股利分配政策是（　　）。
    A. 剩餘政策　　　　　　　　　B. 固定股利政策
    C. 固定股利比例政策　　　　　D. 正常股利加額外股利政策
20. 主要依靠股利維持生活的股東和養老基金管理人最不讚成的公司股利政策是（　　）。
    A. 剩餘股利政策　　　　　　　B. 固定股利政策
    C. 固定股利比例政策　　　　　D. 正常股利加額外股利政策

二、多項選擇題

1. 發放股票股利會引起（　　）。
   A. 所有者權益總額發生變化　　B. 所有者權益的結構變化
   C. 每股市價可能下降　　　　　D. 股東的市場價值總額發生變化
2. 企業採用固定股利政策的優點在於（　　）。
   A. 使得投資收益與投資風險相對稱　B. 有利於穩定股價
   C. 有利於投資者安排收入和支出　　D. 有利於增強投資者的信心
3. 剩餘股利政策的缺點在於（　　）。
   A. 不利於投資者安排收入與支出　B. 不利於公司樹立良好的形象
   C. 公司財務壓力較大　　　　　　D. 不利於目標資本結構的保持
4. 下列各項中屬於確定利潤分配政策的法律因素的內容的是（　　）。
   A. 控制權考慮　　　　　　　　B. 資本保全約束
   C. 資本積累約束　　　　　　　D. 超額累積利潤約束
5. 下列各項中屬於確定利潤分配政策的公司因素的內容的是（　　）。
   A. 規避風險　　　　　　　　　B. 盈餘穩定狀況
   C. 籌資成本　　　　　　　　　D. 償債能力
6. 採用正常股利加額外股利政策的理由是（　　）。
   A. 有利於保持最優資本結構
   B. 使公司具有較大的靈活性
   C. 保持理想的資本結構，使綜合成本最低
   D. 使依靠股利度日的股東有比較穩定的收入，從而吸引住這部分股東
7. 主要依靠股利維持生活的股東和養老基金管理人讚成的公司股利政策是（　　）。
   A. 剩餘股利策略　　　　　　　B. 固定股利
   C. 正常股利加額外股利政策　　D. 固定股利比例政策
8. 下列表述正確的是（　　）。
   A. 在除息日前，股利權從屬於股票
   B. 在除息日前，持有股票者不享有領取股利的權利
   C. 在除息日前，股利權不從屬於股票
   D. 從除息日開始，新購入股票的投資者不能分享最近一期股利
9. 從公司的角度看，制約股利分配的因素有（　　）。
   A. 控制權的稀釋　　　　　　　B. 舉債的變化

C. 盈餘的變化　　　　　　　　D. 潛在的投資機會
10. 股東在決定公司收益分配政策時，通常考慮的主要因素有（　　）。
　　A. 籌資成本　　　　　　　　　B. 償債能力約束
　　C. 防止公司控制權分散　　　　D. 避稅
11. 企業支付現金股利，須具備的條件有（　　）。
　　A. 有足夠的現金　　　　　　　B. 有足夠的未指明用途的留存收益
　　C. 要有足夠的實收資本　　　　D. 要有足夠的營業收入
12. 固定股利政策一般適用於（　　）。
　　A. 收益比較穩定的企業　　　　B. 正處於成長期的企業
　　C. 業績優良的企業　　　　　　D. 信譽一般的企業
13. 下列項目中，資本保全約束規定不能用來發放股利的有（　　）。
　　A. 原始投資　　　　　　　　　B. 股本
　　C. 留存收益　　　　　　　　　D. 本期利潤
14. 被企業普遍採用，並爲廣大的投資者所認可的基本政策是（　　）。
　　A. 剩餘股利政策　　　　　　　B. 固定股利政策
　　C. 固定股利比例政策　　　　　D. 正常股利加額外股利政策
15. 影響公司股利政策的因素主要有（　　）。
　　A. 法律因素　　　　　　　　　B. 企業因素
　　C. 股東因素　　　　　　　　　D. 其他因素

三、判斷題

1. 從除息日開始，新購入股票的投資者不能分享最近一期的股利。（　　）
2. 發放股票股利可傳遞公司未來經營績效的信號，增強經營者對公司未來的信心。（　　）
3. 只要企業有足夠的未指明用途的留存收益就可以發放現金股利。（　　）
4. 非股份公司利潤分配的程序是：彌補以前年度虧損、計提法定公積金、計提法定公益金、計提任意公積金、向投資者分配利潤。（　　）
5. 計提法定盈餘公積金的基數是企業當年實現的淨利潤。（　　）
6. 固定股利支付率政策使得公司股利的支付具有較大靈活性。（　　）
7. 利潤分配有廣義和狹義之分，廣義的利潤分配是指對企業淨利潤的分配。（　　）
8. 負債資金較多、資金結構不健全的企業在選擇籌資渠道時，往往將留用利潤作爲首選，以降低籌資的外在成本。（　　）
9. 固定股利比例分配政策的主要缺點，在於公司股利支付與其盈利能力相脫節，當盈利較低時仍要支付較高的股利，容易引起公司資金短缺、財務狀況惡化。（　　）
10. 派發股票股利有可能會導致公司資產的流出或負債的增加。（　　）
11. 企業預計將有一投資機會，則選擇低股利支付政策較好。（　　）
12. 企業的淨利潤歸投資者所有，這是企業的基本制度，也是企業所有者投資於企業的根本動力所在。（　　）
13. 正確處理投資者利益關係的關鍵是堅持投資與受益對等原則。（　　）
14. 發放股票股利會引起每股利潤的下降，每股市價也有可能下跌，因而每位股東持股票的市場總價值也將下降。（　　）
15. 在收益分配實踐中，固定股利政策和正常股利加額外股利政策爲最常見的兩種股利政策。   (   )

16. 國有企業發生的年度經營虧損，依法用以後年度實現的利潤彌補。連續5年不足彌補的，用稅後利潤彌補，或者經企業董事會或經理辦公會審議後，依次用企業盈餘公積、資本公積彌補。   (   )

17. 付現金股利只要有足夠的現金就可以。   (   )

18. 千方百計籌集支付股利所需現金是股利分配最主要的工作內容。   (   )

19. 處於成長中的公司多採取低股利政策，陷於經營收縮的公司多採取高股利政策。
                                                                    (   )

20. 某公司目前的普通股100萬股（每股面值1元，市價25元），資本公積400萬元，未分配利潤500萬元。發放10%的股票股利後，公司的未分配利潤減減少250萬元，股本增加250萬元。   (   )

四、計算題

1. 東方公司2009年稅後淨利爲2 000萬元，2005年的投資計劃需要資金900萬元，公司的目標資金結構爲自有資金佔80%，借入資金佔20%。該公司採用剩餘股利政策。

要求：（1）計算公司投資所需自有資金數額；
（2）計算公司投資需從外部籌集的資金數額；
（3）計算公司2009年度可供向投資者分配的利潤爲多少。

2. 某公司2010年擬投資6 000萬元購置一臺生產設備以擴大生產能力。該公司目標資本結構下權益乘數爲1.5。該公司2009年度的稅後利潤爲4 000萬元。該公司採用固定股利政策，本年度應分配的股利爲500萬元。在目標資本結構下，計算2010年度該公司爲購置該設備需要從外部籌集自有資金的數額。

3. 東方公司發放股票股利前的股東權益情況如表9-8所示。

表9-8   單位：萬元

股本（面值1元已發行300萬股）	300
資本公積	500
未分配利潤	1,500
股東權益合計	2,300

假定公司宣布發放10%的股票股利，若當時該股票市價爲9元，計算發放股票股利後的股東權益各項目的情況。

4. 某公司某年提取了公積金、公益金的稅後利潤爲500 000元，公司的目標資本結構爲權益資本佔50%，負債資本佔50%。假定該公司第二年投資計劃所需資金爲800 000元，該公司當年流通在外的普通股爲100 000股。若採取剩餘股利政策，試確定該年度股東可獲得的每股股利？

5. 某公司2010年擬投資1 000萬元購買一臺設備以擴大生產能力，該公司目標資本結構爲自有資金佔80%，借入資金佔20%。該公司2004年度的稅後利潤爲1 000萬元，一直以來實行固定股利政策，每年分配股利300萬元。

要求：
（1）如果繼續執行固定股利政策，計算2010年該公司需從外部籌集自有資金的數額；
（2）如果該公司計劃2009年實行剩餘股利政策，則可向股東分配多少股利。

第十章　財務預算管理

【引導案例】

　　2000年10月，中石化經過重組分別在中國香港、美國紐約、英國倫敦成功上市，2001年在上海證券交易所上市。上市以後，對中石化對外信息披露和加強內部管理提出了新的挑戰，這就要求中石化必須以全新的經營理念、經營機制、管理模式、運作方式進行操作，逐步與國際接軌。作爲企業管理的核心，也對進一步提升財務管理的水平提出了更高的要求。中石化的財務信息化建設於2000年上市後大規模展開，並與諮詢公司進行ERP建設的規劃。目前，SAP已在中石化下屬24家單位上線運行，取得了較好的應用效果。在集團總部的應用，則主要包括生產計劃部門牽頭的KPI體系、財務部門牽頭的成本控制體系，以及信息管理部門牽頭的數據倉庫（支撐KPI體系和成本控制體系的平臺）。具體到財務部門而言，中石化爲了實現建立成本控制體系的目標，主要做了以下工作：一是對成本核算進行統一和規範，確保同類企業的核算口徑相同，在這方面，中石化制定了統一的成本核算辦法、設計了統一的標準代碼體系、應用統一的軟件平臺；二是將收入、成本（費用）的預算落在實處，並選擇了Hyperion Planning，完成損益預算後，又實施了資金預算；三是選擇Hyperion Essbase產品，建立先進的、系統的、與國際初步接軌的財務分析體系。經歷十餘年截止至今，中石化所進行的各相關項目基本完成，運行情況良好，基本實現了項目的預期目標。

【本章學習目標】

1. 瞭解財務預算的含義及其在財務管理環節和全面預算體系中的地位。
2. 掌握財務預算的編制方法。
3. 熟悉現金預算與預計財務報表的編制。
4. 掌握成本中心、利潤中心和投資中心的含義、類型、特點及考核指標。
5. 能夠根據企業的需要編制各種財務預算，並能爲企業設計一套合理的財務控制制度。

第一節　財務預算概述

一、財務預算的概念

　　預算是企業在未來一定預算期內，全部經濟活動各項目標的行動計劃及其相應措施的預期數值說明，其實質是一套以貨幣及其他數量形式反應的預計財務報表和其他附表，主要用來規劃預算期內企業的全部經濟活動及其成果。預算的內容一般包括日常業務預算、專門決策預算和財務預算三大類。

　　日常業務預算是指與企業日常經營活動直接相關的經營業務的各種預算。具體包括銷售預算、生產預算、直接材料消耗及採購預算、直接工資及其他直接支出預算、製造費用預算、產品生產成本預算、銷售及管理費用預算等，這些預算前後銜接，相互勾稽，既有實物量指標，又有價值量指標。

專門決策預算是指企業爲不經常發生的長期投資決策項目或一次性專門業務所編制的預算。具體包括資本支出預算、一次性專門業務預算等。資本支出預算根據經過審核批準的各個長期投資決策項目編制，它實際上是決策選中方案的進一步規劃。一次性專門業務預算是爲了配合財務預算的編制，爲了便於控制和監督，對企業日常財務活動中發生的一次性的專門業務，如籌措資金、投放資金、其他財務決策（發放股息、紅利等）編制的預算。

財務預算（Financial Budget）是反應企業未來一定預算期內預計財務狀況和經營成果，以及現金收支等價值指標的各種預算的總稱。具體包括現金預算、預計損益表、預計資產負債表和預計現金流量表。前面所述的各種日常業務預算和專門決策預算，最終大都可以綜合反應在財務預算中，這樣，財務預算就成爲各項經營業務和專門決策的整體計劃，故也稱爲"總預算"，各種業務預算和專門決策預算就稱爲"分預算"。

財務預算反應了企業在經營過程中一系列的財務業務及活動，如反應現金收支活動的現金預算；反應銷售收入的銷售預算；反應成本、費用支出的生產費用預算（又包括直接材料預算、直接人工預算、制造費用預算）、期間費用預算；反應資本支出活動的資本預算等。反應財務活動總體情況的綜合預算，包括反應財務狀況的預計資產負債表、預計財務狀況變動表，反應財務成果的預計損益表等。各種預算之間前後銜接，相互關聯。銷售預算構成生產費用預算、期間費用預算、現金預算和資本預算的編制基礎；現金預算是銷售預算、生產費用預算、期間費用預算和資本預算中有關現金收支的匯總；預算損益表要根據銷售預算、生產費用預算、期間費用預算、現金預算編制，預計資產負債表要根據期初資產負債表和銷售、生產費用、資本等預算編制，預計財務狀況表則主要根據預計資產負債表和預計損益表編制。

二、財務預算的作用

財務預算作爲企業全面預算體系中的重要組成部分，在企業經營管理和實現目標利潤中發揮着重大作用，概括起來有以下幾個方面：

（一）財務預算是企業各級各部門工作的目標

財務預算是以各項業務預算和專門決策預算爲基礎編制的綜合性預算，整個預算體系全面、系統地規劃了企業主要技術經濟指標和財務指標的預算數。因此，通過編制財務預算，不僅可以確定企業整體的總目標，而且也明確了企業內部各級各部門的具體目標，如銷售目標、生產目標、成本目標、費用目標、收入目標和利潤目標等。各級各部門根據自身的具體目標安排各自的經濟活動，設想達到各目標擬採取的方法和措施，爲實現具體目標努力奮鬥。如果各級各部門都完成了自己的具體目標，企業總目標的實現也就有了保障。

（二）財務預算是企業各級各部門工作協調的工具

企業內部各級各部門因其職責的不同，對各自經濟活動的考慮可能會帶有片面性，甚至會出現相互衝突的現象。譬如，銷售部門根據市場預測提出一個龐大的銷售計劃，生產部門可能沒有那麼大的生產能力。生產部門可以編制一個充分發揮生產能力的計劃，但銷售部門卻可能無法將這些產品推銷出去。而財務預算具有高度的綜合能力，財務預算編制的過程也是企業內部各級各部門的經濟活動密切配合、相互協調、統籌兼顧、全面安排、搞好綜合平衡的過程。例如，編制生產預算一定要以銷售預算爲依據，編制材料、人工、費用預算必須與生產預算相銜接，預算各指標之間應保持必需的平衡等等。只有企業內部各級各部門協調一致，才能最大限度地實現企業的總目標。

(三) 財務預算是企業各級各部門工作控制與考核的標準

財務預算在使企業各級各部門明確奮鬥目標的同時，也爲其工作提供了控制依據。各級各部門應以各項預算爲標準，通過計量對比，及時提供實際偏離預算的差異數額，並分析原因，以便採取有效措施，挖掘潛力，鞏固成績，糾正缺點，保證預定目標的完成。

另外，財務預算也是企業各級各部門工作考核的依據。現代化企業管理必須建立健全各級各部門的責任制度，而有效的責任制度離不開工作業績的考核。在預算實施過程中，實際偏離預算的差異，不僅是控制企業日常經濟活動的主要標準，也是考核、評定各級各部門和全體職工工作業績的主要依據。通過考核，對各級各部門和全體職工進行評價，並據此實行獎懲、安排人事任免等，促使人們更好地工作，完成奮鬥目標。

三、財務預算編制的步驟

企業財務預算的編制以利潤爲最終目標，並把確定下來的目標利潤作爲編制預算的前提條件。根據已確定的目標利潤，通過市場調查，進行銷售預測，編制銷售預算。在銷售預算的基礎上，編制出不同層次不同項目的預算，最後匯總爲綜合性的現金預算和預計財務報表。財務預算編制的過程可以歸結爲以下幾個主要步驟：

(1) 根據銷售預測編制銷售預算；
(2) 根據銷售預算確定的預計銷售量，結合產成品的期初結存量和預計期末結存量編制生產預算；
(3) 根據生產預算確定的預計生產量，先分別編制直接材料消耗及採購預算、直接人工預算和製造費用預算，然後匯總編制產品生產成本預算；
(4) 根據銷售預算編制銷售及管理費用預算；
(5) 根據銷售預算和生產預算估計所需要的固定資產投資，編制資本支出預算；
(6) 根據執行以上各項預算所產生和必需的現金流量，編制現金預算；
(7) 綜合以上各項預算，進行試算平衡，編制預計財務報表。

第二節 財務預算的編制方法

企業編制財務預算的方法除傳統的固定預算和增量（或減量）預算外，目前在企業中主要有以下幾種較爲先進的財務預算編制方法。

一、彈性預算

(一) 彈性預算的概念

彈性預算（Flexible Budget）亦稱變動預算，與固定預算相對應。固定預算（Fixed Budget）是根據預算期內一種可能達到的預計業務量水平編制的預算。顯然，在採用固定預算時，一旦預計業務量與實際業務量水平相差甚遠時，必然導致有關成本費用及利潤的實際水平與預算水平因基礎不同而失去可比性，不利於開展控制和考核。而彈性預算是根據預算期內一系列可能達到的預計業務量水平編制的能適應多種情況的預算。其基本原理爲：將成本費用按照成本習性劃分爲固定成本和變動成本兩大部分，編制彈性預算時，對固定成本不予調整,只對變動成本進行調整。彈性預算能隨著業務量的變動而變動,使預算執行情況的評價和考核建立在更加客觀可比的基礎上,可以充分發揮預算在管理中的控制作用。

從理論上講,由於未來業務量的變動影響到成本費用和利潤等各個方面,因此,彈性預算適用於企業預算中與業務量有關的各種預算,但從實用角度考慮,彈性預算主要被用在彈性成本費用預算和彈性利潤預算的編制中。

(二)彈性預算的編制步驟

整個彈性預算的編制與經營活動的業務量(即經營活動水平)掛勾,企業的經營活動水平又與企業生產、銷售掛勾,因此彈性預算的編制呈現出以下步驟:

(1)選擇和確定經營活動水平的計量單位(如產品產量、直接人工小時、機器小時和維修小時等)和數量界限。

(2)確定不同情況下經營活動水平的範圍,通常以正常生產能力的70%~110%為宜(其中間隔一般以5%或10%為好)。生產能力可以用數量、金額、百分比表示。

(3)根據成本和產量之間的依存關係,分別確定變動成本、固定成本和混合成本及其各具體費用項目在不同經營活動水平範圍內的控制數額。

彈性預算適用於總預算的編制,也適用於制造費用預算、銷售和管理費用預算等的編制。用於編制制造費用預算時,其關鍵在於把所有的成本劃分為變動成本與固定成本兩大部分。變動成本主要是根據單位業務量來控制,固定成本則根據總額來控制。

彈性預算的主要優點是:一方面它比固定預算(靜態預算)運用範圍廣泛,能夠適應不同經營活動情況的變化,更好地發揮了預算的控制作用,避免了在實際執行過程中對預算作頻繁的修改;另一方面能夠使預算實際執行情況的評價與考核建立在更加客觀可比的基礎上。

【例10-1】表10-1是某公司2010年度利潤彈性預算表(業務量是銷售收入,用百分比表示)。

表10-1　　　　　　　　某公司2010年度利潤彈性預算表　　　　　　　　單位:萬元

銷售收入百分比	70%	80%	90%	100%	110%
銷售收入	105	120	135	150	165
變動成本	70	80	90	100	110
固定成本	10	10	10	10	10
利潤總額	25	30	35	40	45

【例10-2】假設新興公司在預算期內預計生產丙產品2 400件,單位產品成本構成如表10-2所示。

表10-2　　　　　　　　　　　成本構成　　　　　　　　　　　單位:元

項目	金額
直接材料	260
直接人工	120
變動性制造費用	120

表10-2(續)

項目	金額
其中：間接材料	30
間接人工	70
動力費	20
固定性製造費用	320,000
其中：辦公費	100,000
折舊費	200,000
租賃費	20,000

要求：根據上述所給的資料，編制新興公司在實際生產1,800件、2,400件、3,000件和3,600件時的彈性成本預算。

分析：根據所給資料編制的新興公司的彈性成本預算如表10-3所示。

表10-3　　　　　　　　　新興公司彈性成本預算表　　　　　　　　單位：元

項目	生產量1,800件	生產量2,400件	生產量3,000件	生產量3,600件
直接材料	468,000	624,000	780,000	936,000
直接人工	216,000	288,000	360,000	432,000
變動性製造費用	216,000	288,000	360,000	432,000
其中：間接材料	54,000	72,000	90,000	108,000
間接人工	126,000	168,000	210,000	252,000
動力費	36,000	48,000	60,000	72,000
固定性製造費用	320,000	320,000	320,000	320,000
其中：辦公費	100,000	100,000	100,000	100,000
折舊費	200,000	200,000	200,000	200,000
租賃費	20,000	20,000	20,000	20,000
生產成本合計	1,220,000	1,520,000	1,820,000	2,120,000

二、零基預算

(一) 零基預算的概念

零基預算（Zero-base budget）亦稱零底預算，它與增量（或減量）預算相對應。增量（或減量）預算是在基期成本費用水平的基礎上，結合預算期業務量水平及有關降低成本費用的措施，通過調整有關原有成本費用項目而編制的預算。這種預算往往不加分析地保留或接受原有成本費用項目，造成各種成本費用項目水平普遍地不斷上升。而零基預算是以零為基礎編制的預算。其基本原理為：編制預算時一切從零開始，從實際需要與可能出發，像對待決策項目一樣，逐項審議各項成本費用開支是否必要合理，進行綜合平衡後確定各種成本費用項目的預算數額。

(二) 零基預算法特點

零基預算的基本特徵是不受以往預算安排和預算執行情況的影響，一切預算收支都建立在成本效益分析的基礎上，根據需要和可能來編制預算。因此，這樣的一種預算具有以下幾方面的特點：

(1) 不僅能壓縮經費開支，而且能切實做到把有限的經費用到最需要的地方。

(2) 不受以往預算安排與執行的制約，能夠充分發揮各級管理人員的積極性和創造性，促進各級預算部門精打細算，量力而行，合理使用資金，提高經濟效益。

(3) 由於零基預算的一切支出均以零為起點進行分析、研究，因而編制預算的工作量較大。另外，在零基預算編制中，成本-效益分析結果的準確度也影響資金安排的合理與否。

(三) 零基預算的編制

在掌握準確信息資料的前提下，零基預算編制的具體程序如下：

(1) 確定預算單位。預算單位有時稱為"基本預算單位"，也可以定義為主要的基本建設項目、專項工作任務，或者是主要項目。在實踐中，通常由高層管理者來確定哪一級機構部門或項目為預算單位。

(2) 提出相應費用預算方案。預算單位針對企業在預算年度的總體目標以及由此確定的各預算單位的具體目標和業務活動水平，提出相應的費用預算方案，並說明每一項費用開支的理由與數額。

(3) 進行成本和效益分析。按"成本-效益分析"方法比較每一項費用及相應的效益，評價每項費用開支計劃的重要程度，區分不可避免成本與可延緩成本。

(4) 決定預算項目資金分配方案。將預算期可動用的資金在預算單位內各項目之間進行分配，對不可避免成本項目優先安排資金，對可延緩成本項目根據可動用資金情況，按輕重緩急、收益大小分配資金。

(5) 編制明細費用預算。預算單位經協調後具體規定有關指標，逐項下達費用預算。

(6) 檢查總結。

三、滾動預算

滾動預算 (Rolling Budget) 又稱連續預算或永續預算，它與定期預算相對應。定期預算是以會計年度為單位編制的各類預算，滾動預算則是在編制預算時，將預算期與會計年度脫離，隨著預算的執行不斷延伸補充預算，逐期向後滾動，使預算期永遠保持為一個固定期間的一種預算編制方法。

其具體做法是：每過一個季度 (或月份)，立即根據前一個季度 (或月份) 的預算執行情況，對以後季度 (或月份) 進行修訂，並增加一個季度 (或月份) 的預算。這樣以逐期向後滾動、連續不斷地預算形式規劃企業未來的經營活動。

滾動預算按其預算編制和滾動的時間單位不同可分為逐月滾動、逐季滾動和混合滾動三種方式。

(一) 逐月滾動方式

逐月滾動方式是指在預算編制過程中，以月份為預算的編制和滾動單位，每個月調整一次預算的方法。如在2017年1月至12月的預算執行過程中，需要在1月份末根據當月預算的執行情況，修訂 2 月至 12 月的預算，同時補充 2018 年 1 月份的預算；2 月份末根據當月預算的執行情況，修訂 3 月至 2018 年 1 月的預算，同時補充 2018年 2 月份的預算……以此類推。逐月滾動編制的預算比較精確，但工作量太大。

(二) 逐季滾動方式

逐季滾動是指在預算編制過程中，以季度為預算的編制和滾動單位，每個季度調整一次預算的方法。如在 2017 年第 1 季度至第 4 季度的預算執行過程中，需要在第 1 季末根據本季預算的執行情況，修訂第 2 季度至第 4 季度的預算，同時補充 2018年第 1 季度的預算；第 2 季度末根據當季預算的執行情況，修訂第 3 季度至 2018 年第 1 季度的預算，同時補充 2018年第 2 季度的預算……以此類推。逐季滾動編制的預算比逐月滾動的工作量小，但預算精度較差。

(三) 混合滾動方式

混合滾動方式是指在預算編制過程中，同時使用月份和季度作為預算的編制和滾動單位的方法。這種方式的理論根據是：人們對未來的瞭解程度具有對近期的預計把握較大，對遠期的預計把握較小的特徵。如對 2017 年 1 月份至 3 月份的 3 個月逐月編制詳細預算，其餘 4 月份至 12 月份分別按季度編制簡略預算；3 月末根據第 1 季度預算的執行情況，編制 4 月份至第 6 月份的詳細預算，並修訂第 3 至 4 季度的編制，同時補充 2018 年第 1 季度的預算；6 月末根據當季預算的執行情況，編制 7 月份至 9 月份的詳細預算，並修訂第 4 季度至 2018年第 1 季度的預算，同時補充 2018年第 2 季度的預算……以此類推。

滾動預算能夠從動態上保持預算的完整性和連續性，並能夠使預算與實際情況更相適應，但整個編制工作繁重，任務量大。

第三節　現金預算與預計財務報表的編制

企業編制預算期間，往往因預算種類的不同而各有所異。一般來說，在年度預算下，日常業務預算和一次性專門業務預算應按季分月編制；資本支出預算應首先按每一投資項目分別編制，並在各項目的壽命週期內分年度安排，然後在編制整個企業計劃年度財務預算時，再把屬於該計劃年度的資本支出預算進一步細分為按季或按月編制的預算；現金預算應根據企業的具體需要按月、按周、按天編制，預計財務報表應按季編制。

一、現金預算的編制

現金預算亦稱現金收支預算，是以日常業務預算和專門決策預算為基礎編制的反應企業預算期間現金收支情況的預算。現金預算主要反應現金收入、現金支出、現金收支差額、現金籌措及使用情況以及期初期末現金餘額，具體包括現金收入、現金支出、現金餘缺和現金融通四個部分。

現金收入包括預算期間的期初現金餘額加上本期預計可能發生的現金收入，其主要來源是銷售收入和應收帳款的回收，可以從銷售預算中獲得相關資料。現金支出包括預算期間預計可能發生的一切現金支出，包括各項經營性現金支出，用於繳納稅金、股利分配的支出，購買設備等資本性支出，可以從直接材料、直接人工、製造費用、銷售及管理費用等費用預算中獲得相關資料。

現金預算的編制，要以其他各項預算為基礎，或者說其他預算在編制時要為現金預算做好數據準備。爲了更好地説明現金預算的編制，先簡要介紹一部分經營預算和專門決策預算的編制方法。

(一) 銷售預算

銷售預算是指在銷售預測的基礎上，根據企業年度目標利潤確定的預計銷售量、銷售單價和銷售收入等參數編制的，用於規劃預算期銷售活動的一種業務預算。

銷售預算是編制全面預算的出發點，也是日常業務預算的基礎。在編制過程中，應根據有關年度內各季度市場預測的銷售量和售價，確定計劃期銷售收入（有時要同時預計銷售稅金），並根據各季現銷收入與回收賒銷貨款的可能情況反應現金收入，以便爲編制現金收支預算提供信息。

【例 10-3】已知某公司經營多種產品，預計 2018 年各季度各種產品銷售量及有關售價的部分資料見表 9.4 的上半部分。據估計，每季銷售收入中有 80% 能於當期收到現金，其餘 20% 要到下季收回，假定不考慮壞帳因素。該企業銷售的產品均爲應交納消費税的產品，税率爲 10%，並於當季用現金完税。2017 年年末應收帳款餘額爲 40,000 元。假定本例不考慮增值税因素。

根據題意，可計算分季銷售收入和與銷售業務有關的現金收支數據，見表 10-4 的下半部分。

表 10-4　　　　　　　　　某公司 2018 年銷售預算　　　　　　　　單位：元

項目	第一季度	第二季度	第三季度	第四季度	本年合計
銷售量（預計）					
A 產品（件）	800	1 000	1 200	1 000	4 000
B 產品（盒）	…	…	…	…	
…	…	…	…	…	
銷售單價					
A 產品	100	100	100	100	
B 產品	…	…	…	…	
…	…	…	…	…	
①銷售收入合計	195,000	290,000	375,000	220,000	1,080,000
②銷售環節税金現金支出	19,500	29,000	37,500	22,000	108,000
③現銷收入	156,000	232,000	300,000	176,000	864,000
④回收前期應收貨款	40,000	39,000	58,000	75,000	212,000
⑤現金收入小計	196,000	271,000	358,000	251,000	1,076,000

註：②=①×10%；③=①×80%；④=前列①×20%；⑤=③+④。

(二) 生產預算

生產預算是爲規劃預算期生產規模而編制的一種業務預算。它是在銷售預算的基礎上編制的，並可以爲下一步編制成本和費用預算提供依據。

編制生產預算的主要依據是預算期各種產品的預計銷售量及存貨量資料。具體計算公式爲：

預計生產量＝預計銷售量＋預計期末存貨量－預計期初存貨量　　　　　　　　（式 10-1）

由於預計銷售量可以直接從銷售預算中查到，預計期初存貨量等於上季期末存貨量，因此，編制生產預算的關鍵是正確地確定各季預計期末存貨量。在實踐中，可按事先估計的期末存貨量占一定時期銷售量的比例進行估算，當然還要考慮季節性因素的影響。

【例10-4】仍按例10-3的資料，假定某公司各季末的A成品存貨按下季預計銷售量的10%估算，預計2018年第四季度期末存貨量爲120件，已知2017年年末實際存貨量爲80件。則依題意編制的A產品生產預算如表10-5所示。

表10-5　　　　　　　某公司2018年A產品生產預算　　　　　　單位：件

項目	第一季度	第二季度	第三季度	第四季度	本年合計
①本期銷售量	800	1,000	1,200	1,000	4,000
②期末存貨量	100	120	100	120	120
③期初存貨量	80	100	120	100	80
④本期生產量	820	1,020	1,180	1,020	4,040

註：④=①+②-③

（三）直接材料消耗及採購預算

直接材料消耗及採購預算簡稱直接材料預算。它是爲規劃預算期直接材料消耗情況及採購活動而編制的，用於反應預算期各種材料消耗量、採購量、材料消耗成本和採購成本等計劃信息的一種業務預算。直接材料消耗及採購預算主要依據生產預算、材料單耗和材料採購單價等資料進行編制。其編制程序如下：

1. 計算各季各種直接材料的消耗量預算

有關公式如下：

某期某產品所消耗某材料的數量＝該產品當期生產量×該產品耗用該材料消耗定額

（式10-2）

【例10-5】仍按例10-4資料。根據A產品耗用各種直接材料的消耗定額（單耗）和A產品預計產量，可計算出某公司預算期內各種材料消耗量預算值，如表10-6所示。

表10-6　　　　　　某公司2018年A產品耗用材料預算　　　　　　單位：千克

項目	第一季度	第二季度	第三季度	第四季度	本年合計
A產品生產量（件）	820	1,020	1,180	1,020	4,040
材料消耗定額 甲材料 乙材料 …	2 … …	2 … …	2 … …	2 … …	
材料消耗數量 甲材料 乙材料 …	1,640 … …	2,040 … …	2,360 … …	2,040 … …	8,080 … …

2. 計算每種直接材料的總耗用量

有關公式爲：

某期某直接材料總耗用量＝Σ當期某產品所消耗該材料的數量　　　（式10-3）

3. 計算每種直接材料的當期採購量及採購成本

有關公式爲：

某期某種材料採購量＝該材料當期總耗用量＋該材料期末存貨量－該材料期初存貨量

(式10-4)

某期某種材料採購成本＝該材料單價×該材料當期採購量　　　　　　(式10-5)

4. 計算預算期材料採購總成本

有關公式為：

預算期直接材料採購總成本＝∑當期各種材料採購成本　　　　　　　(式10-6)

【例10-6】仍按例10-5資料。某公司2010年各季消耗的甲材料總量、該材料期末期初存量及其單價如表9-7有關欄目所示，進而可計算出各種材料的本期採購量及採購成本，最後計算出各種材料的採購成本總額。假定每季材料採購總額的60%用現金支付，其餘40%在下季付訖。2017年年末應付帳款餘額為52 000元。根據題意計算的與材料採購業務有關的現金支出項目如表10-7的下部分所示。

表10-7　　　　某公司2018年直接材料耗用及採購預算　　　　單位：元

材料種類	項目	第一季度	第二季度	第三季度	第四季度	全年合計
甲材料	A產品耗用	1,640	2,040	2,360	2,040	8,080
	B產品耗用	…	…	…	…	…
	…					
	甲材料總耗用量	7,600	8,040	8,,240	8,400	32,280
	加：期末材料存量	1,608	1,648	1,680	1,640	—
	減：期初材料存量	1,520	1,608	1,648	1,680	—
	本期採購量	7,688	8,080	8,272	8,360	32,400
	甲材料單價	5	5	5	5	—
	甲材料採購成本	38,440	40,400	41,360	41,800	162,000
乙材料	…	…	…	…	…	…
	乙材料採購成本					
	…					
各種材料採購成本總額		141,100	146,000	148,400	151,900[1]	587,400
當期現購材料成本		84,660	87,600	89,040	9,1140	352,440
償付前期所欠材料款		52,000	56,440	58,400	59,360	226,200
當期現金支出小計		136,660	144,040	147,440	150,500	578,640

註：其中包括為下年開發丁產品準備的材料成本5 800元。

(四) 直接工資及其他直接支出預算

直接工資又稱直接人工預算，是一種既反應預算期內人工工時消耗水平，又規劃人工成本開支的業務預算。該預算的編制程序如下：

252

1. 計算預算期各產品有關直接人工工時預算值

有關公式為：

某產品消耗直接人工總工時＝∑某車間生產該產品消耗直接人工總工時　　　（式 10-7）

其中：某車間生產該產品消耗直接人工總工時

＝該車間生產該產品產量×該產品在該車間發生人工單耗定額　　　（式 10-8）

【例 10-7】某公司 2018 年 A 產品直接人工工時預算如表 10-8 所示。

表 10-8　　　　　　　某公司 2018年 A 產品直接人工工時預算　　　　　　單位：小時

項目	第一季度	第二季度	第三季度	第四季度	本年合計
A 產品生產量（加工量） 一車間 二車間 …	820 … …	1,020 … …	1,180 … …	1,020 … …	4,040 … …
單位產品定額工時 一車間 二車間 …	3 … …	3 … …	3 … …	3 … …	6[①] —— ——
A 產品直接人工總工時 一車間 二車間 …	2,460[②] … …	3,060 … …	3,540 … …	3,060 … …	12,120 … …
合計	4,920	6,120	7,080	6,120	24,240

註：①單位 A 產品定額工時＝24 240÷4 040；②2 460＝820×3。

2. 計算各種產品的直接工資預算額

某種產品直接工資預算額＝該產品預計直接人工總工時×單位工時工資率　　　（式 10-9）

3. 計算各種產品的其他直接支出預算額

某種產品其他直接支出預算額＝該產品直接工資預算額×計提百分比　　　（式 10-10）

4. 計算企業直接工資及其他直接支出總預算

有關公式為：

企業直接工資及其他直接支出總預算

＝∑（某種產品直接工資預算額＋該產品其他直接支出預算額）　　　（式 10-11）

【例 10-8】表 10-8 中，假定其他直接支出已被歸並入直接人工成本統一核算，不分別反應直接工資與其他直接支出。另外，直接人工成本假定均須用現金開支，故不必單獨列示。根據表 10-8 的人工工時預算得到人工成本預算如表 10-9 所示：

表 10-9　　　　　　　某公司 2018年直接人工成本預算　　　　　　單位：元

項目	第一季度	第二季度	第三季度	第四季度	本年合計
①直接人工總工時 A 產品 B 產品 …	4,920 … …	6,120 … …	7,080 … …	6,120 … …	24,240 … …
②合計	7,600	8,040	8,240	8,400	32,280

表10-9(續)

項目	第一季度	第二季度	第三季度	第四季度	本年合計
③單位人工成本	3	3	3	3	3
④單位產品人工成本					
A 產品	18	18	18	18	18
B 產品					
⑤直接人工成本總額					
A 產品	14,760	18,360	21,240	18,360	72,720
B 產品					
⑥合計	22,800	24,120	24,720	25,200	96,840

註：⑤=①×③；④=⑤÷產量；③=∑⑥÷∑②。

(五) 制造費用預算

制造費用預算是指用於規劃除直接材料和直接人工預算以外的其他一切生產費用的一種業務預算。

在編制制造費用預算時，可按變動成本法將預算期內除直接材料、直接人工成本以外的預計生產成本（即製造費用）分爲變動部分與固定部分，並確定變動制造費用分配率標準，以便將其在各產品間分配；固定部分的預算總額作爲期間成本，可以不必分配。有關公式爲：

預算分配率 = 變動性制造費用÷相關分配標準預算　　　　　　　　　　　　(式10-12)

式中分母可在生產量預算或直接人工工時總額預算中選擇，多品種條件下，一般以後者進行分配。

【例10-9】表 10-10 爲某公司 20108 年制造費用預算。

表 10-10　　　　　　　某公司 2018 年制造費用預算　　　　　　　單位：元

固定性制造費用	金額	變動性制造費用	金額
1. 管理人員工資	8 700	1. 間接材料	8 500
2. 保險費	2 800	2. 間接人工成本	18 800
3. 設備租金①	2 680	3. 水電費	14 500
4. 維修費	1 820	4. 維修費	6 620
5. 折舊費	12 000	合計	48 420
合計	28 000	直接人工總工時	32 280
其中：付現費用	16 000	預算分配率	1.5

項目	第一季度	第二季度	第三季度	第四季度	全年合計
變動性制造費用②	11,400	12 060	12 360	12 600	48 420
付現的固定性制造費用③	4 000	4 000	4 000	4 000	16 000
現金支出小計	15 400	16 060	16 360	16 600	64 420

註：①年初租入生產 B 產品的專用設備一臺，按季付租金670元；

②=預算分配率×各季度預計總工時；

③=全年付現費用÷4。

(六) 產品生產成本預算

產品生產成本預算又叫產品成本預算，它是反應預算期內各種產品生產成本水平的一種業務預算。這種預算是在生產預算、直接材料消耗及採購預算、直接人工預算和制造費用預算的基礎上編制的，通常反應的是各產品單位生產成本與總成本，有時還要反應年初年末的產品存貨預算。亦有人主張分季反應各期生產總成本和期初、期末存貨成本的預算水平。在這種情況下，各季期末存貨計價的方法應保持不變。

【例10-10】某公司按變動成本法確定的該項預算如表10-11所示。

表10-11　　　　　某公司2010年產品生產成本預算　　　　　單位：元

成本項目	A產品全年產量4 040件				B …	總成本
	單耗	單價	單位成本	總成本	…	合計
直接材料						
甲材料	2	5	10	40 400		161 400
乙材料	…	…	…	…		…
	…	…	…	…		
小計			22	88 880		583 500
直接工資及其他直接支出	6	3	18	72 720		96 840
變動性制造費用	6	1.5	9	36 360		48 420
變動生產成本合計			49	197 960	…	728 760
產成品存貨	數量	單位成本	總成本	…	合計	
年初存貨	80	50	4 000		28 500	
年末存貨	120	49	5 880		81 660	

（七）經營及管理費用預算

該預算是以價值形式反應整個預算期內為推銷商品和維持一般行政管理工作而發生的各項費用支出計劃的一般預算。它類似於制造費用預算，一般按項目反應全年預計水平。這是因為經營費用和管理費用多為固定成本，它們的發生是為保證企業維持正常的經營服務，除折舊、銷售人員工資和專設銷售機構日常經費開支定期固定發生外，還有不少費用屬於年內待攤或預提性質，如一次性支付的全年廣告費就必須在年內均攤，這些開支的時間與受益期間不一致，只能按全年反應，進而在年內平均攤配。有人主張將這些費用也劃分為變動和固定兩部分。對變動部分按分期銷售業務量編制預算；固定部分全年均攤，認為這樣有助於編制分期現金支出預算。實際上除非將所有費用項目逐一分期編制現金開支預算，否則對於那些跨期分攤的項目來說，任何平均費用都不等於實際支出，因此，對後者必須具體逐項編制預算。

【例10-11】表10-12是某公司的經營費用及管理費用預算（不區分變動與固定費用）。

表 10-12　　　　　某公司 2010 年經營費用及管理費用預算　　　　　單位：元

費用項目	全年預算	費用項目	全年預算
1. 銷售人員薪金	4 500	10. 行政人員薪金	3 500
2. 專設銷售機構辦公費	2 000	11. 差旅費	1 500
3. 代理銷售傭金	1 200	12. 審計費	2 000
4. 銷售貨運雜費	650	13. 財產稅	700
5. 其他銷售費用	950	14. 行政辦公費	3 000
6. 宣傳廣告費	4 000	15. 財務費用	500
7. 交際費	1 000	費用合計	29 600
8. 土地使用費	3 300	每季平均 = 29 600÷4 = 7 400	
9. 折舊費	800		

季度	1	2	3	4	全年合計
現金支出	6 450	7 400	8 250	6 700	28 800

（八）專門決策預算

專門決策預算包括短期決策預算和長期決策預算兩類。前者往往被納入業務預算體系，如零部件取得方式決策方案一旦確定，就要相應調整材料採購或生產成本預算；後者又稱資本支出預算，往往涉及長期建設項目的資金投放與籌措等，並經常跨年度，因此除個別項目的資金投入與籌措等，並經常跨年度，因此除個別項目外一般不納入業務預算，但應計入與此有關的現金收支預算與預計資產負債表。

【例 10-12】某公司爲穩定 B 產品質量，2010 年需增設一臺專用檢測設備，取得方案有三個：一是花 10 000 元購置，可用 5 年；二是花半年時間自行研制，預計成本 5 000 元；三是採用經營租賃形式，每季支付 670 元租金向信托投資公司租借。經反復研究決定採取第三方案，於是，該項決策預算被納入制造費用預算。

【例 10-13】爲開發新產品 D，某公司決定於 2010 年上馬一條新的生產線，年內安裝調試完畢，並於年末投入使用，有關投資及籌資預算如表 10-13 所示。

表 10-13　　　某公司 2010 年 D 產品生產線投資總額和資金籌措表　　　單位：元

項目	第一季度	第二季度	第三季度	第四季度	全年合計
固定資產投資					
1. 勘察設計費	500				500
2. 土建工程	5 000	5 000			10 000
3. 設備購置		65 000	15 000		80 000
4. 安裝工程			3 000	5 000	8 000
5. 其他				1 500	1 500
流動資金投資					
丁材料採購				5 800	5 800
合　計				5 800	5 800
投資支出總計	5 500	70 000	18 000	12 300	105 800
投資資金籌措					
1. 發行優先股	20 000				20 000
2. 發行公司債		50 000			5 000
合　計	20 000	50 000			70 000

註：①優先股股利爲 15%；②公司債券利息率爲 12%

該預算中僅把丁材料採購納入業務預算中的直接材料採購預算，其餘僅計入現金收支預算和預計資產負債表。

(九) 現金預算

【例 10-14】根據例 10-2 至例 10-13 的資料所編制的某公司 2010 年現金預算如表 10-14 所示。

表 10-14　　　　　　　　　某公司 2010 年現金預算　　　　　　　　單位：元

項目	第一季度	第二季度	第三季度	第四季度	全年合計	備註
①期初現金餘額	21 000	22 690	23 270	24 138	21 000	
②經營現金收入	196 000	271 000	358 000	251 000	1 076 000	
③經營性現金支出	228 810	248 620	262 270	249 000	988 700	
直接材料採購	136 660	144 040	147 440	150 500	578 640	
直接工資及其他支出	22 800	24 120	24 720	25 200	96 840	
製造費用	15 400	16 060	16 360	16 600	64 420	
銷售及管理費用	6 450	7 400	8 250	6 700	28 800	
產品銷售稅金（消費稅）	19 500	29 000	37 500	22 000	108 000	
預交所得稅	20 000	20 000	20 000	20 000	80 000	
預分股利	8 000	8 000	8 000	8 000	32 000	
④資本性現金支出	5 500	70 000	18 000	6 500	100 000	
⑤現金餘缺	(17 310)	(24 930)	101 000	19 638	8 300	
⑥資金籌措及運用	40 000	48 200	(76 862)	5 320	16 658	
流動資金借款	20 000				20 000	
歸還流動資金借款		(1 000)	(10 000)	(9 000)	(20 000)	
發行優先股	20 000				20 000	
發行公司債		50 000			50 000	
支付各項利息		(800)	(1 880)	(1 680)	(4 360)	
購買有價證券			(64 982)	16 000	(48 982)	
⑦期末現金餘額	22 690	23 270	24 138	24 958	24 958	

註：⑤=①+②-③-④；⑦=⑤+⑥；

*假定借款在期初、還款在期末發生，利息率 8%。

二、預計財務報表的編制

(一) 預計利潤表

預計利潤表是以貨幣為單位、全面綜合地表現預算期內經營成果的利潤計劃。該表既可以分季，亦可按年編制。

【例 10-15】表 10-15 是某公司 2010 年按變動成本法編制的全年預計利潤表。

表 10-15　　　　　　　某公司 2010 年度預計利潤表　　　　　　　單位：元

銷售收入	1 080 000
減：銷售稅金及附加	108 000
減：本期銷貨成本①	675 600
邊際貢獻總額	296 400
減：期間成本②	61 960
利潤總額	234 440
減：應交所得稅（33%）	77 365.2
淨利潤	157 074.8

註：①＝28 500＋728 760－81 660（見表 10-11 中數據）；
　　②＝28 000＋29 600＋4 360（見表 10-10、表 10-12、表 10-14 中數據）。

（二）預計資產負債表

預計資產負債表是以貨幣單位反應預算期末財務狀況的總括性預算，表中除上年期末數事先已知外，其餘項目在前面所列的各項預算指標的基礎上分析填列。

【例 10-16】表 10-16 為某公司編製的 2010 年 12 月 31 日預計資產負債表。

表 10-16　　　　　　　某公司預計資產負債表　　　　　　　單位：元

資產	年末數	年初數	負債與股東權益	年末數	年初數
現金	24 958	21 000	負債		
應收帳款	44 000①	40 000	應付帳款	60 760⑤	52 000
材料存貨	31 900②	28 000	應付公司債	50 000	
產成品存貨	81 660	28 500	應交所得稅	－2 634.8⑥	
土地	120 000	120 000	股東權益		
廠房設備	275 000③	175 000	普通股	280 000	280 000
減：累計折舊	40 000④	27 200	優先股	20 000	
有價證券投資	48 982		留存收益	178 374.8⑦	53 300
資產總計	586 500	385 300	負債與股東權益總計	586 500	385 300

註：①＝220 000－176 000＝40 000＋1 080 000－1 076 000（表 10-4）；
　　②＝28 000＋587 400－583 500（表 10-7、表 10-11）；
　　③＝175 000＋100 000（表 10-13）；
　　④＝27 200＋（12 000＋800）（表 10-10、表 10-12）；
　　⑤＝151 900－91 140＝52 000＋587 400－578 640（表 10-7）；
　　⑥＝77 365.2－80 000（表 10-15、表 10-14）；
　　⑦＝53 300＋157 074.8－32 000（表 10-15、表 10-14）。

第四節　財務控制與責任中心

一、財務控制的概念與作用

（一）財務控制的概念

控制是指通過一定的手段對實際行動施加影響，使之能夠按照預定的目標或計劃進行的這樣一種過程。財務控制則是指企業按照一定的程序與方法，確保企業及其內部機構和人員全面落實和實現財務預算，實現對企業資金的取得、投放、使用和分配過程的控制。

財務控制是財務管理的重要環節，這就使得財務控制具有財務管理的某些重要特徵。財務控制的主要特徵有三點：

（1）財務控制是一種價值控制。這是財務控制區別於其他管理控制的本質特徵。從財務管理的依據上看，財務控制的主要依據是財務管理目標、財務預算等，無論是整體目標、分部目標、具體目標，還是現金預算、預計利潤表、預計資產負債表都可以或必須以價值形式表達；從財務控制的對象來看，無論是資金、成本或者是利潤，均以價值形式體現。因此，無論是責任預算、責任報告、業績考核還是單位內部的相互制約關係，都需要借助於價值形式或內部轉移價格來進行控制。

（2）財務控制是一種綜合控制。這一特徵是由財務控制的本質特徵決定的。既然財務控制是以價值手段進行控制的，那麼它就可以將不同性質的業務綜合起來進行控制，也可以將各種不同崗位、不同部門、不同層次的業務活動綜合起來進行控制。財務控制的綜合性體現在對資產、利潤、成本等綜合性價值指標的控制上。

（3）日常財務控制以現金流量為控制目的。企業的日常財務活動通常表現為營業現金的流動，因而日常財務控制關註的重點自然是現金的流入和流出。為此，財務控制的重點應放在現金流量狀況的控制上，通過編制現金預算作為組織現金流量的依據，同時還通過編制現金流量表，作為評估現金流量狀況的依據。

簡單地概括，可以認為財務控制的特徵是以價值形式為控制手段，以不同崗位、部門和層次的不同經濟業務為綜合控制對象，以控制日常現金流量為主要內容。

（二）財務控制的作用

財務控制與財務預測、決策和分析等共同構成了財務管理的循環。其中財務控制是財務管理的關鍵環節，它對實現企業財務管理的目標起着保證、促進、監督、協調等多方面的作用。

1. 保證作用

企業的生產與再生產都需要資金的保障。沒有足夠的資金，企業不僅無法進行擴張，連基本的生產都不能保證。因此，財務部門就有責任廣開財源，籌措生產與再生產所必需的資金。同時，財務部門還應當根據企業生產經營活動的歷史資料及客觀規律，有計劃、按比例的在各個環節和項目之間，進行資金的分配和供應，以保證生產經營活動能夠有序地進行。通過財務控制工作，可以使企業的資金在生產經營的各個環節得到合理的配置和有效的利用，對企業的生產經營活動正常進行起到了很好的保證作用。

2. 促進作用

企業的生產經營活動過程，是生產資源（如勞動、原材料、機器設備等）的耗費和價值的形成過程。對各項生產資源的控制以及對價值轉移和新價值創造的控制，都必須通過財務控制來進行。財務控制通過對生產活動的各個環節進行有效的激勵，有助於各項資源通過勞動者的生產經營轉移舊價值，也有助於創造價值，並最終有利於形成財務成果。

3. 監督作用

企業的生產經營活動，以貨幣購買生產資料開始，到最終將產品售出收回資金為一個循環。在生產經營活動中，可以通過財務控制來實現對生產經營活動各個環節的監督。因為在生產經營的各個環節，各種財產、物資的增減變化，各種耗費以及生產經營活動的最終成果都可以用貨幣來進行衡量。通過綜合計算，可以形成各種財務指標，財務部門對這些指標進行分析、檢查，可以對企業的生產經營活動進行診斷，找到薄弱的環節，並採取積極的應對措施，進行事前、事中、事後的監督，改善生產經營。

4. 協調作用

生產經營過程的資金運轉需要企業各個部門的協調，如果有一個環節成爲瓶頸，那麼企業的資金流就會不順暢。財務控制則是這個協調的紐帶，通過財務控制可以將生產過程與流通過程協調起來，使整個財務活動正常運轉。另外財務控制還可以協調投資人、債權人、債務人、政府部門、企業之間及企業內部各部門之間的經濟關係。

二、財務控制的種類

（一）按財務控制的主體分類

財務控制按其控制主體分爲：出資者財務控制、經營者財務控制、財務部門財務控制和責任中心的財務控制。

出資者財務控制是資本所有者爲了實現其資本保全和資本增值目的而對經營者的財務收支活動進行的控制，如對成本開支範圍和標準的規定等。

經營者財務控制是管理者爲了實現財務預算目標而對企業的財務收支活動所進行的控制。其主要內容是制定並執行財務決策、制定預算、確立目標、建立企業內部財務控制體系等。

財務部門的財務控制是財務部門爲了有效地保證現金供給，通過編制現金預算，對企業日常財務活動所進行的控制，屬於企業的日常財務控制。

責任中心的財務控制是指企業內部各責任中心以責任預算爲依據，對本中心的財務活動所實施的控制，如責任資金控制、責任成本控制、責任利潤控制等。

（二）按財務控制的時間順序分類

財務控制按控制的時間順序分爲事前財務控制、事中財務控制和事後財務控制。

事前財務控制是指在財務活動尚未發生之前就通過制定一系列的制度、規定、標準，將可能發生的差異予以排除。如事先制定財務管理制度、內部牽制制度、財務預算及各種定額標準等。

事中財務控制是指在財務收支活動發生過程中所進行的控制。如嚴格按預算、制度、定額、標準等控制各項活動的收支，及時預測可能出現的偏差，在差異尚未出現時，就將其消除。

事後財務控制是指對財務收支活動的結果所進行的考核及相應的獎罰。如按財務預算的要求對各責任中心的財務收支結果進行評價，並據以實行獎懲。

（三）按財務控制的依據分類

財務控制按控制的依據分爲財務目標控制、財務預算控制和財務制度控制。

財務目標控制就是以企業的財務目標爲依據，對各責任中心的財務活動進行約束、指導和干預，使之符合財務目標的控制形式。

財務預算控制是指以企業財務預算爲依據，對預算執行主體的財務收支活動進行監督、調整，使之符合預算目標的一種控制形式。

財務制度控制是指通過制定企業內部規章制度，並以此爲依據約束企業和各責任中心財務收支活動的一種控制形式。

（四）按控制的對象分類

財務控制按控制的對象分爲財務收支控制和現金控制。

財務收支控制是按照財務預算或財務收支計劃，對企業和各責任中心的財務收入活動和財務支出活動所進行的控制，其主要目的是實現財務收支的平衡。

現金控制是以現金預算爲依據，對企業和各責任中心的現金流入和現金流出活動所進行的控制。其目的是爲了完成現金預算目標，防止現金的短缺和閑置。

（五）按財務控制的手段分類

財務控制按控制的手段分爲絕對控制和相對控制，也稱爲定額控制和定率控制。

絕對控制（定額控制）是指對企業和責任中心的財務指標採用絕對額進行控制。通常，對於激勵性的指標確定最低控制標準，而對於約束性指標則確定最高控制標準。

相對控制（定率控制）是指對企業和責任中心的財務指標採用相對比率進行控制。通常，相對控制具有投入與產出匹配、開源與節流並重的特徵。

此外財務控制還存在着其他的一些分類方式，例如按照財務控制的內容，可將財務控制分爲一般控制和應用控制兩類；按照財務控制的功能，可將財務控制分爲預防性控制、偵查性控制、糾正性控制、指導性控制和補償性控制。

三、責任中心

（一）責任中心的概念、特徵及其分類

企業爲了實行有效的內部財務控制，通常都是按照統一領導，分權管理的原則，在企業內部合理劃分責任單位，明確責任單位應承擔的經濟責任、應有的權利和利益，促使各責任單位各盡其能，相互協調配合。責任中心就是承擔一定的經濟責任，並享有一定權利和利益的內部單位（或責任單位）。責任中心是一個責、權、利相結合的實體，具有承擔經濟責任的條件，以及相對獨立的經營業務和財務收支活動。

從責任中心的概念來看，責任中心主要有以下的五個特徵：

（1）責任中心是責、權、利相結合的實體。每個責任中心都必須對一定的財務指標承擔完全責任，同時還被賦予與該責任範圍對應、大小相等的相關權力，並制定相應的業績考核標準和利益分配標準。

（2）責任中心具有承擔經濟責任的條件。責任中心具有履行經濟責任的行爲能力，也具有承擔經濟責任後果的相應能力。

（3）責任中心所承擔的責任和行使的權力都應該是可控的。換言之，每個責任中心只能對其責權範圍內的可控成本、收入、利潤和投資負責，在企業的預算和業績考核中也應包括他們能控制的項目。

（4）責任中心具有相對獨立的經營活動和財務收支活動。這表明責任中心是確定經濟責任的客觀對象。

（5）責任中心便於進行單獨核算。責任中心不僅要劃清責任，而且要便於責任會計核算。劃分責任是前提，單獨核算是保證。只有滿足了這兩個要求，企業內部單位才有成爲責任中心的可能性。

責任中心按其權責範圍和業務流動特點的不同，一般可以分爲：成本中心、利潤中心和投資中心三類。

（二）成本中心

1. 成本中心的含義及其類型

成本中心是指對成本或費用承擔責任的責任中心。由於成本中心通常不會形成以貨幣計量的收入，因而不需對收入、利潤或投資負責。

成本中心是責任中心中應用最爲廣泛的一種類型，原則上而言，凡是有成本發生，需要對成本負責，並能對成本進行控制的內部單位，都可以成爲成本中心。例如企業集團下屬的各個分廠、車間、事業部、工段、班組，甚至是個人都可以成爲責任中心。成本中心的職責是用一定的成本去完成規定的具體任務。

成本中心通常有兩種：標準成本中心和費用中心。

標準成本中心是對產品生產過程中發生的直接材料、直接人工、制造費用等進行控制的成本中心。標準成本中的典型代表是制造業工廠、車間、工段、班組等。在生產制造活動中，標準成本中心的投入一般與產量水平有函數對應關係，它不僅能夠計量產品產出的實際數量，而且每個產品都有明確的原材料、人工和間接制造費用的數量標準和價格標準，從而可以對生產過程實施有效的彈性成本控制。事實上，任何一項重複性活動，只要能夠計量產出的實際數量，並且能夠建立起投入與產出之間的函數關係，都可以作爲標準成本中心。

費用中心是指對銷售費用、管理費用、財務費用等期間費用進行控制的成本中心，如財務部門、行銷部門、倉儲部門等。費用中心適用於那些產出物不能用財務指標來衡量，或者是投入與產出之間沒有明確函數關係的內部單位，因而對於費用中心，通常是採用制定、實施費用預算來進行控制的。

2. 責任成本與可控成本

責任成本是以具體的責任單位爲對象，以其所承擔的責任爲範圍所歸集的成本。特定責任中心的責任成本就是該中心的全部可控成本之和。

可控成本則是指責任單位在特定時期內，特定的責任中心能夠直接控制其發生的成本。作爲可控成本一般具以下四個條件：①責任中心能夠通過一定的方式預知成本的發生；②責任中心能夠對發生的成本進行計量；③責任中心能夠通過自己的行爲對這些成本加以調節和控制；④責任中心可以將這些成本的責任分解落實。

與可控成本相對還有不可控成本，凡是不能同時滿足上述四個條件的成本就是不可控成本。對於特定的責任中心而言，不可控成本的責任不應由其承擔。

正確判斷成本的可控性是成本中心承擔起責任成本的前提條件，因而我們在理解和判斷可控成本時應注意以下幾個方面：①成本的可控性總是與特定的責任中心相關，同時與責任中心所處的管理層級的高低、管理權限及控制範圍的大小都有直接的關係。例如原材料的成本，對於採購部門而言是可控成本，而對於生產車間而言，則是不可控的。②成本的可控性要考慮成本發生的時間範圍。一般地，許多成本在消耗或支付的當期是可控的，一旦開始消耗或已經支付時，則不再可控了。例如折舊費、租賃費等，在購置設備和簽訂租約時是可控的，而使用設備或執行契約時，就不可控制了。成本的可控性是一個動態概念，會隨著時間的推移和企業管理條件的變化而變化。

3. 成本中心的考核指標

由於成本中心只對成本負責，因而對其評價和考核的主要內容是成本，主要是通過對各成本中心的實際責任成本與預算責任成本進行比較，作爲成本中心業務活動優劣的評價標準。成本中心的考核指標和計算公式如下：

成本（費用）變動額＝實際責任成本（費用）－預算責任成本（費用）　　（式 10-13）

成本（費用）變動率＝成本（費用）變動額÷預算責任成本（費用）×100%

（式 10-14）

在進行成本中心考核時，如果預算產量與實際產量不一致時，應先按照彈性預算方法進行預算指標調整，然後再按公式進行計算。如果成本（費用）的變動額、率爲負數時，則表示成本降低了。

【例10-17】甲車間爲某企業內部的成本中心，生產A產品，預算產量爲50 000件，單位成本10元；實際產量52 000件，單位成本9元。

計算該成本中心的成本變動額和變動率。

成本變動額＝52 000×9－50 000×10＝－32 000元

成本變動率＝－32 000÷（50 000×10）＝－6.4%

(三) 利潤中心

1. 利潤中心的含義及類型

利潤中心是對利潤負責的責任中心。由於利潤是收入減去成本費用之差，因而利潤中心是指既對成本負責又對收入和利潤負責的區域。利潤中心既要控制成本費用的發生也要對收入和成本費用的差額即利潤進行控制。此處所指的成本和收入對利潤中心來說都應是可控的，可控的收入減去可控成本後的淨收入就是利潤中心的可控利潤，也被稱爲責任利潤。

利潤中心能同時控制生產和銷售，但沒有責任或權力決定該中心資產投資的水平，此類責任中心一般是指由產品或勞務生產經營決策權的企業較高層級的部門，如分廠、分店、事業部等。

利潤中心按其收入特徵可分爲自然利潤中心與人爲利潤中心。

自然利潤中心能夠直接向企業外部出售產品，在市場上進行購銷業務而賺取利潤。這種利潤中心直接面向市場，具有產品銷售權、價格制定權、材料採購權和生產決策權。它雖然是企業的一個部門，但功能與獨立企業相近。例如，採用事業部制的企業，每個事業部均有銷售、生產、採購的職能，有很大的獨立性，他們就是自然的利潤中心。

人爲的利潤中心主要是在企業內部按照內部轉移價格出售產品，視同產品銷售而取得"內部銷售收入"。這種利潤中心一般不直接對外銷售產品，只對本企業內部各責任中心提供產品（或勞務）。要成爲人爲利潤中心必須具備兩個條件：一是可以向其他責任中心提供產品或勞務；二是能合理確定轉移產品的內部轉移價格，以實現公平交易、等價交換。例如，大型鋼鐵聯合企業分成採礦、煉鐵、煉鋼、軋鋼等幾個部門，這些生產部門的產品主要在企業的內部進行轉移，只有少量對外銷售，這些生產部門則可以看作是人爲的利潤中心。又如，企業內部有輔助部門，包括修理、供電、供水等部門，可以按固定的價格向生產部門收費，則他們也可以確定爲人爲的利潤中心。

2. 利潤中心的成本計算

利潤中心對利潤負責，必定要準確地計量成本，核算費用，以便正確計算利潤，以作爲利潤中心業績評價與考核的可靠依據。通常有兩種方式可以供企業選擇，用以衡量利潤中心的成本。

（1）利潤中心只計算其可控成本，不分擔其不可控的共同成本。這種方式主要是用於共同成本難以合理分攤或無需進行共同成本分攤的場合，按這種方式計算出的盈利並非通常意義上的利潤，而是相當於"貢獻毛益總額"。企業各利潤中心的"貢獻毛益總額"之和，減去未分配的共同成本，經過調整之後才是企業的稅前利潤總額。這種成本計算方式的利潤中心，實質上已不是完整和原來意義上的利潤中心，而是貢獻毛益總額。人爲利潤中心通常採用這種計算方式。

（2）利潤中心不僅計算可控成本，也計算不可控成本。這種方式適合於共同成本易於合理分攤或不存在共同成本分攤的場合。在計算成本時，如果採用變動成本法，利潤中心需計算出貢獻毛益，再減去固定成本，才是稅前淨利；如果採用固定成本法，利潤中心可直接計算出稅前淨利。將企業各利潤中心的稅前淨利進行加總，就可以得出企業的總稅前淨利。這種方式一般適用於自然利潤中心。

3. 利潤中心的考核指標

利潤中心的考核指標主要是利潤。企業通常將實際實現的利潤同責任預算所確定的利潤進行對比，評價其責任中心的業績。由於各種利潤中心計算成本的方法不同，考核指標的計算也有所區別。

①人為利潤中心的考核指標的計算

可控貢獻毛益總額＝該利潤中心銷售收入總額－該利潤中心可控成本總額

可控貢獻毛益增減額＝預算可控毛益總額－實際可控貢獻毛益總額　　　（式10-15）

②自然利潤中心的考核指標的計算

利潤中心貢獻毛益總額＝該利潤中心銷售收入總額－該利潤中心變動成本總額

（式10-16）

利潤中心負責人可控利潤總額＝該利潤中心貢獻毛益總額－該利潤中心負責人可控固定成本　　　（式10-17）

利潤中心可控利潤總額＝該利潤中心負責人可控利潤總額－該利潤中心負責人不可控固定成本　　　（式10-18）

利潤中心稅前利潤＝利潤中心貢獻毛益總額－利潤中心分配的各種公司管理費用

（式10-19）

上述公式中，式10-15是利潤中心考核指標中的一個中間指標。式10-16反應了利潤中心負責人在其權限範圍內有效使用資源的能力，利潤中心負責人可控制收入，以及變動成本和部分固定成本，因而可以對可控利潤承擔責任，該指標主要用於評價利潤中心負責人的經營業績。這裡存在一個問題就是要將各部門的固定成本進一步區分為可控成本和不可控成本，這是因為有些費用雖然可以追溯到有關部門，卻不為利潤中心負責人所控制，如廣告費、保險費等。因此在考核利潤中心負責人業績時，應將其不可控成本從中剔除。式10-17主要適用於對利潤中心的業績評價和考核，用以反應該部門彌補共同性固定成本後對企業利潤所做的貢獻。式10-18反應的則是利潤中心的可控利潤抵補總部的管理費用後的盈餘，即利潤中心的稅前利潤。

【例10-18】某日化企業，某洗髮水品牌（利潤中心）的有關資料如下：

表 10-17

部門銷售收入	200 萬元
部門銷售產品的變動生產成本和變動性銷售費用	120 萬元
部門可控固定成本	15 萬元
部門不可控固定成本	15 萬元
分配的公司管理費用	5 萬元

則該利潤中心考核指標分別為：

利潤中心貢獻毛益總額＝200－120＝80（萬元）

利潤中心負責人可控利潤總額＝80－15＝65（萬元）

利潤中心可控利潤總額＝65-15＝50（萬元）
利潤中心稅前利潤＝50-5＝45（萬元）

(四) 投資中心

1. 投資中心的含義

投資中心是指既要對成本、收入和利潤負責，又要對投資效果負責的責任中心。從定義直觀來看，投資中心也是利潤中心，因爲其要對利潤負責，但投資中心與單純的利潤中心又有所區別。二者的主要區別在於：利潤中心沒有投資決策權，需要在企業確定投資方向後組織具體的經營；而投資中心則不僅在產品生產和銷售上享有較大的自主權，而且具有投資決策權，能夠相對獨立地運用其所掌控的資金，有權購置或處理固定資產，擴大或削減現有的生產能力。另一個區別是在業績考核時，考核利潤中心不需要聯繫投資或占用資產的多少；而投資中心的業績考核則必須將利潤與占用的資產聯繫起來，進行投入與產出的比較。

投資中心是最高層次的責任中心，擁有較大的決策權，也承擔較大的責任。一般而言，大型企業集團所屬的子公司、分公司、事業部往往都是投資中心。由於投資中心享有一定的投資決策權和經營決策權，企業應對各投資中心在資產和權益方面劃分清楚，也應對共同發生的成本按適當標準進行分配；對各投資中心之間相互調劑使用的現金、存貨、固定資產等，均應計息清償，實行有償使用。通過上述的劃分，以便準確地計算出各投資中心的經濟效益，對其進行正確的評價和考核。

2. 投資中心的考核指標

投資中心評價與考核的內容除了利潤之外，更重要的是考核其投入產出比也即其投資效果，其中反應投資效果的指標主要是投資報酬率、剩餘收益和現金回收率。

(1) 投資報酬率。投資報酬率是投資中心所獲得的利潤占投資額（或經營資產）的比率，可以反應投資中心的綜合盈利能力，也被稱爲投資利潤率、投資收益率。

投資報酬率＝利潤÷投資額（或經營資產）×100%　　　　　　　　　　　　　(式10-20)

投資報酬率是個相對數正指標，數值越大越好。爲了更好地反應資產的使用效果，我們所採用的利潤通常是息稅前利潤；同時由於指標爲某一期間的財務成果，爲了保持分子分母的口徑，分母採用平均值計算。

進一步將投資報酬率進行分解，有

投資報酬率＝（利潤÷銷售收入）×（銷售收入÷營業資產）
　　　　　＝銷售利潤率×資產周轉率　　　　　　　　　　　　　　　　　　　(式10-21)

目前，很多企業採用投資報酬率作爲投資中心的業績評價指標。該指標的優點是：首先，該指標能反應投資中心的綜合盈利能力，我們從分解後的公式可以看到，要提高投資報酬率，不僅應盡力降低成本，擴大銷售，提高銷售利潤率，而且還可以通過有效地使用資產，提高資產的使用效率。其次，投資報酬率是相對數指標，剔除了因投資額不同而導致的利潤差異的不可比因素，具有了橫向可比性，有利於判斷各投資中心經營業績的優劣。最後，投資報酬率也可以作爲選擇投資機會的依據，有利於優化資源配置。

但是投資報酬率的不足之處在於缺乏全局觀念。當一個投資項目的投資報酬率低於該投資中心的報酬率而高於整個企業的投資報酬率時，雖然企業希望接受這個投資項目，但該投資中心可能會拒絕採用；相反，當投資項目的報酬率高於該中心的報酬率而低於整個企業的報酬率時，投資中心也可能會只考慮自己的利益，進行投資，從而傷害企業整體利益。

(2) 剩餘收益。爲了克服由於使用投資報酬率等比率指標來衡量部門業績帶來的次優選擇問題，許多企業採用絕對數指標來實現利潤與投資之間的聯繫。這個指標就是剩餘收益。剩餘收益就是投資中心獲得的利潤扣減投資額按預期最低投資報酬率計算的投資報酬後的餘額。

剩餘收益＝利潤－投資額（或營業資產）×預期最低投資報酬率
　　　　＝投資額（或營業資產）×（投資報酬率－預期最低投資報酬率） （式 10-22）

當採用剩餘收益作爲業績評價指標時，各投資中心只要其投資報酬率大於預期最低投資報酬率時，剩餘收益就大於零。由於剩餘收益是一個絕對數正指標，因此該指標越大，從一定程度上說明投資的效果越好。

剩餘收益指標的優點在於它可以使投資中心的業績評價與企業的目標協調一致，引導部門經理採納高於企業資本成本的決策。

當然，剩餘收益指標的缺點也在於它是絕對數指標，不便於不同部門之間的比較。規模大的部門容易獲得較大的剩餘收益，但其投資報酬率並不一定高。因此，企業在採用該指標時，事先應建立與每個部門結構相適應的剩餘收益預算，然後通過與預算的對比來評價部門業績。

(3) 現金回收率。爲了使項目評估與投資中心業績評估相一致，我們可以有兩種方法：其一是投資決策改爲以利潤指標爲基礎，這種方法可能會受到間接費用分配方法多樣性的干擾；其二是將投資中心的業績評價改爲以現金流量爲基礎，這種方法則比前一種容易得多。

以現金流量爲基礎的業績評價指標是現金回收率和剩餘現金流量。

現金回收率＝營業現金流量÷總資產平均餘額 （式 10-23）
剩餘現金流量＝經營現金流入－部門資產×資金成本率 （式 10-24）

此時，既有現金回收率這一相對數指標，這樣便於進行橫向的比較；同時也配以剩餘現金流量這一絕對數指標，既可以鼓勵部門決策與企業總體利益的一致性選擇，又可以避免部門經理投資決策的次優化。

四、責任預算、報告與業績考核

(一) 責任預算

責任預算是指以責任中心爲對象，以責任中心的可控成本、收入和利潤等爲內容編制的預算。通過編制責任預算，各責任中心可以明確其責任，其預算與企業總預算保持一致，以確保其實現。責任預算是總預算的補充和具體化，是其努力的目標和控制的依據，也是最終考核責任中心的標準。

責任預算由各種責任指標構成，這些指標主要包括兩部分：主要責任指標和其他責任指標。前面一節所提及的成本（費用）變動額和變動率、可控貢獻毛益總額、利潤中心貢獻毛益總額等指標爲主要指標，也是必須保證實現的指標。這些指標是一個責任中心特有的責任和權力爲依據建立的，體現了各個責任中心之間責任、權力的區別。其他責任指標是根據企業其他的目標分解得來的，或者是爲保證主要責任指標完成而確定的責任指標，如生產率、出勤率、設備完好率等。

責任預算的編制程序分爲兩種：第一種是以責任中心爲主體，將企業總預算在各責任中心之間層層分解而形成的各責任中心的預算。其實質上是一種"自上而下"的編制程序。這種編制程序的優點在於這種自上而下的預算編制過程可以使整個企業的預算渾然一體整體目標，便於統一指揮和調度，而其不足之處則在於這可能會遏制各個責任中心的積極性和創造性。第二種則是與第一種恰好相反，是各個責任中心自行列出各自的預算指標，層層匯總，最後由企業負責預算的專門機構或人員進行匯總和調整，以確定企業的總預算。其實質上是一種"自下而上"的編制程序。這種編制程序的優點是有利於發揮各責任中心的積極性、創造性，而不足之處在於各個責任中心在預算編制時容易只註意本中心的具體情況或從自身利益的角度出發，容易造成彼此協調困難，甚至會對企業的總目標產生衝擊。而且層層匯總上報預算的總工作量大、協調難度大，會影響預算編制的時效。

兩種責任預算的編制程序各有優劣，具體編制程序的選擇與企業組織機構設置和經營管理方式有着密切的關係。在集權組織結構下，公司的經理對企業的所有成本、收入、利潤和投資負責，既是利潤中心，也是投資中心，而公司下屬各部門、工廠、車間、工段等都是成本中心，它們只對職權範圍內可控的成本負責。

(二) 責任報告

1. 責任報告概述

責任報告亦稱業績報告、績效報告，是各個責任中心根據責任會計記錄編制的、向上層責任中心報送的、反應責任預算實際執行情況，揭示責任預算與實際執行差異的内部會計報告。責任報告的作用主要有：其一是爲本責任中心和上層責任中心有效地調控生產經營活動提供信息；其二報告其職權範圍内已完成的業績，爲業績評價和考核提供依據。

責任報告的形式主要有報表、數據分析和文字說明等，將責任預算、實際執行結果以及差異用報表予以列示是責任報告的基本形式。在揭示差異時，還必須對重大差異予以定量分析和定性分析，前者目的在於確定差異發生的程度，後者旨在分析差異產生的原因，並提出相應的改進意見。責任報告的內容、形式、數量等常常因爲責任中心的層次、業務特點以及使用者的需要而有所不同，對於不同的使用者層次應當詳略得當、重點突出。在編制時還要註重報告的時效性，應盡量做到及時。

2. 責任報告的編制

(1) 成本中心的責任報告。成本中心責任報告是以實際產量爲基礎，反應責任成本預算實際執行情況，揭示實際責任成本與預算責任成本差異的内部報告。成本中心通過編制責任報告，以反應、考核和評價責任中心責任成本預算的執行情況。成本中心責任報告的格式，如表 10-18 所示。

表 10-18　　　　　　　　某企業生產車間責任報告
20××年×月×日　　　　　　　　單位：千元

項目	實際	預算	差異
1. 下屬責任重心轉來的責任成本			
A 工段	1 500	1 470	30
B 工段	1 000	1 010	-10
下屬責任重心轉來的責任成本合計	2 500	2 480	20
2. 本車間可控成本			
間接人工	560	580	-20
管理人員工資	900	900	0
設備維修費	450	400	50

表10-18(續)

項目	實際	預算	差異
本車間可控成本合計	1 910	1 880	30
本車間責任成本合計	4 410	4 360	50

由表可知，本車間實際責任成本較預算責任成本增加5萬元，上升了1.15%，主要在於下屬責任中心轉來責任成本2萬元及本車間增加3萬元所致，其中主要原因是A工段責任成本超支3萬元，設備維修費超支5萬元，沒有完成責任成本預算。B工段成本減少1萬元，間接人工減少2萬元都初步表明責任成本控制有效。

(2) 利潤中心的責任報告。利潤中心責任報告通過列示"銷售收入""變動成本""貢獻毛益總額""稅前利潤"等指標的"實際數""預算數"和"差異數"，集中反應責任中心利潤預算的完成情況，並對其產生差異的原因進行具體分析。利潤中心責任報告的格式，如表10-19所示。

表10-19　　　　　　　某企業某利潤中心責任報告

20××年×月×日　　　　　　　　　　單位：千元

項目	實際	預算	差異
銷售收入	2 000	1 900	100
變動成本			
變動生產成本	1 350	1 340	10
變動銷售成本	300	320	−20
變動成本合計	1 650	1 660	−10
貢獻毛益總額	350	240	110
減：中心負責人可控固定成本	30	30	0
中心負責人可控利潤	320	210	110
減：中心負責人不可控固定成本	30	20	10
利潤中心可控利潤	290	190	100
減：上級分來的共同成本	10	10	0
稅前淨利	280	180	100

由表可知，該利潤中心利潤較預算利潤增加10萬元，上升了55%超額完成了預算的任務。其中主要原因是銷售收入增加了10萬元，而變動成本少耗費了1萬元，中心負責人不可控固定成本增加了1萬元。

(3) 投資中心的責任報告。由於投資中心是企業最高層次的責任中心，即對成本利潤負責，也要對其所占用的資產負債，因而投資中心的責任報告通常包括"銷售收入""銷售成本""利潤""營業資產平均占用額""投資報酬率""剩餘收益"等指標。投資中心責任報告的格式，如表10-20所示。

表 10-20　　　　　　　　　某企業某投資中心責任報告

200×年×月×日　　　　　　　　　　　　單位：千元

項目	實際	預算	差異
①銷售收入	4 000	3 500	500
②銷售成本	2 500	2 250	250
③利潤（①-②）	1 500	1 250	250
④營業資產平均占用額	8 000	7 500	500
⑤銷售利潤率（③÷①）	37.5%	35.71%	1.79%
⑥資產周轉率（①÷④）	0.5	0.47	0.03
⑦投資報酬率（③÷④）	18.75%	16.67%	2.08%
⑧最低投資報酬（④×10%）	800	750	50
⑨剩餘收益（③-⑧）	700	500	200

註：表中的10%爲設定的最低投資報酬率。

（三）業績考核

業績考核是指企業以責任核算資料和責任報告爲依據，分析和評價各責任中心責任預算的實際執行情況，找出存在的差距與不足，查明原因，借以考核各責任中心工作的成果，實施獎懲，促使各責任中心積極糾正偏差、完成責任預算的過程。

責任中心的業績考核內容有廣義與狹義之分。狹義的業績考核只是對各責任中心的價值指標如成本、收入、利潤、資產使用效果等的預算完成情況進行考核；廣義的業績考核還應包括對各責任中心的非價值責任指標完成情況的考核。

責任中心的業績考核按其實施時間還可分爲年終考核與日常考核。年終考核是指一個年度終了時（或者預算期終了時）對責任中心責任預算執行情況的考核，目的在於進行獎勵激勵並爲下一年度（或下一個預算期）責任預算工作提供依據；日常考核通常是在年度內（或預算期內）對責任預算執行過程的考評，旨在通過信息反饋，控制和調節責任預算的執行偏差，確保責任預算的最終實現。

業績考核可以根據各責任中心的管理層次、職責權限、業務特點等的不同，考核的具體內容和考核的側重點也不相同。

成本中心由於其沒有收入來源，只對成本負責，因此對於成本中心的考核重點應以責任成本爲考核重點，通過實際責任成本與預算責任成本進行比較，確定差異的性質和產生差異的原因，並根據差異分析的結果，對各成本中心進行獎懲，以督促成本中心努力降低成本。

利潤中心既對成本負責也對收入負責，在進行考核時，則應以銷售收入、貢獻毛益、息稅前利潤爲重點進行分析、評價；特別應對一定期間的實際利潤與預算利潤進行對比，分析差異及形成原因，明確責任，借以對責任中心的經營得失和有關人員的功過作出正確的評價並進行獎懲。

投資中心除了考核成本、收入外，還應考核投資中心的投資效果。因此，投資中心業績考核，除收入、成本和利潤指標外，考核重點更應放在投資利潤率和剩餘收益兩項指標上。

五、責任中心之間的結算與核算

(一) 內部轉移價格

1. 內部轉移價格的概念

在生產經營過程中，企業內部各部門和層次之間，都直接間接地存在着一些相互提供產品和勞務的情況。為了明確各責任中心應承擔的經濟責任和應獲得的經濟利益，以便客觀地進行經濟利益的考核，各責任中心就必須搞清楚有關的收入、收益和費用的歸屬問題，以便可以更客觀、精確地反應其業績。

所謂內部轉移價格，指的是企業內部各責任中心之間由於相互提供產品或勞務而發生內部結算以及進行責任轉帳所採用的計價標準。採用內部轉移價格進行內部結算實質上是對外部市場機制的一種模擬，各責任中心之間的相互提供勞務和產品的關係，成為買賣關係，使得雙方必須如何在市場上進行交易一樣，不斷改善經營管理，降低成本費用，以便收支相抵後能有更多的收益。採用內部價格進行責任轉帳可以使責任成本根據原發地點與承擔地點的不同，在上游與下游責任中心之間進行責任追究，以分清經濟責任。

2. 內部轉移價格的原則

合理的內部價格有利於理清企業內部各責任中心之間的債權債務關係，為責任中心進行核算提供一個合理的標準。制定內部轉移價格有以下四個原則：

(1) 全局性原則。內部轉移價格涉及各責任中心的切身利益，在制定時要分考慮。但當利益發生衝突時，應當圍繞企業總體目標進行協調，將企業的全局利益放在首要位置。

(2) 公平性原則。制定的內部轉移價格應做到公平合理，應充分體現各個責任中心的努力與獲得的業績，並使各責任中心獲得與其付出的努力相稱的收益，這同時也能起到激勵和示範的作用。

(3) 自主性原則。內部轉移價格必須是內部交易各方都可以接受的價格，因而在制定時，應在考慮企業整體利益的前提下，給予各責任中心一定的定價權與討價還價的空間。

(4) 重要性原則。對於一些企業內部較為重要的資源如原材料、半成品、產成品等重要物資，應比較精確地制定轉移價格；而對於其他的一些品種繁多、價格低廉、用量不大的次要物資，其定價則可以相對簡化，以減輕核算的壓力和提高工作的效率。

3. 內部轉移價格的類型

(1) 市場價格。市場價格是以產品或勞務的市場供應作為計價基礎的內部轉移價格。市場價格的優點在於價格比較客觀，對買賣雙方都比較合理，同時也將競爭機制引入企業內部，促使各責任中心相互競爭、討價還價，使各責任中心在利益機制的推動下，改善經營管理，降低成本，擴大利潤；市場價格還能適應責任會計的要求，一般而言，市場價格是制定內部轉移價格的最好依據。

採用市場價格應具備兩個基本條件：一是假定責任中心處於獨立自主的狀態，可以自主地決定從外界或向企業內部進行銷售或購進；二是產品或勞務有較為完善的競爭市場，並且能提供客觀的市場價格作為參考。

在採用市場價格為內部轉移價格時，應盡可遵循如下的原則：①若賣方願意對內銷售，且售價與市價相符時買方有購買的義務，不得拒絕；②若賣方售價高於市價時，買方有改向外界市場購買的自由；③若賣方寧願對外銷售，則應有不對內供應的權利。只有這樣才能更好地發揮市場價格作為內部轉移價格所應有的競爭機制，做到既不保護落後，也不損害先進。

當然，市場價格也存在着一定的局限，主要問題在於有些內部轉移的中間產品，往往具有一定的獨特性，不存在相應的市場價，從而對市場價格的適用範圍構成限制。

（2）協商價格。協商價格是買賣雙方以正常的市場價格爲基礎，通過定期的共同協商制定的爲雙方所接受的價格。由於很多商品尤其是一大部分的中間產品，缺乏相應的市價時，可以採用協商價格。採用協商價格的好處在於可以同時滿足買賣雙方的特定需要，並能兼顧有關責任中心各自的經濟權益。

協商價格通常適用的情況主要有以下幾種：①內部轉移可以使銷售或管理費用減少時；②內部轉移的中間產品數量較大，有降低單位成本的可能；③銷售方具有剩餘生產能力，可通過增加產量來降低成本；④買賣雙方均有討價還價的權利和可能。

在一般情況下，協議價格會比市價稍微低一些，因爲內部轉移價格所包含的銷售及管理費用低於外界；內部轉移的數量較大因此單位成本較低，因而市場價格是協商價格的上限。

協商價格也存在着一定的局限性，首先協商定價可能會耗費大量的人力物力和時間；其次轉移價格可能會受雙方的討價還價能力的影響而有失公允；最後是當雙方陷入談判僵局時，還需企業高層介入，使企業分權的初衷無法實現，同時也不利於發揮激勵責任中心的作用。

（3）雙重價格。雙重價格是買賣雙方分別採用不同的內部轉移價格作爲計價基礎。採用雙重價格的理由在於：內部轉移價格主要是爲了企業內部各責任中心的經營業績進行評價與考核，因此買賣雙方所採用的計價基礎不需要完全一致，可分別採取對本中心最有利的計價依據。

雙重價格有兩種具體的形式：雙重市場價格，即當某種產品或勞務在市場上出現幾種不同的價格時，賣方可採用最高市場價格，買方可採用最低市場價格；雙重轉移價格，即賣方以市場價格或協議價格爲計價基礎，買方以賣方的單位變動成本作爲定價的依據。

由於雙重價格在實施時，可能會造成各責任中心的利潤之和大於企業的實際利潤，需進行一系列的會計調整，才能計算出真實利潤；另外雙重價格不利於激勵各責任中心控制成本的積極性。因而在實務中，雙重價格並未得到普遍採用。

（4）成本轉移價格。成本轉移價格是以產品或勞務的成本爲基礎制定的內部轉移價格，通常在產品不便或不能對外出售，或者無合適的市場價以供參考；或由於其他原因不便於用市價或協商價格等定價的情況。

由於成本的概念存在着一些差異，成本轉移價格也有幾種不同的表現形式：一是以實際成本爲內部轉移價格，此種價格易於實施，但缺點在於賣方將其成本全部轉移給買方，不利於激勵各方努力降低成本；二是以標準成本作爲內部轉移價格，其優點在於將管理和核算工作結合起來，有利於調動各方降低成本的積極性，但受到企業各成本中心是否採用標準成本制度的限制；三是標準成本加成，此種方式能夠分清相關責任中心的責任，充分調動賣方的積極性，並促使雙方降低成本，缺點則在於確定利潤加成時，往往在一定程度上存在着主觀性；四是以標準變動成本作爲內部轉移價格，其優點主要是符合成本習性，能夠明確揭示成本與產量的關係，便於對特殊定價決策。不足之處則在於容易忽視固定成本，不能反應勞動生產率變化對固定成本的影響。

（二）內部結算

企業內部責任中心之間發生的經濟往來，需要按照一定的方式進行內部結算。通常採用的內部結算方式按其內容與對象的不同，一般由內部銀行支票結算方式、轉帳通知單結算方式和內部貨幣結算方式。

(1) 內部銀行支票結算方式。內部銀行支票結算方式就是由付款方簽發內部支票，經收款方審核無誤後，將支票送到內部銀行（內部結算機構），並由內部銀行（內部結算機構）將相應額度的款項由付款方帳戶劃轉到收款方帳戶。這種結算方式主要用於收付款雙方直接見面進行的經濟往來的結算業務，能使雙方責任明確，錢貨兩清，避免日後圍繞產品數量、價格等產生糾紛。

(2) 轉帳通知單結算方式。轉帳通知單結算方式（或內部委託收款方式）是一種由收款方根據原始憑證或業務活動的證明簽發轉帳通知單，通知內部銀行將轉帳單轉給付款方，讓其付款的一種結算方式。這種方式主要適合於雙方不直接見面所進行的各項經常性的質量和價格較為穩定的經濟業務。但由於轉帳結算單向傳遞，結算雙方不直接見面，若付款方有異議時，就可以拒付，這會給業務帶來一些麻煩。

(3) 內部貨幣結算方式。內部貨幣結算方式就是使用內部銀行（內部結算機構）發行的、在企業內部流通的貨幣（包括內部貨幣、資金本票、流通券、資金券等）進行內部往來結算的一種方式。此方式較為直觀、更形象和真實，能強化各責任中心的價值觀、核算觀念、經濟責任觀念。不足之處在於容易丟失，不便於保管，只適合於零星小額款項的結算。

(三) 責任成本的內部結轉

責任成本的內部結轉即責任轉帳，是在生產經營過程中，對於因不同原因造成的各種經濟損失，由承擔損失的責任中心對實際發生的損失進行損失賠償的處理過程。

在企業的生產經營過程中，常常會出現因一個責任中心的過失給另一個責任中心造成損失的情況。為了分清經濟責任，正確反應各責任中心的成績與失誤，需要將產生失誤的原因找到，並由相應的責任中心來承擔。責任轉帳的實質就是將應該承擔損失的責任中心提供價值賠償的一種價值量的單方面的轉移。

進行責任轉帳時，應以各種準確的原始記錄和合理的費用為基礎，編制責任成本轉帳表。責任轉帳可採用的方式既可以採取內部銀行支票結算方式、轉帳通知單結算方式和內部貨幣結算方式等方式。

在劃分責任時，有時會在數量、價格、質量等方面產生糾紛，當涉及責、權、利方面的協調時，企業應有相應的內部仲裁機構給予公正裁定，妥善處理，以保證各責任中心能夠明確劃分責任、關係和諧，共同服務於企業的發展願景。

(四) 責任核算

責任核算是指以企業內部各責任中心為主體的責任會計核算。

責任核算是進行財務控制的基礎工作，通過責任核算，才能使信息跟蹤系統有合理的依據。責任核算資料和數據，是進行內部結算的依據，是編制業績報告的基礎。

進行責任核算的意義主要在於：①有利於建立和健全企業的信息跟蹤系統；②有利於調控各責任中心的經濟活動；③有利於進行內部結算、編制業績報告，真實反應責任預算的執行情況和工作業績；④有利於正確地對各責任中心進行考核、評價、獎懲。

【案例分析】

漢斯公司的財務控制制度

漢斯公司是總部設在德國的大型包裝品供應商。它按照客戶要求製作各種包裝袋、包裝盒等，其業務遍及西歐各國。歐洲經濟一體化的進程使公司可以自由地從事跨國業務。出於降低信息和運輸成本、佔領市場、適應各國不同稅收政策等考慮，公司採用了在各國商業中心城市分別設廠，由一個執行部集中管理該國境內各工廠生產經營的組織和管理方式。由於各工廠資產和客戶（即收益來源）的地區對應性良好，公司決定將每個工廠都作為一個利潤中心，採用總部→執行部→工廠兩層次、三級別的財務控制方式。

各工廠作為利潤中心，獨立地進行生產、銷售及相關活動。公司對它們的控制主要體現在預算審批、內部報告管理和協調會三個方面。

預算審批是指各工廠的各項預算由執行部審批，執行部匯總後的地區預算交由總部審批。審批意見依據歷史數據及市場預測作出，在尊重工廠意見的基礎上體現公司的戰略意圖。

內部報告及其管理是公司實施財務控制最主要的手段。內部報告包括損益表、費用報告、現金流量報告和顧客利潤分析報告。前三者每月呈報一次，顧客利潤分析報告每季度呈報一次；公司通過內部報告能夠全面瞭解各工廠的業務情況，並且對照預算作出相應的例外管理。

其中，費用按制造費用、管理費用、銷售費用等項目進行核算。偏離分析及相應措施根據偏高額的大小而由不同層級決定，偏高額度較小的由工廠作出決定、執行部提出相應意見，較大的由執行部作出決定、總部提出相應意見；額度大小的標準依費用項目的不同而有所差別。

顧客利潤分析報告，列出了各工廠所擁有的最大的10位客戶的情況，其排列次序以工廠經營所獲得的利潤為準，其中，產品類型和批量是為了瞭解客戶的主要需求，批量固定成本是指生產的準備成本和運輸成本等，按時交貨率和產品質量評級從客戶處取得。針對每個客戶，還要算出銷售利潤率。最後，報告將記載最大的10位客戶的營業利潤佔總營業利潤的百分比。由此，公司可以掌握各工廠的成本發生與利潤取得情況，以便有針對性地加以控制；同時也掌握了其主要客戶的結構和需求情況，以便實時調整生產以適應市場變化。

根據以上的內部報告，公司執行部每月召開一次工廠經理協調會，處理部分預算偏差，交換市場信息和成本降低經驗，發現並解決本執行部存在的主要問題。公司每季度召開一次執行部總經理會議，處理重大預算偏離或作出相應的預算修改，對近期市場進行預測，考察重大投資項目的執行情況，調劑內部資源。同時，總部要對各執行部業績按營業利潤的大小作出排序，並與其營業利潤的預算值和上年同期值作比較，其中，去年同期排序反應了該執行部去年同期在營業利潤排序中的位置。比較的主要目的，是考察各執行部的預算完成情況和其自身的市場地位變化。

漢斯公司的財務控制制度具有以下兩個特點：

第一，實現了集權與分權的巧妙結合，散而不亂，統而不死。各工廠直接面對客戶，能夠迅速地根據當地市場變化作出經營調整；作為利潤中心，其決策權相對獨立，避免了集權形式下信息在企業內部傳遞可能給企業帶來的決策延誤，分權經營具有反應的適時性和靈活性。公司通過預算審批、內部報告管理和協調會，使得各工廠的經營處於公司總部的控制之下，相互間可以共享資源、協調行動，以發揮企業整體的競爭優勢。其中，執行部起到了承上啟下的作用。它處理了一國境內各工廠的大部分相關事務，加快了問題的解決，減輕了公司總部的工作負擔；同時，相對於公司總部來說，它對於各工廠的情況更瞭解，又只需掌握一國的市場情況與政策法規，因而決策更有針對性，實施更快捷。另外，協調會對防止預算的僵化、提高公司的反應靈活性也起到了關鍵性作用。

第二，內部報告的內容突破了傳統財務會計數據的範圍，將財務指標和業務指標有機地結合起來。在顧客利潤分析報告中，引入了產品類型、按時交貨率、產品質量評級等反應顧客需要及滿意程度的非財務指標；在費用報告中也加入了偏離分析、改進措施及相應意見等內部程序和業務測評要素。這使得各工廠在追求利潤目標的同時要兼顧顧客需要（服務的時效、質量）和內部組織運行等業務目標；既防止了短期行為，又提高了企業的綜合競爭力。財務指標離開了業務基礎將只是數字的抽象，並且可能對工廠行為產生誤導；只有將兩者有機地結合起來，才能真正發揮財務指標應有的作用。

實踐證明，漢斯公司的財務控制制度是切實有效的。其下屬工廠在各自所處的商業中心城市的包裝品市場上均占有較大的份額，公司的銷售收入和利潤呈現穩定增長的態勢。公司總部也從繁瑣的日常管理中解脫出來，主要從事戰略決策、公共關係、內部資源協調、重大籌資投資等工作，公司內部的資源在科學地調配下發揮了最大的潛能。

案例啟示：

只要分權就會存在相應的控制問題。漢斯公司的財務控制制度適用於下級單位可作為利潤中心的集團公司。對於下級單位不能作為利潤中心的，採用該項制度則須在建立預算和業績評價標準時明確各下級單位作為責任中心的權利與職責，其內部報告的內容也需作相應的調整。

在財務控制制度的實施中，需要註意以下兩個問題：

一是內部報告的數據應當真實可靠。內部報告作為企業內部財務控制的主要手段，應服務於企業的經營管理決策，其數據取得和確認的口徑可以與一般意義上的財務數據不同。內部報告的數據雖然不對外報送，仍須嚴肅對待，否則將會使企業財務控制流於形式，起不到相應的作用。

二是協調會的決策應基於內部報告和企業戰略目標作出。如果內部資源的分配不是基於以上標準而是根據各分公司經理的談判能力來作出，則即使內部報告真實可靠也不能完全達成企業財務控制的目標。當然，各分公司之間的協調是必要的，這有助於理順企業內部關係；發揮組織的協同效應；但不能因此而取消財務控制制度在絕大多數情況下的權威性，否則制度將形同虛設。

漢斯公司的財務控制制度，也給我們帶來了如下的啟示：

第一，企業內部報告的形式與內容，與企業內部組織和管理結構密切相關。分散經營條件下根據計量各下屬單位產出的難易程度及賦予其管理人員決策權的大小，可將企業內部組織劃為成本中心、收入中心、投資中心、利潤中心等。在適用漢斯公司的財務控制制度時，其內部報告的內容，將不僅僅是針對成本中心的標準成本與實際成本的比較或是針對收入中心的銷售收入及邊際貢獻等簡單形式，而是如前文所述的複雜形式。從企業風險和收益的主要來源看，可將利潤中心分為產品事業部和地區事業部兩種，其內部報告的呈報基礎也有所不同，漢斯公司採用的是地區事業部的呈報基礎。另外，如果公司的業務量並不很大或已建立了內部計算機網絡，則可以撤銷執行部，實行總部——工廠的直接管理，使公司結構更加扁平化，能夠更靈活迅速地對市場變化作出反應。

第二，財務控制只完成了企業內部控制操作層面的任務，還應與企業戰略性控制相結合。財務控制為企業控制提供了基本的信息資料。它以利潤為目標，關心成本收益等短期可量度的財務信息，可按照固定的程序相對穩定地進行，但有時可能會因過於註重財務結果而鼓勵短期行為。這時要結合企業的長期生存發展目標，綜合考慮企業內外部環境，兼容長短期目標，實施戰略性控制，以加強組織和業務的靈活性，保持企業的市場競爭力。"綜合記分卡"將顧客滿意度、內部程序及組織的學習和提高能力三套績效測評指標補充到財務測評指標中，為財務控制從操作性控制向綜合控制的方向發展提供了有益的幫助。

閱讀上述材料後試對漢斯公司的財務控制發表意見。請問漢斯公司的財務控制還存在哪些問題？有何改進意見？

【課堂活動】正視預算管理中的問題

1. 預算編制中的危險

預算是用來編制計劃和進行控制的一種手段。但使人遺憾的是，有些預算控制計劃竟如此全面和詳細，以致顯得笨重拖沓、毫無意義、勞民傷財。

2. 過於煩瑣的預算編制

編制預算過於煩瑣是有危險的，它詳細地列出細枝末節的費用，以致剝奪了主管人員管理本部門時所必需的自由。例如：在一家預算編制得很差的公司裡，一個部門負責人因辦公用品的支出超出了預算數額而在一項重要的促銷工作上受阻，即使該部門的總支出沒有超出預算，而且還有資金為寫印推銷信函的人員支付薪水，但是新的支出還是不能增加。在另外一個部門，費用預算的編制也是如此詳盡而無效，以致眾多類目的預算編制的成本竟超出了控制範圍。

3. 取代企業目標

預算編制中的另一個危險是，把預算目標置於企業目標之上。有些主管人員熱衷於使資金部門的費用不超過預算，但他們可能忘記了自己首要的職責是實現企業目標。在一家實行預算控制程序的公司裡，公司銷售部門無法從工程部門獲取必要的信息，原因是現有的預算中沒有這筆費用！這種局部與全面控制目標之間存在的矛盾，並由此產生的部門過分的獨立性以及缺乏協作精神，都是管理不善的症狀，因為計劃應當構成一個互相支持和相互聯結的網路，而每項計劃都應當以有助於實現企業目標的方式體現在預算之中。

4. 潛在的效能低下

預算編制中另一個常見的危險是潛在的效能低下。預算具有按先例遞增的習慣，過去使用的某些費用可以成為今天預算這筆費用的依據。如果某部門曾為供應品開支了一筆費用，那麼，它就成為今後這筆費用的基數。還有，主管人員有時也知道，在預算獲得最後批准的過程中，預算申請數多半是要被消減的，因而他們的預算申請數要多於其實際需要數。除非在編制預算的同時，不斷地復查計劃措施轉化為數字所依據的標準和換算系數，否則預算就有可能成為懶散又無效的管理部門的保護傘。

閱讀後請思考：如何在編制及執行財務預算的過程中解決好這些問題？

【本章小結】

本章主要介紹財務預算的概念與內容、財務預算的作用、財務預算編制的步驟、彈性預算和零基預算的編制方法、現金預算的編制方法、預計財務報表的編制方法。

財務控制是財務管理的重要職能之一，是利用財務反饋信息，按照一定程序和方式影響與調節企業的財務活動，使之按預定的目標運行的過程。財務控制的本質特徵在於其價值控制，同時它也是一種以現金流量控制為重點的綜合控制、日常控制。

劃分責任中心是實施責任控制的首要工作，通常有成本中心、利潤中心和投資中心等三種類型的責任中心。各責任中心的層次、特點及可控對象範圍不同，因而考核的指標及業績報告、業績考核的側重點和內容對象都各不相同。

在企業進行內部結算時，通常內部之間相互提供產品和勞務時要採用市場價格、協商價格、雙重價格或成本轉移價格等四種不同類型的內部轉移價格來進行核算。而當內部交易發生時，一般會選擇採用內部銀行支票結算方式、轉帳通知單結算方式和內部貨幣結算方式等三種方式進行結算。在企業經營過程中，發生一些責任中心造成失誤卻由別的責任中心來承擔的情況時，需要通過內部責任結轉來分清責任。企業的責任核算是做好各項財務控制的基礎工作，對於整個財務控制工作都具有非常重要的意義。

【同步測試】

一、單項選擇題

1. 以下責任中心中，可以作為投資中心的是（　　）。
   A. 分公司　　　　　　　　B. 工段
   C. 班組　　　　　　　　　D. 車間
2. 成本中心當期確定或發生的各項可控成本之和為（　　）。
   A. 固定成本　　　　　　　B. 責任成本
   C. 變動成本　　　　　　　D. 直接成本
3. 協商價格的下限是（　　）。
   A. 生產成本　　　　　　　B. 市場價格
   C. 單位變動成本　　　　　D. 單位固定成本
4. 在責任預算的基礎上，將實際數與預算數進行比較用來反應與考核各責任中心工作業績的內部報告是（　　）。
   A. 差異分析表　　　　　　B. 責任報告
   C. 預算執行情況表　　　　D. 實際情況與預算比較表
5. 在責任會計中，企業辦理內部交易結算所採用的價格是（　　）。
   A. 重置價格　　　　　　　B. 單位責任成本
   C. 變動成本　　　　　　　D. 內部轉移價格

二、多項選擇題

1. 責任中心一般可分為（　　）。
   A. 成本中心　　　　　　　B. 生產中心
   C. 利潤中心　　　　　　　D. 投資中心
2. 投資中心的主要考核指標是（　　）。
   A. 責任成本　　　　　　　B. 營業收入
   C. 投資利潤率　　　　　　D. 剩餘收益
3. 內部轉移價格的類型有（　　）。
   A. 市場價格　　　　　　　B. 協商價格
   C. 雙重價格　　　　　　　D. 成本轉移價格
4. 甲利潤中心常年向乙利潤中心提供勞務，在其他條件不變的情況下，如果提高勞務的內部轉移價格，可能出現的結果是（　　）。
   A. 甲利潤中心內部利潤增加　　B. 乙利潤中心內部利潤減少
   C. 企業利潤總額增加　　　　　D. 企業利潤總額不變
5. 投資報酬率可分解為（　　）。

A. 邊際貢獻率　　　　　　B. 投資周轉率
C. 銷售利潤率　　　　　　D. 銷售成本率

三、簡答題

1. 如何理解財務控制？
2. 如何在企業開展財務控制？
3. 如何理解責任中心？
4. 如何進行責任中心的業績考核？
5. 如何理解內部轉移價格？如何在企業內部使用內部轉移價格？
6. 如何理解企業內部核算？
7. 如何理解企業責任核算？

四、計算分析題

1. 某百貨公司下設服裝部，200×年銷售收入爲5 000萬，變動成本率爲60%，固定成本爲75萬，其中折舊25萬。

要求：對以下兩個互不相干的問題進行回答

（1）若該服裝部爲利潤中心，其固定成本只有這就爲不可控的，試評價該部門經理業績，並評價該部門對公司的貢獻有多大？

（2）若該部門爲投資中心，其所占用的資產平均額爲2 500萬，剩餘收益爲50萬，則該公司要求的最低投資利潤率爲多大？

第十一章 特殊業務財務管理

【引導案例】

　　IBM公司向美國證券和交易委員會提交的財務狀況報告顯示，該公司個人電腦部門2001年虧損狀況爲3.97億美元，2002年爲1.71億美元，2003年爲2.58億美元。而2004年上半年已虧損1.39億美元，較上年同期增加了43%。IBM公司PC業務的運作出現巨額虧損。

　　2004年12月8日，聯想宣布以12.5億美元的現金和股票，同時承擔IBM公司5億美元債務，併購IBM公司個人電腦事業部，楊元慶成爲聯想集團新任董事長。與此相對應，IBM公司將擁有在中國香港上市的聯想集團18.9%的股份，IBM公司現任高級副總裁兼個人系統事業部總經理沃德將出任聯想集團CEO。

　　併購IBM公司的PC業務，聯想可以獲得制造規模優勢、品牌優勢、研發優勢以及大量的客戶、全球銷售渠道，使聯想集團有資本和實力衝出國內市場的天花板限制，到國際市場上同對手競爭。聯想集團發揮老聯想的優勢，結合新併購過來IBM公司的技術和市場，發揮協同效應，在國際國內雙重市場上同競爭對手抗衡。

　　併購之後，聯想一躍成爲全球第三大PC廠商。此次收購於2005年1月27日獲聯想股東批準通過，3月美國外國投資委員會提前完成對聯想收購IBM PC業務的審查。5月1日，聯想正式宣布完成收購IBM全球PC業務，收購完成表示最終協議中的所有重要條款完成。新聯想在併購後60天實現盈利，併購後第一季度業績公告顯示，集團的業績良好，集團綜合營業額比去年同期增長234%，達到196億港元。除稅前溢利上升54%，達5.15億港元，股東應占溢利增長6%，達3.57億港元，併購取得成功。

　　本案例中，聯想公司用於併購的資金的主要來源是哪些方面，併購獲得成功的原因又是什麽？

【本章學習目標】
1. 掌握公司併購及其分類。
2. 瞭解公司併購的動因，公司重整策略，公司清算的含義及其程序。
3. 理解併購過程中的企業價值評估，瞭解企業反收購的策略手段。
4. 能夠簡單策劃一起併購與反併購策略。

第一節　併購概述

一、公司併購的含義

　　公司併購（Corporation Mergers and Acquisitions）是公司合並與收購的統稱。

　　公司合並分爲兩種方式：一是吸收合並，即一家公司購買另一家公司的產權，兩家公司歸並爲一家公司，其中的收購方吸收被收購方的全部資產和負債，承擔其債務和責任，而被收購方則不再獨立存在。二是新設合並，即幾家現有公司合並後建立一家新公司，新公司接管各家被合並公司全部的資產，並承擔其全部債務和責任。

收購是指一家公司在證券市場上用現款、債券、股票購買另一家公司的股票或資產，以獲得對該公司的控制權，該公司的法人地位並不消失。收購有兩種：資產收購和股份收購。資產收購是指一家公司購買另一家公司的部分或全部財產。股份收購則是指一家公司直接或間接購買另一家公司的部分或全部股份，從而成為被收購公司的股東，承擔該公司的一切債務。

併購的實質是在企業控制權運動過程中，各權利主體根據企業產權所作出的制度安排而進行的一種權利讓渡行為。併購活動是在一定的財產權利制度和企業制度條件下進行的，在併購過程中，某一或某一部分權利主體通過出讓所擁有的對企業的控制權而獲得相應的收益，而另一或另一部分權利主體則通過付出一定代價而獲取這部分控制權。企業併購的過程實質上是企業權利主體不斷變換的過程。

二、公司併購的分類

(一) 按照併購雙方所處的行業範圍劃分

（1）橫向併購。橫向併購指同一行業生產經營同一產品或同類產品的公司之間的併購。橫向併購提高了行業集中程度和實現了規模經濟，盡可能降低生產成本，節約共同費用，同時，也便於在更大範圍內實現專業分工協作。但這種併購容易破壞競爭，從而形成高度壟斷的局面。

（2）縱向併購。縱向併購是指同一行業中處於不同階段、不同生產過程或經營環節相互銜接，具有縱向協作關係的專業化公司之間的併購。從併購方向來看，縱向併購又有前向併購、後向併購，即所謂的向上遊和下遊的整合。在縱向併購的情況下，各個不同的生產環節得到了更好的調整，促進了供、產、銷之間的專業化協作，形成了物質上和技術上更好的配合，某些商品流轉的中間環節縮短，從而節省了生產與管理過程中的成本開支。

（3）混合併購。混合併購又稱複合併購，是指不同行業、不同領域的公司併購。它是發生在既非競爭對手又非現實中或潛在客戶或供應商的企業間的併購。混合併購能夠實現多樣化經營、跨行業經營，不斷提高企業綜合經營實力，降低經營風險。混合併購有三種形態：

①產品擴展型併購是相關產品市場上公司間的併購。

②市場擴展型併購是一個公司為了擴大它的競爭地盤而對它尚未滲透的地區生產同類產品的公司進行的併購。

③生產和經營彼此間毫無聯繫的產品或服務的公司的併購。

(二) 按照併購是否取得目標公司的同意與合作劃分

（1）善意併購。善意併購又稱友好併購，是指併購方事先與目標公司的管理層進行商議，徵得同意，由目標公司主動向併購方提供公司的基本經營資料等，並且目標公司管理層一般會主動站在有利於併購的立場上，規勸公司股東接受公開併購要約，出售股票，從而和緩地完成併購行為的一種併購方式。採用善意併購方式，併購方可以得到目標公司管理層和股東的支持和配合，可以在相當程度上降低併購成本和風險，提高併購成功概率。但是併購方可能要犧牲自身利益（如繼續僱用目標公司管理層和員工），以此獲取目標公司的合作，同時與目標公司的管理層商談過程可能會浪費大量時間。

（2）惡意併購。惡意併購又稱強制性併購或敵意併購，指併購方在目標公司管理層對收購意圖不知道或持反對態度的情況下，對目標公司強行併購的行爲。敵意併購對併購方來說，其優點在於併購方掌握完全的主動權，併購行爲迅速、時間短，能夠控制併購成本。敵意併購的缺點在於，併購方不能得到目標公司的有效配合，難以獲得目標公司真實經營資料，併購風險大，而且併購價格往往較高。另外，敵意併購對股市影響較大，易造成股市波動，以至於影響企業發展的正常秩序，造成不必要的損失。

(三) 按照是否利用目標公司本身資產來支付併購資金劃分

(1) 槓桿併購。槓桿併購指收購公司利用目標公司資產的未來經營收入來支付併購價款或作爲此種支付的擔保。也就是說，收購公司不必擁有巨額資金，只需準備少量現金，加上目標公司的資產及營運所得作爲融資擔保及所貸得金額的還款來源，即可兼併任何規模的公司。

(2) 非槓桿併購。非槓桿併購指不用目標公司自有資金及營運所得來支付或擔保支付併購價款，而主要以自有資金來完成併購的一種併購形式。非槓桿併購並不意味著併購公司不用舉債即可承擔併購價款，在併購實踐中，幾乎所有的併購方都會利用貸款，所不同的是他們借貸的數額。

三、公司併購的動因

(一) 追求利潤的動機

追求利潤最大化是公司從事生產經營活動的目標之一。通過橫向併購，公司可以獲得所需要的產權和資產，以實行規模經濟，獲得資本收益。公司通過縱向收購，可以有效地降低交易成本，充分利用生產能力。

(二) 謀求協同效應

所謂協同效應，即"1+1>2"的效應。兩個公司兼併後，其總體效益大於兩個獨立公司的效益之和。兼併帶來的協同效應主要表現在兩個方面：

(1) 經營協同效應。經營協同效應主要指的是兼併公司的生產經營活動在效率方面帶來的變化及效率的提高所產生的效益。企業兼併對企業效率的最明顯作用表現爲規模經濟效益的取得。

(2) 財務協同效應。財務協同效應是指兼併給公司在財務方面帶來的種種效益，這種效益的取得不是由於經營效率的提高而引起的，而是由於稅法、會計處理慣例以及證券交易等內在規定的作用而產生的一種純貨幣的效益。如由於不同類型的資產所徵收的稅率是不同的，股息收入和利息收入，營業收益和資本收益的稅率有很大的差異。利用這種差異，公司能夠採取某些財務處理方法達到合理避稅的目的。

(三) 實現多元化經營

多元化經營是指公司的經營已超出一個行業的範圍，其經營正向幾個行業、多種產品發展。它是公司的一種向外擴展戰略。

公司經營的外部環境不斷發生變化，任何一項投資都存在風險，如果公司把投資分散於多個行業或多個產品，實行多元化經營，這樣，當某個行業因環境變化而投資失敗時，還可能從其他方面得到補償，"不要把所有的雞蛋放在一個籃子里"，從而降低了單一經營所面臨的風險，增加了公司資本的安全性。

公司實現多元化經營的途徑可以有兩種選擇：一是公司內部在原有的基礎上增加設備和技術力量，逐步向其他行業擴展；二是從公司外部兼併和收購其他行業的公司。一般來說，後者是實現多元化經營的一條快捷途徑。多元化投資組合管理促使企業爲追求經營效益，不時地評估所處環境的優劣，再結合本身實力的強弱，通過資本或股權的收購或出售，將資金重新分配。在考慮長期利潤的情況下，企業應出售所屬未來前景被看淡的事業，將出售所得的資金用來收購未來前景被看好的事業。

(四) 提高市場占有率

市場經濟中公司的經濟行爲是一個追逐利潤的過程。一般來說，市場占有率的提高和利潤增加之間存在着明顯的相關關係。一方面是因爲提高市場占有率必須要求公司擴大經營規模、提高產品質量，形成規模經濟，使產品的單個成本低於同類產品的社會平均成本；另一方面市場占有率越高，公司對產品市場的控制能力就越強，此時公司有可能通過操縱市場價格，獲取壟斷利潤。

(五) 謀求發展

在競爭性經濟條件下，公司必然要面臨激烈的市場競爭。只有不斷發展才能保持和增強自身在市場中的相對地位，才能生存下去。要保持和增強在市場中的地位，成爲市場競爭中的強者，公司就必須具有相當的實力。其中，公司是否擁有雄厚的資本規模和實力是決定其競爭成敗的重要因素。因此，爲了應付市場競爭，公司就必須不斷擴大自身規模，加速資本集中。投資新建公司和兼併公司均能擴大公司規模，但比較而言，兼併的效率更高，能盡快地在競爭中發揮效用。

(六) 獲得價值低估效應

以低於目標公司實際價值的價格獲得目標公司的資產，也是兼併的動機之一。這主要發生在三種情況：一是從事收購的公司有時比被兼併公司更瞭解它所擁有的某些資產的實際價值；二是對一些暫不盈利或虧損的公司，利用其暫時的困境壓低收購價格，兼併後再對其進行重組，保留其可盈利部門；三是利用股票價格暴跌乘機兼併其他公司。

此外，獲得被兼併公司的商標等無形資產也是兼併與收購的動機之一。

第二節　併購價值評估

公司併購涉及很多經濟、政策和法律問題，如金融法、證券法、公司法、會計法等，是一項複雜的產權交易活動，必須充分考慮到公司自身的經濟實力、經營能力以及管理組織能力，充分研究和熟悉併購的法律規範、行業標準、併購程序和手續。

一、公司併購的程序

公司併購涉及繁雜的法律程序，我國公司併購的《公司法》《證券法》等法律對此做了相應的一些規定。

(一) 上市公司的併購程序

(1) 尋找目標公司。公司收購是一個風險性很高的投資活動，能否一舉收購成功，會直接影響企業今後的發展，因此要選擇合適的目標公司，並且對目標公司進行審查和評價，做出併購決策，擬定併購計劃，聘請有關專家擔任併購顧問，籌措資金。

(2) 初步併購。收購上市公司不超過5%的流通在外的普通股。

(3) 進一步收購。中國《證券法》規定，通過證券交易所的證券交易，投資者持有或者通過協議、其他安排與他人共同持有一個上市公司已發行的股份達到百分之五時，應當在該事實發生之日起三日內，向國務院證券監督管理機構、證券交易所做出書面報告，通知該上市公司，並予公告；在上述期限內，不得再行買賣該上市公司的股票。

投資者持有或者通過協議、其他安排與他人共同持有一個上市公司已發行的股份達到百分之五後，其所持該上市公司已發行的股份比例每增加或者減少百分之五，應當依照前款規定進行報告和公告。在報告期限內和做出報告、公告後兩日內，不得再行買賣該上市公司的股票。

（4）公告上市公司收購報告書。通過證券交易所的證券交易，投資者持有或者通過協議、其他安排與他人共同持有一個上市公司已發行的股份達到百分之三十時，繼續進行收購的，應當依法向該上市公司所有股東發出收購上市公司全部或者部分股份的要約。收購人必須事先公告上市公司收購報告書，並載明下列事項：①收購人的名稱、住所；②收購人關於收購的決定；③被收購的上市公司名稱；④收購目的；⑤收購股份的詳細名稱和預定收購的股份數額；⑥收購期限、收購價格；⑦收購所需資金額及資金保證；⑧公告上市公司收購報告書時持有被收購公司股份數占該公司已發行的股份總數的比例。

（5）發出收購要約。關於收購要約的期限，我國《證券法》規定不得少於 30 日，並不得超過 60 日。在收購要約確定的承諾期限內，收購人不得撤回其收購要約，如需要變更收購要約，必須及時公告，載明具體事項。收購要約提出的各項收購條件，適用於被收購公司的所有股東。

（6）按收購要約進行收購。收購人在發出要約並公告後，受要約人應當在要約的有效期限內做出同意以收購要約的全部條件向收購要約人賣出其所持有證券的意思表示，即承諾。要約一經承諾，雙方當事人之間的股票買賣合同即告成立，在未獲得有關機構的批準前，雙方不得單方面解除合同。收購人按照收購要約上列明的條款對目標公司的股份進行收購，直至收購要約期滿為止。

（7）收購後的公告。收購上市公司的行為結束以後，收購人應當在 15 日內將收購的情況報告給證券監督管理機構和證券交易所，並予以公告。

在上市公司收購中，收購人持有的被收購上市公司的股票，在收購行為完成後的 12 個月內不得轉讓。

（二）非上市公司的併購

在我國，公司的兼併與收購一般均在中介機構的參與下進行，如產權交易事務所、產權交易市場、產權交易中心等。在有中介機構的條件下，公司併購的程序如下：

（1）併購前的工作。併購雙方中的國有公司，兼併前必須經職工代表大會審議，並報政府國有資產管理部門認可；併購雙方中的集體所有制公司，併購前必須經過所有者討論，職工代表會議同意，報有關部門備案；併購雙方的股份制公司和中外合資公司，併購前必須經董事會（或股東大會）討論通過，並徵求職工代表意見，報有關部門備案。

（2）在產權交易市場辦理手續。目標公司在依法獲準轉讓產權後，應到產權交易市場登記、掛牌交易所備有《買方登記表》和《賣方登記表》供客戶參考。買方在登記掛牌時，除填寫《買方登記表》外，還應提供營業執照復印件、法定代表人資格證明書或受托人的授權委託書、法定代表人或受托人的身份證復印件。賣方登記掛牌時，應填寫《賣方登記表》，同時，還應提供轉讓方及被轉讓方的營業執照復印件、轉讓方法人代表資格證明書或受托人的授權委託書以及法定代表人或受托人的身份證復印件、轉讓方和轉讓公司董事會的決議。如有可能，賣方還應提供被轉讓公司的資產評估報告。對於有特殊委託要求的客户，如客户要求做廣告、公告，以招標或拍賣方式進行交易，則客户應與交易所訂立專門的委託出售或購買公司的協議。

(3) 洽談。經過交易所牽線搭橋或自行找到買賣對象的客户，可在交易所有關部門的協助下，就產權交易的實質性條件進行談判。

(4) 資產評估。雙方經過洽談達成產權交易的初步意向後，委託經政府認可的資產評估機構對目標公司進行資產評估，資產評估的結果可作爲產權交易的底價。

(5) 簽約。在充分協商的基礎上，併購雙方的法人代表或法人代表授權的人員簽訂公司併購協議書，或併購合同。交易所一般備有兩種產權交易合同，即用於股權轉讓的《股權轉讓合同》和用於整體產權轉讓的《產權轉讓合同》，供交易雙方在訂立合同時參考。產權交易合同一般包括如下條款：交易雙方的名稱、地址、法定代表人或委託代理人的姓名、產權交易的標的、交易價格、價款的支付時間和方式、被轉讓公司在轉讓前債權債務的處理、產權的交接事宜、被轉讓公司員工的安排、與產權交易有關的各種稅負、合同的變更或解除的條件、違反合同的責任、與合同有關的爭議的解決、合同生效的先決條件及其他交易雙方認爲需要訂立的條款。

(6) 併購雙方報請政府授權部門審批並到工商行政管理部門核準登記。目標公司報國有資產管理部門辦理產權註銷登記，併購公司報國有資產管理部門辦理產權變更登記，並到工商管理部門辦理法人變更登記。

(7) 產權交接。併購雙方的資產移交，需在國有資產管理局、銀行等有關部門的監督下，按照協議辦理移交手續，經過驗收、造冊，雙方簽證後，會計據此入帳。目標公司未了的債券、債務，按協議進行清理，並據此調整帳户，辦理更換合同債據等手續。

(8) 發布併購公告。將兼併與收購的事實公諸社會，可以在公開報刊上刊登，也可由有關機構發布，使社會各方面知道併購事實，並調整與之相關的業務。

二、併購的價值評估

併購的價值評估包括目標公司價值評估、併購公司自身價值評估、併購投資的價值評估。而通常評估中所做的只有第一個目標公司價值評估。

目標公司價值評估的特徵：首先是對目標公司整體價值的評估，目標公司價值是指目標公司作爲整體而言的價值，是目標公司占用的固定資產、流動資產、無形資產等全部資產價值的總稱，是反應目標公司整體實力的重要標誌。其次是對目標公司獲得能力的評估，公司價值評估是根據目標公司現有的資產，結合目標公司現實和未來經營獲利能力及產權轉讓後將產生的價值增值等因素，對目標公司進行的綜合價值的評估。最後是對目標公司未來價值的評估，公司價值評估是對目標公司未來經營獲利能力等預期獲利因素的評估。

目標公司的價值評估有多種方法，主要有以下幾種：

(一) 現金流量貼現法

現金流量貼現法即"拉巴波特模型"（Rappaport model），是公司併購中評估企業價值最常用的科學方法。它是根據目標公司被併購後各年的現金流量，按照一定的折現率所折算的現值，作爲目標公司價值（不包括非營運資產的價值）的一種評估方法。它主要適用於採用控股併購方式（即併購後目標企業仍然是一個獨立的會計主體或者法律主體）的併購上市公司或非上市公司。其計算公式如下：

$$NPV = \sum_{i=1}^{n} \frac{NCF_i}{(1+i)^i} + \frac{V_n}{(1+i)^n} \qquad (式 11-1)$$

式中：NVP——各年的現金淨流量的現值（即目標企業的評估價值）；

NCF_t——第 t 年的預期現金淨流量；

n——折現年限；

i——折現率（一般以併購後目標企業股權資金成本率，或併購後目標企業股權資金和債務資金的加權平均成本率，或併購方可接受的最低資金報酬率等，作為風險調整後的折現率）；

V_n——預測期末（即第 n 年年末）的企業終值。

採用現金流量貼現法有以下難點：

首先是折現年限的確定。併購企業可以根據所掌握的相關數據的難易程度及其可信程度的大小具體確定預測期限。

其次是併購後目標企業各年現金淨流量和預期期末終值的測算。在評估中要全面考慮影響企業未來獲利能力的各種因素，客觀、公正地對企業未來現金流以及預期期末終值做出合理預測。

最後是體現時間和風險價值的折現率的確定。折現率的選擇主要是根據評估人員對企業未來風險的判斷。由於企業經營的不確定性是客觀存在的，因此對企業未來收益風險的判斷至關重要，當企業未來收益的風險較高時，折現率也應較高，當未來收益的風險較低時，折現率也應較低。

(二) 市盈率法

市盈率表示的是一個企業股票收益和股票市值之間的關係，即用目標企業被併購後所帶來的預期年稅後利潤測算目標企業價值的一種評估方法，主要適用於上市公司，尤其是採用股票併購方式的併購活動。市盈率法在評估中得到廣泛應用，原因主要在於：首先，它是一種將股票價格與當前公司盈利狀況聯繫在一起的一種直觀的統計比率；其次，對大多數目標企業的股票來說，市盈率易於計算並很容易得到，這使得股票之間的比較變得十分簡單。當然，實行市場法的一個重要前提是目標公司的股票要有一個活躍的交易市場，從而能評估目標企業的獨立價值。

$$\text{目標企業的評估價值} = \text{預期年稅後利潤} \times \left(\frac{\text{普通股每股市價}}{\text{普通股每股稅後利潤}}\right) \qquad \text{（式 11-2）}$$

(三) 股利法

股利法是根據併購後預期可獲得的年股利額和年股利率計算確定目標公司價值的一種評估方法。對一個投資者來說，其投資利益是由股利和轉讓股票時的資本利得兩部分構成的。但是，資本利得只是原投資者將獲取股利的權利轉讓給新投資者的一種補償。因此，從長遠來看，投資者關心的只是股利，於是投資者可以通過股利收益資本化來評估目標公司的價值。股利法主要適用於併購上市或非上市的股份有限公司。其計算公式如下：

$$\text{目標公司的價值} = \frac{\text{購並後預期可獲得的年股利額}}{\text{年股利率}} \qquad \text{（式 11-3）}$$

(四) 資產基準法

資產基準法是通過對目標公司的所有資產和負債進行逐項估價的方式來評估目標公司價值的一種評估方法。採用該方法時，首先需要對各項資產與負債進行評估，從而得出資產負債的公允價值，然後，將資產的公允價值之和減去負債的公允價值之和，就可得出淨資產的公允價值，它就是公司股權的價值。淨資產的公允價值的計算公式為

淨資產的公允價值＝資產的公允價值－負債的公允價值　　　　　　　　　　（式11-4）

採用資產基準法的關鍵是評估標準的選擇。目前國際上常用的資產評估標準主要有以下5種：帳面價值、市場價格、清算價格、續營價值、公平價值（即未來收益折現值）。

（五）股票市價法

股票市價法是利用目標公司股票的市場價格評估其淨資產價值的一種方法，如果目標公司的股票在證券交易所上市並廣泛交易，其市值總額就可視爲目標公司的股權價值。股票市價法可以直接用於上市公司價值的評估。對於非上市公司的評估可以通過尋找可比上市公司進行間接評估。但是，由於股票市場價格經常波動，並受許多經濟或非經濟因素的影響，因此股票市價並不是目標公司價值的公正而確定性的評估值。儘管如此，股票市價法仍然是應用最廣泛的方法之一。

在股票市場上收購目標公司的股票時，爲引誘目標公司股東出售手中的股票，併購方通常需要支付高於併購前目標公司股票市價10%～30%的價格，甚至更高。因此，股票市價法支付的採購成本較大。

上述五種資產評估標準是國內外資產評估中經常使用的方法，其適用範圍是不同的。因此，我們應根據目標公司資產的特點、經營業績和生存能力等選擇合適的評估標準。

第三節　併購支付方式與併購籌資管理

一、併購支付方式

併購是企業進行快速擴張的有效途徑，同時也是優化配置社會資源的有效方式。在公司併購中，支付方式對併購雙方的股東權益會產生影響，並且影響併購後公司的財務整合效果。

（一）現金支付

現金收購是指併購企業支付一定數量的現金，以取得目標企業的所有權。一旦目標公司的股東收到對其擁有股份的現金支付，就失去了對原公司的任何權益。在實際操作中，併購方的現金來源主要有自有資金、發行債券、銀行借款和出售資產等，按付款方式又可分爲即時支付和延期支付兩種。延期支付包括分期付款、開立應付票據等賣方融資行爲。

現金支付有其優點：首先，現金收購操作簡單，能迅速完成併購交易；其次，現金的支付是最清楚的支付方式，目標公司可以將其虛擬資本在短時間內轉化爲確定的現金，股東不必承受因各種因素帶來的收益不確定性等風險；最後，現金收購不會影響併購後公司的資本結構，因爲普通股股數不變，併購後每股收益、每股淨資產不會由於稀釋原因有所下降，有利於股價的穩定。

現金收購的缺陷在於：第一，現金收購要求併購方必須在確定的日期支付相當大數量的貨幣，這就受到公司本身現金結餘的制約。對併購方而言，現金併購是一項重大的即時現金負擔。第二，如果目標企業所在地的國家稅務準則規定，目標企業的股票在出售後若實現了資本收益就要繳納資本收益稅，那麼用現金購買目標企業的股票就會增加目標企業的稅收負擔。此時，在公司併購交易的實際操作中，有兩個重要因素會影響到現金收購方式的出價：①目標公司所在地管轄股票的銷售收益所得稅法；②目標公司股份的平均股權成本，因爲只有超出的部分才應支付資本收益稅。第三，在跨國併購中，採用現金支付方式意味着併購方面臨着貨幣的可兌換性風險以及匯率風險。跨國併購涉及兩種或兩種以上貨幣，本國貨幣與外國貨幣的相對強弱，這也必然影響到併購的金融成本，在現金交易前的匯率的波動都將對出資方帶來影響，如果匯率的巨大變動使出資方的成本大大提高，出資方相應年度的預期利潤也將大大下降。

(二) 股權支付

併購企業若將其自身的股票支付給目標公司股東，從而達到取得目標公司控制權、收購目標公司的一種支付方式。股權支付可以通過下列兩種方式實現：

(1) 由併購企業出資收購目標企業全部股權或部分股權，目標企業股東取得現金後再購買併購企業的新增股票。

(2) 由併購企業收購目標企業的全部資產或部分資產，再由目標企業股東認購併購企業的新增股票。

股權支付的特點：首先，併購公司不需要支付大量現金；其次，收購完成後，目標公司的股東成了併購公司的股東；再次，對上市公司而言，股權支付方式使目標公司實現借殼上市；最後，對增發新股而言，增發新股改變了原有的股權結構，導致了原有股東權益的"淡化"，股權淡化的結果甚至可能使原有的股東喪失對公司的控制權。

(三) 賣方融資

賣方以取得固定的收購者未來償付義務的承諾，是併購企業推遲支付被併購企業的全部或部分併購款項。這種方式在被併購方急於脫手的情況下完全可以實現。不過採取這種方式一般會要求併購企業有極佳的經營計劃。這種方式對被併購企業也有一定好處，因為付款可分期支付、稅負自然也可分期支付，其享有稅負延後的好處，而且還可以要求併購企業支付較高的利息。

(四) 公司發行債券

公司發行債券是公司進入資本市場直接融資的一種重要方式。我國《公司法》規定，公司如果為股份有限公司、國有獨資公司和兩個以上的國有公司或者其他兩個以上的國有投資主體投資設立的有限責任公司，為籌集生產經營資金，可以發行公司債券。上市公司經股東大會決議可以發行可轉換債券等。這些法律上的規定為部分收購公司增加了一條融資渠道。

(五) 槓桿收購

槓桿收購方式即併購方以目標公司的資產和將來的現金收入作為抵押，向金融機構貸款，再用貸款資金買下目標公司的收購方式。槓桿收購的整個併購過程主要靠負債來完成，並且以未來高收益作為償還債務的擔保，其具有槓桿效應。當公司資產收益大於其借進資本的平均成本時，財務槓桿發揮正效應，可大幅度提高公司淨收益和普通股收益；反之，槓桿的負效應會使得公司淨收益和普通股收益劇減。

二、公司併購的籌資管理

在併購過程中，與支付方式密不可分的問題是如何籌集併購所需資金的問題。此處重點揭示現金支付和股權支付的併購中，併購資金籌集常採用的方法。

(一) 現金支付時的籌資

現金併購往往給併購企業造成一項沉重的現金負擔。常見的現金支付方式下籌集併購資金的方式有增資擴股、向金融機構貸款、發行公司債券、發行認股權證或幾項的綜合運用。

(1) 增資擴股。在選擇增資擴股來取得併購所需現金時，最為重要的是要考慮增資擴股後對公司股權結構的影響。大多數情況下，股東更願意增加借款而不願擴股籌資。

(2) 向金融企業貸款。無論是向國內還是國外的金融機構籌集併購資金，都是比較普遍採用的籌資方法。在向銀行提出貸款申請時，企業首先要考慮的是貸款的安全性，即考慮貸款將來用什麼資金進行償還。一般情況下，至少有一部分貸款的償還還是來源於被併購企業未來的現金流入。這種現金流入有兩種來源，即併購後的生產經營收益和變賣被併購公司的一部分資產獲得的現金。

(3) 發行公司債券。併購中的現金籌集的另一種方式就是向其他機構或第三方發行債券。按照我國《公司法》的規定，股份有限公司、國有獨資公司和兩個以上的國有企業或者其他兩個以上的投資主體設立的有限責任公司，為籌集生產經營資金，可以發行公司債券；上市公司經股東大會決議可發行可轉換債券。這些規定都為併購過程中通過發行債券籌措併購資金提供了可能。當然，這些規定對企業併購過程中發行債券的行為也進行了限制。

(4) 發行認股權證。認股權證通常和企業的長期債券一起發行，以吸引投資者來購買利率低於正常水平的長期債券。由於認股權證代表了長期選擇權，所以附有認股權證的債券或股票，往往對投資者有較大吸引力。從實踐來看，認股權證在下列情況下推動公司有價證券的發行銷售：當公司處於信用危機邊緣時，利用認股權證，可誘使投資者購買公司債券，否則公司債券可能會難以出售；在金融緊縮時期，一些財務基礎較好的公司可以通過認股權證這樣一種方法來籌集併購所需的現金。

(二) 股權支付時的籌資

在併購中，併購企業採用股權進行支付時，發行的證券要求是已經或者將要上市的。因為只有這樣，證券才有流動性，才有一定的市場價格作為換股參考。作為併購中的股權支付，企業可以通過向被併購企業發行普通股、優先股和債券的方式來實現併購資金的籌集。

(1) 發行普通股。併購企業可以將以前的庫藏股重新發售或增發新股給目標企業的股東，換取其股權。普通股支付有兩種方式：第一種方式是由併購企業出資收購目標企業的全部股權或部分股權，目標企業取得資金後認購併購企業的增資股，併購雙方不需再另籌資金即完成併購交易。另一種方式是由併購企業收購目標企業的全部資產或部分資產，目標企業認購併購企業的增資股，這樣也達到了股權置換與支付的目的。新發行的給目標企業股東的股票應該與併購企業原有的股票同股同權、同股同利。

(2) 發行優先股。有時候向目標企業發行優先股可能會是併購企業更好的選擇。如果目標企業原有的股利政策是發放較高的股息，為了保證目標企業股東的收益而不會因為併購而減少，目標企業可能會提出保持原來股利支付率的要求。對於併購企業而言，如果其原來的股利支付率低於目標企業的股利支付率，提高股利支付率，則意味著新老股東的股利都要增加，會給併購企業的財務帶來更大的壓力。這時候，發行優先股就可以避免這種情況。

(3) 發行債券。有時候，併購企業也會向目標企業股東發行債券，以保證企業清算解體時，債務人可先於股東得到償還。債券的利息一般高於普通股的股息，這樣對目標企業的股東就會有吸引力。而對併購企業而言，收購了一部分資產，股本額仍保持原來的水平，增加的只是負債，從長期來看，股東權益未被稀釋。因此發行債券對併購雙方都是有利的。

第四節 反收購策略與重組策略

一、反收購策略

(一) 反收購的經濟手段

反收購時可以運用的經濟手段主要有四大類：提高收購者的收購成本、降低收購者的收購收益、收購收購者、適時修改公司章程等。

1. 提高收購者的收購成本

(1) 股份回購：這是指通過大規模買回本公司發行在外的股份來改變資本結構的防禦方法。其基本形式有兩種：一是公司將可用的現金分配給股東，這種分配不是支付紅利，而是購回股票；二是公司通過發售債券，用募得的款項來購回它自己的股票。股票一旦大量被公司購回，在外流通的股份數量減少，每股市價也隨之增加。這樣就迫使收購者提高每股收購價。目標公司如果提出以比收購者價格更高的出價來收購其股票，則收購者也不得不提高其收購價格，這樣，收購計劃就需要更多資金來支持，從而導致其難度增加。

(2) 尋找"白衣騎士"(White Knight)："白衣騎士"是指目標企業為免遭敵意收購而自己尋找的善意收購者。公司在遭到收購威脅時，為不使本企業落入惡意收購者手中，可選擇與其關係密切的有實力的公司，以更優惠的條件達成善意收購。一般地講，如果收購者出價較低，目標企業被"白衣騎士"拯救的希望就大；若買方公司提供了很高的收購價格，則"白衣騎士"的成本提高，目標公司獲救的機會相應減少。

(3) "金降落傘"：公司一旦被收購，目標企業的高層管理者將可能遭到撤換，"金降落傘"則是一種補償協議。它規定在目標公司被收購的情況下，高層管理人員無論是主動還是被迫離開公司，都可以領到一筆巨額的安置費。與之相似，還有針對中級管理層的"銀降落傘"和針對普通員工的"錫降落傘法"。但金降落傘策略的弊病也是顯而易見的——支付給管理層的巨額補償反而有可能誘導管理層低價將企業出售。

2. 降低收購者的收購收益或增加收購者風險

(1) "皇冠上的珍珠"對策：從資產價值、盈利能力和發展前景諸方面衡量，在混合公司內經營最好的企業或子公司被喻為"皇冠上的珍珠"。這類公司通常會誘發其他公司的收購企圖，成為兼併的目標。目標企業為保全其他子公司，可將"皇冠上的珍珠"這類經營好的子公司賣掉，從而達到反收購的目的。作為替代方法，也可把"皇冠上的珍珠"抵押出去。

(2) "毒丸計劃"："毒丸"是美國20世紀80年代出現的一種反兼併與反收購策略，最早由瓦切泰爾·利蒲東律師事務所的律師馬蒂·利蒲東於1983年提出和採用。後經美國另一位反收購專家、投資銀行家馬丁·西格爾完善而成。"吞食毒丸"是指目標公司為避免被其他公司收購，採取一些會對自身造成嚴重傷害的行動，以降低自己的吸引力。

(3) "焦土戰術"：這是公司在遇到收購襲擊而無力反擊時，所採取的一種兩敗俱傷的做法。例如，公司將能引起收購者興趣的資產出售，使收購者的意圖難以實現；或是增加大量與經營無關的資產，大大提高公司的負債，使收購者因考慮收購後嚴重的負債問題而放棄收購。

3. 收購收購者

收購收購者又稱"帕克曼"戰略。這是作為收購對象的目標公司為挫敗收購者的企圖而採用的一種戰略，即目標公司威脅進行反收購。當獲悉收購方有意併購時，目標公司反守爲攻，搶先向收購公司股東發出公開收購要約，使收購公司被迫轉入防禦。實施帕克曼防禦使目標公司處於可進可退的主動位置。帕克曼式防禦要求目標公司本身具有較強的資金實力和相當外部融資能力；同時，收購公司也應具備被收購的條件，否則目標公司股東將不會同意發出公開收購要約。

4. 適時修改公司章程

這是公司對潛在收購者或詐騙者所採取的預防措施。反收購條款的實施、直接或間接提高收購成本、董事會改選的規定都可使收購方望而卻步。常用的反收購公司章程包括：董事會輪選制、超級多數條款、公平價格條款等。

（1）董事會輪選制：董事會輪選制使公司每年只能改選很小比例的董事。即使收購方已經取得了多數控股權，也難以在短時間內改組公司董事會或委任管理層，實現對公司董事會的控制，從而進一步阻止其操縱目標公司的行爲。

（2）超級多數條款：公司章程都需規定修改章程或重大事項（如公司的清盤、併購、資產的租賃）所需投票權的比例。超級多數條款規定公司被收購必須取得 2/3 或 80% 的投票權，有時甚至會高達 95%。這樣，若公司管理層和員工持有公司相當數量的股票，那麼即使收購方控制了剩餘的全部股票，收購也難以完成。

（3）公平價格條款。公平價格條款規定收購方必須向少數股東支付目標公司股票的公平價格。所謂公平價格，通常以目標公司股票的市盈率作爲衡量標準，而市盈率的確定是以公司的歷史數據並結合行業數據爲基礎的。

(二) 反收購的法律手段

訴訟策略是目標公司在併購防禦中經常使用的策略。訴訟的目的通常包括：逼迫收購方提高收購價以免被起訴；避免收購方先發制人，提起訴訟，延緩收購時間，以便另尋"白衣騎士"；在心理上重振目標公司管理層的士氣。

訴訟策略的第一步往往是目標公司請求法院禁止收購繼續進行。於是，收購方必須首先給出充足的理由證明目標公司的指控不成立，否則不能繼續增加目標公司的股票。這就使目標公司有機會採取有效措施進一步抵禦被收購。不論訴訟成功與否，都爲目標公司爭得了時間，這是該策略被廣爲採用的主要原因。

目標公司提起訴訟的理由主要有二條：第一，反壟斷。部分收購可能使收購方獲得某一行業的壟斷或接近壟斷地位，目標公司可以此作爲訴訟理由。反壟斷是政府對企業併購進行管制的重要工具，必然對併購活動的發展產生重大影響，並因而成爲收購風潮中目標公司的救命稻草；第二，披露不充分。目標公司認定收購方未按有關法律規定向公衆及時、充分或準確地披露信息等。

反收購防禦的手段層出不窮，除經濟、法律手段以外，還可利用政治等手段，如遷移註冊地、增加收購難度、等等。以上種種反併購策略各具特色，各有千秋，很難斷定哪種更爲奏效。但有一點是可以肯定的，企業應該根據併購雙方的力量對比和併購初衷選用一種或幾種策略的組合。

二、重組策略

(一) 公司重組的含義和基本特徵

公司重組又叫公司重整，它是指對陷入財務危機，但仍有轉機和重建價值的公司，根據一定程序進行重新整頓，使公司得以維持和復興，走出困境的做法。每個公司在其經營過程中，隨時都必須考慮一旦公司在出現無力償還到期債務的困難和危機，通過對各方利害關係人的利益協調，借助法律強制進行營業重組與債務清理，可以使企業避免破產、獲得重生。公司重組可以減少債權人和股東的損失。對整個社會而言，能盡量減少社會財富的損失和因破產而失業人口的數量。

公司重組的基本特徵：

（1）重組是一種積極的拯救程序，它不是消極地避免債務人用破產宣告。

（2）重組措施多樣化。重組企業可運用多種重組措施，以達到恢復經營能力、清償債務、避免破產的目的，除延期或減免償還債務外，其還可採取向重組者無償轉讓全部或部分股權，核減或增加註冊資本，向特定對象定向發行股或債券，將債權轉爲股份，轉讓營業資產等方法。還包括企業的合並和分離等方法。

（3）參與主體廣泛化。債權人包括有物權擔保的債權人、債務人及債務人的股東等各方利害關係人均參與重組程序的進行。

（二）公司重組的方式

公司重組按是否通過法律程序分爲非正式財務重組和公司正式財務重組。

1. 公司非正式財務重組

當債務人陷入財務危機瀕臨破產需要重組時，爲了避免因進入正式法律程序而發生龐大的費用和冗長的訴訟時間，債務人、債權人雙方自願達成協議，以幫助債務人恢復和重建堅實的財務基礎。非正式重組包括債務重組和準改組。

（1）債務重組

債務重組是指債務人發生財務困難時，債權人按照其與債務人達成的協議做出讓步的事項。這種讓步是根據雙方自願達成的協議做出的。讓步的結果是：債權人發生債務重組損失，債務人獲得債務重組收益。債務重組主要有以下幾種方式：

第一，以非現金資產清償債務。債務人以非現金資產清償全部債務，包括用公司生產的產品、庫存材料、固定資產、擁有的無形資產等進行清償債務。這種方式可以把債務人的非營運資產剝離出去。

第二，債務轉化爲資本。債務轉爲資本實質上是增加債務人的資本金，債權人因此而增加長期股權投資以債務轉爲資本用於清償債務，使債務人沒有了償債的壓力，債權人也不會發生短期利益損失。

第三，債務展期與債務和解。債務展期，即推遲到期債務要求付款的日期。債務和解即債權人自願同意減免債務人的債務，包括減免本金、利息或混合使用。這種方式能夠爲發生財務困難的公司贏得時間使其調整財務結構，繼續經營並避免法律費用。

公司擬採用債務展期或債務和解措施渡過財務困境時，首先由公司即債務人向當地負責金融、財務調整的管理部門提出申請，由該管理部門安排，召開由公司和其債權人參加的會議；其次，由債務人任命一個由1～5人不等組成的委員會，負責調查公司的資產、負債情況，並制訂出一項債權調整計劃，就債權的展期和債務的和解做出具體安排；最後，召開債權、債務人會議，對委員會提出的債務展期、和解、或債務展期與和解兼有之的財務安排進行商討並取得一致，達成最終協議，以便債權人、債務人共同遵循。

因此，爲了對債務人實施控制，保護債權人利益，債權人在債務展期或債務和解後等待還款的時期內，通常採取以下措施：

①實行某種資產的轉讓或由第三者代管；

②要求債務企業股東轉讓其股票到第三者代管帳戶，直至根據展期協議還清欠款爲止；

③債務企業的所有支票應由債權人委員會會簽，以保持回流現金用於還債。
（2）準改組
準改組是在公司長期發生嚴重虧損時，徵得債權人和股東同意後，通過減資消除大量虧損，並採取一些成功經營措施的重組方式。這種方式既不需要法院參與，也不解散公司，而且不改變債權人的利益，只要得到債權人和股東同意，不需立即向債權人支付債務和向股東發放股利，便可有效地實施準改組。
準改組的財務處理方法：
①有關資產重新計價，調低額衝減留存收益。
②股東權益（甚至負債）應重新計價，將留存收益的紅字調整爲零。
③徵得債權人和股東的同意，通常還要由法院監督，以確保有關各方的利益，避免法律糾紛，同時按《公司法》規定，公告有關債權人。
④在當年的財務報表中，應當充分披露準改組的程序和影響，並在此後的 3~10 年內，加註說明留存收益的積累日期。

非正式財務重組可以爲債權人和債務人雙方都帶來一定的好處。首先，這種做法避免了履行正式手續所需發生的大量費用，所需要的律師、會計師的人數也比履行正式手續要少得多，使重組費用降至最低點。其次，非正式重組可以減少重組所需的時間，使公司在較短的時間內重新進入正常經營的狀態，避免了因冗長的正式程序使公司遲遲不能進行正常經營而造成的公司資產閑置和資金回收延遲等浪費現象。最後，非正式重整使談判有更大的靈活性，有時更易達成協議。

非正式財務重整也存在着缺點，主要表現在：當債權人人數很多時，可能很難達成一致；沒有法院的正式參與，協議的執行缺乏法律保障。

2. 正式財務重組
正式財務重組是通過一定的法律程序改變公司的資本結構，合理地解決其所欠債務，以使公司擺脫財務困難並繼續經營的做法。

它是將非正式重組的做法按照規範化的方式進行，是在法院受理債權人申請破產案件的一定時期內，經債務人及其委託人申請，與債權人會議達成和解協議，對公司進行整頓、重組的一種制度。在正式重組中，法院起着重要的作用，特別是要對協議中的重組計劃的公正性和可行性做出判斷。

依照規定，在法院批準重組之後不久，應成立債權人會議，所有債權人均爲債權人會議成員。其主要職責是：審查有關債權的證明材料，確認債權有無財產擔保，討論通過改組計劃，保護債權人的利益，確保債務公司的財產不致流失。債務人的法定代表人必須列席債權人會議，回答債權人的詢問。我國還規定要有工會代表參加債權人會議。

重組計劃是對公司現有債權、股權的清理和變更做出安排，重組公司資本結構，提出未來的經營方案與實施辦法。重組計劃一般應包括以下三項內容：

（1）估算重組公司的價值。估算重組公司的價值常採用的方法是收益現值法，即預測公司未來的收益與現金流量，根據事先確定的合理的貼現率，對未來的現金流入量進行貼現，估算出公司的價值。

（2）優化資本結構，降低財務負擔。這指的是調整公司的資本結構，削減債務負擔和利息支出，爲公司繼續經營創造一個合理的財務狀況。爲達到這一目的，需要對某些債務展期，將某些債務轉換爲優先股、普通股等其他證券。

（3）進行資本結構轉換。新的資本結構確定後，用新的證券替換舊的證券，實現資本結構的轉換。爲此，要將公司各類債權人和所有者按求償權的優先級別分類統計。優先級別在前的債權人或所有者得到妥善安排之後，優先級別在後的才能得到安置。

重組計劃經過法院批準後，對公司、債權人及股東均有約束力。爲了使重組可行，重組前必須經"債務人會議"討論同意重組，並願意幫助債務人重建財務基礎。一項重組是否可行，其基本測試標準是重組後所產生的收益能否補償爲獲得所發生的全部費用。

第五節　公司清算

公司清算是指公司因某種特定原因而終止經營以後，結算一切財務事項的經濟工作。公司按照法律規定或公司章程的規定解散或破產以及其他原因宣告終止時，應當成立清算機構，對公司財產、債權、債務、進行全面清查，了結公司債務，並向股東分配剩餘財產，以終結其經營活動，並依法取消其法人資格的行爲。

一、公司清算的原因

公司終止經營必然要進行清算，因此公司終止的原因也就是導致公司清算的原因。公司清算的原因有很多，主要有以下幾種：

1. 企業經營期滿，投資各方無意繼續經營

內聯、合資、合作公司在辦理設立申請時就在公司章程中規定經營期限，當經營期限屆滿時，投資各方如果無意繼續經營，則公司必須終止並且要進行清算。營業期限屆滿前，公司可以申請展期，展期後公司可繼續存在。

2. 公司難以持續經營

當以下原因導致公司經營難以持續時，公司的最高決策者就會對公司做出終止的特別決議。

（1）投資一方或者多方未履行企業章程所規定的義務，導致無法繼續經營；
（2）公司發生嚴重虧損，無法持續經營；
（3）未達到預定的經營目標，企業今後又沒有發展前途；
（4）因不可抗力的災害造成公司嚴重損失，導致企業無法繼續經營。

3. 公司依法被撤銷

公司在法定期限內未繳足註冊資本，長期不向有關部門報送財務報告，或是在經營期間發生欺詐、濫用法律授予的權力等嚴重違法行爲，導致公司對公共利益構成損害並又無法消除的，法院或政府機關有權責令公司關閉並解散。

4. 依法宣告破產

公司因經營管理不善造成嚴重虧損不能到期清償債務的，而債務重組又不成功的，被法院宣告破產，公司破產以後，必須對其破產財產進行處置、清算。

5. 企業改組、合並或者被兼併

公司因各種原因合並或者被兼併、法人資格喪失，應終止原企業的經營行爲。這些企業要進行清算。

二、公司清算的類型

因清算的對象、清算原因及清算的複雜程序不同，公司清算的類型也有所不同。一般來說，清算可以分爲下列幾類：

(一) 按公司清算的原因不同劃分

按公司清算的原因不同，公司清算可分爲解散清算和破產清算。

解散清算是公司因經營期滿，或者因經營方面的其他原因致使公司不宜或者不能繼續經營時，自願或被迫宣告解散而進行的清算。破產清算是公司資不抵債時，人民法院依照有關法律規定組織清算機構對公司進行的清算。

二者既有聯繫又有區別，其聯繫表現在：①清算的目的都是結束被清算公司的各種債權、債務關係和法律關係；②在解散清算過程中，當發現公司資不抵債時應立即向法院申請實行破產清算。

二者的區別表現在：①清算的性質不同。解散清算屬於自願清算或行政清算，而破產清算屬於司法清算；②處理利益關係的側重點不同。解散清算一般不存在資不抵債的問題，清算時除了結束公司未了結的業務，收取債權和清償債務以外，重點是分配公司剩餘財產，調整公司內部各投資者之間的利益關係。而破產清算的原因是資不抵債，因此，清算時主要是調整公司外部各債權人之間的利益關係，即將公司有限的財產在債權人之間進行合理分配。

(二) 按公司清算程序的依據不同劃分

以提起清算程序的依據不同，公司清算可分爲任意清算和法定清算。

任意清算也稱自由清算，即指公司按照股東的意志和公司章程的規定進行的清算。此種清算一般沒有先後程序規定，也無論是否能足額清償，不能清償的債權不因清算結束而消滅。所以清算一般只是用於無限責任公司或者部分股東承擔無限連帶責任，我國公司法沒有規定無限責任性質的公司，自然沒有使用任意清算的必要。

法定清算是指必須按照法律規定的程序進行的清算。法定清算對公司財產的清算有順序規定，法定清算結束，公司法人資格依程序消滅。我國公司法規定的清算均是法定清算。

(三) 按公司終止的原因

按公司終止原因的不同，公司清算可分爲自願清算和強制清算。自願清算是公司按照其投資主體的意願解散，清算債權債務，消滅公司法人資格的清算。強制清算是指公司因違法被主管機關依法責令關閉而進行的清算，或因不能清償到期債務被法院宣告破產而進行的清算。

三、清算的程序

(一) 公司解散清算的程序

根據我國《公司法》的有關規定，解散清算一般按以下程序進行：

1. 成立清算小組

根據我國《公司法》規定，公司應當在解散事由出現之日起十五日內成立清算組，開始清算。有限責任公司的清算組由股東組成，股份有限公司的清算組由董事或者股東大會確定的人員組成。逾期不成立清算組進行清算的，債權人可以申請人民法院指定有關人員組成清算組進行清算。

清算組在清算期間行使下列職權：

(1) 清理公司財產，分別編制資產負債表和財產清單；

(2) 通知、公告債權人；

(3) 處理與清算有關的公司未了結的業務；

(4) 清繳所欠稅款以及清算過程中產生的稅款；
(5) 清理債權、債務；
(6) 處理公司清償債務後的剩餘財產；
(7) 代表公司參與民事訴訟活動。

2. 通知債權人申報債權

清算組應當自成立之日起 10 日內通知債權人，並於 60 日內在報紙上公告。債權人應當自接到通知書之日起 30 內，未接到通知書的自公告之日起 45 日內，向清算組申報其債權。債權人申報債權，應當說明債權的有關事項，並提供證明材料。清算組應當對債權進行登記。在申報債權期間，清算組不得對債權人進行清償。

3. 清理公司財產、編制資產負債表和財產清單，制訂清算方案

清算組在清理公司財產、編制資產負債表和財產清單，制訂清算方案。清算方案應當報股東會、股東大會或者人民法院確認。清算組在發現公司財產不足清償債務的，應當依法向人民法院申請宣告破產。

4. 清償債務

公司財產在分別支付清算費用、職工的工資、社會保險費用和法定補償金，繳納所欠稅款，清償公司債務後的剩餘財產，有限責任公司按照股東的出資比例分配，股份有限公司按照股東持有的股份比例分配。清算期間，公司存續，但不得開展與清算無關的經營活動。公司財產在未依照前款規定清償前，不得分配給股東。

5. 製作清算報告，辦理公司註銷手續

公司清算結束後，清算組應當製作清算報告，報股東會、股東大會或者人民法院確認，並報送公司登記機關，申請註銷公司登記，公告公司終止。

(二) 公司破產清算的程序

企業法人不能清償到期債務，並且資產不足以清償全部債務或者明顯缺乏清償能力的，可以向人民法院提出破產清算申請。債務人和債權人都有權提出破產申請。我國《破產法》第二條規定："企業法人不能清償到期債務，並且資產不足以清償全部債務或者明顯缺乏清償能力的，依照本法規定清理債務。"第七條規定："債務人有本法第二條規定的情形，可以向人民法院提出重整、和解或者破產清算申請。債務人不能清償到期債務，債權人可以向人民法院提出對債務人進行重整或者破產清算的申請。企業法人已解散但未清算或者未清算完畢，資產不足以清償債務的，依法負有清算責任的人應當向人民法院申請破產清算。"

人民法院依照本法規定宣告債務人破產的，應當自裁定做出之日起 5 日內送達債務人和管理人，自裁定做出之日起 10 日內通知已知債權人，並予以公告。

1. 提出破產申請

向人民法院提出破產申請，應當提交破產申請書和有關證據。

破產申請書應當載明下列事項：①申請人、被申請人的基本情況；②申請目的；③申請的事實和理由；④人民法院認為應當載明的其他事項。

債務人提出申請的，還應當向人民法院提交財產狀況說明、債務清冊、債權清冊、有關財務會計報告、職工安置預案以及職工工資的支付和社會保險費用的繳納情況。

人民法院受理破產申請前，申請人可以請求撤回申請。

2. 破產受理

債權人提出破產申請的，人民法院應當自收到申請之日起 5 日內通知債務人。債務人

對申請有異議的，應當自收到人民法院的通知之日起 7 日內向人民法院提出。人民法院應當自異議期滿之日起 10 日內裁定是否受理。

除前款規定的情形外，人民法院應當自收到破產申請之日起 15 日內裁定是否受理。

有特殊情況需要延長前兩款規定的裁定受理期限的，經上一級人民法院批準，可以延長 15 日。

人民法院接受破產申請後，經過審查發現債務人符合《破產法》所規定的破產原因，應當做出債務人破產的決定。

債權人提出申請的，人民法院應當自裁定作出之日起 5 日內送達債務人。債務人應當自裁定送達之日起 15 日內，向人民法院提交財產狀況說明、債務清冊、債權清冊、有關財務會計報告以及職工工資的支付和社會保險費用的交納情況。

債務人被宣告破產後，債務人稱爲破產人，債務人財產稱爲破產財產，人民法院受理破產申請時對債務人享有的債權稱爲破產債權。

3. 人民法院指定管理人

人民法院裁定受理破產申請的，應當同時指定管理人。管理人可以由有關部門、機構的人員組成的清算組或者依法設立的律師事務所、會計師事務所、破產清算事務所等社會中介機構擔任。指定管理人和確定管理人報酬的辦法，由最高人民法院規定。管理人依照本法規定執行職務，向人民法院報告工作，並接受債權人會議和債權人委員會的監督。管理人取代債務人的地位取得對企業一定程度的控制權，還有就是在法院的指導下作爲破產程序的參與者而行使一定的職權。管理人履行下列職責：

（1）接管債務人的財產、印章和帳簿、文書等資料；
（2）調查債務人財產狀況，製作財產狀況報告；
（3）決定債務人的內部管理事務；
（4）決定債務人的日常開支和其他必要開支；
（5）在第一次債權人會議召開之前，決定繼續或者停止債務人的營業；
（6）管理和處分債務人的財產；
（7）代表債務人參加訴訟、仲裁或者其他法律程序；
（8）提議召開債權人會議；
（9）人民法院認爲管理人應當履行的其他職責。

管理人若沒有正當理由，不得辭去職務。管理人辭去職務應當經人民法院許可。

4. 清查債務人財產和債權

破產申請受理時屬於債務人的全部財產，以及破產申請受理後至破產程序終結前債務人取得的財產，爲債務人財產。

5. 債權人申報債權

人民法院受理破產申請後，應當確定債權人申報債權的期限。債權申報期限自人民法院發布受理破產申請公告之日起計算，最短不得少於 30 日，最長不得超過 3 個月。債權人應當在人民法院確定的債權申報期限內向管理人申報債權。在人民法院確定的債權申報期限內，債權人未申報債權的，可以在破產財產最後分配前補充申報；但是，此前已進行的分配，不再對其補充分配。爲審查和確認補充申報債權的費用，由補充申報人承擔。

爲了保證破產程序的正常進行及對各債權人的公平清償，可成立債權人會議。依法申報債權的債權人爲債權人會議的成員，有權參加債權人會議，享有表決權。債權人會議在破產程序中與法院、管理人、債務人或破產人等有關當事人進行交涉，負責處理涉及全體債權人共同利益的問題，協調債權人的法律行爲，採用多數決的決定方式在其職權範圍內議決有關破產事宜。

《企業破產法》規定，在債權人會議中可以設置債權人委員會。債權人委員會由債權人會議選任的債權人代表和一名債務人的職工代表或者工會代表組成。債權人委員會成員不得超過9人。債權人委員會是遵循債權人的共同意志，代表債權人會議監督管理人行為以及破產程序的合法、公正進行，處理破產程序中的有關事項的常設監督機構。

債權人委員會行使下列職權：
(1) 監督債務人財產的管理和處分；
(2) 監督破產財產分配；
(3) 提議召開債權人會議；
(4) 債權人會議委託的其他職權。

6. 管理人編報、實施破產財產清算分配方案

管理人應當及時擬訂破產財產分配方案，提交債權人會議討論。債權人會議通過破產財產分配方案後，由管理人將該方案提請人民法院裁定認可。破產財產分配方案經人民法院裁定認可後，由管理人執行。破產財產在優先清償破產費用和共益債務後，依照下列順序清償：

(1) 破產人所欠職工的工資和醫療、傷殘補助、撫恤費用，所欠的應當劃入職工個人帳户的基本養老保險、基本醫療保險費用，以及法律、行政法規規定應當支付給職工的補償金；
(2) 破產人欠繳的除前項規定以外的社會保險費用和破產人所欠稅款；
(3) 普通破產債權。

破產財產不足以清償同一順序的清償要求的，按照比例分配。破產企業的董事、監事和高級管理人員的工資按照該企業職工的平均工資計算。

7. 破產程序終結

管理人在最後分配完結後，應當及時向人民法院提交破產財產分配報告，並提請人民法院裁定終結破產程序。人民法院應當自收到管理人終結破產程序的請求之日起15日內做出是否終結破產程序的裁定。裁定終結的，應當予以公告。

管理人應當自破產程序終結之日起10日內，持人民法院終結破產程序的裁定，向破產人的原登記機關辦理註銷登記。

四、公司清算的預算

(一) 清算的財產範圍

債務人（破產公司）的哪些財產可用於清償分配，直接關係到破產債權人的利益。清算財產是指公司在破產程序終結前擁有的全部財產以及應當由公司行使的其他財產計入清算財產，包括各種流動資產、固定資產、對外投資以及無形資產；公司在宣告清算後至清算程序終結前所取得的財產，包括債權人放棄優先受償權利、清算財產轉讓價值超過其帳面淨值的差額部分；清算期間分回的投資收益和取得的其他收益等；應當由公司行使的其他權利。

(二) 清算財產的作價

公司無論是因破產，還是因其他原因而解散，都會涉及財產作價問題。目前國內外的實際應用中，常見的財產作價方法主要有三種：帳面價值法、重估價值法和變現收入法。

(1) 帳面價值法。它是以核實後的各項負債的帳面價值為依據，計算所有者權益，即

剩餘財產額的一種作價方法。這種方法主要適用於產權轉讓解散清算和完全解散清算的貨幣性資金項目。如貨幣資金、應付帳款、應付票據、預收帳款、預付帳款等。採用帳面價值法爲財產作價時，清算機構仍需要對公司各項記錄以及財產物資、債權、債務等進行全面清查核實，並以核實後的帳面價值爲準計算所有者權益。

（2）重估價值法。它是指清算機構委託註冊會計師對公司現存財產物資債權、債務進行重新估價，確定剩餘財產淨值的一種財產作價方法。這種方法主要適用於對各項實物資產價值的確定，如房產、設備、存貨、在建工程等，對產權轉讓解散清算更爲適用。

需要指出的是，重估價值法在對財產作價時，如果估價出現了增值，應作爲清算收益處理；如果估價小於帳面價值，其差價部分應列作清算損失。重估價值法與帳面價值法的區別在於前者不僅要對財產清查的數量溢缺進行調整，還要對各項財產單位價格進行估價，並以此作爲計價標準，調整帳面價值。

（3）變現收入法。它是指以公司資產的變價收入作爲資產作價基礎，並經此計算所有者權益的財產作價方法。在破產清算或完全解散清算時，需將公司資產變賣爲現金。這種方法主要適用於因破產或經營期限屆滿所引起的完全解散的清算。

採用變價收入法，應詳細核定並盡量收回所有者的債權，無法收回的部分可作爲壞帳核銷；對於已作擔保的財產，其相當於擔保債務價值部分，不應列作清算財產，擔保物價款超過所擔保的債務數額部分，應列作清算財產。

五、破產的實施

（一）清償債務

按規定，清算財產要優先抵付清算費用，若清算財產不足以支付清算費用，則清算程序馬上終結，未清算債務也不再清償，抵付清算費用後，公司所需清償的債務主要包括公司進入清算前的各種債務以及在清算中形成的，與公司清算各種債務，但不包括有財產擔保的特殊債務。

在公司清算過程中，所有列入統一清償的債務必須按照法定的順序進行清償：首先是應付而未付的職工工資，勞動保險費等；然後是應繳而未繳國家的稅金；最後是尚未償付的債務。在同一順序內不足清償的，按照比例清償。清償比例的計算公式如下：

清償比例＝（可供清償的財產金額／同一清償順序的負債總額）×100％

用同一順序內某一債權人的債權額乘以清償比例，就可算出該債權人可分得的剩餘財產額。

（二）分配剩餘財產

分配剩餘財產，是指公司終止清算，清償債務以後，對剩餘清算財產的分配。剩餘財產的分配，一般應按公司合同、章程的有關條款處理，充分體現公平、對等、照顧各方利益的原則。有限責任公司，除公司章程另有規定者外，按投資各方的出資比例分配。股份有限公司，按照優先股面值對優先股股東分配，優先股股東分配後的剩餘部分，按照普通股股東的股份比例進行分配。如果剩餘財產不足全額償還優先股股東時，按照各優先股股東所持比例分配。如爲國有公司，其剩餘財產要上交財政。在剩餘財產分配中，如爲實物財產的分配，其價值有差額時，按投資比例計算。如爲中外合作經營公司，合作合同規定折舊完的固定資產歸中方投資者所有的，則外方不再參加該部分財產的分配，僅在中方投資者之間分配。

【案例分析】

OM集團收購與倫敦證交所反收購

2000年11月10日，瑞典斯德哥爾摩證券交易所的母公司OM集團，收購了倫敦證交所7%的股份，後者的獨立暫時沒有受到威脅，倫敦證交所成功阻擊了瑞典OM集團的敵意收購，但若干家證券交易所爭奪倫敦股票交易所的收購戰一直引人註目。早在2000年3月份，倫敦證交所與法蘭克福證券交易所就建立了國際證券市場——IX交易所，達成合並協議。雙方的股東原定9月14日就此進行投票表決，但8月下旬瑞典OM集團提出了敵意併購倫敦證交所的計劃。同時，法蘭克福證交所突然表示"悔婚"，它在一項聲明中稱，它已經推遲了對IX交易所繼續表決的股東大會，並保留進行任何戰略選擇的權利，以表示法蘭克福證交所準備退出備受批評的IX交易所的合並計劃。法蘭克福證交所的聲明還貶低了與倫敦證交所聯手的意義。聲明稱："由於電子交易平臺的出現完全可以取代實際存在的證券市場，因此購買倫敦證交所已經失去了原有的重要意義。"在這種形勢下，倫敦證交所發表聲明稱倫敦證交所董事會決定取消與德國法蘭克福證券交易所的合並計劃，以便集中精力處理瑞典OM集團對其採取的敵意併購行動。聲明稱，倫敦證交所無法同時處理與法蘭克福證交所的合並事宜和對付OM集團的敵意併購行動。美國納斯達克交易所表示，該所將會繼續與倫敦證交所和法蘭克福證交所合作，以尋求建立一個全球性的證券交易平臺。

分析家認為英德IX交易所計劃的破產，使美國納斯達克交易所有機會作為平等的夥伴參與新的泛歐證券交易市場的建設。納斯達克的執行主席弗蘭克已表示將動用IX交易所私有化募集的5億~10億美元資金，保證納斯達克在泛歐證券交易市場中占據一席之地。納斯達克與倫敦證交所和法蘭克福證券交易所都建立了策略性合作夥伴關係。

具有227年歷史的倫敦股票交易所一直擔心會被明顯擁有先進科技的法蘭克福交易所或者OM集團控制。倫敦證交所是全歐洲資金規模最大的證交所，只要能與其合並，就大有希望組成一個首屈一指的泛歐洲的交易平臺。除了德國、瑞典和納斯達克有意收購倫敦證交所，由阿姆斯特丹、布魯塞爾和巴黎證券交易所合並而成的"歐洲第二"證券交易所則提出了加盟倫敦和法蘭克福證交所的要求。但這些合並建議均被倫敦證交所和法蘭克福證交所拒絕。

瑞典OM集團的收購價格從最初建議的每股27英鎊，提高到36英鎊。按照這一敵意收購的出價，倫敦證交所的市值為10.64英鎊。

倫敦證交所此次成功地阻止了瑞典OM集團地敵意收購，倫敦證交所通過這次反收購似乎認識到：在今天，新技術在鼓勵投資者尋求更簡單和更便宜的方式在全球範圍內進行交易。世界性股票交易所合並的腳步已無法停下。

請從OM集團持有的倫敦證交所的股份數額和收購價格的角度，分析倫敦證交所成功阻止敵意收購所採取的途徑。

【課堂活動】

幾年來，某工業旅遊有限責任公司發展速度很快，已經成為下崗職工再就業的典範。這離不開全體職工共同努力和管理人員的現代管理理念和措施。董事會決定，為獎勵李海、李東吳、張銳三位高級管理人員的工作業績，以獎勵公司股權的形式，吸收他們為股東，並以有獎鼓勵職工為公司的發展獻策獻計。

導遊員張姐在接團的過程中，聽到南方遊客對北方自然人文的認識，對北方工業發展史的感嘆，感到我們的旅遊產品很吸引南方遊客，遂找到總經理李海，提出了自己大膽的設想：我們公司是否也應像麥當勞一樣，在全國開幾家連鎖公司，接洽當地的遊客來東北，也可將我們東北人帶到南方。

李海肯定了張姐的想法，並告訴她，張銳和李東吳這幾天正在廣州和香港考察，準備或者是收購，或者是聯合，在廣州或香港建立分公司接洽兩地來往的旅遊業務。他讓張姐把想法整理寫出來，交給他。

沒想到，過了兩天，張姐就寫出了"關於在異地建立分公司的報告"。李海才想起張姐是自考大專畢業，以前也做過管理工作。看了報告，他很佩服張姐的才能。報告裡有地域的選擇，有分公司設置的數量、規模，有網上調查遊客的數據，有分公司設立的幾個具體方案：收購效益差的旅遊公司、兼併、成立下崗職工旅遊公司。報告談到安排下崗職工再就業，一般當地政府都有一些優惠政策等，還有公司的前景預測。李海告訴張姐，暫時配合張銳工作，不要接團。隨後李海與業務部經理和人事部經理進行了溝通，並做了安排。

本案例中涉及的主要問題有：

公司併購的方式有哪些？

公司併購的原因是什麼？如何進行公司併購的財務分析？

一旦企業由於各種原因陷入財務困境，如何實施公司重整？公司清算的原因是什麼？如何進行？

【本章小結】

公司併購是企業兼併和收購的統稱。兼併是指兩家公司歸並為一家公司，其中的收購方吸收被收購方的全部資產和負債，承擔其業務，而被收購方則不再獨立存在，常常成為收購方的一個子公司。收購是指一家公司用現款、債券或股票購買另一家公司的股票和資產，以獲得對該公司本身或資產實際控制權的行為。

公司併購按併購雙方經營的產品和市場關係的不同，可以分為橫向併購、縱向併購和複合併購。公司併購按併購公司的主觀意圖的不同，可以分為善意併購和惡意併購。企業併購的動機有以下幾方面：追求利潤的動機、謀求協同效應、實現多元化經營、提高市場占有率、謀求發展、獲得價值低估效應。

對目標公司進行價值評估的方法有：現金流量貼現法、市盈率法、股利法、資產基產法、股票市價法。

併購的支付方式有現金支付、股權支付、賣方融資、公司發行債券、槓桿收購。

企業反收購時可以運用的經濟手段和法律手段。其經濟手段主要有四大類：提高收購者的收購成本、降低收購者的收購收益、收購收購者、適時修改公司章程。

公司重組按是否通過法律程序分為非正式財務重組和公司正式財務重組。

公司清算是指公司因某種特定原因而終止經營以後，結算一切財務事項的經濟工作。公司按照法律規定或公司章程的規定解散或破產以及其他原因宣告終止時，應當成立清算機構，對公司財產、債權、債務、進行全面清查，了結公司債務，並向股東分配剩餘財產，以終結其經營活動，並依法取消其法人資格的行為。

【同步測試】

一、單項選擇題

1. 企業經營期滿或發生嚴重虧損等原因進行的清算，稱為（　　）。
   A. 行政清算　　　　　　　　　　B. 司法清算
   C. 自願清算　　　　　　　　　　D. 破產清算

2. 從解散清算轉為破產清算的基本原因是（　　）。
   A. 企業在經營期滿前所進行的清算　　B. 清算機構不符合要求
   C. 發現企業資不抵債　　　　　　　D. 企業仍具有法人地位

3. 根據《破產法》的有關規定，公司的剩餘財產應首先用於償付（　　）。
   A. 破產企業所欠稅款
   B. 破產企業所欠的職工工資和勞動保險費
   C. 已擔保的破產債權
   D. 無擔保的破產債權

4. 下列各項中哪一項可作為清算財產（　　）。
   A. 租入的設備
   B. 遞延資產
   C. 代表單位加工而存放在企業的財產
   D. 清算前放棄的債務

5. 自願清算時清算機構的法律地位（　　）。
   A. 是本企業的代理機構　　　　　B. 是一個民事主體
   C. 具有法人資格　　　　　　　　D. 可以當事人的身份參加民事訴訟

6. 當企業合併時需對整體財產進行估價或對某些特殊單項財產進行估價應採用（　　）。
   A. 調查分析法　　　　　　　　　B. 變價收入法
   C. 招標作價法　　　　　　　　　D. 收益現值法

7. 清算費用由清算財產（　　）。
   A. 清償債務後支付　　　　　　　B. 優先支付
   C. 分配剩餘財產時支付　　　　　D. 可不定期支付

8. 企業清算終了，清算收益大於清算損失和清算費用的部分應（　　）。
   A. 視同利潤繳納所得　　　　　　B. 視同企業稅後利潤
   C. 視同利潤但不必交稅　　　　　D. 不一定繳納所得稅

9. 企業併購謀求財務協同效應的表現，不包括（　　）。
   A. 提高財務能力　　　　　　　　B. 合理節稅
   C. 預期提高股價　　　　　　　　D. 提高公司聲譽

10. 併購後企業的淨收益超過併購前企業的淨收益，是由於（　　）的作用。
    A. 商譽　　　　　　　　　　　　B. 協同效應
    C. 財務槓桿　　　　　　　　　　D. 規模效益

11. 當併購公司與目標公司處於同一個行業，生產或經營同一產品時，屬於（　　）。
    A. 橫向併購　　　　　　　　　　B. 縱向併購

C. 混合併購　　　　　　　　D. 綜合併購

12. 企業在併購中大量向銀行借款以籌集收購所需要的資金，並以目標公司的資產或將來的現金流入作擔保，這種併購屬於（　　）。
　　A. 槓桿併購　　　　　　　　B. 股權置換
　　C. 資產置換　　　　　　　　D. 金融機構信貸

13. 併購的實質是為了取得對目標企業的（　　）。
　　A. 經營權　　　　　　　　　B. 管理權
　　C. 控制權　　　　　　　　　D. 獲益權

14. 併購企業和目標企業分別處於不同的產業部門、不同的市場，而這些產業部門之間不直接競爭沒有特別的生產技術聯繫。這樣的併購稱為（　　）。
　　A. 混合兼併　　　　　　　　B. 縱向兼併
　　C. 橫向兼併　　　　　　　　D. 接管

15. 當被併購公司資不抵債和資產、債務相等的情況下併購方以承擔被併購方全部或部分債務為條件，取得被併購方資產的所有權和經營權的併購方式稱為（　　）。
　　A. 股權交易式併購　　　　　B. 現金購買式併購
　　C. 承擔債務式併購　　　　　D. 混合式併購

16. 存在商品買賣關係的企業的合併稱為（　　）。
　　A. 混合合併　　　　　　　　B. 橫向合併
　　C. 縱向合併　　　　　　　　D. 聯營合併

二、多項選擇題

1. 企業清算時，清償債務要（　　）。
　　A. 先清償有擔保債務　　　　B. 先清償無擔保債務
　　C. 後償還有擔保債務　　　　D. 後償還無擔保債務
　　E. 清償各種債務以後的剩餘部分，應在投資者之間進行分配

2. 解散清算與破產清算的主要區別在於（　　）。
　　A. 清算性質不同　　　　　　B. 清算目的不同
　　C. 處理利益關係的側重點不同　　D. 被清算企業的法律地位不同
　　E. 清算機構的工作程序不同

3. 下列不屬於企業清算財產的有（　　）。
　　A. 租入、借入、代外單位加工的財產
　　B. 代外單位銷售存放在本企業的財產
　　C. 遞延資產、待攤費用
　　D. 清算前無償轉移的財產
　　E. 相當於擔保債務數額的擔保財產

4. 清算期間按法律規定應追回的財產有（　　）。
　　A. 清算前無償轉移或低價轉讓的財產
　　B. 原來無財產擔保的債務在清算前才提供財產擔保的財產
　　C. 在清算前提前清償未到期的債務的財產
　　D. 在清算前放棄的債權
　　E. 相當於擔保債務數額的擔保財產

5. 企業在清算期間為開展清算工作而支出的費用，包括（　　）。

A. 訴訟費、審計費和公證費　　B. 財產估價費和變賣費
C. 財產清查費和保管費　　　　D. 清算機構辦公費
E. 所有人員的工資和差旅費

三、簡答題

1. 簡述企業清算的概念及其原因。
2. 企業清算時，應按什麼順序清償企業債務？

四、計算題

某企業合營期滿，已決定進行解散清算。在清算財產中有一項專有技術要進行估價，該專有技術預期年收益額為3 800元，已知本行業的平均資產收益率為23%。

要求：按收益現值法對該專有技術進行估價。

參考文獻

[1] 吳應宇，陳良華. 公司財務管理 [M]. 北京：石油工業出版社，2003.

[2] 北京註冊會計師考試委員會辦公室編. 2005年註冊會計師全國統一考試應試指導 財務成本管理 [M]. 北京：中國財政經濟出版社，2005.

[3] 魏明海. 論有效的財務分析模式 [J]. 江西財經大學學報，1999（5）：52-55.

[4] 劉新華. 企業財務分析的缺陷及對策 [J]. 財會研究，2001（8）：19-20.

[5] 楊忠蓮. 財務報表分析應註意的問題 [J]. 財會月刊，2002（12）：40-41.

[6] 邵希娟，羅蕭娜. 談財務分析指標的運用 [J]. 財會月刊，2008（11）：17-18.

[7] 肖斌，歐曉暉. 財務指標分析的局限性及其修正 [J]. 財會月刊，2006（15）：17-18.

[8] 王麗澤. 財務報表信息影響因素分析——基於兩項公司治理外部機制的淺析 [J]. 中南財經政法大學研究生學報，2007（3）：69-72.

[9] 宣寶平. 怎樣分析企業財務會計報表 [J]. 商業會計，2008（7）：42-43.

[10] 徐全華. 新會計準則對財務報表分析的影響 [J]. 中國管理信息化，2008（2）：38-40.

[11] 張蕊. 公司財務學 [M]. 北京：高等教育出版社，2009.

[12] 中國註冊會計師協會. 財務成本管理 [M]. 北京：中國財政經濟出版社，2009.

[13] 詹姆斯·範霍恩，小約翰·瓦霍維奇. 財務管理基礎 [M]. 劉曙光，等，譯. 北京：清華大學出版社，2009.

[14] 羅伯特·希金斯. 財務管理分析 [M]. 沈藝峰，等，譯. 北京：北京大學出版社，2009.

附　表

附表一　　　　　　　　　　　複利終值系數表

期數	1%	2%	3%	4%	5%	6%	7%	8%	9%	10%
1	1.010 0	1.020 0	1.030 0	1.040 0	1.050 0	1.060 0	1.070 0	1.080 0	1.090 0	1.100 0
2	1.020 1	1.040 4	1.060 9	1.081 6	1.102 5	1.123 6	1.144 9	1.166 4	1.188 1	1.210 0
3	1.030 3	1.061 2	1.092 7	1.124 9	1.157 6	1.191 0	1.225 0	1.259 7	1.295 0	1.331 0
4	1.040 6	1.082 4	1.125 5	1.169 9	1.215 5	1.262 5	1.310 8	1.360 5	1.411 6	1.464 1
5	1.051 0	1.104 1	1.159 3	1.216 7	1.276 3	1.338 2	1.402 6	1.469 3	1.538 6	1.610 5
6	1.061 5	1.126 2	1.194 1	1.265 3	1.340 1	1.418 5	1.500 7	1.586 9	1.677 1	1.771 6
7	1.072 1	1.148 7	1.229 9	1.315 9	1.407 1	1.503 6	1.605 8	1.713 8	1.828 0	1.948 7
8	1.082 9	1.171 7	1.266 8	1.368 6	1.477 5	1.593 8	1.718 2	1.850 9	1.992 6	2.143 6
9	1.093 7	1.195 1	1.304 8	1.423 3	1.551 3	1.689 5	1.838 5	1.999 0	2.171 9	2.357 9
10	1.104 6	1.219 0	1.343 9	1.480 2	1.628 9	1.790 8	1.967 2	2.158 9	2.367 4	2.593 7
11	1.115 7	1.243 4	1.384 2	1.539 5	1.710 3	1.898 3	2.104 9	2.331 6	2.580 4	2.853 1
12	1.126 8	1.268 2	1.425 8	1.601 0	1.795 9	2.012 2	2.252 2	2.518 2	2.812 7	3.138 4
13	1.138 1	1.293 6	1.468 5	1.665 1	1.885 6	2.132 9	2.409 8	2.719 6	3.065 8	3.452 3
14	1.149 5	1.319 5	1.512 6	1.731 7	1.979 9	2.260 9	2.578 5	2.937 2	3.341 7	3.797 5
15	1.161 0	1.345 9	1.558 0	1.800 9	2.078 9	2.396 6	2.759 0	3.172 2	3.642 5	4.177 2
16	1.172 6	1.372 8	1.604 7	1.873 0	2.182 9	2.540 4	2.952 2	3.425 9	3.970 3	4.595 0
17	1.184 3	1.400 2	1.652 8	1.947 9	2.292 0	2.692 8	3.158 8	3.700 0	4.327 6	5.054 5
18	1.196 1	1.428 2	1.702 4	2.025 8	2.406 6	2.854 3	3.379 9	3.996 0	4.717 1	5.559 9
19	1.208 1	1.456 8	1.753 5	2.106 8	2.527 0	3.025 6	3.616 5	4.315 7	5.141 7	6.115 9
20	1.220 2	1.485 9	1.806 1	2.191 1	2.653 3	3.207 1	3.869 7	4.661 0	5.604 4	6.727 5
21	1.232 4	1.515 7	1.860 3	2.278 8	2.786 0	3.399 6	4.140 6	5.033 8	6.108 8	7.400 2
22	1.244 7	1.546 0	1.916 1	2.369 9	2.925 3	3.603 5	4.430 4	5.436 5	6.658 6	8.140 3
23	1.257 2	1.576 9	1.973 6	2.464 7	3.071 5	3.819 7	4.740 5	5.871 5	7.257 9	8.954 3
24	1.269 7	1.608 4	2.032 8	2.563 3	3.225 1	4.048 9	5.072 4	6.341 2	7.911 1	9.849 7
25	1.282 4	1.640 6	2.093 8	2.665 8	3.386 4	4.291 9	5.427 4	6.848 5	8.623 1	10.835
26	1.295 3	1.673 4	2.156 6	2.772 5	3.555 7	4.549 4	5.807 4	7.396 4	9.399 2	11.918
27	1.308 2	1.706 9	2.221 3	2.883 4	3.733 5	4.822 3	6.213 9	7.988 1	10.245	13.110
28	1.321 3	1.741 0	2.287 9	2.998 7	3.920 1	5.111 7	6.648 8	8.627 1	11.167	14.421
29	1.334 5	1.775 8	2.356 6	3.118 7	4.116 1	5.418 4	7.114 3	9.317 3	12.172	15.863
30	1.347 8	1.811 4	2.427 3	3.243 4	4.321 9	5.743 5	7.612 3	10.063	13.268	17.449
40	1.488 9	2.208 0	3.262 0	4.801 0	7.040 0	10.286	14.975	21.725	31.409	45.259
50	1.644 6	2.691 6	4.383 9	7.106 7	11.467	18.420	29.457	46.902	74.358	117.39
60	1.816 7	3.281 0	5.891 6	10.520	18.679	32.988	57.946	101.26	176.03	304.48

附表一（續）

期數	12%	14%	15%	16%	18%	20%	24%	28%	32%	36%
1	1.120 0	1.140 0	1.150 0	1.160 0	1.180 0	1.200 0	1.240 0	1.280 0	1.320 0	1.360 0
2	1.254 4	1.299 6	1.322 5	1.345 6	1.392 4	1.440 0	1.537 6	1.638 4	1.742 4	1.849 6
3	1.404 9	1.481 5	1.520 9	1.560 9	1.643 0	1.728 0	1.906 6	2.097 2	2.300 0	2.515 5
4	1.573 5	1.689 0	1.749 0	1.810 6	1.938 8	2.073 6	2.364 2	2.684 4	3.036 0	3.421 0
5	1.762 3	1.925 4	2.011 4	2.100 3	2.287 8	2.488 3	2.931 6	3.436 0	4.007 5	4.652 6
6	1.973 8	2.195 0	2.313 1	2.436 4	2.699 6	2.986 0	3.635 2	4.398 1	5.289 9	6.327 5
7	2.210 7	2.502 3	2.660 0	2.826 2	3.185 5	3.583 2	4.507 7	5.629 5	6.982 6	8.605 4
8	2.476 0	2.852 6	3.059 0	3.278 4	3.758 9	4.299 8	5.589 5	7.205 8	9.217 0	11.703
9	2.773 1	3.251 9	3.517 9	3.803 0	4.435 5	5.159 8	6.931 0	9.223 4	12.167	15.917
10	3.105 8	3.707 2	4.045 6	4.411 4	5.233 8	6.191 7	8.594 4	11.806	16.060	21.647
11	3.478 5	4.226 2	4.652 4	5.117 3	6.175 9	7.430 1	10.657	15.112	21.199	29.439
12	3.896 0	4.817 9	5.350 3	5.936 0	7.287 6	8.916 1	13.215	19.343	27.983	40.038
13	4.363 5	5.492 4	6.152 8	6.885 8	8.599 4	10.699	16.386	24.759	36.937	54.451
14	4.887 1	6.261 3	7.075 7	7.987 5	10.147	12.839	20.319	31.691	48.757	74.053
15	5.473 6	7.137 9	8.137 1	9.265 5	11.974	15.407	25.196	40.565	64.359	100.71
16	6.130 4	8.137 2	9.357 6	10.748	14.129	18.488	31.243	51.923	84.954	136.97
17	6.866 0	9.276 5	10.761	12.468	16.672	22.186	38.741	66.461	112.14	186.28
18	7.690 0	10.575	12.376	14.463	19.673	26.623	48.039	85.071	148.02	253.34
19	8.612 8	12.056	14.232	16.777	23.214	31.948	59.568	108.89	195.39	344.54
20	9.646 3	13.744	16.367	19.461	27.393	38.338	73.864	139.38	257.92	468.57
21	10.804	15.668	18.822	22.575	32.324	46.005	91.592	178.41	340.45	637.26
22	12.100	17.861	21.645	26.186	38.142	55.206	113.57	228.36	449.39	866.67
23	13.552	20.362	24.892	30.376	45.008	66.247	140.83	292.30	593.20	1 178.7
24	15.179	23.212	28.625	35.236	53.109	79.497	174.63	374.14	783.02	1 603.0
25	17.000	26.462	32.919	40.874	62.669	95.396	216.54	478.90	1 033.6	2 180.1
26	19.040	30.167	37.857	47.414	73.949	114.48	268.51	613.00	1 364.3	2 964.9
27	21.325	34.390	43.535	55.000	87.260	137.37	332.96	784.64	1 800.9	4 032.3
28	23.884	39.205	50.066	63.800	102.97	164.84	412.86	1 004.3	2 377.2	5 483.9
29	26.750	44.693	57.576	74.009	121.50	197.81	511.95	1 285.6	3 137.9	7 458.1
30	29.960	50.950	66.212	85.850	143.37	237.38	634.82	1 645.5	4 142.1	10 143
40	93.051	188.88	267.86	378.72	750.38	1 469.8	5 455.9	19 427	66 521	*
50	289.00	700.23	1 083.7	1 670.7	3 927.4	9 100.4	46 890	*	*	*
60	897.60	2 595.9	4 384.0	7 370.2	20 555	56 348	*	*	*	*

註：＊＞99 999

計算公式：復利終值系數＝$(1+i)^n$，$S=P(1+i)^n$

$P-$現值或初始值；$i-$報酬率或利率；$n-$計息期數；$S-$終值或本利和

附表二　　　　　　　　　　　　　複利現值系數表

期數	1%	2%	3%	4%	5%	6%	7%	8%	9%	10%
1	0.990 1	0.980 4	0.970 9	0.961 5	0.952 4	0.943 4	0.934 6	0.925 9	0.917 4	0.909 1
2	0.980 3	0.961 2	0.942 6	0.924 6	0.907 0	0.890 0	0.873 4	0.857 3	0.841 7	0.826 4
3	0.970 6	0.942 3	0.915 1	0.889 0	0.863 8	0.839 6	0.816 3	0.793 8	0.772 2	0.751 3
4	0.961 0	0.923 8	0.888 5	0.854 8	0.822 7	0.792 1	0.762 9	0.735 0	0.708 4	0.683 0
5	0.951 5	0.905 7	0.862 6	0.821 9	0.783 5	0.747 3	0.713 0	0.680 6	0.649 9	0.620 9
6	0.942 0	0.888 0	0.837 5	0.790 3	0.746 2	0.705 0	0.666 3	0.630 2	0.596 3	0.564 5
7	0.932 7	0.870 6	0.813 1	0.759 9	0.710 7	0.665 1	0.622 7	0.583 5	0.547 0	0.513 2
8	0.923 5	0.853 5	0.789 4	0.730 7	0.676 8	0.627 4	0.582 0	0.540 3	0.501 9	0.466 5
9	0.914 3	0.836 8	0.766 4	0.702 6	0.644 6	0.591 9	0.543 9	0.500 2	0.460 4	0.424 1
10	0.905 3	0.820 3	0.744 1	0.675 6	0.613 9	0.558 4	0.508 3	0.463 2	0.422 4	0.385 5
11	0.896 3	0.804 3	0.722 4	0.649 6	0.584 7	0.526 8	0.475 1	0.428 9	0.387 5	0.350 5
12	0.887 4	0.788 5	0.701 4	0.624 6	0.556 8	0.497 0	0.444 0	0.397 1	0.355 5	0.318 6
13	0.878 7	0.773 0	0.681 0	0.600 6	0.530 3	0.468 8	0.415 0	0.367 7	0.326 2	0.289 7
14	0.870 0	0.757 9	0.661 1	0.577 5	0.505 1	0.442 3	0.387 8	0.340 5	0.299 2	0.263 3
15	0.861 3	0.743 0	0.641 9	0.555 3	0.481 0	0.417 3	0.362 4	0.315 2	0.274 5	0.239 4
16	0.852 8	0.728 4	0.623 2	0.533 9	0.458 1	0.393 6	0.338 7	0.291 9	0.251 9	0.217 6
17	0.844 4	0.714 2	0.605 0	0.513 4	0.436 3	0.371 4	0.316 6	0.270 3	0.231 1	0.197 8
18	0.836 0	0.700 2	0.587 4	0.493 6	0.415 5	0.350 3	0.295 9	0.250 2	0.212 0	0.179 9
19	0.827 7	0.686 4	0.570 3	0.474 6	0.395 7	0.330 5	0.276 5	0.231 7	0.194 5	0.163 5
20	0.819 5	0.673 0	0.553 7	0.456 4	0.376 9	0.311 8	0.258 4	0.214 5	0.178 4	0.148 6
21	0.811 4	0.659 8	0.537 5	0.438 8	0.358 9	0.294 2	0.241 5	0.198 7	0.163 7	0.135 1
22	0.803 4	0.646 8	0.521 9	0.422 0	0.341 8	0.277 5	0.225 7	0.183 9	0.150 2	0.122 8
23	0.795 4	0.634 2	0.506 7	0.405 7	0.325 6	0.261 8	0.210 9	0.170 3	0.137 8	0.111 7
24	0.787 6	0.621 7	0.491 9	0.390 1	0.310 1	0.247 0	0.197 1	0.157 7	0.126 4	0.101 5
25	0.779 8	0.609 5	0.477 6	0.375 1	0.295 3	0.233 0	0.184 2	0.146 0	0.116 0	0.092 3
26	0.772 0	0.597 6	0.463 7	0.360 7	0.281 2	0.219 8	0.172 2	0.135 2	0.106 4	0.083 9
27	0.764 4	0.585 9	0.450 2	0.346 8	0.267 8	0.207 4	0.160 9	0.125 2	0.097 6	0.076 3
28	0.756 8	0.574 4	0.437 1	0.333 5	0.255 1	0.195 6	0.150 4	0.115 9	0.089 5	0.069 3
29	0.749 3	0.563 1	0.424 3	0.320 7	0.242 9	0.184 6	0.140 6	0.107 3	0.082 2	0.063 0
30	0.741 9	0.552 1	0.412 0	0.308 3	0.231 4	0.174 1	0.131 4	0.099 4	0.075 4	0.057 3
35	0.705 9	0.500 0	0.355 4	0.253 4	0.181 3	0.130 1	0.093 7	0.067 6	0.049 0	0.035 6
40	0.671 7	0.452 9	0.306 6	0.208 3	0.142 0	0.097 2	0.066 8	0.046 0	0.031 8	0.022 1
45	0.639 1	0.410 2	0.264 4	0.171 2	0.111 3	0.072 7	0.047 6	0.031 3	0.020 7	0.013 7
50	0.608 0	0.371 5	0.228 1	0.140 7	0.087 2	0.054 3	0.033 9	0.021 3	0.013 4	0.008 5
55	0.578 5	0.336 5	0.196 8	0.115 7	0.068 3	0.040 6	0.024 2	0.014 5	0.008 7	0.005 3

附表二（續）

期數	12%	14%	15%	16%	18%	20%	24%	28%	32%	36%
1	0.8929	0.8772	0.8696	0.8621	0.8475	0.8333	0.8065	0.7813	0.7576	0.7353
2	0.7972	0.7695	0.7561	0.7432	0.7182	0.6944	0.6504	0.6104	0.5739	0.5407
3	0.7118	0.6750	0.6575	0.6407	0.6086	0.5787	0.5245	0.4768	0.4348	0.3975
4	0.6355	0.5921	0.5718	0.5523	0.5158	0.4823	0.4230	0.3725	0.3294	0.2923
5	0.5674	0.5194	0.4972	0.4761	0.4371	0.4019	0.3411	0.2910	0.2495	0.2149
6	0.5066	0.4556	0.4323	0.4104	0.3704	0.3349	0.2751	0.2274	0.1890	0.1580
7	0.4523	0.3996	0.3759	0.3538	0.3139	0.2791	0.2218	0.1776	0.1432	0.1162
8	0.4039	0.3506	0.3269	0.3050	0.2660	0.2326	0.1789	0.1388	0.1085	0.0854
9	0.3606	0.3075	0.2843	0.2630	0.2255	0.1938	0.1443	0.1084	0.0822	0.0628
10	0.3220	0.2697	0.2472	0.2267	0.1911	0.1615	0.1164	0.0847	0.0623	0.0462
11	0.2875	0.2366	0.2149	0.1954	0.1619	0.1346	0.0938	0.0662	0.0472	0.0340
12	0.2567	0.2076	0.1869	0.1685	0.1372	0.1122	0.0757	0.0517	0.0357	0.0250
13	0.2292	0.1821	0.1625	0.1452	0.1163	0.0935	0.0610	0.0404	0.0271	0.0184
14	0.2046	0.1597	0.1413	0.1252	0.0985	0.0779	0.0492	0.0316	0.0205	0.0135
15	0.1827	0.1401	0.1229	0.1079	0.0835	0.0649	0.0397	0.0247	0.0155	0.0099
16	0.1631	0.1229	0.1069	0.0930	0.0708	0.0541	0.0320	0.0193	0.0118	0.0073
17	0.1456	0.1078	0.0929	0.0802	0.0600	0.0451	0.0258	0.0150	0.0089	0.0054
18	0.1300	0.0946	0.0808	0.0691	0.0508	0.0376	0.0208	0.0118	0.0068	0.0039
19	0.1161	0.0829	0.0703	0.0596	0.0431	0.0313	0.0168	0.0092	0.0051	0.0029
20	0.1037	0.0728	0.0611	0.0514	0.0365	0.0261	0.0135	0.0072	0.0039	0.0021
21	0.0926	0.0638	0.0531	0.0443	0.0309	0.0217	0.0109	0.0056	0.0029	0.0016
22	0.0826	0.0560	0.0462	0.0382	0.0262	0.0181	0.0088	0.0044	0.0022	0.0012
23	0.0738	0.0491	0.0402	0.0329	0.0222	0.0151	0.0071	0.0034	0.0017	0.0008
24	0.0659	0.0431	0.0349	0.0284	0.0188	0.0126	0.0057	0.0027	0.0013	0.0006
25	0.0588	0.0378	0.0304	0.0245	0.0160	0.0105	0.0046	0.0021	0.0010	0.0005
26	0.0525	0.0331	0.0264	0.0211	0.0135	0.0087	0.0037	0.0016	0.0007	0.0003
27	0.0469	0.0291	0.0230	0.0180	0.0115	0.0073	0.0030	0.0013	0.0006	0.0002
28	0.0419	0.0255	0.0200	0.0157	0.0097	0.0061	0.0024	0.0010	0.0004	0.0002
29	0.0374	0.0224	0.0174	0.0135	0.0082	0.0051	0.0020	0.0008	0.0003	0.0001
30	0.0334	0.0196	0.0151	0.0116	0.0070	0.0042	0.0016	0.0006	0.0002	0.0001
35	0.0189	0.0102	0.0075	0.0055	0.0030	0.0017	0.0005	0.0002	0.0001	*
40	0.0107	0.0053	0.0037	0.0026	0.0013	0.0007	0.0002	0.0001	*	*
45	0.0061	0.0027	0.0019	0.0013	0.0006	0.0003	0.0001	*	*	*
50	0.0035	0.0014	0.0009	0.0006	0.0003	0.0001	*	*	*	*
55	0.0020	0.0007	0.0005	0.0003	0.0001	*	*	*	*	*

註：* < 0.0001

計算公式：復利現值系數 = $(1+i)^{-n}$，$P = \dfrac{S}{(1+i)^n} = S(1+i)^{-n}$

P-現值或初始值；i-報酬率或利率；n-計息期數；S-終值或本利和

附表三　　　　　　　　　　　　　年金終值系數表

期數	1%	2%	3%	4%	5%	6%	7%	8%	9%	10%
1	1.000 0	1.000 0	1.000 0	1.000 0	1.000 0	1.000 0	1.000 0	1.000 0	1.000 0	1.000 0
2	2.010 0	2.020 0	2.030 0	2.040 0	2.050 0	2.060 0	2.070 0	2.080 0	2.090 0	2.100 0
3	3.030 1	3.060 4	3.090 9	3.121 6	3.152 5	3.183 6	3.214 9	3.246 4	3.278 1	3.310 0
4	4.060 4	4.121 6	4.183 6	4.246 5	4.310 1	4.374 6	4.439 9	4.506 1	4.573 1	4.641 0
5	5.101 0	5.204 0	5.309 1	5.416 3	5.525 6	5.637 1	5.750 7	5.866 6	5.984 7	6.105 1
6	6.152 0	6.308 1	6.468 4	6.633 0	6.801 9	6.975 3	7.153 3	7.335 9	7.523 3	7.715 6
7	7.213 5	7.434 3	7.662 5	7.898 3	8.142 0	8.393 8	8.654 0	8.922 8	9.200 4	9.487 2
8	8.285 7	8.583 0	8.892 3	9.214 2	9.549 1	9.897 5	10.260	10.637	11.029	11.436
9	9.368 5	9.754 6	10.159	10.583	11.027	11.491	11.978	12.488	13.021	13.580
10	10.462	10.950	11.464	12.006	12.578	13.181	13.816	14.487	15.193	15.937
11	11.567	12.169	12.808	13.486	14.207	14.972	15.784	16.646	17.560	18.531
12	12.683	13.412	14.192	15.026	15.917	16.870	17.889	18.977	20.141	21.384
13	13.809	14.680	15.618	16.627	17.713	18.882	20.141	21.495	22.953	24.523
14	14.947	15.974	17.086	18.292	19.599	21.015	22.551	24.215	26.019	27.975
15	16.097	17.293	18.599	20.024	21.579	23.276	25.129	27.152	29.361	31.773
16	17.258	18.639	20.157	21.825	23.658	25.673	27.888	30.324	33.003	35.950
17	18.430	20.012	21.762	23.698	25.840	28.213	30.840	33.750	36.974	40.545
18	19.615	21.412	23.414	25.645	28.132	30.906	33.999	37.450	41.301	45.599
19	20.811	22.841	25.117	27.671	30.539	33.760	37.379	41.446	46.019	51.159
20	22.019	24.297	26.870	29.778	33.066	36.786	40.996	45.762	51.160	57.275
21	23.239	25.783	28.677	31.969	35.719	39.993	44.865	50.423	56.765	64.003
22	24.472	27.299	30.537	34.248	38.505	43.392	49.006	55.457	62.873	71.403
23	25.716	28.845	32.453	36.618	41.431	46.996	53.436	60.893	69.532	79.543
24	26.974	30.422	34.427	39.083	44.502	50.816	58.177	66.765	76.790	88.497
25	28.243	32.030	36.459	41.646	47.727	54.865	63.249	73.106	84.701	98.347
26	29.526	33.671	38.553	44.312	51.114	59.156	68.677	79.954	93.324	109.18
27	30.821	35.344	40.710	47.084	54.669	63.706	74.484	87.351	102.72	121.10
28	32.129	37.051	42.931	49.968	58.403	68.528	80.698	95.339	112.97	134.21
29	33.450	38.792	45.219	52.966	62.323	73.640	87.347	103.97	124.14	148.63
30	34.785	40.568	47.575	56.085	66.439	79.058	94.461	113.28	136.31	164.49
40	48.886	60.402	75.401	95.026	120.80	154.76	199.64	259.06	337.88	442.59
50	64.463	84.579	112.80	152.67	209.35	290.34	406.53	573.77	815.08	1 163.9
60	81.670	114.05	163.05	237.99	353.58	533.13	813.52	1 253.2	1 944.8	3 034.8

附表三（續）

期數	12%	14%	15%	16%	18%	20%	24%	28%	32%	36%
1	1.000 0	1.000 0	1.000 0	1.000 0	1.000 0	1.000 0	1.000 0	1.000 0	1.000 0	1.000 0
2	2.120 0	2.140 0	2.150 0	2.160 0	2.180 0	2.200 0	2.240 0	2.280 0	2.320 0	2.360 0
3	3.374 4	3.439 6	3.472 5	3.505 6	3.572 4	3.640 0	3.777 6	3.918 4	4.062 4	4.209 6
4	4.779 3	4.921 1	4.993 4	5.066 5	5.215 4	5.368 0	5.684 2	6.015 6	6.362 4	6.725 1
5	6.352 8	6.610 1	6.742 4	6.877 1	7.154 2	7.441 6	8.048 4	8.699 9	9.398 3	10.146
6	8.115 2	8.535 5	8.753 7	8.977 5	9.442 0	9.929 9	10.980	12.136	13.406	14.799
7	10.089	10.731	11.067	11.414	12.142	12.916	14.615	16.534	18.696	21.126
8	12.300	13.233	13.727	14.240	15.327	16.499	19.123	22.163	25.678	29.732
9	14.776	16.085	16.786	17.519	19.086	20.799	24.713	29.369	34.895	41.435
10	17.549	19.337	20.304	21.322	23.521	25.959	31.643	38.593	47.062	57.352
11	20.655	23.045	24.349	25.733	28.755	32.150	40.238	50.399	63.122	78.998
12	24.133	27.271	29.002	30.850	34.931	39.581	50.895	65.510	84.320	108.44
13	28.029	32.089	34.352	36.786	42.219	48.497	64.110	84.853	112.30	148.48
14	32.393	37.581	40.505	43.672	50.818	59.196	80.496	109.61	149.24	202.93
15	37.280	43.842	47.580	51.660	60.965	72.035	100.82	141.30	198.00	276.98
16	42.753	50.980	55.718	60.925	72.939	87.442	126.01	181.87	262.36	377.69
17	48.884	59.118	65.075	71.673	87.068	105.93	157.25	233.79	347.31	514.66
18	55.750	68.394	75.836	84.141	103.74	128.12	195.99	300.25	459.45	700.94
19	63.440	78.969	88.212	98.603	123.41	154.74	244.03	385.32	607.47	954.28
20	72.052	91.025	102.44	115.38	146.63	186.69	303.60	494.21	802.86	1 298.8
21	81.699	104.77	118.81	134.84	174.02	225.03	377.46	633.59	1 060.8	1 767.4
22	92.503	120.44	137.63	157.42	206.34	271.03	469.06	812.00	1 401.2	2 404.7
23	104.60	138.30	159.28	183.60	244.49	326.24	582.63	1 040.4	1 850.6	3 271.3
24	118.16	158.66	184.17	213.98	289.49	392.48	723.46	1 332.7	2 443.8	4 450.0
25	133.33	181.87	212.79	249.21	342.60	471.98	898.09	1 706.8	3 226.8	6 053.0
26	150.33	208.33	245.71	290.09	405.27	567.38	1 114.6	2 185.7	4 260.4	8 233.1
27	169.37	238.50	283.57	337.50	479.22	681.85	1 383.1	2 798.7	5 624.8	11 198
28	190.70	272.89	327.10	392.50	566.48	819.22	1 716.1	3 583.3	7 425.7	15 230
29	214.58	312.09	377.17	456.30	669.45	984.07	2 129.0	4 587.7	9 802.9	20 714
30	241.33	356.79	434.75	530.31	790.95	1 181.9	2 640.9	5 873.2	12 941	28 172
40	767.09	1 342.0	1 779.1	2 360.8	4 163.2	7 343.9	22 729	69 377	207 874	609 890
50	2 400.0	4 994.5	7 217.7	10 436	21 813	45 497	195 373	819 103	*	*
60	7 471.6	18 535	29 220	46 058	114 190	281 733	*	*	*	*

註：*>999 999.99

計算公式：年金終值係數 $= \dfrac{(1+i)^n - 1}{i}$，$S = A \dfrac{(1+i)^n - 1}{i}$

A-每期等額支付（或收入）的金額；i-報酬率或利率；n-計息期數；S-年金終值或本利和

附表四　　　　　　　　　　年金現值系數表

期數	1%	2%	3%	4%	5%	6%	7%	8%	9%	10%
1	0.990 1	0.980 4	0.970 9	0.961 5	0.952 4	0.943 4	0.934 6	0.925 9	0.917 4	0.909 1
2	1.970 4	1.941 6	1.913 5	1.886 1	1.859 4	1.833 4	1.808 0	1.783 3	1.759 1	1.735 5
3	2.941 0	2.883 9	2.828 6	2.775 1	2.723 2	2.673 0	2.624 3	2.577 1	2.531 3	2.486 9
4	3.902 0	3.807 7	3.717 1	3.629 9	3.546 0	3.465 1	3.387 2	3.312 1	3.239 7	3.169 9
5	4.853 4	4.713 5	4.579 7	4.451 8	4.329 5	4.212 4	4.100 2	3.992 7	3.889 7	3.790 8
6	5.795 5	5.601 4	5.417 2	5.242 1	5.075 7	4.917 3	4.766 5	4.622 9	4.485 9	4.355 3
7	6.728 2	6.472 0	6.230 3	6.002 1	5.786 4	5.582 4	5.389 3	5.206 4	5.033 0	4.868 4
8	7.651 7	7.325 5	7.019 7	6.732 7	6.463 2	6.209 8	5.971 3	5.746 6	5.534 8	5.334 9
9	8.566 0	8.162 2	7.786 1	7.435 3	7.107 8	6.801 7	6.515 2	6.246 9	5.995 2	5.759 0
10	9.471 3	8.982 6	8.530 2	8.110 9	7.721 7	7.360 1	7.023 6	6.710 1	6.417 7	6.144 6
11	10.367 6	9.786 8	9.252 6	8.760 5	8.306 4	7.886 9	7.498 7	7.139 0	6.805 2	6.495 1
12	11.255 1	10.575 3	9.954 0	9.385 1	8.863 3	8.383 8	7.942 7	7.536 1	7.160 7	6.813 7
13	12.133 7	11.348 4	10.635 0	9.985 6	9.393 6	8.852 7	8.357 7	7.903 8	7.486 9	7.103 4
14	13.003 7	12.106 2	11.296 1	10.563 1	9.898 6	9.295 0	8.745 5	8.244 2	7.786 2	7.366 7
15	13.865 1	12.849 3	11.937 9	11.118 4	10.379 7	9.712 2	9.107 9	8.559 5	8.060 7	7.606 1
16	14.717 9	13.577 7	12.561 1	11.652 3	10.837 8	10.105 9	9.446 6	8.851 4	8.312 6	7.823 7
17	15.562 3	14.291 9	13.166 1	12.165 7	11.274 1	10.477 3	9.763 2	9.121 6	8.543 6	8.021 6
18	16.398 3	14.992 0	13.753 5	12.659 3	11.689 6	10.827 6	10.059 1	9.371 9	8.755 6	8.201 4
19	17.226 0	15.678 5	14.323 8	13.133 9	12.085 3	11.158 1	10.335 6	9.603 6	8.950 1	8.364 9
20	18.045 6	16.351 4	14.877 5	13.590 3	12.462 2	11.469 9	10.594 0	9.818 1	9.128 5	8.513 6
21	18.857 0	17.011 2	15.415 0	14.029 2	12.821 2	11.764 1	10.835 5	10.016 8	9.292 2	8.648 7
22	19.660 4	17.658 0	15.936 9	14.451 1	13.163 0	12.041 6	11.061 2	10.200 7	9.442 4	8.771 5
23	20.455 8	18.292 2	16.443 6	14.856 8	13.488 6	12.303 4	11.272 2	10.371 1	9.580 2	8.883 2
24	21.243 4	18.913 9	16.935 5	15.247 0	13.798 6	12.550 4	11.469 3	10.528 8	9.706 6	8.984 7
25	22.023 2	19.523 5	17.413 1	15.622 1	14.093 9	12.783 4	11.653 6	10.674 8	9.822 6	9.077 0
26	22.795 2	20.121 0	17.876 8	15.982 8	14.375 2	13.003 2	11.825 8	10.810 0	9.929 0	9.160 9
27	23.559 6	20.706 9	18.327 0	16.329 6	14.643 0	13.210 5	11.986 7	10.935 2	10.026 6	9.237 2
28	24.316 4	21.281 3	18.764 1	16.663 1	14.898 1	13.406 2	12.137 1	11.051 1	10.116 1	9.306 6
29	25.065 8	21.844 4	19.188 5	16.983 7	15.141 1	13.590 7	12.277 7	11.158 4	10.198 3	9.369 6
30	25.807 7	22.396 5	19.600 4	17.292 0	15.372 5	13.764 8	12.409 0	11.257 8	10.273 7	9.426 9
35	29.408 6	24.998 6	21.487 2	18.664 6	16.374 2	14.498 2	12.947 7	11.654 6	10.566 8	9.644 2
40	32.834 7	27.355 5	23.114 8	19.792 8	17.159 1	15.046 3	13.331 7	11.924 6	10.757 4	9.779 1
45	36.094 5	29.490 2	24.518 7	20.720 0	17.774 1	15.455 8	13.605 5	12.108 4	10.881 2	9.862 8
50	39.196 1	31.423 6	25.729 8	21.482 2	18.255 9	15.761 9	13.800 7	12.233 5	10.961 7	9.914 8
55	42.147 2	33.174 8	26.774 4	22.108 6	18.633 5	15.990 5	13.939 9	12.318 6	11.014 0	9.947 1

310

附表四（續）

期數	12%	14%	15%	16%	18%	20%	24%	28%	32%	36%
1	0.8929	0.8772	0.8696	0.8621	0.8475	0.8333	0.8065	0.7813	0.7576	0.7353
2	1.6901	1.6467	1.6257	1.6052	1.5656	1.5278	1.4568	1.3916	1.3315	1.2760
3	2.4018	2.3216	2.2832	2.2459	2.1743	2.1065	1.9813	1.8684	1.7663	1.6735
4	3.0373	2.9137	2.8550	2.7982	2.6901	2.5887	2.4043	2.2410	2.0957	1.9658
5	3.6048	3.4331	3.3522	3.2743	3.1272	2.9906	2.7454	2.5320	2.3452	2.1807
6	4.1114	3.8887	3.7845	3.6847	3.4976	3.3255	3.0205	2.7594	2.5342	2.3388
7	4.5638	4.2883	4.1604	4.0386	3.8115	3.6046	3.2423	2.9370	2.6775	2.4550
8	4.9676	4.6389	4.4873	4.3436	4.0776	3.8372	3.4212	3.0758	2.7860	2.5404
9	5.3282	4.9464	4.7716	4.6065	4.3030	4.0310	3.5655	3.1842	2.8681	2.6033
10	5.6502	5.2161	5.0188	4.8332	4.4941	4.1925	3.6819	3.2689	2.9304	2.6495
11	5.9377	5.4527	5.2337	5.0286	4.6560	4.3271	3.7757	3.3351	2.9776	2.6834
12	6.1944	5.6603	5.4206	5.1971	4.7932	4.4392	3.8514	3.3868	3.0133	2.7084
13	6.4235	5.8424	5.5831	5.3423	4.9095	4.5327	3.9124	3.4272	3.0404	2.7268
14	6.6282	6.0021	5.7245	5.4675	5.0081	4.6106	3.9616	3.4587	3.0609	2.7403
15	6.8109	6.1422	5.8474	5.5755	5.0916	4.6755	4.0013	3.4834	3.0764	2.7502
16	6.9740	6.2651	5.9542	5.6685	5.1624	4.7296	4.0333	3.5026	3.0882	2.7575
17	7.1196	6.3729	6.0472	5.7487	5.2223	4.7746	4.0591	3.5177	3.0971	2.7629
18	7.2497	6.4674	6.1280	5.8178	5.2732	4.8122	4.0799	3.5294	3.1039	2.7668
19	7.3658	6.5504	6.1982	5.8775	5.3162	4.8435	4.0967	3.5386	3.1090	2.7697
20	7.4694	6.6231	6.2593	5.9288	5.3527	4.8696	4.1103	3.5458	3.1129	2.7718
21	7.5620	6.6870	6.3125	5.9731	5.3837	4.8913	4.1212	3.5514	3.1158	2.7734
22	7.6446	6.7429	6.3587	6.0113	5.4099	4.9094	4.1300	3.5558	3.1180	2.7746
23	7.7184	6.7921	6.3988	6.0442	5.4321	4.9245	4.1371	3.5592	3.1197	2.7754
24	7.7843	6.8351	6.4338	6.0726	5.4509	4.9371	4.1428	3.5619	3.1210	2.7760
25	7.8431	6.8729	6.4641	6.0971	5.4669	4.9476	4.1474	3.5640	3.1220	2.7765
26	7.8957	6.9061	6.4906	6.1182	5.4804	4.9563	4.1511	3.5656	3.1227	2.7768
27	7.9426	6.9352	6.5135	6.1364	5.4919	4.9636	4.1542	3.5669	3.1233	2.7771
28	7.9844	6.9607	6.5335	6.1520	5.5016	4.9697	4.1566	3.5679	3.1237	2.7773
29	8.0218	6.9830	6.5509	6.1656	5.5098	4.9747	4.1585	3.5687	3.1240	2.7774
30	8.0552	7.0027	6.5660	6.1772	5.5168	4.9789	4.1601	3.5693	3.1242	2.7775
35	8.1755	7.0700	6.6166	6.2153	5.5386	4.9915	4.1644	3.5708	3.1248	2.7777
40	8.2438	7.1050	6.6418	6.2335	5.5482	4.9966	4.1659	3.5712	3.1250	2.7778
45	8.2825	7.1232	6.6543	6.2421	5.5523	4.9986	4.1664	3.5714	3.1250	2.7778
50	8.3045	7.1327	6.6605	6.2463	5.5541	4.9995	4.1666	3.5714	3.1250	2.7778
55	8.3170	7.1376	6.6636	6.2482	5.5549	4.9998	4.1666	3.5714	3.1250	2.7778

註：

計算公式：年金現值系數 $= \dfrac{1-(1+i)^{-n}}{i}$，$P = A\dfrac{1-(1+i)^{-n}}{i}$

A-每期等額支付（或收入）的金額；i-報酬率或利率；n-計息期數；P-年金現值或本利和

國家圖書館出版品預行編目(CIP)資料

財務管理學/張志紅、伍雄偉 主編. -- 第一版.
-- 臺北市：崧燁文化, 2018.07
　面　；　公分

ISBN 978-957-681-303-0(平裝)

1.財務管理

494.7　　　　107010924

書名：財務管理學

作者：張志紅、伍雄偉

發行人：黃振庭

出版者：崧燁文化事業有限公司

發行者：崧燁文化事業有限公司

E-mail：sonbookservice@gmail.com

粉絲頁　　　　　網址：

地址：台北市中正區重慶南路一段六十一號八樓 815 室
8F.-815, No.61, Sec. 1, Chongqing S. Rd., Zhongzheng
Dist., Taipei City 100, Taiwan (R.O.C.)

電　話：(02)2370-3310　傳　真：(02) 2370-3210

總經銷：紅螞蟻圖書有限公司

地址：台北市內湖區舊宗路二段 121 巷 19 號

電話：02-2795-3656　傳真：02-2795-4100　網址：

印　刷：京峯彩色印刷有限公司（京峰數位）

　　　本書版權為西南財經大學出版社所有授權崧博出版事業股份有限公司獨家發行電子書繁體字版。若有其他相關權利需授權請與西南財經大學出版社聯繫，經本公司授權後方得行使相關權利。

定價：550 元

發行日期：2018 年 7 月第一版

◎ 本書以POD印製發行